电路分析基础

第 2 版

李丽敏　编著
张玉峰　主审

机械工业出版社

本书以电路绪论开篇，每章都配有标注重难点的知识图谱展示知识脉络，应用案例强调了理论联系实际，每节都有思考与练习，每章以本章小结、能力检测题结尾。除绪论外，本书分为 15 章：电路模型和电路定律、电阻电路的等效变换、电阻电路的一般分析、电路定理、一阶电路、相量法、正弦稳态电路的分析、三相电路、含有耦合电感的电路、非正弦周期电流电路、拉普拉斯变换、网络函数、电路方程的矩阵形式、二端口网络、非线性电路简介。配套内容与本书完全一致，包含全部例题和能力检测题解析的多媒体 PPT 课件；64 个微课动画视频；含 10 套试题及标准答案的试题库；配套教学大纲、授课方案、授课计划书、电子教案、仿真软件 Multisim 14 在电路分析中的应用等立体化教学资源，有超高附加值。

本书可作为高等院校、高职高专院校电类及相关专业基础课教材，也可作为有关专业研究生报考人员的复习参考书，同时还可供相关工程技术人员阅读参考。

图书在版编目（CIP）数据

电路分析基础/李丽敏编著. —2 版. —北京：机械工业出版社，2024.5（2025.2 重印）
ISBN 978-7-111-75417-6

Ⅰ.①电… Ⅱ.①李… Ⅲ.①电路分析-教材 Ⅳ.①TM133

中国国家版本馆 CIP 数据核字（2024）第 058601 号

机械工业出版社（北京市百万庄大街 22 号 邮政编码 100037）
策划编辑：任 鑫 责任编辑：任 鑫 间洪庆
责任校对：孙明慧 李 杉 封面设计：马若濛
责任印制：邵 敏
北京富资园科技发展有限公司印刷
2025 年 2 月第 2 版第 2 次印刷
184mm×260mm·19.75 印张·548 千字
标准书号：ISBN 978-7-111-75417-6
定价：69.00 元

电话服务 网络服务
客服电话：010-88361066 机 工 官 网：www.cmpbook.com
010-88379833 机 工 官 博：weibo.com/cmp1952
010-68326294 金 书 网：www.golden-book.com
封底无防伪标均为盗版 机工教育服务网：www.cmpedu.com

前言

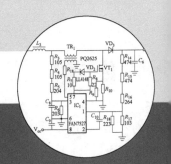

　　现在是传统教材与互联网新形态融合教材新旧更替的风口，选用新形态教材是大势所趋。为了适应当前电路教学改革以及科学技术的新发展和"互联网+"教学辅助方式的兴起需求，培养高素质的人才，更好地服务于应用型人才的培养目标，提高电路分析基础教材的可读性、适用性和有效性，使学生易学、易懂，在课程教学改革和实践探索的基础上，总结经验，针对当前形势和学生学习中经常遇到的困难和问题，为了更便于教师教学和读者学习，通过总结提高、精选优化、整合改进、凝练补充，在本书第1版的基础上做了全面的修订。本书第2版能够反映国内外教材发展的最新技术与教学趋势，在编写中力求反映应用型本科课程和教学内容体系改革的方向，反映当前教学的新内容，突出基础理论知识的应用和实践技能的培养。始终贯彻"教、学、练、思、做"相结合的原则，鼓励学生积极思考，从能力培养的角度出发，使学生能够学以致用，培养学生分析问题和解决问题的能力，创建一种生动的教学模式。编写时遵循深入浅出、化难为易、好学易懂、重点突出、便于自学、利于教学的原则，力求做到内容新颖、概念清晰、工程实践性强，在体现科学性、实践性、实用性、时代性、先进性和系统性方面具有特色。

　　本书力求体现以下特色与创新点：

　　1）系统构建知识图谱，梳理知识脉络，帮助读者归纳总结，掌握重难点章节内容。

　　2）配备丰富的新形态教学资源，提供立体化的教学服务，助力读者开展高效混合式教学或自学。

　　3）应用案例及 Multisim 14 电路仿真应用，注重理论联系实际，扎实提升读者的工程实践能力。

　　4）在图解和注释的设计方面做到图文并茂，增加本书的可读性，以调动和激发读者的学习兴趣。

　　5）对每章的知识和能力以及综合素质提出了具体知识目标、能力目标和素质目标要求，激发读者使命担当，挖掘课程思政元素，落实立德树人的根本任务。

　　6）每节的思考与练习与当节的重点知识紧密结合，便于及时巩固学习成果。

　　7）能力检测题基本涵盖了每章中所有重要知识点，用以检测读者对章节内容理解和掌握的程度。

　　本书由李丽敏编著，承请张玉峰教授仔细审阅并提出了宝贵修改意见，本书的出版获得机械工业出版社的大力支持和帮助，在此一并表示衷心的感谢。

　　由于作者的学识所限，书中难免存在纰漏和不当之处，敬请广大读者批评指正，以便加以完善。

作　者

目录

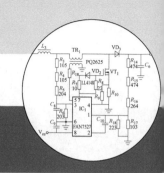

前言
第0章 绪论 ················· 1
0.1 电路理论发展简史及研究热点 ····· 1
0.2 电路分析基础课程概述及知识体系 ··· 2
0.3 电路分析基础学习方法及学习建议 ··· 4
第1章 电路模型和电路定律 ····· 5
1.1 实际电路和电路模型 ········· 6
1.1.1 实际电路 ············· 6
1.1.2 电路模型 ············· 7
1.2 电流、电压及其参考方向 ····· 9
1.2.1 电流 ··············· 9
1.2.2 电位、电压和电动势 ······ 10
1.3 电功率和电能 ············ 12
1.3.1 电功率 ·············· 12
1.3.2 电能 ··············· 13
1.4 电阻元件 ·············· 13
1.4.1 线性电阻 ············· 13
1.4.2 短路与开路 ············ 15
1.4.3 功率与电能 ············ 15
1.5 独立电源 ·············· 16
1.5.1 电压源 ·············· 16
1.5.2 电流源 ·············· 17
1.6 受控电源 ·············· 19
1.6.1 受控源 ·············· 19
1.6.2 受控源的注意事项 ········ 20
1.7 基尔霍夫定律 ············ 21
1.7.1 几个有关的常用电路术语 ···· 21
1.7.2 基尔霍夫电流定律（KCL） ··· 21
1.7.3 基尔霍夫电压定律（KVL） ··· 22
1.8 应用案例 ·············· 23
本章小结 ················· 24
能力检测题 ················ 25
第2章 电阻电路的等效变换 ····· 28
2.1 电路的等效变换 ··········· 28
2.1.1 一端口网络等效 ········· 29
2.1.2 电路的等效变换 ········· 29
2.2 电阻的等效变换 ··········· 30
2.2.1 电阻的串联 ············ 30

2.2.2 电阻的并联 ············ 31
2.2.3 电阻的丫-△等效变换 ······ 32
2.3 独立源的等效变换 ········· 34
2.3.1 电压源的串联和并联 ······ 34
2.3.2 电流源的串联和并联 ······ 35
2.3.3 实际电源的两种模型及其等效
变换 ··············· 35
2.4 含受控源一端口网络的等效 ···· 36
2.4.1 受控源的串、并联及等效变换 ·· 37
2.4.2 输入电阻 ············· 38
2.5 应用案例 ·············· 39
本章小结 ················· 40
能力检测题 ················ 42
第3章 电阻电路的一般分析 ····· 46
3.1 电路的拓扑图及电路方程的独立性 ·· 46
3.1.1 网络图论的初步知识 ······ 46
3.1.2 KCL、KVL的独立方程数 ··· 48
3.2 2b法和支路法 ··········· 49
3.2.1 2b法 ·············· 49
3.2.2 支路法 ·············· 49
3.3 网孔电流法 ············· 50
3.3.1 基本的网孔电流法 ········ 50
3.3.2 特殊的网孔电流法 ········ 52
3.4 回路电流法 ············· 53
3.5 节点电压法 ············· 55
3.5.1 基本的节点电压法 ········ 55
3.5.2 特殊的节点电压法 ········ 56
3.6 应用案例 ·············· 60
本章小结 ················· 61
能力检测题 ················ 62
第4章 电路定理 ············ 66
4.1 叠加定理 ·············· 67
4.1.1 叠加定理的简介 ········· 67
4.1.2 齐性定理的简介 ········· 69
4.2 替代定理 ·············· 70
4.2.1 替代定理的简介 ········· 70
4.2.2 定理的应用 ············ 71
4.3 戴维南定理和诺顿定理 ······ 72

4.3.1 戴维南定理和诺顿定理的简介 …… 72
4.3.2 定理的证明 ……… 73
4.3.3 定理的应用 …… 74
4.4 最大功率传输定理 …… 78
4.5 特勒根定理 ……… 79
4.5.1 特勒根定理的简介 …… 79
4.5.2 定理的验证 …… 80
4.5.3 定理的应用 …… 81
4.6 互易定理 ……… 81
4.6.1 互易定理的简介 …… 81
4.6.2 定理的应用 …… 82
4.7 对偶原理 ……… 83
4.8 应用案例 ……… 85
本章小结 ……… 86
能力检测题 ……… 87

第5章 一阶电路 ……… 92
5.1 动态元件 ……… 93
5.1.1 电容元件 ……… 93
5.1.2 电感元件 ……… 95
5.2 动态电路的方程及其初始条件 …… 97
5.2.1 动态电路的方程 …… 97
5.2.2 动态电路的初始条件 …… 98
5.3 一阶电路的零输入响应 …… 100
5.3.1 一阶 RC 电路的零输入响应 …… 100
5.3.2 一阶 RL 电路的零输入响应 …… 103
5.4 一阶电路的零状态响应 …… 104
5.4.1 一阶 RC 电路的零状态响应 …… 104
5.4.2 一阶 RL 电路的零状态响应 …… 105
5.5 一阶电路的全响应 …… 107
5.5.1 一阶 RC 电路的全响应 …… 107
5.5.2 一阶 RL 电路的全响应 …… 108
5.5.3 直流一阶电路的三要素法 …… 108
5.6 一阶电路的阶跃响应和冲激响应 …… 110
5.6.1 一阶电路的阶跃响应 …… 111
5.6.2 一阶电路的冲激响应 …… 113
5.7 应用案例 ……… 116
本章小结 ……… 117
能力检测题 ……… 120

第6章 相量法 ……… 123
6.1 正弦量 ……… 123
6.1.1 正弦交流电路 …… 123
6.1.2 正弦量及其三要素 …… 124
6.2 正弦量的相量表示法 …… 126
6.2.1 复数表示法及运算法则 …… 127
6.2.2 相量表示法 …… 128
6.2.3 正弦量运算的相量形式 …… 129
6.3 电路定律的相量形式 …… 130

6.3.1 电路基本元件的相量形式 …… 130
6.3.2 基尔霍夫定律的相量形式 …… 132
6.4 应用案例 ……… 133
本章小结 ……… 134
能力检测题 ……… 135

第7章 正弦稳态电路的分析 …… 138
7.1 阻抗和导纳 ……… 139
7.1.1 阻抗和导纳 …… 139
7.1.2 阻抗、导纳串联与并联及其等效
互换 ……… 141
7.2 正弦稳态电路的分析 …… 142
7.3 正弦稳态电路的功率 …… 145
7.3.1 瞬时功率 …… 145
7.3.2 平均功率（有功功率） …… 146
7.3.3 无功功率 …… 146
7.3.4 视在功率 …… 147
7.3.5 复功率 …… 148
7.4 功率因数及其提高 …… 149
7.4.1 功率因数的定义 …… 149
7.4.2 提高功率因数的意义 …… 149
7.4.3 提高功率因数的方法 …… 149
7.5 最大功率传输 …… 150
7.6 串、并联谐振 …… 151
7.6.1 串联谐振 …… 152
7.6.2 并联谐振 …… 153
7.7 应用案例 ……… 155
本章小结 ……… 155
能力检测题 ……… 158

第8章 三相电路 ……… 162
8.1 三相电路 ……… 162
8.1.1 三相电源 …… 163
8.1.2 三相电路的连接 …… 164
8.2 对称三相电路的计算 …… 165
8.2.1 对称三相电路的计算方法 …… 165
8.2.2 应用举例 …… 166
8.3 不对称三相电路的概念 …… 168
8.3.1 负载不对称三相电路 …… 168
8.3.2 相序指示器 …… 169
8.4 三相电路的功率及测量 …… 171
8.4.1 三相电路功率的计算 …… 171
8.4.2 三相电路功率的测量 …… 172
8.5 应用案例 ……… 174
本章小结 ……… 174
能力检测题 ……… 176

第9章 含有耦合电感的电路 …… 179
9.1 耦合电感 ……… 180
9.1.1 耦合现象 …… 180

9.1.2　耦合电感的伏安关系 …………… 181
9.2　含有耦合电感电路的计算 ………… 183
　9.2.1　耦合电感的串联 …………… 183
　9.2.2　耦合电感的并联 …………… 184
　9.2.3　去耦等效电路 ……………… 185
9.3　空心变压器 ……………………… 186
　9.3.1　空心变压器的电路模型 …… 186
　9.3.2　空心变压器的等效电路 …… 187
9.4　理想变压器 ……………………… 188
　9.4.1　理想变压器的理想化条件 … 188
　9.4.2　理想变压器的主要性能 …… 188
9.5　应用案例 ………………………… 191
本章小结 ……………………………… 192
能力检测题 …………………………… 192

第10章　非正弦周期电流电路 ……… 195
10.1　非正弦周期信号 ………………… 196
　10.1.1　产生非正弦周期信号的原因 … 196
　10.1.2　谐波分析法 ……………… 196
10.2　非正弦周期函数分解为傅里叶级数 … 197
　10.2.1　非正弦周期函数的傅里叶级数 … 197
　10.2.2　非正弦周期函数的频谱 … 201
10.3　有效值、平均值和平均功率 …… 202
　10.3.1　非正弦周期函数的有效值 … 202
　10.3.2　非正弦周期函数的平均值 … 202
　10.3.3　非正弦周期电流与电压的测量 … 203
　10.3.4　非正弦周期函数的平均功率 … 203
10.4　非正弦周期电流电路的计算 …… 205
10.5　应用案例 ……………………… 207
本章小结 ……………………………… 208
能力检测题 …………………………… 209

第11章　拉普拉斯变换 ……………… 212
11.1　拉普拉斯变换及其基本性质 …… 212
　11.1.1　拉普拉斯变换的定义 …… 213
　11.1.2　拉普拉斯变换的基本性质 … 213
11.2　拉普拉斯反变换 ………………… 216
　11.2.1　求拉普拉斯反变换的方法 … 216
　11.2.2　部分分式展开法 ………… 216
11.3　运算电路 ………………………… 220
　11.3.1　基尔霍夫定律的运算形式 … 220
　11.3.2　电路元件电压、电流关系的运算
　　　　　形式 ……………………… 220
　11.3.3　运算电路模型 …………… 222
11.4　应用拉普拉斯变换法分析线性电路 … 223
　11.4.1　运算法和相量法的比较 … 223
　11.4.2　运算法的应用 …………… 223
11.5　应用案例 ……………………… 227
本章小结 ……………………………… 227

能力检测题 …………………………… 228

第12章　网络函数 …………………… 231
12.1　网络函数的定义 ………………… 232
　12.1.1　网络函数的定义及分类 … 232
　12.1.2　网络函数的性质 ………… 233
12.2　网络函数的零点和极点 ………… 235
　12.2.1　零点、极点的定义 ……… 235
　12.2.2　零点、极点分布图 ……… 235
12.3　零点、极点与冲激响应 ………… 236
　12.3.1　零点、极点与冲激响应的关系 … 236
　12.3.2　网络函数的零点、极点与系统
　　　　　稳定性之间的关系 ……… 236
12.4　零点、极点与频率响应 ………… 238
12.5　卷积 ……………………………… 239
　12.5.1　卷积的定义 ……………… 239
　12.5.2　卷积定理及应用 ………… 240
12.6　应用案例 ……………………… 241
本章小结 ……………………………… 241
能力检测题 …………………………… 242

第13章　电路方程的矩阵形式 ……… 245
13.1　割集 ……………………………… 246
　13.1.1　割集的定义 ……………… 246
　13.1.2　基本割集 ………………… 247
13.2　关联矩阵、割集矩阵和回路矩阵 … 247
　13.2.1　关联矩阵 ………………… 247
　13.2.2　割集矩阵 ………………… 249
　13.2.3　回路矩阵 ………………… 251
13.3　回路电流方程的矩阵形式 ……… 253
　13.3.1　复合支路 ………………… 253
　13.3.2　支路方程的矩阵形式 …… 253
　13.3.3　回路电流方程的矩阵形式 … 254
13.4　节点电压方程的矩阵形式 ……… 256
　13.4.1　支路方程的矩阵形式 …… 256
　13.4.2　节点电压方程的矩阵形式 … 256
13.5　割集电压方程的矩阵形式 ……… 258
13.6　状态方程 ………………………… 260
　13.6.1　状态变量和状态方程 …… 260
　13.6.2　状态方程的列写方法 …… 260
13.7　应用案例 ……………………… 262
本章小结 ……………………………… 264
能力检测题 …………………………… 264

第14章　二端口网络 ………………… 266
14.1　二端口网络的定义 ……………… 266
　14.1.1　一端口网络 ……………… 266
　14.1.2　二端口网络 ……………… 267
14.2　二端口网络的方程和参数 ……… 268
　14.2.1　导纳方程和 Y 参数 …… 268

14.2.2　阻抗方程和 Z 参数 ……………… 270

14.2.3　传输方程和 T 参数 ……………… 271

14.2.4　混合方程和 H 参数 ……………… 273

14.3　二端口的等效电路 …………………… 275

14.3.1　Z 参数等效电路 ………………… 276

14.3.2　Y 参数等效电路 ………………… 276

14.4　有载二端口网络和特性阻抗 ………… 277

14.4.1　有载二端口网络 ………………… 277

14.4.2　二端口网络的特性阻抗 ………… 278

14.5　二端口网络的连接 …………………… 279

14.5.1　二端口网络的级联 ……………… 280

14.5.2　二端口网络的并联 ……………… 280

14.5.3　二端口网络的串联 ……………… 281

14.6　应用案例 ………………………………… 282

本章小结 ……………………………………… 283

能力检测题 …………………………………… 285

第 15 章　非线性电路简介 ………………… 288

15.1　非线性元件 …………………………… 289

15.1.1　非线性电阻 ……………………… 289

15.1.2　非线性电容 ……………………… 291

15.1.3　非线性电感 ……………………… 291

15.1.4　忆阻器 …………………………… 292

15.2　非线性电阻电路的分析 ……………… 294

15.2.1　解析法 …………………………… 294

15.2.2　图解法（曲线相交法）………… 294

15.2.3　小信号分析法 …………………… 295

15.2.4　分段线性化法 …………………… 299

15.3　非线性电路的混沌现象 ……………… 301

15.4　应用案例 ………………………………… 302

本章小结 ……………………………………… 303

能力检测题 …………………………………… 303

参考文献 ……………………………………… 306

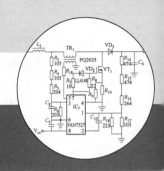

第 **0** 章

绪论

0.1 电路理论发展简史及研究热点

电是大自然的馈赠，电以其可触而不可见的形式存在于神秘的自然界中。在人类文明的历史长河中，电的发现是人类社会最伟大的发现之一，具有划时代的意义。早在两千多年前，古希腊人通过摩擦琥珀，发现了电的存在。下面以历史上做出重大贡献的科学家为索引，回顾一下电路理论发展简史。1600 年，英国物理学家吉尔伯特在《论磁》一书提到摩擦起电时，主张用实验手段研究这种物理学的电现象，因此他被誉为"电学之父"。1749 年，美国科学家富兰克林经过大量的研究，给出了正负电的定义，定义用丝绸摩擦过的玻璃棒带正电，用毛皮摩擦过的橡胶棒带负电。1752 年，他通过著名的风筝实验，证明了电在自然界中的存在。1785 年，法国物理学家库仑定量地研究了两个带电体间的相互作用，提出了历史上最早的静电学定律——库仑定律。库仑定律是人类在电磁现象认识上的一次飞跃。1800 年，意大利物理学家伏特发明了具有划时代意义的伏打电池，可以把化学能不断地转化为电能，并维持单一方向的持续电流，推动了电学的发展。从 18 世纪到 19 世纪近 100 年的时间里，一些电路定律和定理、研究方法逐渐建立起来。例如，1825 年，法国物理学家安培提出了著名的安培定律，为电动机的发明做了理论上的准备，奠定了电动力学的基础。1826 年，德国物理学家欧姆在多年实验基础上，在《电路的数学研究》一书中提出了著名的欧姆定律。1831 年，英国物理学家法拉第发现了电磁感应定律，这一发现成为发电机和变压器的理论基础。1845 年，德国科学家基尔霍夫发现了基尔霍夫定律，可以求解任意复杂的电路，因此他被誉为"电路求解大师"。1853 年，德国物理学家亥姆霍兹提出电路中的等效发电机原理，论证了能量转换的规律性。1864 年，英国物理学家麦克斯韦预言了电磁波的存在，为电路理论奠定了坚定的基础。电磁理论的发展有力地促进了生产技术的发展：电动机出现于 1834 年，有线电报发明于 1837 年，电话发明于 1876 年，美国发明大王爱迪生 1879 年采用直流输电的方式点亮了灯泡，但是能量损失巨大，效率非常低。发电站与输电线于 19 世纪 80 年代初开始建造，1894 年，美籍发明家尼古拉·特斯拉发明了交流电、无线电等重要技术，从而取代了直流输电。而无线电通信则始于 1895 年，从此进入了无线电通信时代，开创了人类通信的新纪元。在电学领域有突出贡献的科学家还有许多，我们都耳熟能详，他们在历史长河中熠熠生辉，照亮了科学发展的道路，激励着我们努力学习。电是一种优越的能量形式和信息载体，它不仅是现代化工农业生产和交通运输的主要动力来源，也是信息技术的重要基础。电是人类的巨大宝藏，电路理论就是开启宝藏的钥匙。从智能手机到智慧城市，从机器人到人工智能，从互联网到万物互联的物联网，再到我们引以为傲的神舟飞天、嫦娥探月、北斗导航、蛟龙探海、航母制造、飞驰高铁、量子通信等，还有与我们生活息息相关的衣食住行，都离不开电的支撑。我们很难想象在一个没有电的世界里，现代的人类怎样生存。电的应用为人们提供了极大便利，其理论基础是电路理论。

电路理论起源于物理学中电磁学的一个分支，若从欧姆定律（1826 年）和基尔霍夫定律

扫一扫 看视频

扫一扫　看视频

（1845 年）的发表算起，至今已走过了 100 多年的发展历程。目前已发展成为一门体系完整、逻辑严密、具有强大生命力的学科领域。电力和电信工程的发展要求对信号的传输进行系统的研究，并按照给定的特性来设计各种电路，促进了电路理论的早期发展。经典电路理论形成于 20 世纪初并发展到 20 世纪 50 年代末，以电阻、电容、电感及电源等理想电路元件作为电路的基本模型，近似地表征成千上万种实际电气装置，并随着电力、通信、控制三大系统的要求由时域分析发展到频域分析与电路设计。从 20 世纪 60 年代以后，电路理论又经历了一次重大的变革，这一变革的主要起源是新型电路元件的出现。集成电路、大规模集成电路、超大规模集成电路的迅猛发展以及计算机技术的广泛使用等，都给电路理论提出了新课题。第二次世界大战后，自动控制、信息科学、半导体电子学、微电子学、电子计算机、激光技术以及核科学和航天技术等新兴尖端科学技术以惊人的速度突飞猛进，与它们密切相关的电路理论从 20 世纪 60 年代起不得不在内容和概念上进行不断地调整和革新，以适应科学技术"爆炸"的新时代，促使经典电路理论发展到近代电路理论。特点之一是将图论引入电路理论之中，这为应用计算机进行电路分析和集成电路布线与版图设计等研究提供了有利的工具；特点之二是出现大量新的电路元件、有源器件，如使用低电压的 MOS 电路，摒弃电感元件的电路，进一步摒弃电阻的开关电容电路等。当前，有源电路的综合设计正在迅速发展之中；特点之三是在电路分析和设计中应用计算机后，使得对电路的优化设计和故障诊断成为可能。

电路理论是整个电气和电子信息工程，其中包括电力、测量、通信、电信、自动控制、生物医学等应用技术领域的主要理论基础，它的研究和发展直接影响着正在飞速发展着的以计算机技术、微电子技术和通信技术为特征的信息技术革命，关系到整个社会电气化、自动化、信息化程度，蕴藏着巨大的应用潜力和经济创造力。目前电路理论与应用科学和技术的研究热点与前沿课题有：电路的故障诊断与自动检测、有源与开关电容电路、微电子电路设计与应用、非线性电路的分析和综合、器件建模和新器件的创制、电路的数学综合、人工神经网络等。今后，电路理论将紧密地与系统理论相结合，并随着计算机技术的发展而发展，成为现代科学和技术的基础理论中一门十分活跃、举足轻重而又有广阔前景的学科。

0.2　电路分析基础课程概述及知识体系

1. 电路分析基础课程概述

电路理论所涉的研究范畴包括三个方面：电路分析、电路综合（或设计）和电路故障诊断。电路分析的任务是根据已知的电路结构和元件参数，分析电路的特性，即根据现有的定律、定理、方法等去求取或计算电路中主要的电路变量（电压、电流、功率），是一个正向问题，是电路理论的基本问题。电路综合（或设计）是根据所提出的对电路性能的要求，确定合适的电路结构和元件参数，按照需求综合设计一个合乎要求的具体电路，是一个逆过程。电路的故障诊断是指预报故障的发生及确定故障的位置、识别故障元件的参数等技术。对现成的电路，既清楚电路变量，又已知电路结构和元件参数，但却通过测量发现电路变量不正常，因此就需要逆向追溯电路结构和元件参数是否有故障，从而对运行不正常的电路进行故障类型判断，找出故障原因，并对故障进行定位和修复。电路综合（或设计）、电路的故障诊断都以电路分析为基础，因此本课程的性质是电路分析，而整个课程的学习将围绕电路分析这个正向问题而展开。

电路分析基础课程理论严密、逻辑性强、有广阔的工程背景，是研究电路应用的学科，是高等院校工科电类各专业的第一门专业基础课程，是所有强电专业和弱电专业的必修课，也是研究生入学考试课程之一。它研讨各种电路所共有的基本规律和分析计算方法以及进行电路实验的基本技能，为学习后续许多课程提供理论支持。它的先修课程是高等数学、大学物理等，后续课程是专业技术基础课（模拟电子技术、数字电子技术、信号与系统等），它是由逻辑思维过渡到工程思维的桥梁课，在整个电气与电子信息类专业的人才培养和课程体系中起着承前启后的重要作用。它是电路理论的入门课程，国外学者称它是电气和电子工程师的"看家本领"，是他们的"面包和黄油"。这门课程学习得好坏，对于电类专业学生的业务素质起着决定性的作用。通过本课程的学习，学生可获得电路必要的基本理论、基本知识和基本技能，为学习后续课程及从事与专业有关的电技术工作打下坚实的基础。电路分析基础课程不仅可以培养学生严肃认真的科学作风、理论联系实际的工程观点，还可以培养学生创新精神、合作意识以及严谨踏实的学习习惯和精益求精的工作态度，养成适合于工程学科高效率地建构知识体系的科学思维模式，提升逻辑思维能力、归纳能力、分析及解决问题的能力、实验研究能力等。

2. 知识体系

电路分析基础课程知识体系如图 0-1 所示。通过梳理电路的知识点脉络，使读者做到通观全局，心中有数。作为电路理论的基础和入门，本书主要讨论电路分析的基本规律（电路元件的伏安关系、基尔霍夫定律、电路定理）和电路的各种计算方法，为学习后续课程打下基础。电路有线性电路和非线性电路之分，线性电路是指由线性元件和电源组合而成的电路，线性元件是指参数与电压、电流无关的元件。本书的第 1～14 章讨论的都是线性电路，第 15 章讨论的是非线性电路。对外有两个端子的网络称为二端网络，两个端子构成一个端口，故又将其称为一端口网络。如果网络具有两个端口，在每个端口上都满足从一个端子流入的电流等于从另一个端子流出的电流的端口条件，则这样的四端网络称为二端口网络。二端口网络见本书的第 14 章。根据感兴趣的时段分为稳态电路和暂态（动态）电路，根据负载性质是否含有储能元件（电容或电感）分为电阻电路和动态电路，根据电源性质分为直流电路和交流电路。由于直流电路中无源元件只有电阻，所以直流电路是电阻电路。电路分析基础知识体系遵循从简到繁、从易到难的原则，先静态（直流电阻电路分析），后暂态（动态电路过渡过程分析），再稳态（正弦和非正弦周期电路分析）。由电阻电路到动态电路，由直流电路到交流电路，由稳态分析到暂态分析。学习本课程，应深入地理解电路的基本规律及有关物理概念，学会分析计算电路的方法，并充分了解这些规律、概念、方法的适用范围和使用条件，以便用所学的电路分析基础理论知识去解决今后学习和工作中所遇到的电路问题。

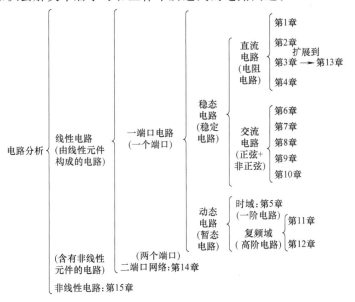

图 0-1　电路分析基础知识体系

0.3　电路分析基础学习方法及学习建议

1. 课前预习，独立思考，主动学习，持之以恒

为了学好本课程，首先要求具有正确的学习目的和态度。在学习中能够刻苦钻研、用心揣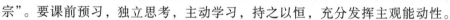摩，才能获得优良成绩。上大学，很重要的就是要学会"学习"，能学到的最长久、最有用的东西是学科思维的方法。电路"入门"难是普遍存在的问题。难就难在对基本概念似是而非，基本原理理解不透，基本分析计算方法掌握不牢、应用不足。牢固掌握基本概念、基本理论、工作原理和分析方法是最重要的。概念是不变的，基本电路构成的原理是不变的，具体电路是多种多样的、灵活的，但"万变不离其宗"。要课前预习，独立思考，主动学习，持之以恒，充分发挥主观能动性。

2. 认真听讲，课堂理解，把握重点，注重特点

上课时要认真听讲、积极思考，要理解问题是如何提出和引申的，又是怎样解决和应用的。在分析问题时，需要知道要求解的问题是哪部分知识，要注意各部分内容之间的联系，能提出问题。要重在理解，不要死记硬背，要把握重点，注重特点。

3. 课后练习，温故知新，突破难点，融会贯通

课后通过练习可以巩固和加深对所学理论的理解，并培养分析和解决问题的能力，温故知新，学以致用。应完整掌握课程知识体系，培养自学能力，勤于思考，及时挖掘并排除疑点，有问题及时解决。对每章节的重点和难点要系统地总结，突破难点，融会贯通。要运用所学的知识去理解各章节的内在联系。要善于自主学习，善于思考问题，要多看参考书。

4. 重视实践，勤思多练，善于归纳，勇于创新

要珍惜实验课的基本训练，注重实践技能的培养。通过实验验证和巩固所学理论，并培养良好的实验素质和严谨的科学作风，提高动手能力。掌握常用实验仪器的功能及使用方法。理论与实践结合，举一反三，重视实践，勤思多练，善于归纳，勇于创新，互相促进，全面提高。

第 **1** 章

电路模型和电路定律

知识图谱（★表示重点，△表示难点）

1.1 实际电路和电路模型：实际电路→电路模型→电路分析→电路响应

电路模型和电路定律
- 基本物理量
  - 1.2 电流、电压及其参考方向
    - 电流及其参考方向
    - 电位、电压和电动势（★）
  - 1.3 电功率和电能（★，△）
    - 电功率
      - 关联：$p = ui$
      - 非关联：$p = -ui$
    - 电能：$W = Pt = UIt$，1 度 $= 1\text{kWh} = 10^3\,\text{W} \times 3600\text{s} = 3.6 \times 10^6\,\text{J}$
- 两类约束
  - 元件约束
    - 1.4 电阻元件
      - 关联：$u = Ri$
      - 非关联：$u = -Ri$
    - 1.5 独立电源
      - 电压源：$\overset{I}{\longrightarrow}\ +\overset{U_S}{\ }-$　区分：圆形贯穿线
      - 电流源：$I_S\ +\overset{U}{\ }-$　区分：圆形截断线
    - 1.6 受控电源（★，△）
      - 受控电压源：$+\Diamond-$　区分：菱形贯穿线
      - 受控电流源：$\Diamond$　区分：菱形截断线
  - 拓扑约束
    - 1.7 基尔霍夫定律（★，△）
      - KCL：$\sum i_\text{入} = \sum i_\text{出}$ 或：$\sum i = 0$（流出为正，流入为负）
      - KVL：$\sum RI = \sum U_S$ 或：$\sum U = 0$（一致为正，相反为负）
- 1.8 应用案例——防电击接地电路模型

　　本章从实际电路出发，介绍电路模型、电路的基本物理量、电流和电压参考方向、电路元件和电路定律以及电路模型的应用案例。着重把握两类约束：元件自身的电流、电压关系，即元件约束（如电阻元件的欧姆定律）；元件之间的拓扑关系，即结构约束（基尔霍夫定律）。两类约束是电路分析的两个重要依据。本章内容是全书的基础，学习时要深刻理解，熟练掌握。

🔷 学习目标

1. 知识目标

　　深刻理解和掌握电流、电压及其参考方向的概念；熟练掌握电功率的计算；会应用基尔霍夫定律分析电路。

2. 能力目标

　　具有熟练地解决含有受控源的简单电路计算的能力；深刻理解掌握基尔霍夫电流定律与基尔霍夫电压定律内容，能熟练灵活运用这两个电路基本定律分析计算简单的直流电路及电路中各点的电位。

3. 素质目标

　　在学习伊始，应掌握电路课程的最前沿内容和最新动态，电路的发展现状，了解国产芯片在技术封锁中艰难求发展的历史，并结合美国对我国发动贸易战和芯片制裁的时事，认识到实现我国芯片自主权的时代重任。结合"中国制造 2025"对人才的需求，为了我们的中国

"芯"从"中国制造"到"中国创造",实现中国"智"造,真"材"实"料",树立科技报国、人才强国的价值观和人生观。实现国家富强、民族振兴、人民幸福的中国梦,离不开强大的科技支撑,核心科技是国之重器。科技兴则民族兴,科技强则国家强。激励我们以祖国强盛为己任,为自主知识产权而珍惜时间、刻苦钻研、奋发学习、有所作为、成才报国。育人必先育德,育德必先育魂。通过深入挖掘专业知识蕴含的德育元素,激发我们的专业认同感和行业自豪感,系好电类专业的第一颗纽扣,提升学习兴趣和对电路课程学习的热情,树立远大理想,增强家国情怀意识,培养认真负责、使命担当的工匠精神,勇敢地肩负起时代赋予的光荣使命,成为专业过硬,具备较强创新、创业和实践能力的复合型、应用型的国家栋梁。

1.1 实际电路和电路模型

1.1.1 实际电路

扫一扫 看视频

身边的实际电路无处不在,为什么要用实际电路呢?实际电路是为完成某种应用目的,由若干电气设备或元件相互连接而成的电流通路(也叫网络、系统)。

1. 实际电路的功能

实际电路种类繁多,功能各异,按功能可分为两大类:

(1)进行能量的产生、传输、分配与转换

电力系统(发电、输变电、配电、用电)如图1-1所示。发电厂的发电机将其他形式的能量(热能、风能、太阳能等)转换为电能,然后通过输电线、变压器输送给各用户负载,再将电能转换为其他形式的能量,如机械能(负载是电动机)、光能(负载是灯泡)、热能(负载是电炉等),为人们的生产、生活所利用。电力系统因其电流和电功率的值较大,俗称强电电路。

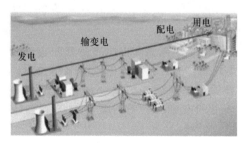

图1-1 电力系统

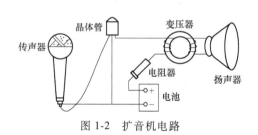

图1-2 扩音机电路

(2)实现信号的传递、变换、处理及控制

扩音机电路如图1-2所示,通过传声器把语言或音乐(通常称为信息)转换为相应的电信号(电流或电压),由于由传声器输出的电信号比较微弱,不足以推动扬声器发声,因此中间还要有放大、变换作用的中间环节,如晶体管、变压器等。最后送到扬声器还原为语言或音乐,从而完成声音放大的任务。因其电流和电功率的值较小,俗称弱电电路。

2. 实际电路的组成

图1-3a所示的手电筒实际照明电路是由电源(干电池)、负载(灯泡)、

扫一扫 看视频

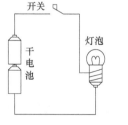

a)手电筒实际电路

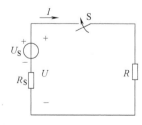

b)手电筒电路模型

图1-3 手电筒实际电路与电路模型

开关和若干理想导线组成的最简单电路。当开关闭合后，形成了通路，在这个闭合通路中就会有电流通过，于是灯泡发光。

可见，实际电路由电源（或信号源）、负载和中间环节三部分组成。

1）电源（或信号源）：是提供电能或电信号的装置，将其他形式的能量转换为电能（如电池、发电机）或电信号（如传声器）等。

2）负载：是用电设备，将电能转换成其他形式能量（如白炽灯、电动机）或各种收信设备（如扬声器）等。

3）中间环节：是连接电源和负载的部件，起传输、变换、控制和测量电能或电信号的作用，如导线（电缆）、变压器、开关和电表等。

电路在电源或信号源作用下，才会产生电流、电压，电源或信号源推动电路工作，称为激励（输入）；由激励所产生的电流、电压称为响应（输出）。电路分析是在已知电路结构和元件参数的条件下，讨论激励（输入）与响应（输出）之间的关系，并分析和求解响应（输出）。

1.1.2 电路模型

电路分析的不是实际电路，而是实际电路模型化后的电路模型。模型是对实际研究对象的科学抽象和模拟。如数学学科中没有宽窄厚薄的"直线"，物理学科中不占空间尺寸却有一定质量的"质点"和"刚体"，化学学科中的"元素"，电磁学中的"点电荷"都是模型的典型例子。对一个物体分析它的受力并不是对这个实际物体做分析，而是把实际物体看作一个有质量，但没有大小，没有体积，绝对小的质点。很显然，质点并不是实际物体，但是通过对质点进行受力分析，就可以得到实际物体的受力情况。所以模型化的处理方法在自然辩证法中是一种非常常用的、普遍适用的、科学的处理方法。这种方法就是用模型替代原型，通过对模型分析得到原型的特征、本质的一种方法。这种方法对电路分析一样适用。将实际电路模型化需要满足一个假设，叫集总化假设。

1. 集总化假设

理想电路元件是抽象的模型，没有体积和大小，其特性集中表现在空间的一个点上，称为集总参数元件，每一种集总参数元件只反映一种基本电磁现象，由其组成的电路称为集总参数电路。在集总参数电路中，任何时刻该电路任何地方的电流、电压都是与其空间位置无关的确定值。用集总参数电路来近似代替实际电路是有条件的：电路元件及其整个实际电路的几何尺寸 d 远小于电路工作频率对应的波长 λ，即

$$d \ll \lambda \qquad \lambda = vT = \frac{c}{f} = \frac{3 \times 10^8 \text{m/s}}{50 \text{Hz}} = 6 \times 10^6 \text{m} = 6000 \text{km} \qquad (1\text{-}1)$$

式中，电磁波在空气中的传播速度 v 接近于光速（$c = 3 \times 10^8 \text{m/s}$），频率 $f = 50 \text{Hz}$（周期 $T = f^{-1}$）。因此，对于几何尺寸远小于 6000km 的一般的实际电路，都认为是集总参数电路，这就是集总化假设。

根据电磁场理论，电场和磁场的相互作用将产生电磁波。因此，只有当实际电路由于电磁波的辐射而产生的能量损失可以忽略不计时才能采用"集总"的概念。此时可以认为传送到电路各处的电磁能量是同时到达的，可以将电路元件视为"集中"在电磁空间的一个点，作为一个整体看待。之所以用"集总"称呼，是因为"集"的含义是"集中"，"总"的含义是"整体"。不满足 $d \ll \lambda$ 的远距离高压输电线路和微波电路（$\lambda = 0.1 \sim 10 \text{cm}$）是分布参数电路的典型例子，其特点是电路中的电流、电压不仅是时间的函数，而且也与元件的几何尺寸和空间位置有关。本书只讨论集总参数电路，后文简称为电路。

2. 电路模型与理想电路元件

实际电路千差万别，其工作时物理过程复杂，不便分析和研究，但具有同一电路理论基

础。为了方便分析和计算，需要在一定条件下抽象成理想的电路模型。电路模型是由反映实际电路元件的主要电磁性质的理想电路元件及其组合构成的电路图。理想电路元件具有确定的电磁性质，精确的数学定义，是不可再分的最小单元。其中基本的理想电路元件及电路符号如图1-4所示。以后省去"理想"二字，简称电路元件。

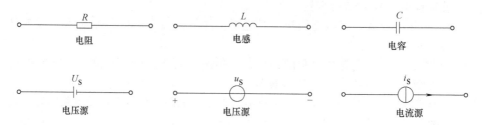

图1-4 理想电路元件及电路符号

电阻 R 表示消耗电能的元件，如白炽灯、电阻器、电炉等；电感 L 表示产生磁场，储存磁场能量的元件，如电感线圈；电容 C 表示产生电场，储存电场能量的元件，如各种材质的电容器。电阻、电感、电容是组成电路基本的三大无源元件。电源元件是有源元件，表示各种将其他形式的能量转换成电能的元件，有电压源和电流源。以图1-3a所示的手电筒实际电路为例，将其抽象为理想的电路模型如图1-3b所示。根据各元件的电磁性质，干电池有使用寿命，内部有电能损耗，用理想电压源 U_S 串联内阻 R_S 作为电路模型，分别反映干电池内化学能转换为电能，以及干电池本身耗能的物理过程。灯泡用负载电阻 R 作为电路模型，反映了将电能转换为热能和光能这一物理现象，通过开关和理想导线连接到一起，组成一个完整的电路。以后电路课程中面向的不是实际电路，而是这样的电路模型。电路模型只反映实际电路的主要电磁性质及其相互连接，不反映实际电路的内部结构、几何形状及相互位置。电路模型是实际电路的理想化抽象，采用电路模型来分析电路，不仅使计算过程大为简化，而且能更清晰地反映电路的物理实质。建立电路模型（建模）方法如下。

3. 建模方法

1）具有相同的主要电磁性能的实际电路元件，在一定条件下可用同一模型表示，如电炉、电灯、电熨斗等都是以消耗电能为主的设备，都用电阻 R 表示。

2）同一个实际电路元件在不同的应用条件下以及对模型精确度有不同要求时，它的模型可以有不同的形式。例如，一个实际线圈建模时，根据"抓住主要因素，忽略次要因素"的原则，具体问题具体分析。直流电路中，由于不存在电磁感应，电感和电容可忽略不计，可用一个只具有耗能特性的电阻元件 R 来模拟；低频交流不计损耗时，等效成一个电感 L ；低频交流考虑损耗时，就要用电阻 R 和电感 L 的串联组合模拟；高频交流时，线圈绕线间的电容效应就不容忽视，还需考虑匝间和层间的分布电容，所以其模型还需要包含电容元件 C 。实际线圈在不同情况下的模型如图1-5所示。

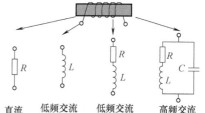

图1-5 实际线圈在不同情况下的模型

3）在建立电路模型时，并非模型越精确越好。通常我们在计算量和精确度之间进行折中，选择最合适的电路模型。实际电路的电路模型选取恰当，分析和计算结果就与实际情况接近，否则会造成较大误差。

至于如何构成实际电路的电路模型，即如何建模，涉及多方面的综合知识，本课程不做深入讨论。

思考与练习

1.1-1 实际电路由哪几部分组成？试述电路的功能。

1.1-2 理想电路元件与实际电路元件有何不同？常用的理想电路元件有哪些？

1.1-3 为什么要用电路模型来表示电路？本书所说的"电路"指的是什么？

1.1-4 试画出实际线圈的电路模型。

1.2 电流、电压及其参考方向

电路的电气特性是由电流、电压和电功率等物理量来描述的。电路分析的基本任务是分析电路模型中的电流、电压和电功率的变化规律。在电路理论中，电流和电压是基本变量，通过它们可以计算出电路中的其他物理量，如电能、电功率等。

1.2.1 电流

1. 电流

电荷的定向移动形成电流，如图 1-6 所示。电流为单位时间 t 内通过导体横截面的电荷量 q，即

$$i = \frac{dq}{dt} \tag{1-2}$$

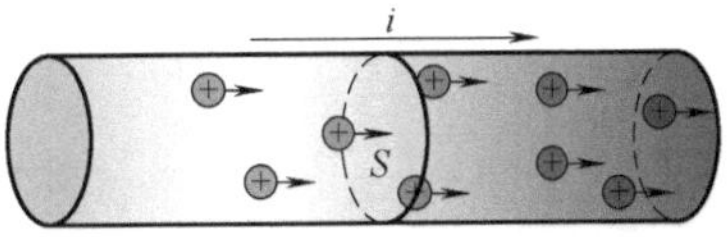

图 1-6 电流定义示意图

在国际单位制中，电流单位为安培（简称安，用 A 表示）。电力系统中常用的电流大小为几百安至几千安，而电子电路中常用的电流大小为几毫安至几安。在实际应用中，电流有时也常用其辅助单位：千安（kA）、毫安（mA）和微安（μA）表示。它们的换算关系是

$$1kA = 10^3 A; 1mA = 10^{-3} A; 1\mu A = 10^{-6} A$$

大小和方向都不随时间变化的电流称为恒定电流或直流电流（DC），用大写字母 I 表示，否则称为时变电流，用小写字母 i 或 $i(t)$ 表示。大小和方向随时间做周期性变化且平均值为零的时变电流称为交流电流（AC）。

扫一扫 看视频

2. 电流的参考方向

分析电路时，除了要计算电流的大小外，同时还要确定它的方向，才能着手分析电路。电流的实际方向习惯上规定为正电荷移动的方向。在电路分析时，常常不能事先确定复杂电路中电流的实际方向，而且时变电流的实际方向又在随时间不断变动，为此，引入电流的参考方向（正方向）。

电流参考方向可以任意设定，如用一个箭头表示某电流的假定正方向，就称为该电流的参考方向。当电流的实际方向（图 1-7 虚线箭头）与参考方向（图 1-7 实线箭头）一致时，电流的数值就为正值（$i>0$），如图 1-7a 所示；当电流的实际方向与参考方向相反时，电流的数值就为负值（$i<0$），如图 1-7b 所示。

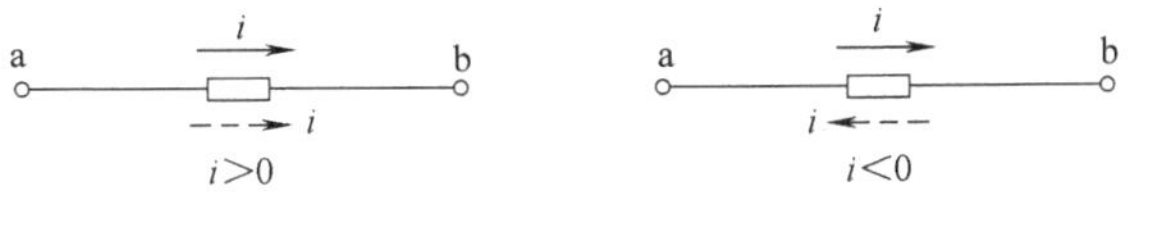

a) 电流实际方向与参考方向相同   b) 电流实际方向与参考方向相反

图 1-7 电流实际方向与参考方向

电流的参考方向标记方法有两种：一是在电路中，画一个实线箭头，并标出电流名称；二是用双下标表示，如 i_{ab} 表示电流由 a 流向 b。

扫一扫　看视频

1.2.2　电位、电压和电动势

1. 电位

俗话说："水往低处流"，水位（水距离基准位置的高度）越高，水所具有的位能越高，使水流动的压力也越大，如图1-8a所示。在这个过程中，水会做功。

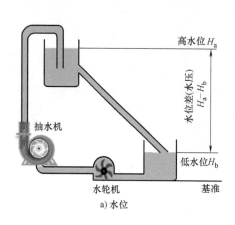
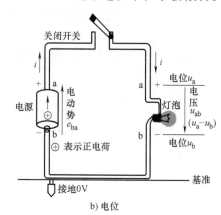

图1-8　电位、电压和电动势原理示意图

电也同样，如图1-8b所示。如同水路中的每一处都有水位一样，电路中的每一点都是有电位的。讲水位首先要确定一个基准面（即参考面），讲电位也一样，要先确定一个基准（参考点），规定参考点的电位为零。在电力系统中，工程上习惯通常选择大地为参考点，用粗绝缘电线（被覆颜色为黄绿色）的一端与一根打入地下的金属棒相连接，称为地线或接地。在生产实践中，凡是机壳接地的设备（接地符号是"⏚"），机壳电位即为零电位；在电子电路中，一般都把电源、信号输入和输出的公共端或公共线选为参考点，用符号"⊥"表示。同一电路中，只能选取一个参考点。

2. 电压

正像在循环水路中靠抽水机将水从低处上扬到高处产生水压使水定向流动形成水流一样，在电路中靠电源产生的两点之间的电压来使电荷定向移动，电路才能有持续的电流，电压是电路中产生电流的根本原因。电场力将单位正电荷由 a 点移到 b 点时所做的功，称为电压，即

$$u_{ab} = \frac{\mathrm{d}w_{ab}}{\mathrm{d}q} \tag{1-3}$$

电压和电位是衡量电场力做功本领的物理量；电路中两点间电压的大小只取决于两点间电位的差值，是绝对的量；电位是相对的量，其高低正负取决于参考点。电压与电位的关系为

$$u_{ab} = u_a - u_b \tag{1-4}$$

3. 电动势

如同水路中的水泵能够把低处的水抽到高处的作用一样，电池等电源不断地把正电荷从低电位（电源负极）经电源内部移到高电位（电源正极），电路中才能有连续不断的电流。所谓电动势，英语为"electromotive force"，即产生电的力。它反映了外力在电源内部克服电场力将单位正电荷从电源负极 b 移到电源正极 a 所做的功，用 e_{ba} 表示。

$$e_{ba} = \frac{\mathrm{d}w_{ba}}{\mathrm{d}q} \tag{1-5}$$

可见，电压、电动势两者大小相等，但方向相反。电动势的方向为电源推动正电荷运动的方向，即电位升的方向。始终维持恒定电压的电源叫作"直流电源"。常用的 5 号干电池，外壳所标示的 1.5V，就是指电源电动势为 1.5V。

电位、电压、电动势三者定义式的表达形式相同，因此它们的单位相同，都是伏特（V）。实际应用中，大电压用千伏（kV）表示，小电压用毫伏（mV）或者用微伏（μV）表示。它们的换算关系是

$$1kV = 10^3V; 1mV = 10^{-3}V; 1\mu V = 10^{-6}V$$

4. 电压的参考方向

电压的实际极性定义为从高电位端（正端"+"）指向低电位端（负端"-"）。如同电流一样，在电路图中任意指定的电压方向称为电压的参考方向（或参考极性）。电压参考方向用实线箭头表示或用正（+）、负（-）极性表示。正极指向负极的方向就是电压的参考方向。另外还可用双下标表示。例如，a、b 两点间的电压 u_{ab}，它的参考方向是由 a 指向 b。如图 1-9 所示，经过计算若求得 $u>0$，表明电压的实际方向与参考方向相同；$u<0$，则表明电压的实际方向与参考方向相反。

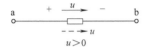
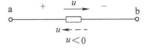

a) 电压实际方向与参考方向相同　　　　　b) 电压实际方向与参考方向相反

图 1-9　电压实际方向与参考方向

电流、电压的参考方向可以分别独立地任意指定，如果指定电流的参考方向和电压的参考方向一致，即电流从电压的"+"极流向"-"极，则称电流、电压为关联参考方向，如图 1-10a 所示；否则称为非关联参考方向，如图 1-10b 所示。

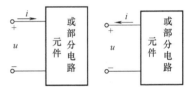

a) 关联参考方向　　b) 非关联参考方向

图 1-10　关联和非关联参考方向

注意：在电路分析时，应先标出电流、电压参考方向，再列方程计算，所得电流、电压的正负仅对参考方向而言。参考方向不同时，其表达式相差一个负号，但实际方向不变。

【例 1-1】　电流、电压参考方向如图 1-11 中所标注，问：A、B 两部分电路电流、电压参考方向是否关联？

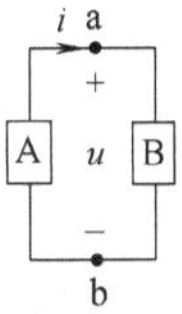

解：对于 A，因为电流、电压参考方向相反，所以电流、电压参考方向非关联。

图 1-11　例 1-1 图

对于 B，因为电流、电压参考方向相同，所以电流、电压参考方向关联。

思考与练习

1.2-1　电压、电位、电动势有何异同？

1.2-2　在电路分析中，引入参考方向的目的是什么？应用参考方向时，会遇到"正、负，加、减，相同、相反"这几对词，你能说明它们的不同之处吗？

1.2-3　取不同的参考方向将会对实际方向有影响吗？

1.2-4　有人说"电路中两点之间的电压等于该两点间的电位差。因这两点的电位数值随参考点不同而改变，所以这两点间的电压数值也随参考点的不同而改变"，试判断其正误，并给出理由。

扫一扫 看视频

1.3　电功率和电能

在电路分析和计算中，一方面电气设备和器件在使用时都有功率的限制，在使用中需要注意其电流或者电压是否超过额定值，过载会使设备或部件损坏，或是不能正常工作；另一方面电路工作时总会有电能与其他形式的能量进行交换，所以电功率和电能的计算是十分重要的。

1.3.1　电功率

电路中存在着能量的传输。讨论能量传输的快慢使用电功率变量。

1. 电功率

单位时间内电场力所做的功称为电功率，简称功率，是电能对时间的变化率，记为 $p(t)$ 或 p，且有

$$p = \frac{\mathrm{d}w}{\mathrm{d}t} = \frac{u\mathrm{d}q}{\mathrm{d}t} = ui \tag{1-6}$$

在国际单位制中，功率的单位为瓦特，简称瓦（W）。常用的单位还有千瓦（kW）、毫瓦（mW）等。

$$1\mathrm{kW} = 10^3\mathrm{W}, \ 1\mathrm{mW} = 10^{-3}\mathrm{W}$$

2. 电功率的计算

元件上的电功率有吸收（消耗）和发出（产生）两种可能，用功率计算值的正负来区别，以吸收（消耗）功率为正。我们在分析电路时，如图 1-12 所示，电功率计算式（1-6）就可以表示为以下两种形式：

当 i、u 为关联参考方向时，有

$$p = ui（直流功率\ P = UI） \tag{1-7}$$

当 i、u 为非关联参考方向时，有

$$p = -ui（直流功率\ P = -UI） \tag{1-8}$$

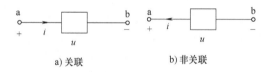

a) 关联　　　　b) 非关联

图 1-12　元件上的电功率

在式（1-7）、式（1-8）规定下，无论关联与否，只要计算结果 $p > 0$，则该元件就是在吸收功率，即消耗功率，该元件是负载；若 $p < 0$，则该元件是在发出功率，即产生功率，该元件是电源。

根据能量守恒定律，对一个完整的电路，发出功率的总和应正好等于吸收功率的总和，对所有的电路来说，$\Sigma p = 0$ 均成立，称为功率守恒。

【**例 1-2**】　图 1-13 所示的电路中，已知：$U_{S1} = 15\mathrm{V}$，$U_{S2} = 5\mathrm{V}$，$R = 5\Omega$，试求电流 I 和各元件的功率，并验证功率守恒。

解： 由图 1-13 中电流的参考方向，可得

$$I = \frac{U_{S1} - U_{S2}}{R} = \frac{15-5}{5} = 2\mathrm{A}$$

电流为正值，说明电流参考方向与实际方向一致。

根据对功率计算的规定，可得

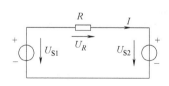

图 1-13　例 1-2 图

元件 U_{S1} 的功率 $P_{S1} = -U_{S1}I = -15 \times 2 = -30\mathrm{W}$（发出功率）

元件 U_{S2} 的功率 $P_{S2} = U_{S2}I = 5 \times 2 = 10\mathrm{W}$（吸收功率）

元件 R 的功率 $P_R = I^2R = 2^2 \times 5 = 20\mathrm{W}$（吸收功率）

$\therefore P_{吸收} + P_{发出} = 10 + 20 - 30 = 0\mathrm{W}$

∴ $\sum P = 0$ 功率守恒。

实际电路中，电阻的电压与电流的实际方向总是一致的，说明电阻总在消耗电能；而电源则不然，其功率可能为正也可能为负，这说明它可能作为电源提供电能，也可能被充电，吸收电能。

1.3.2 电能

电流能使电灯发光、电炉发热、电动机转动，说明电流具有做功的本领。电流所做的功称为电功。电流做功的同时伴随着能量的转换，其做功的大小可以用电能进行度量。

1. 电能

元件从 t_1 到 t_2 的时间内消耗或提供的电能为

$$w(t) = \int_{t_1}^{t_2} p\mathrm{d}t = \int_{t_1}^{t_2} ui\mathrm{d}t \qquad (1\text{-}9)$$

直流时
$$W = UI(t_2 - t_1) \qquad (1\text{-}10)$$

2. 电能的度量

在国际单位制中，电能的单位是焦耳（J）。1 J 等于 1W 的用电设备在 1s 内消耗的电能。通常电力部门用"度"作为单位测量用户消耗的电能，它等于功率为 1kW 的设备在 1h 内所消耗的电能，即

$$1\ 度 = 1\mathrm{kWh} = 10^3 \times 3600 = 3.6 \times 10^6 \mathrm{J}$$

【例 1-3】 北京地区用电按每度（kWh）收费 0.45 元计算。某教室照明用电平均电流为 10A，供电电压额定值为 220V，每天开灯 6h，每月按 30 天计算，求出每月用电量和费用是多少？

解： 用电量 $W = UIt = 220 \times 10 \times 6 \times 30 = 396\mathrm{kWh} = 396\ 度$

费用 $J = 0.45 \times 396 = 178.2\ 元$

思考与练习

1.3-1 如何判别元件是电源还是负载？

1.3-2 电功率大的用电器，电能也一定大。这种说法正确吗？为什么？

1.3-3 有一白炽灯，额定电压为 220V，额定功率为 40W，每天工作 5h，一个月（按 30 天计）共消耗多少度电？

1.3-4 研究当端口的电压与电流取非关联参考方向时，功率计算的正负与端口吸收（或发出）能量的关系。

1.4 电阻元件

1.4.1 线性电阻

电阻元件是从实际电阻器抽象出来的理想化电路模型，只反映电阻器对电流呈现阻力的性能，具有消耗电能的单一电特性。实际电阻器，如碳膜电阻器、金属膜电阻器、绕线电阻器、电位器等如图 1-14 所示。

1. 线性电阻

电阻元件可分为线性电阻和非线性电阻两类，图形符号如图 1-15 所示。如无特殊说明，本书所称电阻元件均指线性电阻，简称电阻，用符号 R 表示。线性电阻在任何时刻，电压与流过的电流服从欧姆定律。

在电流、电压关联参考方向下，如图 1-16a 所示，线性电阻的伏安关系为

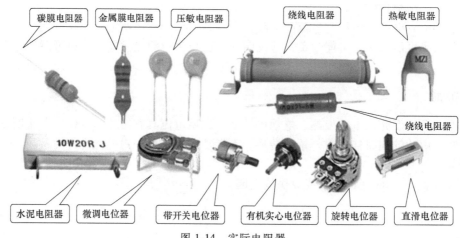

图 1-14　实际电阻器

$$u = Ri \tag{1-11}$$

在电流、电压非关联参考方向下，如图 1-16b 所示，线性电阻的伏安关系应写成

$$u = -Ri \tag{1-12}$$

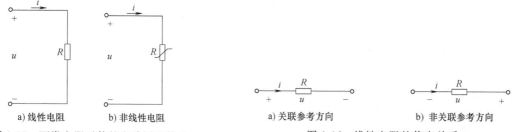

a) 线性电阻　　　b) 非线性电阻

图 1-15　两类电阻元件的电路图形符号

a) 关联参考方向　　　b) 非关联参考方向

图 1-16　线性电阻的伏安关系

R 是一个正实常数，单位为欧姆（Ω）。此外，电阻的单位还有千欧（$k\Omega$）、兆欧（$M\Omega$）等。

2. 伏安特性曲线

电阻上电流、电压关系曲线称为伏安特性曲线，线性电阻的伏安特性曲线是通过坐标原点的一条直线，如图 1-17a 所示。电阻值随电流、电压变化而变化的电阻则称为非线性电阻，非线性电阻的电阻值不是常数，可通过实验的方法测得其伏安特性曲线，如图 1-17b 所示。由特性曲线可看出，某一时刻的电压 u（电流 i）完全由同一时刻的电流 i（电压 u）决定，而与该时刻之前的电流（电压）值无关，所以线性电阻 R 是无记忆元件。由 $i = u/R$ 可知，在一定的

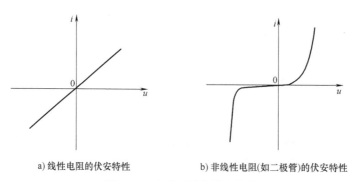

a) 线性电阻的伏安特性　　　b) 非线性电阻(如二极管)的伏安特性

图 1-17　电阻元件的伏安特性

电压下，电阻的阻值越大，流过该电阻的电流就越小，因此电阻值的大小反映了该元件阻碍电流流通的能力。

3. 电导

电阻的倒数称为电导，用符号 G 来表示，电导的单位为西门子（S），即

$$G = \frac{1}{R} \tag{1-13}$$

显然，一个电阻元件的电阻值越大，其电导值越小，导电能力越差；电阻值越小，其电导值越大，导电能力越好。可见，电导值是从电阻元件导通电流能力上去描述电阻特性的。

1.4.2 短路与开路

线性电阻的电阻值由它的伏安特性曲线的斜率来确定，是一个常数。电阻元件除了接通电源处于正常的导通工作状态外，还有两种特殊的工作状态，如图 1-18 所示。

1）短路：对于线性电阻，不论流过它的电流 i 为何值，只要其端电压 u 恒为 0，其伏安特性曲线与 i 轴重合，就称其为"短路"。相当于 $R=0$，如图 1-18a 所示。

2）开路：对于线性电阻，不论端电压 u 为何值，只要流过它的电流 i 恒为 0，其伏安特性曲线与 u 轴重合，就称其为"开路"或"断路"，相当于 $R \to \infty$，如图 1-18b 所示。

图 1-18 电阻的短路和开路

1.4.3 功率与电能

电阻通以电流，电能转换为热能，热能向周围扩散后，不可能再直接回到电源而转换为电能。

$$p = ui = i^2 R = \frac{u^2}{R} \tag{1-14}$$

在直流电路中：

$$P = UI = I^2 R = \frac{U^2}{R} \tag{1-15}$$

$$W = UIt = I^2 Rt \tag{1-16}$$

$R>0$，p 或 W 恒为非负值，因此线性电阻不仅是无源元件，而且是耗能元件。

电路元件和电气设备所能承受的电流、电压有一定的限度，都有一个规定的正常使用的数值，产品在给定工作条件下保证电气设备安全运行而规定的容许值称为电气设备额定值，它是指导用户正确使用电气设备的技术数据。电气设备在额定值工作时的状态称为额定工作状态。大多数电气设备（如电灯、电炉等）的寿命与其绝缘材料的耐热性能及绝缘强度有关。当电流超过额定值过多时叫过载，此时由于电气设备发热速度远远大于散热速度，设备的温度将很快上升，以至使绝缘层迅速老化、损坏，其灯丝或电阻丝也将烧毁；而当所加电压超过额定值过多时绝缘材料可能被击穿。如果电压或电流远低于其额定值叫轻载，电气设备将无法在正常的情况下工作，就不能发挥其自身潜力。一般来说，电气设备在额定工作状态时是最经济合理和安全可靠的，叫满载，并能保证电气设备有一定的使用寿命。电气设备的额定值常标在铭牌

上或写在说明书中。例如，一盏白炽灯上标有“220V、60W”，表示这盏灯的额定电压为220V，额定功率为60W。

【例 1-4】 有一个100Ω、1W的碳膜电阻器使用于直流电路，问：在使用时电流、电压不得超过多大的数值？

解：

$$P=\frac{U^2}{R}$$

$$U=\sqrt{PR}=\sqrt{1\times100}=10\text{V}$$

$$I=\frac{U}{R}=\frac{10}{100}=0.1\text{A}$$

思考与练习

1.4-1 额定电压相同、额定功率不等的两个白炽灯，能否串联使用？

1.4-2 有时欧姆定律可写成 $U=-IR$，说明此时电阻值是负的，对吗？

1.4-3 某元件的电压与电流的参考方向一致时，就能说明该元件是负载，这句话对吗？

1.4-4 试写出图1-19所示电阻的VCR关系式（欧姆定律）和功率的表达式。

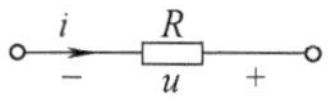
i
R
−
u
+

图 1-19 题 1.4-4 图

1.5 独立电源

扫一扫 看视频

提供能量的电池、发电机、太阳电池等都是日常应用最广泛的实际电源，如图1-20所示。

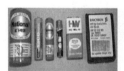

常用的干电池和可充电电池
蓄电池
发电机组
H_2
O_2
碳电极
KOH水溶液
燃料电池(化学电源)
实验室使用的直流稳压电源
太阳电池(光电池)

图 1-20 实际电源

独立电源（简称独立源）是实际电源的理想电路模型，是能够独立向外电路提供电能或电信号的有源元件，能独立地激活电路，所以独立电源又称“激励”，分为电压源和电流源两种类型。

1.5.1 电压源

1. 理想电压源

理想电压源简称电压源。图1-21a为理想电压源的一般图形符号，图中 $u_S(t)$ 为电压源电压，“+”“−”为其参考极性。若 $u_S(t)=U_S$，则表示直流电压源，其图形符号也可用图1-21b表示，是理想电池符号，专指理想直流电压源（因为它的电压值恒定也称为恒压源）。其中长线段表示正极，短线段表示负极。

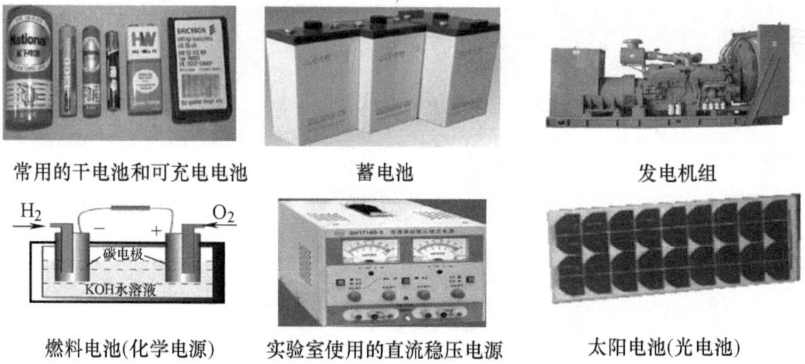

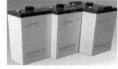

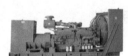

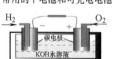

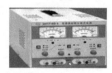

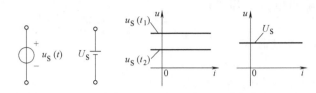

a) 理想电压源   b) 理想电池   c) 理想电压源的伏安特性曲线

图 1-21 　理想电压源及其伏安特性曲线

2. 理想电压源特点

理想电压源与外电路相连时具有如下特点：

1）理想电压源输出电压 u 为给定的时间函数 $u_S(t)$ 或定值 U_S，不随所接外电路的变化而变化。

2）理想电压源输出电流 i 随所接外电路的变化而变化。

3. 理想电压源伏安特性曲线

理想电压源的伏安特性曲线如图 1-21c 所示，在 u-i 平面上，任何时刻其电压都是一条与电流轴平行的直线。理想电压源的伏安特性可写为

$$\begin{cases} u = u_S \\ i \equiv 任意值 \end{cases} \tag{1-17}$$

4. 理想电压源开路与短路

1）若 $R \to \infty$，$i=0$，$u=u_S(t)$，则称理想电压源开路。

2）若 $R=0$，$i \to \infty$，$u_S(t)$ 或 U_S 为 0，其伏安特性曲线与 i 轴重合，理想电压源短路，出现故障，因此理想电压源不允许短路。如果需要去除含独立电源电路中某一个电压源的作用，则可以使该电压源 $u_S(t)=0$，即用短路置换，称为电压源置零。

5. 理想电压源功率

由于流经理想电压源的电流由外电路决定，电流可以从不同方向流经理想电压源，因此理想电压源可对电路提供能量（起激励作用），也可从外电路吸收能量（被充电，起负载作用）。

6. 实际电压源

没有任何能量损耗的理想电压源实际中并不存在。实际应用中，考虑到干电池或发电机等一些实际电源内阻的影响，把实际电源看成理想电压源 U_S 和内阻 R_S 串联组成，$R_S << R$，$R_S \to 0$，则 $U \approx U_S$，实际电压源可近似视为理想电压源。实际电压源和理想电压源关系如图 1-22 所示。

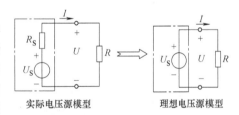

实际电压源模型 　　　　 理想电压源模型

图 1-22 　实际电压源和理想电压源关系

1.5.2 　电流源

1. 理想电流源

理想电流源简称电流源。图 1-23a 为理想电流源的一般图形符号，图中 $i_S(t)$ 为理想电流源电流，箭头为其参考方向。若 $i_S(t)=I_S$，则表示直流电流源（因为它的电流值恒定，也称为恒流源）。

2. 理想电流源特点

理想电流源与外电路相连时具有如下特点：

1）理想电流源输出电流 i 为给定的时间函数 $i_S(t)$ 或定值 I_S，不随接外电路的变化而变化。

2）理想电流源输出电压 u 随所接外电路的变化而变化。

3. 理想电流源伏安特性曲线

理想电流源的伏安特性曲线如图 1-23b 所示，在 u-i 平面上，任何时刻其电流都是一条与电压轴平行的直线。理想电流源的伏安特性可写为

$$\begin{cases} i = i_S \\ u \equiv \text{任意值} \end{cases} \qquad (1\text{-}18)$$

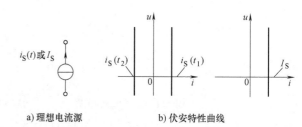

a) 理想电流源   b) 伏安特性曲线

图 1-23　理想电流源及其伏安特性曲线

4. 理想电流源开路与短路

1）若 $R = 0$，$i = i_S$，则 $u = 0$，理想电流源为短路状态。

2）若 $R \to \infty$，$u \to \infty$，理想电流源出现故障，电路为开路状态。理想电流源不允许开路。如果需要去除含独立电源电路中某一个电流源的作用，则可以使该电流源 $i_S = 0$，即用开路置换，称为电流源置零。

5. 理想电流源功率

由于理想电流源的端电压由外电路决定，根据不同的外电路，其端电压可以有不同的极性，因此理想电流源可对电路提供能量（起激励作用），也可从外电路吸收能量（被充电，起负载作用）。

6. 实际电流源

同样，理想电流源在实际中并不存在，因为电源内部不可能储存无穷大的能量，但对于光电池或电子电路中等效信号源等一些实际电源来说，实际电流源由电流源 I_S 和内阻 R_S 并联组成。当 $R_S \gg R$，$R_S \to \infty$，则 $I \approx I_S$，实际电流源可近似视为理想电流源。实际电流源和理想电流源关系如图 1-24 所示。

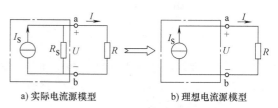

a) 实际电流源模型   b) 理想电流源模型

图 1-24　实际电流源和理想电流源关系

说明：一个实际的电源既可以用一个电压源串联电阻的形式来等效，也可以用一个电流源并联电阻的形式来等效，采取何种方式，并无严格规定，依计算繁简程度而定。其实，这两种等效形式在电路分析当中是可以互相置换的，具体内容将在第 2 章中介绍。

【例 1-5】　求图 1-25 所示电路中每个元件的功率。

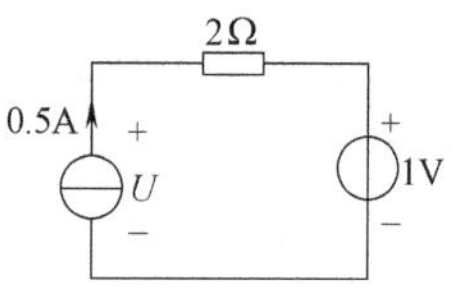

解：　流过电压源的电流由电流源决定，其电流为 0.5A。电压源的电压、电流为关联参考方向，其功率为

$$P_{U_S} = 0.5 \times 1 = 0.5\text{W} > 0 \quad （恒压源吸收功率）$$

电阻上的电压、电流为关联参考方向，所以 $U_R = 0.5 \times 2 = 1\text{V}$，$P_R = 0.5 \times 1 = 0.5\text{W}$（电阻吸收功率），电流源上的电压 $U = U_R + 1 = 1 + 1 = 2\text{V}$。

图 1-25　例 1-5 图

电流源上的电压、电流为非关联参考方向，所以 $P_{I_S} = -0.5 \times 2 = -1\text{W} < 0$（恒流源发出功率）。

由此可见，在电路工作过程中，电源既有供电也有充电的情况，这需要具体问题具体分析。

思考与练习

1.5-1　实际电源中，哪些是电压源？哪些是电流源？

1.5-2　电压源的特性并不理想，存在内阻。试分析：当电压源短路时电压与电流如何？

开路时电压与电流如何? 伴随电压源输出电流的上升,其两端电压变化趋势如何?

1.5-3 电流源的特性并不理想,存在漏电导。试分析:当电流源短路时电压与电流如何? 开路时电压与电流如何? 伴随电流源输出电压的上升,电流源的输出电流变化趋势如何?

1.5-4 有人说,"理想电压源可看成是内阻为零的电源,理想电流源可看成是内阻为无穷大的电源。"这种说法对吗? 为什么?

1.6 受控电源

扫一扫 看视频

1.6.1 受控源

受控电源(简称受控源)是从晶体管、耦合电感、场效应晶体管等电子元器件中抽象出来的理想电路元件,是一种与独立电源不同的电源,如图1-26所示。两类电源的主要区别在于:

1)独立电源是电路电能或电信号的真正本源,向电路提供的电流、电压不受外电路影响,仅按自身固有规律变化;而受控电源的输出受电路中某处电流、电压的控制,随控制量

晶体管 　　　 耦合电感 　　 场效应晶体管

图 1-26 受控电源

而变化,不是电能或电信号的真正生成者。例如,晶体管的集电极电流受基极电流的控制,场效应晶体管的漏极电流受栅极电压的控制等。

2)独立电源是二端元件,而受控电源是四端元件。

根据受控电源是受电压控制还是受电流控制,是受控电压源还是受控电流源,受控电源可分为4种类型:电压控制电压源(VCVS)、电流控制电压源(CCVS)、电压控制电流源(VCCS)、电流控制电流源(CCCS)。为了区别独立源,受控源用菱形表示。受控源有两对端钮:一对为输入端(控制端),用以输入电压或电流控制量;另一对为输出端(受控端),输出受控电压或受控电流。理想受控源的输入端和输出端都是理想的。电压控制时输入端为开路($I_1 = 0$);电流控制时输入端为短路($U_1 = 0$)。这样,理想受控源的输入功率损耗为零。在输出端,受控电压源为$R_S = 0$,输出电压恒定;受控电流源为$R_S = \infty$,输出电流恒定。电路符号如图1-27所示。

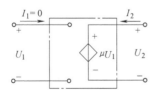

a)电压控制电压源(VCVS)

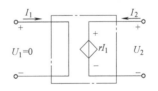

b)电流控制电压源(CCVS)

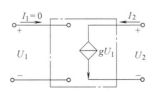

c)电压控制电流源(VCCS)

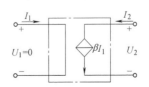

d)电流控制电流源(CCCS)

图 1-27 理想受控源的 4 种类型及符号

受控源虽然是四端元件，但是通常在电路中不专门画出受控源的控制端口，只需要在受控源的菱形符号旁注明受控关系，同时在控制支路旁标明控制量。当这些控制系数 μ、r、g、β 为常数时，被控制量与控制量成正比，这种受控源称为线性受控源，否则称为非线性受控源，本书只讨论线性受控源。

1.6.2　受控源的注意事项

1）受控源与独立源不同。独立源的输出量是独立的，独立源在电路中可以单独地起"激励"作用，在电路中产生电压、电流；受控源的输出量是不独立的，受控源电压（或电流）受电路中其他支路的电流或电压控制，只是起到了能量、信号转换的作用。

2）当整个电路中没有独立源存在时，受控源的控制量为零，此时受控源在电路中仅仅作为无源元件；若电路中有电源为受控源提供控制量时，它们则表现出能够向电路提供电压或电流的电源特性，即受控源是兼有"有源性"和"电阻性"双重特性的元件。

3）在含有受控源的电路分析中，受控源的处理与独立源并无原则上的不同，但必须注意在对电路进行化简时，不能随意把控制量的支路消除掉，因为受控源依附于控制量而存在。下面举一个例子加以说明。

【例 1-6】　图 1-28 中 $i_S = 2\text{A}$，VCCS 的控制系数 $g = 2\text{S}$，求 u。

解： 由欧姆定律得

$$u_1 = 5i_S = 10\text{V}$$
$$i = gu_1 = 2 \times 10 = 20\text{A}$$
$$u = 2i = 2 \times 20 = 40\text{V}$$

【例 1-7】　指出图 1-29 所示电路受控源类型。

解： 判断电路中受控源的类型时，应看它的符号形式，而不应以它的控制量作为判断依据。

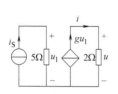

图 1-28　例 1-6 图

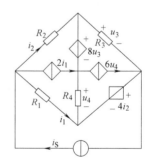

图 1-29　例 1-7 图

$8u_3$：电压控制电压源（VCVS）；$4i_2$：电流控制电压源（CCVS）；$2i_1$：电流控制电流源（CCCS）；$6u_4$：电压控制电流源（VCCS）。

思考与练习

1.6-1　哪类元件可以用受控源模型来模拟？

1.6-2　试阐述独立源与受控源的异同。

1.6-3　受控源 CCVS 的被控制量是电压还是电流？

1.6-4　如何理解受控源不是"激励"？

1.7 基尔霍夫定律

电路是由电路元件构成的，电路中各支路的电流、电压要受到两种基本规律的约束，即整个电路的表现如何既要看每个元件的电压、电流约束关系（元件约束），还要看元件的连接方式——基尔霍夫定律（拓扑约束）。基尔霍夫定律是分析集总参数电路的重要定律，是电路理论的基石。在阐述拓扑约束关系的基尔霍夫定律之前，为了便于理解，先以图1-30为例介绍几个有关的常用电路术语。

1.7.1 几个有关的常用电路术语

1）支路：通过同一电流的分支称为支路。通常把电压源和电阻的串联组合或电流源和电阻的并联组合作为一条支路（复合支路）处理。

2）节点：3条和3条以上的支路连接点称为节点。图1-30所示电路中有a和b两个节点。

3）回路：由支路构成的闭合路径称为回路。图1-30所示电路中有1、2、3三个回路。

4）网孔：内部不含支路的回路称为网孔。图1-30所示电路中有1、2两个网孔。网孔一定是回路，而回路不一定是网孔。

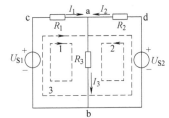

图1-30 电路结构

1.7.2 基尔霍夫电流定律（KCL）

1. KCL（节点电流定律）

在集总参数电路中，任一时刻，流入任一节点的电流之和等于流出该节点的电流之和，即

$$\sum i_入 = \sum i_出 \tag{1-19}$$

KCL是电荷守恒定律和电流连续性原理在集总参数电路中任一节点处的具体体现。根据电荷守恒定律，电荷在节点处既不能创造，也不能自行消失；根据电流连续性原理，支路任一截面上的电流应处处相等，因此，流入任一节点的电流之和等于流出该节点的电流之和，保持"收支"平衡。

例如，对于图1-31所示电路，对节点a写出节点电流方程为

$$I_1 + I_3 = I_2 + I_4$$

规定流出该节点的支路电流取正号，流入该节点的支路电流取负号，反之亦然，则上述方程可改写为

$$-I_1 + I_2 - I_3 + I_4 = 0$$

因而，KCL又可描述为：在集总电路中，任何时刻，对任意一个节点，所有流出（或流入）该节点的支路电流的代数和恒等于零。用公式表示为

$$\sum i = 0 \tag{1-20}$$

图1-31 节点上支路电流关系

2. KCL的推广

KCL不仅适用于节点，也适用于电路中任一闭合面，也叫广义节点。图1-32所示电路应用KCL有

$$I_A = I_{AB} - I_{CA}$$

$$I_B = I_{BC} - I_{AB}$$

$$I_C = I_{CA} - I_{BC}$$

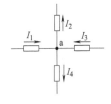

图1-32 KCL的推广应用

上列三式相加得

$$I_A + I_B + I_C = 0$$

或

$$\sum I = 0$$

可见，在任意瞬间，通过任意一个闭合面电流的代数和也恒等于零。

扫一扫 看视频

1.7.3 基尔霍夫电压定律（KVL）

1. KVL（回路电压定律）

在集总参数电路中，任一时刻，沿任一回路，所有支路电压的代数和为零，即

$$\sum u = 0 \tag{1-21}$$

式中，当支路电压参考方向与回路绕行方向一致时，电压前面取"+"号；反之取"-"号。

KVL 是能量守恒定律。当电荷在电路中移动时，有时会获得能量，有时会失去能量。如果获得能量，表示电压升高，如果失去能量，表示电压降低。根据能量守恒获得的能量必然等于失去的能量。所以。电压升高必然等于电压降低。这个就是 KVL 的内容。

$$\sum u_{升} = \sum u_{降} \tag{1-22}$$

以图 1-30 为例，沿着回路 3 顺时针绕行一周，列写 KVL 方程得

$$-U_{S1} + U_{ca} - U_{da} + U_{S2} = 0 \tag{1-23}$$

由于 $U_{ca} = R_1 I_1$ 和 $U_{da} = R_2 I_2$，代入式（1-23）有

$$-U_{S1} + R_1 I_1 - R_2 I_2 + U_{S2} = 0 \tag{1-24}$$

改写式（1-24）为

$$R_1 I_1 - R_2 I_2 = U_{S1} - U_{S2} \tag{1-25}$$

KVL 另一种形式：任一时刻，沿任一回路，电阻上电压降之和等于电压源电压升之和，即

$$\sum RI = \sum U_S \tag{1-26}$$

式中，电流参考方向与回路绕行方向相同时，RI 前面取"+"号，相反取"-"号；电源上电压参考方向与回路绕行方向相同时，U_S 前面取"-"号，相反取"+"号。注意，除上述正负号外，电流、电压本身数值也有正负。

【例 1-8】 在图 1-33 中，$I_1 = 3\text{mA}$，$I_2 = 1\text{mA}$。试确定电路元件 3 中的电流 I_3 和其两端电压 U_{ab}，并说明它是电源还是负载。

解：根据 KCL，对于节点 a 有

$$I_1 - I_2 + I_3 = 0$$

代入数值得

$$(3-1) \times 10^{-3} + I_3 = 0$$

$$I_3 = -2\text{mA}$$

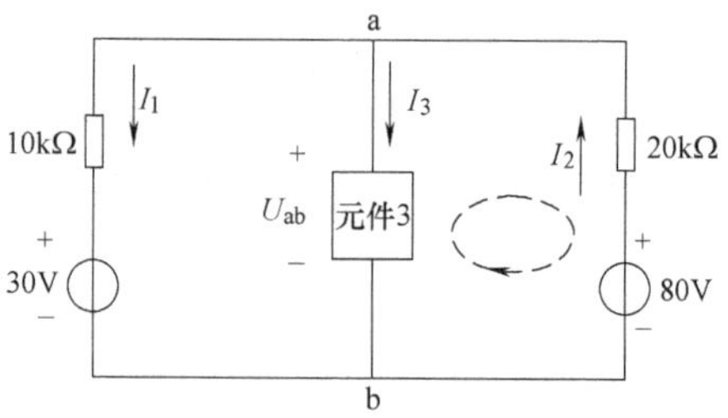

根据 KVL 和图 1-33 右侧网孔所示绕行方向，可列写回路的电压平衡方程为

$$-U_{ab} - 20 \times 10^3 I_2 + 80 = 0$$

代入 $I_2 = 1\text{mA} = 1 \times 10^{-3}\text{A}$，得

图 1-33 例 1-8 图

$$U_{ab} = 60\text{V}$$

因为 $I_3 = -2\text{mA}$，显然，元件 3 两端的电压和流过它的电流实际方向相反，是发出功率的元件，即电源。

2. KVL 的推广

KVL 不仅适用于闭合电路，也可推广到开口电路（广义回路或虚回路）。也就是说，KVL

还可以应用于电路中假想的回路，如图 1-34 中，并未构成回路，但可假想电路中存在一个顺时针的回路，沿着这个方向列方程，有

$$U = 2I + 4$$

【例 1-9】 求图 1-35 所示电路中的开路电压 U。

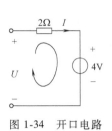

图 1-34 开口电路

图 1-35 例 1-9 图

解：由于开路，开路电流为 0，受控源的控制量为

$$I_2 = \frac{10}{5+5} = 1\text{A}$$

$$U = 3I_2 + 5I_2 - 5 \times 2I_2 = -2I_2 = -2\text{V}$$

KCL、KVL 是集总参数电路的普遍规律，只与电路结构有关，与构成电路的元件性质无关。

思考与练习

1.7-1 根据自己的理解说明什么是支路、回路、节点。

1.7-2 列写 KCL、KVL 方程前，不在图上标出电压、电流和绕行参考方向行吗？

1.7-3 试从物理原理上解释 KCL 和 KVL。

1.7-4 基尔霍夫两定律与电路元件是否有关？分别适用于什么类型电路？它们的推广应用如何理解和掌握？

1.8 应用案例

随着科学的发展，以及家用电器的普及，现代生活中人们离不开对仪器设备和家电产品的使用。在工作和生活中用电安全是非常重要的。人体本身就是一个导电体，人体触及带电体时，有电流通过人体，这就是触电。触电事故是由于过大的电流通过人体而引起的。通电的时间越长，越危险。下面以防用电设备漏电而采取的接地保护措施的电路模型为例来进行说明。

图 1-36a、b 所示分别为设备外壳接地示意图和对应的等效电路模型。其中 R_S 表示电源内阻，R_E 和 R_B 分别表示外壳接地电阻和人体电阻。由于 R_E 比 R_B 小得多，所以大部分电流经外壳地线流向大地。显然，接地电阻越小，流过人体的电流也就越小。还有其他一些防电击保护措施，这里不再一一列举。

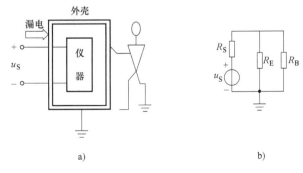

图 1-36 防电击接地电路模型

本 章 小 结

1. 实际电路和电路模型

实际电路→电路模型→电路分析→电路响应

2. 电路中的基本物理量

在电路中常用到电压、电流、电功率、电能等物理量，见表1-1。在分析电路时，只有首先标定电压、电流的参考方向，才能对电路建立方程，进行计算，算得的电压、电流的正、负号才有意义。

表 1-1　电流、电压、电功率、电能等物理量

物理量名称	描述对象	公式	注意事项
电流 i	标记方法有两种： 一是画一个实线箭头 二是用双下标，如 i_{ab}	$i=\dfrac{\mathrm{d}q}{\mathrm{d}t}$	$i>0$，表明电流的参考方向与实际方向相同 $i<0$，表明电流的参考方向与实际方向相反
电压 u	标记方法有三种： 一是画一个实线箭头 二是用双下标，如 u_{ab} 三是用极性"+""−"	$u_{ab}=\dfrac{\mathrm{d}w_{ab}}{\mathrm{d}q}$ $=u_a-u_b$	$u_{ab}>0$，表明电压的参考方向与实际方向相同 $u_{ab}<0$，表明电压的参考方向与实际方向相反
电功率 p	$\Sigma p=0$ 均成立，称为功率守恒	关联: $p=ui$ 非关联: $p=-ui$	在此规定下,将电流 i 和电压 u 数值的正负号如实代入公式,如果计算结果为 $p>0$,表示元件吸收功率,该元件为负载;反之,如果计算结果为 $p<0$,表示元件发出功率,该元件为电源
电能 W	1 度 $=1\mathrm{kWh}$ $=10^3\mathrm{W}\times3600\mathrm{s}$ $=3.6\times10^6\mathrm{J}$	$W=UIt$ $=Pt$	正电荷从电路元件的电压"+"极,经元件移到电压的"−"极,是电场力对电荷做功的结果,这时元件吸收能量。相反,正电荷从电路元件的电压"−"极经元件移到电压"+"极,元件向外释放能量

3. 电路中的基本元件

电阻、独立电源、受控电源等基本元件的归纳总结见表1-2。

表 1-2　电阻、独立电源、受控电源等基本元件

元件名称	描述对象	体现形式	说明事项
电阻（电导）	$R=\dfrac{1}{G}=\dfrac{u}{i}$	关联参考方向　　非关联参考方向	线性电阻:u、i 参考方向关联:$u=Ri$ 若 u、i 参考方向非关联,则冠以负号:$u=-Ri$
独立电源	独立电源包括电压源 u_S 和电流源 i_S,能独立地给电路提供能量	$u_S(t)$　　U_S　　$i_S(t)$或I_S	$\begin{cases}u=u_S\\i=\text{任意值}\end{cases}$　$\begin{cases}i=i_S\\u=\text{任意值}\end{cases}$
受控电源	受控电源也是一种电源,其电压或电流受电路中其他支路的电压或电流的控制		1)独立源与受控源都可以对外电路做功。独立源的输出量是独立的,独立源在电路中起"激励"作用,在电路中产生电压、电流;受控源的输出量是不独立的,受控源电压(或电流)由控制量决定 2)把受控源作为独立源来处理,必须注意其电压或者电流是取决于控制量的,不能随意把控制量的支路消除掉,因为受控源依附于控制量而存在。当控制量为零时,受控源输出也为零

4. 两类约束：欧姆定律（VCR）和基尔霍夫定律（KCL、KVL）

电路中各支路电流、电压要受到两种基本规律的约束，见表1-3，即

1）电路元件性质的约束（元件约束），也称电路元件的伏安关系（VCR）。

2）电路连接方式的约束（拓扑约束），基尔霍夫定律（KCL、KVL）是概括这种约束关系的基本定律。

表 1-3 元件约束（VCR）和拓扑约束（KCL、KVL）

定律名称	描述对象	定律形式	应用条件
VCR	电阻（电导）	$u = Ri(i = Gu)$	线性电阻（电导）：u、i 参考方向关联，$u = Ri$；在非关联公式中则冠以负号，$u = -Ri$
KCL	节点	$\sum i(t) = 0$	任何集总参数电路（含线性、非线性、时变、非时变电路）
KVL	回路	$\sum u(t) = 0$	（同 KCL）

能力检测题

参考答案

一、选择题

1. 电流与电压为关联参考方向是指（　　）。

(A) 电流参考方向与电压降参考方向一致

(B) 电流参考方向与电压升参考方向一致

(C) 电流实际方向与电压升实际方向一致

(D) 电流实际方向与电压降实际方向一致

2. 电阻 R 上 u、i 参考方向不一致，令 $u = -10V$，消耗功率为 0.5W，则电阻 R 为（　　）。

(A) 200Ω　　　　(B) -200Ω　　　　(C) ±200Ω　　　　(D) 无法确定

3. 当流过理想电压源的电流增加时，其端电压将（　　）。

(A) 增加　　　(B) 减少　　　(C) 不变　　　(D) 无法确定

4. 当理想电流源的端电压增加时，其电流将（　　）。

(A) 增加　　　(B) 减少　　　(C) 不变　　　(D) 无法确定

5. KCL、KVL 不适用于（　　）。

(A) 时变电路　　　(B) 非线性电路　　　(C) 分布参数电路　　　(D) 集总参数电路

6. 一只 100W 的白炽灯，点亮 20h 后消耗的电能为（　　）。

(A) 1 度电　　　(B) 0.5 度电　　　(C) 2 度电　　　(D) 3 度电

7. 自身电压受电路中某部分电流控制的有源电路元件是（　　）。

(A) 流控电流源　　　(B) 压控电压源　　　(C) 流控电压源　　　(D) 压控电流源

8. 基尔霍夫电流定律应用于（　　）。

(A) 回路　　　(B) 节点　　　(C) 支路　　　(D) 环路

9. 基尔霍夫电压定律应用于（　　）。

(A) 回路　　　(B) 节点　　　(C) 支路　　　(D) 环路

10. 单位为 V，其数值取决于电路两点间电位的差值，与电路参考点无关的电量是（　　）。

(A) 电压　　　(B) 电位　　　(C) 电流　　　(D) 电阻

二、判断题

1. 电压、电流的参考方向可任意指定，指定的参考方向不同，不影响问题最后的结论。（　　）

2. 某元件是电源还是负载，可以用其功率 P 的正负值来判断。P 为正值，元件吸收功率；P 为负值，则发出功率。（　　）

3. 电压、电位和电动势定义式形式相同，所以它们的单位一样。（　　）

4. 电流由元件的低电位端流向高电位端的参考方向称为关联参考方向。（　　）

5. 电压和电流计算结果得负值，说明它们的参考方向假设反了。（　　）

6. 电功率大的用电器，电能也一定大。（　　）

7. 电路分析中一个电流得负值，说明它小于零。（　　）

8. 受控源在电路分析中的作用，和独立源完全相同。（　　）

9. 网孔都是回路，而回路则不一定是网孔。（　　）

10. 应用基尔霍夫定律列写方程时，可以不参照参考方向。（　　）

三、填空题

1. 电路通常由（　　）、（　　）和（　　）三个部分组成。

2. （　　）元件只具有单一耗能的电特性，（　　）元件只具有建立磁场存储磁能的电特性，（　　）元件只具有建立电场存储电能的电特性，它们都是（　　）电路元件。

3. 电路理论中，由理想电路元件构成的电路图称为与其相对应的实际电路的（　　　　）。

4. 若电流的计算值为负，则说明其实际方向与（　　）相反。

5. （　　）的高低正负与参考点有关，是相对的量；（　　）是电路中产生电流的根本原因，其大小仅取决于电路中两点电位的差值，与参考点无关，是绝对的量。

6. 若 A、B、C 三点的电位分别为 3V、2V、-2V，则电压 U_{AB} 为（　　），U_{CA} 为（　　）。

7. 衡量电源力做功本领的物理量称为（　　），它只存在于（　　）内部，其参考方向规定由（　　）电位指向（　　）电位，与（　　）的参考方向相反。

8. （　　）定律体现了线性电路元件上电压、电流的约束关系，与电路的连接方式无关；（　　）定律则是反映了电路的整体规律，其中（　　）定律体现了电路中任意节点上汇集的所有（　　）的约束关系，（　　）定律体现了电路中任意回路上所有（　　）的约束关系，具有普遍性。

9. 独立电压源的电压可以独立存在，不受外电路控制；而受控电压源的电压不能独立存在，而受（　　）的控制。

10. 在没有独立源作用的电路中，受控源是（　　）元件；在受独立源产生的电量控制下，受控源是（　　）元件。

四、计算题

1. 各元件中的电压、电流参考方向如图 1-37 所示，试确定它们的实际方向。

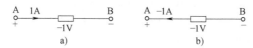

图 1-37　计算题 1 图

2. 在图 1-38 中，方框表示电路元件，计算各元件的功率，并指出功率的性质。

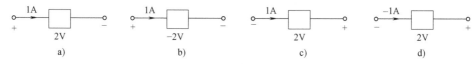

图 1-38　计算题 2 图

3. 已知图 1-39 中，$U_1 = 1V$，$U_2 = -3V$，$U_3 = 8V$，$U_4 = -4V$，$U_5 = 7V$，$U_6 = -3V$，$I_1 = 2A$，$I_2 = 1A$，$I_3 = -1A$，试求图 1-39 所示电路中各方框所代表的元件吸收或产生的功率。

4. 写出图 1-40 所示各电路的约束方程。

5. 求图 1-41 所示电路中的电压 u，并求电阻吸收的功率和各电源的功率。

6. 在图 1-42 所示电路中，试分别计算各元件的功率。

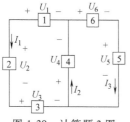

图 1-39　计算题 3 图

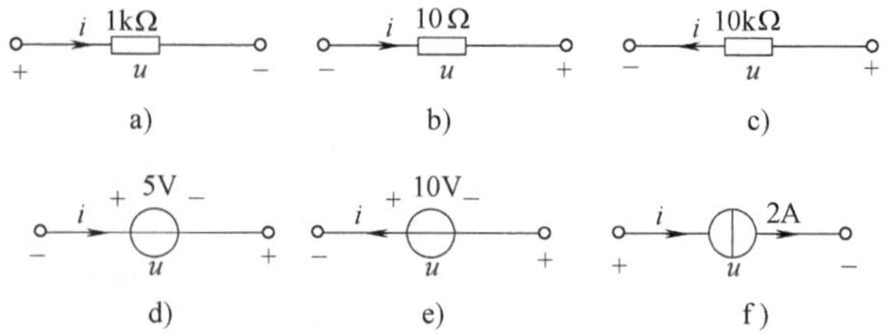

图 1-40　计算题 4 图

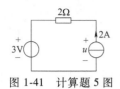

图 1-41　计算题 5 图

图 1-42　计算题 6 图

7. 一个"510kΩ、0.5W"的电阻，使用时最多能允许多大的电流通过？能允许施加的最大电压又是多少？

8. 已知图 1-43 中，$i_2 = 2A$，$i_4 = -1A$，$i_5 = 6A$，试求 i_3。

9. 求图 1-44 所示电路中的电流 I_2。

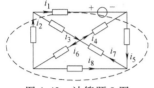

图 1-43　计算题 8 图

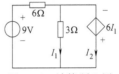

图 1-44　计算题 9 图

10. 求图 1-45 所示电路中受控源的功率。

11. 电路如图 1-46 所示，试求 I。

图 1-45　计算题 10 图

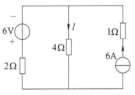

图 1-46　计算题 11 图

12. 图 1-47 所示电路中，已知 $I_1 = 3A$，$I_2 = -2A$，求 I_3 和 U_{ab}。

13. 图 1-48 所示电路中，分别求当开关 S 断开和闭合时 F 点的电位。

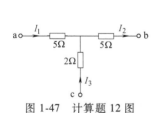

图 1-47　计算题 12 图

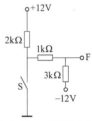

图 1-48　计算题 13 图

14. 电路如图 1-49 所示，求 A、B 两点间的电压 U_{AB}。

15. 电路如图 1-50 所示，已知 $u_{S1} = 3V$、$u_{S2} = 2V$、$u_{S3} = 5V$、$R_2 = 1Ω$、$R_3 = 4Ω$，求各支路电流 i_1、i_2、i_3。

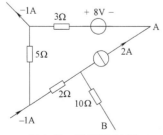

图 1-49　计算题 14 图

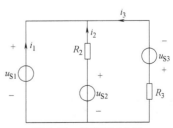

图 1-50　计算题 15 图

第 2 章

电阻电路的等效变换

知识图谱（★表示重点，△表示难点）

电阻电路的等效变换
- 2.1 电路的等效变换
  - 等效的条件：具有相同的 VCR
  - 等效的对象：外电路
  - 等效的目的：化简电路
- 2.2 电阻的等效变换（△，★）
  - 电阻的串联：$R_{eq} = \sum R_k$　　$u_k = \dfrac{R_k}{R_{eq}} u$
  - 电阻的并联：$G_{eq} = \sum G_k$　　$i_k = \dfrac{G_k}{G_{eq}} i$
  - 电阻的 丫-△ 等效变换
- 2.3 独立源的等效变换（△，★）
  - 电压源串联：$u_S = \sum u_{Sk}$
  - 电流源并联：$i_S = \sum i_{Sk}$
  - 实际电源两种模型间的等效：$u_S = i_S R_S$
- 2.4 含受控源一端口网络的等效（△）
  - 受控源的串、并联及等效变换
  - 输入电阻计算
    - 电阻的串、并联
    - 电阻的 丫-△ 等效变换
    - 加压求流法或加流求压法
- 2.5 应用案例——照明系统

等效变换是分析电路的一种重要方法，其主要思想是用简单的电路等效替代复杂的电路。本章介绍电路的等效变换概念和线性电阻电路的等效变换。内容包括：电阻的串联、并联和丫-△变换，电源的等效变换，含受控源一端口网络的等效，输入电阻的概念及计算。

学习目标

1. 知识目标

熟练掌握电阻、电源不同连接方式下的等效变换方法及输入电阻的计算。

2. 能力目标

能熟练地分析计算纯电阻电路的等效电阻和含受控源的电阻电路的输入电阻，熟练地应用电源的等效变换计算分析电路，锻炼将复杂问题进行简化处理的能力。

3. 素质目标

等效变换就是"化繁为简""化整为零"，条条大路通罗马的"终南捷径"。我们做成一件事的方法往往不止一种，通往成功的道路也不止一条，只要愿意多思考、多总结，就能找到相对简单的解决方法，进而提高解决问题的效率。遇事应多发散思维，多思考，多想办法解决问题，不断提高自己的创新能力。

2.1　电路的等效变换

由线性无源元件、线性受控源和独立电源组成的电路，称为线性电路。如果构成的无源元件均为线性电阻，则称为线性电阻电路（简称电阻电路）。当电路中的独立电源都是直流时，称为直流电路。

2.1.1 一端口网络等效

对外有两个引出端子的网络称为二端网络。从一个端子流入的电流等于从另一个端子流出的电流的二端网络称为一端口网络，如图 2-1 所示。内部含有独立源（用 N 或 N_S 表示）的一端口网络称为有源一端口网络；内部不含独立源（用 N_0 表示）称为无源一端口网络。

"等效"是指两个不同的事物作用于同一对象时其作用效果相同。如图 2-2 所示，一台拖拉机和三匹马拖动同一个货车速度相同，对后面的货车而言，一台拖拉机和三匹马"等效"。N_1 和 N_2 内部结构上可能完全不同，可能一个非常复杂，而另一个却很简单。如果它们端钮上有完全相同的电压和电流，伏安关系（VCR）相同，则称 N_1 和 N_2 对外电路来说是"等效"的，或称 N_1 和 N_2 互为等效电路。总之，电路"等效"的概念是对外电路而言，对于内电路不等效。

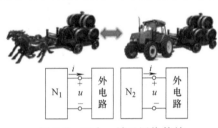

图 2-1　一端口网络

图 2-2　两个一端口网络等效

2.1.2 电路的等效变换

工程实际中，常常碰到只需研究某一支路的电流、电压或功率的问题，可能联立方程太多。解决这一问题的方法就是对所研究的支路来说，电路的其余部分可等效变换为较简单的电路，使分析和计算简化。等效变换是求局部响应的有效方法。

端口外部性能完全相同的电路互为等效电路。现举一个简单一端口网络实例来说明。图 2-3a 所示电路，在 1、1′端口右侧点画线框中由几个电阻构成的电路 N_1 可以用图 2-3b 所示 N_2 的一个电阻 R_{eq} 替换。对外电路而言，互为等效的电路可以相互替换，这就是电路的等效变换。

需要明确的是

1）电路等效变换的条件：两电路具有相同的端口伏安特性（VCR）。

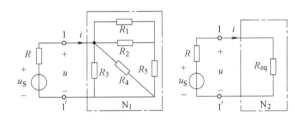

a）一端口网络　　　b）一端口网络的等效电路

图 2-3　等效变换示意图

2）电路等效变换的对象：等效是"对外等效"，电压和电流保持不变的部分仅限于等效电路以外，内部则不一定等效。等效电路与被它代替的那部分电路显然是不同的。

3）电路等效变换的目的：电路等效变换的目的是为了简化电路，可以方便地求出需要的结果。通过电路的等效变换，将复杂电路等效成另一个简单电路，可以更容易地求取分析结果。

思考与练习

2.1-1　等效变换的概念是什么？"电路等效就是相等"这句话对吗？为什么？

2.1-2　电路等效变换的目的是什么？

2.1-3　"等效是对外电路而言的。"这句话如何理解？

2.1-4　理解电路等效变换的基本原则。

2.2　电阻的等效变换

扫一扫　看视频

电阻的连接有串联、并联，还有丫联结和△联结。对电阻电路进行等效变换，就可以用一个最简单的等效电阻来表示。下面分别介绍等效电阻的计算及等效变换的条件。

2.2.1　电阻的串联

将多个电阻首尾依次相接，各电阻中流过的电流相同，称为电阻的串联，如图 2-4a 所示。

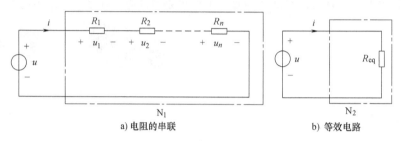

a) 电阻的串联　　　　　　b) 等效电路

图 2-4　电阻的串联及其等效电路

1. 串联等效电阻

根据 KVL 和欧姆定律，得

$$u = u_1 + u_2 + \cdots + u_n = (R_1 + R_2 + \cdots + R_n)i = R_{eq}i \tag{2-1}$$

$$R_{eq} = R_1 + R_2 + \cdots + R_n \tag{2-2}$$

式中，R_{eq} 称为等效电阻，大于任意一个串联的分电阻，如图 2-4b 所示。

2. 分压公式

电阻串联，各分电阻上的电压与电阻值成正比，电阻值大者分得的电压大。

$$u_1 : u_2 : \cdots : u_n = R_1 : R_2 : \cdots : R_n \tag{2-3}$$

式中，

$$u_k = R_k i = \frac{R_k}{R_{eq}}u \quad (k = 1, 2, \cdots, n) \tag{2-4}$$

式（2-4）称为分压公式。串联电阻的分压原理应用十分广泛。如电子电路中常用电位器实现可调串联分压电路；串联电阻分压还可以用来扩大电压表的量程。

当只有两个电阻串联时，若电流、电压取关联参考方向，则每个电阻上的电压为

$$u_1 = \frac{R_1}{R_1 + R_2}u \qquad u_2 = \frac{R_2}{R_1 + R_2}u$$

3. 功率

串联电路消耗的总功率为

$$p = p_1 + p_2 + \cdots + p_n = (R_1 + R_2 + \cdots + R_n)i^2 = R_{eq}i^2 \tag{2-5}$$

$$p_1 : p_2 : \cdots : p_n = R_1 : R_2 : \cdots : R_n \tag{2-6}$$

表明串联电路消耗的总功率等于各电阻消耗功率的总和；各电阻消耗的功率与电阻大小成正比。

2.2.2 电阻的并联

将多个电阻并列地连接在相同的两个节点之间，承受同一电压，称为电阻的并联，如图 2-5a 所示。

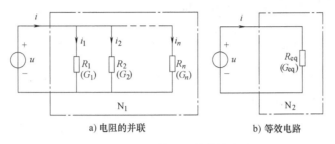

a) 电阻的并联   b) 等效电路

图 2-5 电阻的并联及其等效电路

1. 并联等效电导

根据 KCL 和欧姆定律，得

$$i = i_1 + i_2 + \cdots + i_n = (G_1 + G_2 + \cdots + G_n)u = G_{eq}u \tag{2-7}$$

$$G_{eq} = G_1 + G_2 + \cdots + G_n \tag{2-8}$$

式中，G_{eq} 称为等效电导，如图 2-5b 所示。

2. 分流公式

电阻并联，各分电阻上的电流与电导值成正比，电导值大者分得的电流大。

$$i_1 : i_2 : \cdots : i_n = G_1 : G_2 : \cdots : G_n \tag{2-9}$$

式中，

$$i_k = G_k u = \frac{G_k}{G_{eq}} i \quad (k = 1, 2, \cdots n) \tag{2-10}$$

式（2-10）称为分流公式。

两个电阻并联电路如图 2-6 所示，其等效电阻 R_{eq} 为

$$R_{eq} = \frac{1}{\dfrac{1}{R_1} + \dfrac{1}{R_2}} = \frac{R_1 R_2}{R_1 + R_2}$$

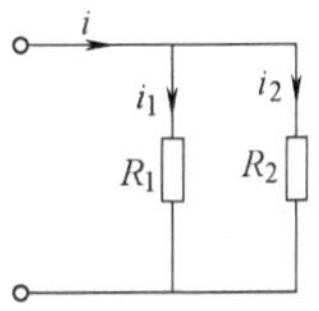

两个电阻的电流分别为

$$i_1 = \frac{R_2}{R_1 + R_2} i \qquad i_2 = \frac{R_1}{R_1 + R_2} i$$

图 2-6 两个电阻并联电路

3. 功率

并联电路消耗的总功率为

$$p = p_1 + p_2 + \cdots + p_n = (G_1 + G_2 + \cdots + G_n)u^2 = G_{eq}u^2 \tag{2-11}$$

$$p_1 : p_2 : \cdots : p_n = G_1 : G_2 : \cdots : G_n \tag{2-12}$$

表明电阻并联电路消耗的总功率等于各电阻消耗功率的总和；各电阻消耗的功率与电阻大小成反比。

在表示电阻的连接关系或写串、并联等效电阻运算式时，可以用"+"代表串联，用"//"代表并联。串、并联的先后顺序可用加括号的方法进行调整。

【例 2-1】 电路如图 2-7 所示，求等效电阻 R_{ab} 和 R_{cd}。

解： 对端口等效，注意电路结构，应用串、并联等效逐一化简，也可列出算式计算。

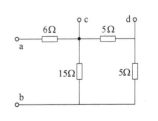

图 2-7 例 2-1 图

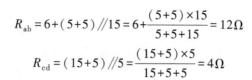

$$R_{ab} = 6 + (5+5) / / 15 = 6 + \frac{(5+5) \times 15}{5+5+15} = 12\Omega$$

$$R_{cd} = (15+5) / / 5 = \frac{(15+5) \times 5}{15+5+5} = 4\Omega$$

【例 2-2】　如图 2-8 所示电路，求各支路电流。

解： 先求 ab 两端等效电阻 R_{ab}，然后求总电流 I，再用分流公式，求其他支路电流。

$$R_{de} = \frac{30 \times 60}{30+60} = 20\Omega \quad (30\Omega \text{ 与 } 60\Omega \text{ 并联})$$

$$R_{db} = 20 + 10 = 30\Omega \quad (10\Omega \text{ 与 } R_{de} \text{ 串联})$$

$$R_{cb} = \frac{30}{2} = 15\Omega \quad (30\Omega \text{ 与 } R_{db} \text{ 并联})$$

$$R_{ab} = 15 + 25 = 40\Omega \quad (25\Omega \text{ 与 } R_{cb} \text{ 串联})$$

根据欧姆定律得

$$I = \frac{12}{R_{ab}} = \frac{12}{40} = 0.3\text{A}$$

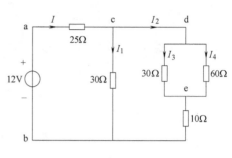

图 2-8　例 2-2 图

根据分流公式得

$$I_2 = \frac{30}{30+R_{db}}I = \frac{30}{30+30} \times 0.3 = 0.15\text{A}$$

$$I_1 = 0.15\text{A}$$

$$I_3 = \frac{60}{30+60}I_2 = 0.10\text{A}$$

$$I_4 = \frac{30}{90}I_2 = 0.05\text{A}$$

【例 2-3】　在实际应用中常采用惠斯通电桥电路来精确地测量一定范围内的电阻值，如图 2-9 所示。其中 R_1、R_2、R_3 和 R_4 是电桥电路的 4 个桥臂；4 个桥臂中间对角线上的电阻 R_5 构成桥支路，当 R_5 上没有电流通过，称为惠斯通电桥的平衡条件。试推导惠斯通电桥的平衡条件。

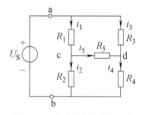

解： 惠斯通电桥平衡时，R_5 上电流的读数为零。因此所谓电桥平衡的条件就是指电阻 R_1、R_2、R_3 和 R_4 满足什么关系时，R_5 上电流 $i_5 = 0$，电阻 R_5 上的电压 $u_{cd} = R_5 i_5 = 0$，节点 c、d 是等电位点，桥支路可以短路，因此

图 2-9　惠斯通电桥电路

$$u_{ac} = u_{ad}, u_{cb} = u_{db}$$

R_5 上电流 $i_5 = 0$，R_5 所在的支路相当于开路，故有

$$i_1 = i_2, i_3 = i_4$$

即

$$R_1 i_1 = R_3 i_3, R_2 i_2 = R_4 i_4$$

两式相比有

$$\frac{R_1}{R_2} = \frac{R_3}{R_4}$$

即电桥平衡的条件是

$$R_1 R_4 = R_2 R_3$$

2.2.3　电阻的丫-△等效变换

图 2-9 所示的惠斯通电桥电路的各电阻之间既非串联又非并联，当图 2-9 所示电路不满足

电桥平衡条件时，如何确定等效电阻 R_{eq} 呢？这时就需要进行电阻的丫联结和△联结的等效变换。

图 2-10 所示的两种电阻连接称为丫联结与△联结。3 个电阻都有一端接在一个公共点上，另一端接在 3 个端子上，就构成电阻的丫联结，如图 2-10a 所示。如果 3 个电阻分别接在 3 个端子的每两个之间，就构成电阻的△联结，如图 2-10b 所示。在一定条件下，两者可以等效变换。

根据等效的概念，当以相同的电压分别施加于图 2-10a、b 所示的对应端子时，对应端子的电流相等，则对应端子间的等效电阻也相等。有

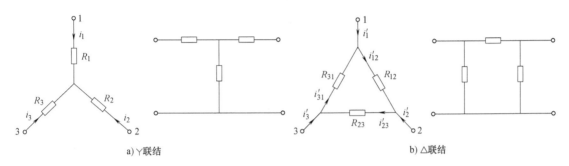

a) 丫联结   b) △联结

图 2-10 电阻的丫联结与△联结

$$R_2 + R_3 = \frac{(R_{12} + R_{31}) \cdot R_{23}}{R_{12} + R_{23} + R_{31}} \text{（悬空第 1 端子，1 端开路）} \tag{2-13}$$

$$R_1 + R_3 = \frac{(R_{12} + R_{23}) \cdot R_{31}}{R_{12} + R_{23} + R_{31}} \text{（悬空第 2 端子，2 端开路）} \tag{2-14}$$

$$R_1 + R_2 = \frac{(R_{31} + R_{23}) \cdot R_{12}}{R_{12} + R_{23} + R_{31}} \text{（悬空第 3 端子，3 端开路）} \tag{2-15}$$

将式（2-13）、式（2-14）、式（2-15）联立求解，得

$$\left.\begin{aligned} R_1 &= \frac{R_{12} \cdot R_{31}}{R_{12} + R_{23} + R_{31}} \\ R_2 &= \frac{R_{12} \cdot R_{23}}{R_{12} + R_{23} + R_{31}} \\ R_3 &= \frac{R_{23} \cdot R_{31}}{R_{12} + R_{23} + R_{31}} \end{aligned}\right\} \text{及} \left.\begin{aligned} R_{12} &= \frac{R_1 R_2 + R_2 R_3 + R_3 R_1}{R_3} = R_1 + R_2 + \frac{R_1 R_2}{R_3} \\ R_{23} &= \frac{R_1 R_2 + R_2 R_3 + R_3 R_1}{R_1} = R_2 + R_3 + \frac{R_2 R_3}{R_1} \\ R_{31} &= \frac{R_1 R_2 + R_2 R_3 + R_3 R_1}{R_2} = R_1 + R_3 + \frac{R_3 R_1}{R_2} \end{aligned}\right\} \tag{2-16}$$

记忆公式：

$$\text{丫联结电阻} = \frac{\text{△联结相邻电阻之积}}{\text{△联结电阻之和}} \text{及} \text{△联结电阻} = \frac{\text{丫联结电阻两两乘积之和}}{\text{丫联结不相邻电阻}}$$

当 $R_1 = R_2 = R_3 = R_丫$，$R_{12} = R_{23} = R_{31} = R_\triangle$ 时，则 $R_丫 = \frac{1}{3} R_\triangle$ 或 $R_\triangle = 3 R_丫$。

【例 2-4】 求图 2-11a 电路中电流 i。

解：将电路上面的△联结部分等效为丫联结，如图 2-11b 所示。

其中：

$$R_1 = \frac{3 \times 5}{3 + 5 + 2} = 1.5\Omega$$

$$R_2 = \frac{3 \times 2}{3 + 2 + 5} = 0.6\Omega$$

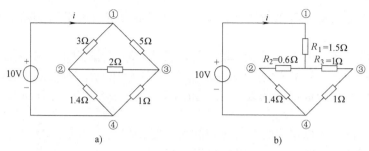

图 2-11 例 2-4 图

$$R_3 = \frac{2 \times 5}{2+5+3} = 1\Omega$$

再用电阻串联和并联公式，求出连接到电压源两端单口的等效电阻为

$$R = 1.5\Omega + \frac{(0.6+1.4)(1+1)}{0.6+1.4+1+1}\Omega = 2.5\Omega$$

最后求得

$$i = \frac{10}{R} = \frac{10}{2.5} = 4\mathrm{A}$$

思考与练习

2.2-1 当白炽灯或电炉的电阻丝烧断后，再将其接起来，白炽灯会比原来更亮，电炉会比原来热得更快。这是为什么？

2.2-2 判别电路的串并联关系的基本方法是什么？

2.2-3 两个电导 G_1 和 G_2 串联的等效电导 G 为多大？

2.2-4 额定电压为 110V 的两只白炽灯可否串联到 220V 电源上使用？什么条件下可以这样使用？

扫一扫 看视频

2.3 独立源的等效变换

2.3.1 电压源的串联和并联

图 2-12a 所示 n 个电压源串联，根据 KVL 可得

$$u_{\mathrm{S}} = u_{\mathrm{S}1} + u_{\mathrm{S}2} + \cdots + u_{\mathrm{S}n} = \sum_{k=1}^{n} u_{\mathrm{S}k} \tag{2-17}$$

a) 电压源的串联   b) 等效电路

图 2-12 电压源的串联等效

即 n 个电压源串联，可以用一个电压源等效替代。如果 $u_{\mathrm{S}k}$ 的参考方向与 u_{S} 的参考方向一致，式中的 $u_{\mathrm{S}k}$ 前面取 "+" 号，不一致取 "-" 号。对应的等效电路如图 2-12b 所示。

只有电压值相等的电压源之间才允许同极性并联，否则违背了 KVL。

图 2-13 所示为任一元件或支路与电压源 u_S 并联，无论这个元件是一个电流源还是一个电阻，它都等效成这个电压源。因为元件与电压源并联后的电压仍为电压源的电压，元件存不存在，对外电路均无影响，元件可视为多余元件。

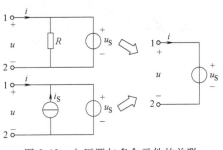

图 2-13 电压源与多余元件的并联

2.3.2 电流源的串联和并联

图 2-14a 所示 n 个电流源并联，根据 KCL 可得

$$i_S = i_{S1} + i_{S2} + \cdots + i_{Sn} = \sum_{k=1}^{n} i_{Sk} \qquad (2\text{-}18)$$

即 n 个电流源并联，可以用一个电流源等效替代。如果 i_{Sk} 的参考方向与 i_S 的参考方向一致，式中的 i_{Sk} 前面取 "+" 号，不一致时取 "–" 号。对应的等效电路如图 2-14b 所示。

只有电流值相等且方向一致的电流源才允许串联，否则违背了 KCL。

图 2-15 所示为任一元件或支路与电流源 i_S 串联，无论这个元件是一个电压源还是一个电阻，它都等效成这个电流源。因为元件与电流源串联后的电流仍为电流源的电流，元件存不存在，对外电路均无影响，元件可视为多余元件。

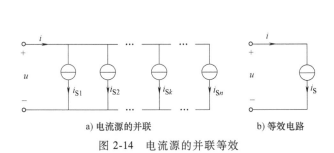

a) 电流源的并联   b) 等效电路

图 2-14 电流源的并联等效

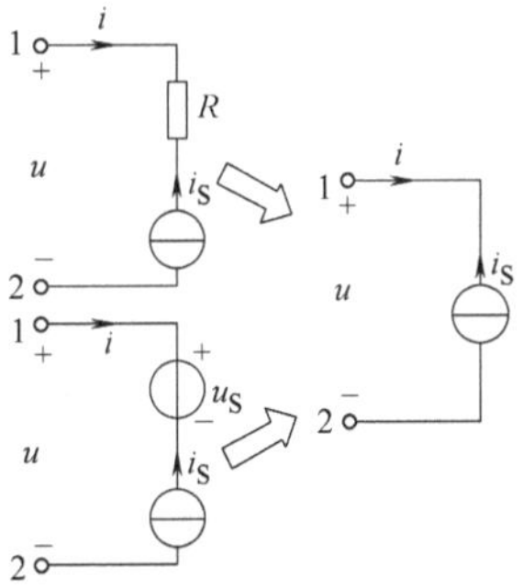

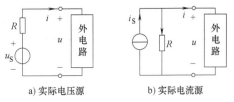

图 2-15 电流源与多余元件的串联

2.3.3 实际电源的两种模型及其等效变换

一个实际电压源（电压源串电阻）如图 2-16a 所示，一个实际电流源（电流源并电阻）如图 2-16b 所示，它们作用于完全相同的外电路。如果对外电路而言，两种电源作用的效果完全相同，即两电路端口处的电压 u 和电流 i 相等，则称这两种电源对外电路而言是等效的，那么这两种电源之间可以进行等效互换。

对于图 2-16a 所示的电压源串电阻的端口，根据 KVL 得

$$u = u_S - Ri \qquad (2\text{-}19)$$

对于图 2-16b 所示的电流源并电阻的端口，根据 KVL 得

a) 实际电压源   b) 实际电流源

图 2-16 实际电压源与实际电流源

$$u = R(i_S - i) = Ri_S - Ri \qquad (2\text{-}20)$$

因为两个电路等效，故两个电路端口处的电压 u、电流 i 相等，比较以上两式得

$$u_S = Ri_S \qquad (2\text{-}21)$$

由此可将电压源串电阻的电路等效为电流源并电阻的电路，反之亦然。等效变换图如

图 2-17 所示。

需要注意的是：

1）电流源电流方向为电压源电压升的方向，满足 $u_S = Ri_S$。

图 2-17　两种实际电源之间的等效变换

2）等效变换仅对外电路而言，对电源内部则不等效。电压源与电阻串联的实际电压源不发出功率，功率为零，电流源与电阻并联的实际电流源发出功率却为 $i_S^2 R$，显然两种实际电源模型的内电路不等效。

3）理想电压源（$R=0$）和理想电流源（$R=\infty$）不能相互转换。

【例 2-5】　如图 2-18a 所示电路，求电流 i。

解：把 4Ω 电阻作为外电路，利用电源等效变换，将图 2-18a 中的 10V 和 2Ω 串联支路等效变换为图 2-18b 所示的 5A 和 2Ω 并联支路，再将 5A 和 3A 电流源并联简化为图 2-18c 所示的 2A 电流源，再将 2Ω 电阻与 4A 电流源并联支路、2Ω 电阻与 2A 电流源并联支路分别等效为电压源串电阻的组合支路，如图 2-18d 所示，最后由图 2-18d 列写 KVL 方程：$(2+4+2)i+8-4=0$，得到电流：$i=-0.5A$。

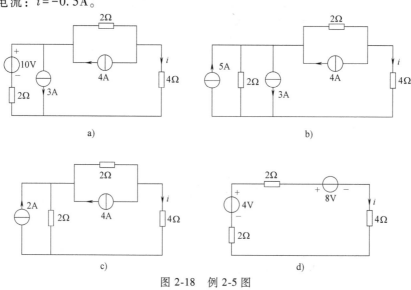

图 2-18　例 2-5 图

思考与练习

2.3-1　实际电源有哪两种电路模型，两种电路模型等效变换的条件是什么？

2.3-2　实际电源的两种电路模型在进行等效变换时需注意哪些问题？等效是对内电路等效还是对外电路等效？

2.3-3　理想电压源和理想电流源之间能否相互转换？

2.3-4　将电压源的电压极性变为下正、上负，相应的等效电流源将如何变动？可以得出什么结论？

扫一扫　看视频

2.4　含受控源一端口网络的等效

含受控源电路在进行等效变换时，可以把受控源按独立源处理，前面介绍的独立源的等效变换方法对受控源也适用。

2.4.1 受控源的串、并联及等效变换

若干个受控电压源串联可用一个受控电压源等效，图 2-19a 所示电路是 n 个电压控制电压源串联，可以等效变化为一个电压控制电压源，如图 2-19b 所示，其等效电压控制电压源等于各个电压控制电压源的电压之和。

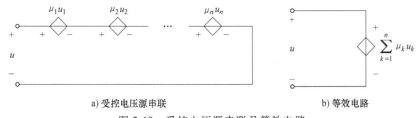

a) 受控电压源串联　　　　　　　　b) 等效电路

图 2-19　受控电压源串联及等效电路

图 2-20 所示电路表示 n 个电流控制电流源并联及其等效的一个电流控制电流源。

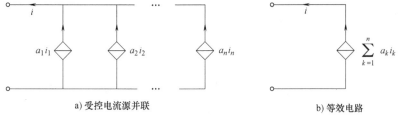

a) 受控电流源并联　　　　　　　　b) 等效电路

图 2-20　受控电流源并联及等效电路

受控电压源与电阻串联的组合支路和受控电流源与电阻并联的组合支路，可以相互等效变换，方法与独立源变换方法相同，如图 2-21 所示。图中 x 和 y 是控制量（某一支路的电压或电流）。

注意：受控源虽然和独立源一样可以进行电源等效变换，但控制量所在的支路不要变换，否则会给求解带来更大的麻烦和困难。

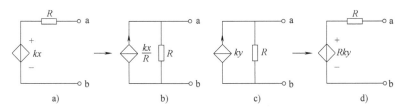

a)　　　　　　　b)　　　　　　　c)　　　　　　　d)

图 2-21　含受控源电路的等效变换

【例 2-6】　如图 2-22a 所示电路，利用电源等效变换求 U_0。

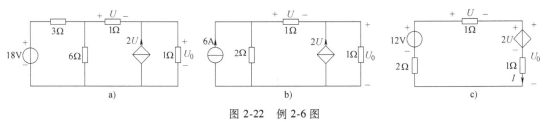

a)　　　　　　　　　　b)　　　　　　　　　　c)

图 2-22　例 2-6 图

解： 在图 2-22a 中先将 18V 电压源与 3Ω 电阻串联的支路等效为电流为 6A 的电流源与电阻为 3Ω 的电阻并联组合的支路，再将 3Ω、6Ω 电阻并联成 2Ω 电阻后得图 2-22b 所示电路。

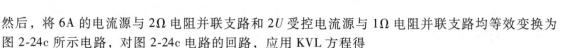
然后，将 6A 的电流源与 2Ω 电阻并联支路和 2U 受控电流源与 1Ω 电阻并联支路均等效变换为图 2-24c 所示电路，对图 2-24c 电路的回路，应用 KVL 方程得

$$U+2U+1I+2I=12$$
$$U=I$$

解得
$$U=2\text{V}$$
$$U_0=2U+1I=2U+U=6\text{V}$$

式中，电压 U_0 为图 2-22c 中受控电压源与电阻串联支路两端的电压 U_0，也正是图 2-22a 中受控电流源两端的电压 U_0，而不是图 2-22c 中 1Ω 电阻两端电压。

【例 2-7】 图 2-23a 是一个含受控源的一端口电路，求其最简等效电路。

解： 按上述的方法，利用电源等效变换，先分别将两个有伴受控电流源等效变换为两个有伴电压源，如图 2-23b 所示电路，其等效受控电压源的值分别为 $5i \times 1 = 5i$，$10i \times 1 = 10i$，两个等效电阻分别为 1Ω。再将两个串联受控电压源的电压相加，即 $5i - 10i = -5i$，两个 1Ω 的电阻串联得到 2Ω，其等效电路如图 2-23c 所示电路。最后简化图 2-23c 电路得到图 2-23d 所示的等效电路。

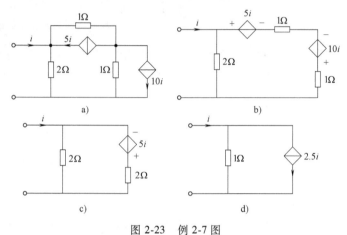
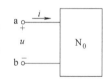

图 2-23 例 2-7 图

注意：只要电路中受控源存在，受控源的控制量就不能消失，因为受控源依附于控制量而存在。

2.4.2 输入电阻

1. 定义

对于一个不含独立源的无源一端口电路 N_0，不论内部如何复杂，对外可以等效为一个电阻。其端口电压和端口电流成正比，定义这个比值为一端口电路的输入电阻，如图 2-24 所示。

$$R_{\text{in}} = \frac{u}{i} \tag{2-22}$$

图 2-24 输入电阻

式中，u 和 i 是无源一端口 N_0 的端口电压和电流，两者为关联参考方向。

2. 计算方法

1）有源化无源：电压源短路、电流源开路，受控源应保留。

2）不含受控源，则应用电阻的串、并联和Y-△变换等方法求解。

3）含有受控源，用"加压求流法"或"加流求压法"求解。

如图 2-25 所示，在一端口网络的端口 11′处加外施电压源 u_S（或电流源 i_S），求得端口电流 i（或端口电压 u），则此一端口网络的输入电阻 R_{in} 定义为

$$R_{\text{in}} = \frac{u_S}{i} = \frac{u}{i_S}$$

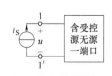

a）加压求流法   b）加流求压法

图 2-25 加压求流法和加流求压法

【例 2-8】 求图 2-26a 所示的一端口电路的输入电阻 R_{in}。

解：图 2-26a 所示为一有源电阻网络，先把独立电源置零：电压源短路，如图 2-26b 所示，得到一纯电阻电路，因为电路中有受控源，求输入电阻时，采用加压求流法，即在端口外加电压源，则

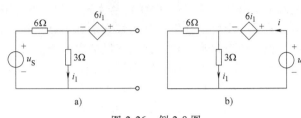

图 2-26 例 2-8 图

$$i = i_1 + \frac{3i_1}{6} = 1.5 i_1$$

$$u = 6i_1 + 3i_1 = 9i_1$$

$$R_{in} = \frac{u}{i} = \frac{9i_1}{1.5 i_1} = 6\Omega$$

【例 2-9】 求图 2-27 所示电路的输入电阻。

解：图 2-27a 所示是一个无源电阻网络，先把受控电流源与电阻的并联转换为受控电压源与电阻的串联，如图 2-27b 所示。因为电路中有受控源，求输入电阻时，采用加流求压法，即在端口外加电流源，则

$$u = 5i + 15i - 1.5u_1, u_1 = 15(i - 0.1u_1)$$

解得 $u_1 = 6i$，$u = 11i$

则 $R_{in} = \frac{u}{i} = 11\Omega$

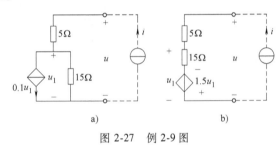

图 2-27 例 2-9 图

受控源是兼有"有源性"和"电阻性"双重特性的元件，采用外加电源的方法可以求解含受控源无源一端口网络的输入电阻。

思考与练习

2.4-1 在只含有电阻和受控源的一端口网络的等效分析时，为什么要用外加电压源或外加电流源的方法？

2.4-2 当一端口网络的端口电流或端口电压作为受控源的控制量时，一定要用外加电压源或外加电流源的方法吗？

2.4-3 等效电阻和输入电阻有何异同？

2.4-4 含有受控源的一端口网络的输入电阻的值可以为正，也可以为负或者为零吗？

2.5 应用案例

本节介绍与本章概念密切相关的实际生活中的应用问题——照明系统。室内灯光或节目装饰彩灯等照明系统通常由 n 个并联或串联的灯泡组成，如图 2-28 所示。

图 2-28 中各灯泡可建模为电阻。假定所有的灯泡都是一样的，并且 U_0 为电源电压，那么并联灯泡两端的电压是 U_0，串联

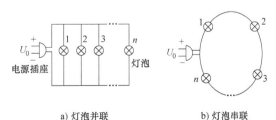

a) 灯泡并联 b) 灯泡串联

图 2-28 灯泡的并联与串联

灯泡两端的电压为 U_0/n。串联容易实现，但实际上很少使用，其原因有二：第一，它的可靠性差，只要一个灯泡损坏，其他灯泡全都不亮；第二，维修困难，当一个灯泡出现问题时，必须逐个检查所有灯泡才能找到出问题的那一个。

【例 2-10】 3个灯泡如图 2-29a 那样与一个 9V 电池相接，试计算：流过每个灯泡的电流，每个灯泡的电阻，电池提供的总电流。

解： 电池提供的总功率等于各灯泡吸收的总功率，即

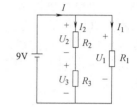

a) 由3个灯泡构成的照明系统   b) 电阻电路等效模型

图 2-29 例 2-10 图

$$P = 15 + 10 + 20 = 45W$$

因为 $P = UI$，所以电池提供的总电流为

$$I = \frac{P}{U} = \frac{45}{9} = 5A$$

可以将灯泡建模为电阻，其等效电路如图 2-29b 所示。由于 R_1（20W 的灯泡支路）与 R_2 和 R_3 的串联支路均与电池并联，所以

$$U_1 = U_2 + U_3 = 9V$$

流过 R_1 的电流为

$$I_1 = \frac{P_1}{U_1} = \frac{20}{9} = 2.22A$$

由 KCL 可知，流过 R_2 和 R_3 串联支路的电流为

$$I_2 = I - I_1 = 5 - 2.22 = 2.78A$$

由于 $P = I^2 R$，所以

$$R_1 = \frac{P_1}{I_1^2} = \frac{20}{(2.22)^2} = 4.05\Omega$$

$$R_2 = \frac{P_2}{I_2^2} = \frac{15}{(2.78)^2} = 1.95\Omega$$

$$R_3 = \frac{P_3}{I_3^2} = \frac{10}{(2.78)^2} = 1.29\Omega$$

本 章 小 结

1. 电路的等效变换

电路的等效变换前后对外伏安特性一致。对外等效，对内不等效。

2. 电阻的等效变换（见表 2-1、表 2-2）

表 2-1 电阻的串联、并联

	电阻的串联	电阻的并联	两个电阻的并联
等效电阻或等效电导	等效电阻：$R_{eq} = \sum\limits_{k=1}^{n} R_k$	等效电导：$G_{eq} = \sum\limits_{k=1}^{n} G_k$ 等效电阻：$R_{eq} = 1/G_{eq}$	等效电阻：$R_{eq} = \dfrac{R_1 \cdot R_2}{R_1 + R_2}$
分压公式或分流公式	分压公式：$u_k = u \cdot \dfrac{R_k}{R_{eq}}$	分流公式：$i_k = i \cdot \dfrac{G_k}{G_{eq}}$	分流公式（关联）：$i_1 = \dfrac{R_2}{R_1 + R_2} i$ $i_2 = \dfrac{R_1}{R_1 + R_2} i$

表 2-2　电阻的 Y↔△ 等效变换

	Y→△	△→Y
转换公式	$\triangle$ 联结电阻 $=\dfrac{\text{Y联结电阻两两乘积之和}}{\text{Y联结不相邻电阻}}$	Y联结电阻 $=\dfrac{\triangle\text{联结相邻电阻的乘积}}{\triangle\text{联结电阻之和}}$
等效电阻	$\left.\begin{aligned}R_{12}&=\frac{R_1R_2+R_2R_3+R_3R_1}{R_3}=R_1+R_2+\frac{R_1R_2}{R_3}\\R_{23}&=\frac{R_1R_2+R_2R_3+R_3R_1}{R_1}=R_2+R_3+\frac{R_2R_3}{R_1}\\R_{31}&=\frac{R_1R_2+R_2R_3+R_3R_1}{R_2}=R_1+R_3+\frac{R_3R_1}{R_2}\end{aligned}\right\}$	$\left.\begin{aligned}R_1&=\frac{R_{12}\cdot R_{31}}{R_{12}+R_{23}+R_{31}}\\R_2&=\frac{R_{12}\cdot R_{23}}{R_{12}+R_{23}+R_{31}}\\R_3&=\frac{R_{23}\cdot R_{31}}{R_{12}+R_{23}+R_{31}}\end{aligned}\right\}$
特例	当 $R_1=R_2=R_3=R_Y$，$R_{12}=R_{23}=R_{31}=R_\triangle$ 时，则 $R_Y=\dfrac{1}{3}R_\triangle$，$R_\triangle=3R_Y$	

3. 独立源的等效变换（见表 2-3~表 2-5）

表 2-3　独立源的串联、并联等效变换

连接情况	对外等效结果	说　明
n 个电压源串联	对外可等效成一个电压源，其电压为 $$u_S=\sum_{k=1}^{n}u_{Sk}$$	当 u_{Sk} 与 u_S 的参考方向相同时，前面取"+"号，反之取"−"号
n 个电压源并联	只有电压相等极性一致的电压源才允许并联，否则违反 KVL	其等效电路为任一电压源
n 个电流源并联	对外可等效成一个电流源，其电流为 $$i_S=\sum_{k=1}^{n}i_{Sk}$$	当 i_{Sk} 与 i_S 的参考方向相同时，前面取"+"号，反之取"−"号
n 个电流源串联	只有电流相等方向一致的电流源才允许串联，否则违反 KCL	其等效电路为任一电流源
电压源 u_S 与其他非理想电压源支路并联	对外可等效成一个电压源 u_S	与电压源 u_S 并联可以是电阻、电流源或复杂的支路
电流源 i_S 与其他非理想电流源支路串联	对外可等效成一个电流源 i_S	与电流源 i_S 串联可以是电阻、电压源或复杂的支路

表 2-4　实际电源的两种模型及相互转换

	实际电压源	实际电流源
电路模型		
VCR	$u=u_S-Ri\qquad i=\dfrac{u_S}{R}-\dfrac{u}{R}$	$u=Ri_S-Ri\qquad i=i_S-\dfrac{u}{R}$

其中，$u_S=Ri_S\qquad i_S=\dfrac{u_S}{R}$

表 2-5 无独立源一端口网络输入电阻的求法

条件	方法	说明
无受控源	串并联及丫-△变换方法	无受控源网络也可用外加电源法,但用串并联更简单
含受控源	外加电源法:$R_{in} = \dfrac{u}{i}$	方法:在端口处加 u(或 i),求其端口的 i(或 u)

参考答案

能力检测题

一、选择题

1. 两个电阻,当它们串联时,功率比为 $4:9$;若它们并联,则它们的功率比为 (   )。

(A) $4:9$　　　　(B) $9:4$　　　　(C) $2:3$　　　　(D) $3:2$

2. 对称的电阻丫联结在等效成对称的△联结时,每边的电阻是原来的 (   )。

(A) 2 倍　　　　(B) 1/2　　　　(C) 3 倍　　　　(D) 1/3

3. 内阻为 R_0 的电压源等效变换为电流源时内阻为 (   )。

(A) R_0　　　　(B) $2R_0$　　　　(C) $3R_0$　　　　(D) $1/2R_0$

4. 两个电阻串联,$R_1:R_2=1:2$,总电压为 60V,则 U_1 的大小为 (   )。

(A) 10V　　　　(B) 20V　　　　(C) 30V　　　　(D) 40V

5. 当电流源开路时,该电流源内部 (   )。

(A) 有电流,有功率损耗　　　　　　　　(B) 无电流,无功率损耗

(C) 有电流,无功率损耗　　　　　　　　(D) 无法确定

二、判断题

1. 当电路中某一部分用等效电路替代后,未被替代部分的电压和电流均应保持不变。(   )

2. 阻值不同的几个电阻相并联,阻值小的电阻消耗功率大。(   )

3. 理想电压源和理想电流源可以等效互换。(   )

4. 两个电路等效,即它们无论其内部还是外部都相同。(   )

5. 电路等效变换时,如果一条支路的电流为零,可按短路处理。(   )

6. 当实际电压源的内阻能视为零时,可按理想电压源处理。(   )

7. 两个电路等效,说明它们对其内部作用效果完全相同。(   )

8. 两个阻值相等的电阻并联,其等效电阻比其中任何一个电阻的阻值都大。(   )

9. 在电阻分流电路中,电阻值越大,流过它的电流也就越大。(   )

10. 求含有受控源无源一端口网络的输入电阻,必须在该端口施加电源。(   )

三、填空题

1. 用等效电路的方法求解电路时,(   ) 和 (   ) 保持不变的部分仅限于等效电路以外,这就是"对外等效"的概念。

2. 电阻串联电路中,阻值较大的电阻上的分压较 (   ),功率较 (   )。

3. 电阻均为 9Ω 的△联结电阻网络,若等效为丫联结网络,各电阻的阻值应为 (   ) Ω。

4. 实际电压源模型 "20V、1Ω" 等效为电流源模型时,其电流 $I_S =$ (   ) A,内阻 $R =$ (   ) Ω。

5. 在含有受控源的电路分析中,特别要注意:不能随意把 (   ) 的支路消除掉。

6. 电阻均为 3Ω 的丫联结电阻网络,若等效为△联结网络,各电阻的阻值应为 (   ) Ω。

7. 电路理论中的等效是指两个电路的 (   ) 完全相同。

8. 串联电阻越多,串联等效电阻的数值越 (   ),并联电阻越多,并联等效电阻的数值越 (   )。

9. 理想电流源和理想电压源并联,对外等效电路为 (   )。

10. 理想电流源和电阻串联,对外等效电路为 (   )。

四、计算题

1. 图 2-30 所示的是一个常用的简单分压器电路。电阻分压器的固定端 a、b 接到直流电压源上。固定端 b 与活动端 c 接到负载上。利用分压器上滑动触头 c 的滑动可在负载电阻上输出 $0 \sim U$ 的可变电压。已知直流理想电压源电压 $U = 18$V,滑动触头 c 的位置使 $R_1 = 600$Ω,$R_2 = 400$Ω。

（1）求输出电压 U_2；

（2）若用内阻为 1200Ω 的电压表去测量此电压，求电压表的读数；

（3）若用内阻为 3600Ω 的电压表再测量此电压，求这时电压表的读数。

2. 求图 2-31 所示电路中电流 I。

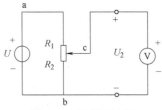

图 2-30　计算题 1 图

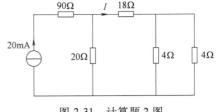

图 2-31　计算题 2 图

3. 求图 2-32 所示电路中的输入电阻。

4. 求图 2-33 所示电路中，从端口看进去的等效电导 G。

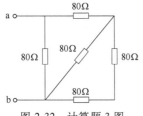

图 2-32　计算题 3 图

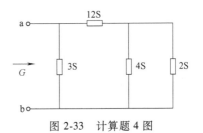

图 2-33　计算题 4 图

5. 求图 2-34 所示电路 ab 端的等效电阻。

6. 电路如图 2-35 所示，求电压 U_1。

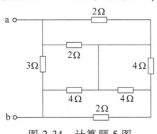

图 2-34　计算题 5 图

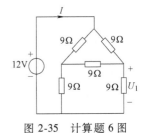

图 2-35　计算题 6 图

7. 求图 2-36 所示电路的等效电阻 R_{ab}。

8. 如图 2-37 所示电路，求电流 I。

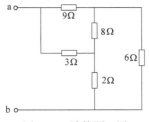

图 2-36　计算题 7 图

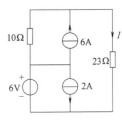

图 2-37　计算题 8 图

9. 将图 2-38 所示的各电路简化成一个等效的电压源或者是电流源的模型。

10. 在图 2-39 所示电路中，求：

（1）图 2-39a 中的电流 i；

（2）图 2-39b 中的电压 u；

（3）图 2-39c 中 R 上消耗的功率 p_R。

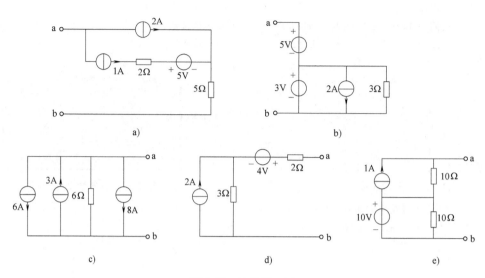

图 2-38 计算题 9 图

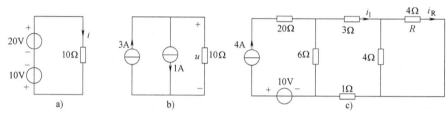

图 2-39 计算题 10 图

11. 求图 2-40 所示电路中 a 和 b 间的输入电阻。

12. 求图 2-41 所示电路的输入电阻。

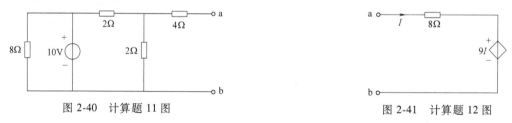

图 2-40 计算题 11 图

图 2-41 计算题 12 图

13. 如图 2-42 所示电路。（1）若 $R = 4\Omega$，求 U_1 及 I；（2）若 $U_1 = 4V$，求 R。

14. 电路如图 2-43 所示，求 I。

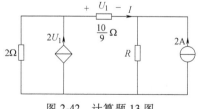

图 2-42 计算题 13 图

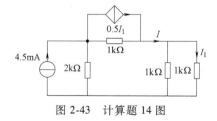

图 2-43 计算题 14 图

15. 求图 2-44 所示电路的输入电阻。

16. 求图 2-45 所示电路的输入电阻。

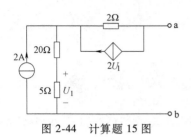

图 2-44　计算题 15 图

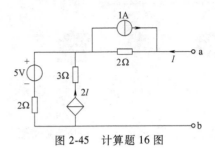

图 2-45　计算题 16 图

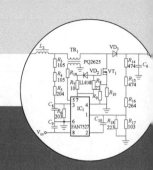

第 **3** 章

电阻电路的一般分析

知识图谱（★表示重点，△表示难点）

电阻电路的一般分析
- 3.1 电路的拓扑图及电路方程的独立性（△）
  - 电路的图：连通图、树、平面图
  - KCL 独立方程数：$n-1$
  - KVL 独立方程数：$b-n+1$
- 一般分析方法
  - 3.2 2b 法和支路法
    - 2b 法
    - 支路法（1b 法）
      - 支路电流法：b
      - 支路电压法：b
  - 3.3 网孔电流法（△，★）——只适用于平面电路：$b-n+1$
    - 自阻×该网孔电流+∑互阻×相邻网孔电流=该网孔所含电压源电位升之和
  - 3.4 回路电流法（△，★）——平面、非平面电路均适用：$b-n+1$
    - 自阻×该回路电流+∑互阻×相邻回路电流=该回路所含电压源电位升之和
  - 3.5 节点电压法（△，★）——平面、非平面电路均适用：$n-1$
    - 自导×该节点电压+∑互导×相邻节点电压=流入该节点电流源电流的代数和
- 3.6 应用案例——晶体管电路

　　本章介绍的电阻电路的一般分析是指求解任意电路，特别是复杂电路中各支路电流和电压的普遍方法，但所得的结论并不局限于电阻电路。内容包括：网络图论的基本概念、2b 法和支路法、网孔电流法、回路电流法和节点电压法，最后介绍如何选择最佳解题方法。

学习目标

1. 知识目标

理解回路电流法和节点电压法的本质，重点掌握回路电流法（网孔电流法）、节点电压法分析计算电路。

2. 能力目标

锻炼根据具体问题选择较为合适的解决方法的能力。

3. 素质目标

电路中既独立又完备的变量有多组，如支路电流（电压）、网孔（回路）电流、独立节点电压等，以它们为变量列写方程的难易程度不同，解决问题的方案可能有许多种，应学会如何选择最佳切入点，又快又好地达到目标，将大学中所获得的知识、思想、方法和动机的多样性融合于创新能力的培养中，激发和提高创新意识。一切从自己的实际情况出发，根据自己的知识掌握情况选择一种最适合自己的方法，适合自己才是最好的，进而引申出中国特色社会主义道路最适合中国国情，潜移默化、润物无声地传达坚定"四个自信"的思政目的。

3.1 电路的拓扑图及电路方程的独立性

3.1.1 网络图论的初步知识

1. 引言

等效变换改变了电路的结构，只能计算一些简单的电路，对于较复杂电路且结构又不能改动时，就无能为力了。本章介绍的电阻电路的一般分析，是指适用于任何线性电路的具有普遍性和系统性的分析方法，不需要改变电路的结构，是利用 KCL、KVL 和 VCR 建立一组电路方程，并求解得到电压和电流变量。根据所选变量不同可分为 2b 法、支路电流法、支路电压法、网孔电流法、回路电流法、节点电压法、割集电压法，割集电压法将在第 13 章中介绍，如图 3-1 所示。

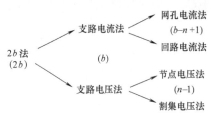

图 3-1　电阻电路的一般分析方法分类

一般分析方法或方程法是针对求解一组变量提出的，其首要解决的问题是如何选择一组适当的变量（电流或电压），从而去建立求解这些变量所需的方程。为此，先引入网络图论的有关知识。

2. 网络图论

网络图论是拓扑学的一个分支，如今图论被用于网络分析和综合、通信网络与开关网络的设计、集成电路布局及故障诊断、计算机结构设计及编译技术等领域。

1）电路的图：无任何电路元件，只有抽象的线段（支路）和点（节点）组成，用 G 表示。

图 3-2a 是一个具有 6 个电阻、1 个电压源、1 个电流源的电路。抛开元件的特性，认为每个二端元件是一条支路。图 3-2b 就是该电路的图，它共有 8 条支路，5 个节点。为了处理方便，通常把电压源和电阻的串联组合、电流源和电阻的并联组合作为一条复合支路处理，有 6 条支路，4 个节点，如图 3-2c 所示。

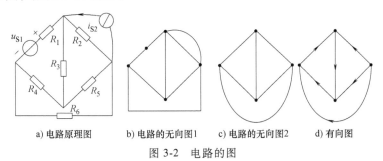

a) 电路原理图　　b) 电路的无向图1　　c) 电路的无向图2　　d) 有向图

图 3-2　电路的图

2）有向图：标出了电流、电压关联方向（通常取关联参考方向）的图，如图 3-2d 所示。

3）连通图、子图：图 G 的任意两个节点之间至少存在一条由支路所构成的路径时，则称图 G 为连通图。若图 G_1 的每个支路和节点都是图 G 的支路和节点，则称 G_1 是 G 的一个子图，如图 3-3b、c 所示。

a) 图G　　b) 连通子图G_1　　c) 非连通子图G_2

图 3-3　连通图和子图

4）树：包含了图 G 的全部节点但不包含回路的连通子图称为树。

图 3-4a 的一个树如图 3-4b 实线所示。图 3-4c 和图 3-4d 不是树，因为图 3-4c 是不连通的，而图 3-4d 包含了回路。构成树的支路叫树支（用实线表示），其余的支路叫连支（用虚线表示）。在图 3-4b 所示的树中，2、4、5 为树支，1、3、6 为连支。树支的数量是一定的，对具有 b 条支路，n 个节点的图，树支数是 $n-1$，则连支数为 $b-(n-1)$。

5）基本回路：选定一个树，仅含一个连支而其余均为树支的回路称为基本回路或单连支回路。

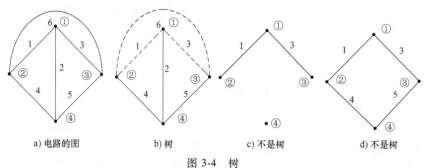

图 3-4　树

　　由于每个基本回路含有其他回路都不含的连支，因此构成的基本回路组是独立的，基本回路数为连支数 $b-(n-1)$。例如图 3-4b 所示的树，其基本回路为 l_1（1，2，4），l_2（2，3，5），l_3（4，5，6）。

　　6）平面图：若一个图画在平面上，且在非节点处不相交，则称为平面图，否则称为非平面图。

　　图 3-5 是非平面图。图 3-6a 似乎有相交的支路，但改画为图 3-6b 后仍可不相交而属平面图。

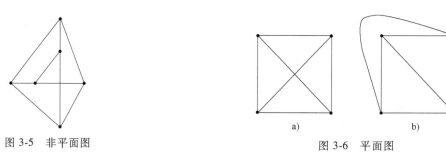

图 3-5　非平面图

图 3-6　平面图

3.1.2　KCL、KVL 的独立方程数

　　电路方程的列写关键是要保证其独立性。下面利用图 G 来讨论 KCL 和 KVL 方程的独立性。

1. KCL 的独立方程数量

　　一个电路的电路方程可以根据 KCL、KVL 以及电路元件的 VCR 建立，对每一个节点可建立一个节点的 KCL 方程，对每一个回路可建立一个回路的 KVL 方程。

　　图 3-7 所示为一个电路的有向图，它的节点和支路已加以编号，并给出了各支路的电流方向（电压和电流取关联参考方向）。假设流出为正，依次对①～④各节点运用 KCL 得

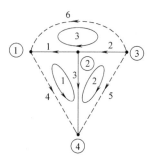

图 3-7　电路的有向图

$$\begin{cases} \text{节点①：} & -i_1+i_4-i_6=0 \\ \text{节点②：} & i_1-i_2+i_3=0 \\ \text{节点③：} & i_2+i_5+i_6=0 \\ \text{节点④：} & -i_3-i_4-i_5=0 \end{cases}$$

　　注意：①＋②＋③＝－④。

　　由于节点④的方程可由其余的 3 个方程推导出来，因此独立的线性无关的方程数目只有 3 个。

由此推广得出如下结论：对一个具有 b 条支路、n 个节点的电路，其独立 KCL 方程为 $(n-1)$ 个。

2. KVL 的独立方程数量

内部不含支路的回路称为网孔。独立回路可以选取网孔或基本回路。对于图 3-7 所示的电路，选定图示的 3 个网孔为独立回路，列写 KVL 方程为

$$\begin{cases} \text{网孔 1：} u_1 - u_3 + u_4 = 0 \\ \text{网孔 2：} -u_2 - u_3 + u_5 = 0 \\ \text{网孔 3：} u_1 + u_2 - u_6 = 0 \end{cases}$$

这是一组相互独立的方程。可以证明：对于一个具有 b 条支路、n 个节点的电路，其独立 KVL 方程为 $(b-n+1)$ 个。一个电路的 KVL 独立方程数就是它的独立回路数。

思考与练习

3.1-1　简要证明：对于一个具有 b 条支路、n 个节点的电路，树支数为 $b_t = n-1$，连支数为 $b_l = b-(n-1)$。

3.1-2　有人说："一个连通图的树包含该连通图的全部节点和全部支路。"你同意吗？为什么？

3.1-3　有人说："一个电路的 KCL 独立方程数等于它的独立节点数。"你同意吗？为什么？

3.1-4　有人说："一个电路的 KVL 独立方程数等于它的独立回路数。"你同意吗？为什么？

3.2　2b 法和支路法

3.2.1　2b 法

对于具有 b 条支路、n 个节点的电路，可以选取 b 个支路电压和 b 个支路电流为电路变量，总计有 $2b$ 个未知变量。可以列出的线性无关的方程数量如下：

$$\left.\begin{array}{l} \text{KCL 独立方程}(n-1\ \text{个}) \\ \text{KVL 独立方程}(b-n+1\ \text{个}) \\ \text{支路 VCR 方程}(b\ \text{个}) \end{array}\right\} \text{共 } 2b \text{ 个独立方程}$$

由于方程的个数与变量的数量正好相等，因此这 $2b$ 个未知变量正常情况下可以完成电路的全面系统分析。这种原始的方法简称为 $2b$ 法。$2b$ 法方程列写方便、直观，但方程数较多，求解繁杂。为了减少求解的方程数，可以采用支路电流法和支路电压法（又称为 $1b$ 法）。

3.2.2　支路法

以各支路电流或支路电压为变量列方程求解电路的方法称为支路法。

1. 支路电流法

以支路电流为变量，列写独立的 KCL 和 KVL 方程分析电路的方法称为支路电流法。分析步骤为

1）选取各支路电流的参考方向（通常支路电压与支路电流取关联参考方向）。

2）按 KCL 列出 $n-1$ 个独立节点的 KCL 方程。

3）选取 $(b-n+1)$ 个独立回路，指定回路的绕行方向，列出 KVL 方程：$\sum R_k i_k = \sum u_{Sk}$，式中左侧表示某回路所有电阻电压降的代数和，当 i_k 参考方向与回路方向一致时，$R_k i_k$ 前面

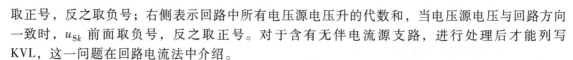

取正号，反之取负号；右侧表示回路中所有电压源电压升的代数和，当电压源电压与回路方向一致时，u_{Sk} 前面取负号，反之取正号。对于含有无伴电流源支路，进行处理后才能列写 KVL，这一问题在回路电流法中介绍。

4）解方程，求解各支路电流，再用支路特性求出其他所待求的量。

【例 3-1】 求图 3-8 中各支路电流及各电压源的功率。

解： 应用支路电流法

（1）选定各支路电流及其参考方向如图 3-8 所示。支路有 3 条，故变量有 3 个。

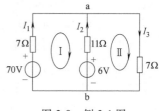

（2）本电路 $n=2$，$b=3$。所以列 $n-1=2-1=1$ 个独立节点的 KCL 方程：

$$-I_1-I_2+I_3=0 \quad ①$$

图 3-8 例 3-1 图

（3）选网孔 I、II（见图 3-8）作为独立回路列写 KVL 方程 $\sum R_k i_k = \sum u_{Sk}$：

$$\begin{cases} \text{网孔 I：} 7I_1-11I_2=70-6 & ② \\ \text{网孔 II：} 11I_2+7I_3=6 & ③ \end{cases}$$

（4）联立方程式①、②、③，便可求得支路电流 $I_1 \sim I_3$。解出各支路电流为

$$I_1=6\text{A}, I_2=-2\text{A}, I_3=I_1+I_2=6-2=4\text{A}$$

（5）各电压源的功率：$P_{70V}=-70I_1=-70\times6=-420\text{W}$（发出功率），$P_{6V}=-6I_2=-6\times(-2)=12\text{W}$（吸收功率）。

2. 支路电压法

以支路电压为变量列方程求解电路的方法称为支路电压法。独立 KCL 方程中的各支路电流均应利用支路的伏安关系用支路电压表示，可得到以支路电压为变量的 b 个方程。

思考与练习

3.2-1 $2b$ 法求解电路有哪些优点和缺点？

3.2-2 阐述支路电流法与 $2b$ 法的区别与联系。

3.2-3 阐述支路电压法与 $2b$ 法的区别与联系。

3.2-4 为什么说支路电流是不独立的？

扫一扫 看视频

3.3 网孔电流法

3.3.1 基本的网孔电流法

1. 定义

以网孔电流为变量，直接列写网孔的 KVL 方程，先解得网孔电流进而求得响应的一种平面网络分析法。

2. 公式

图 3-9 中，假设两网孔的网孔电流分别为 i_{m1} 和 i_{m2}，3 条支路的支路电流为

$$i_1=i_{m1} \quad i_3=i_{m2} \quad i_2=i_1-i_3=i_{m1}-i_{m2} \quad (3-1)$$

可见，如果已知各网孔电流，就可以求出电路中任一条支路的支路电流，同时，网孔电流的流向是在独立回路中闭合的，对每个相关节点均流进一次，流出一次，所以网孔电流自

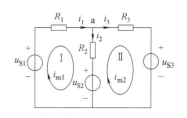

图 3-9 网孔电流法

动满足 KCL。因此只需列写所有网孔的 KVL 方程即可，方程数为 $(b-n+1)$。与支路电流法相比，方程数减少了 $(n-1)$ 个。

根据以上分析，这两个网孔的 KVL 方程分别为

$$
\begin{cases}
网孔 \text{I}：R_1 i_1 + R_2 i_2 + u_{S2} - u_{S1} = 0 & (3\text{-}2) \\
网孔 \text{II}：-R_2 i_2 + R_3 i_3 + u_{S3} - u_{S2} = 0 & (3\text{-}3)
\end{cases}
$$

各支路电流可用网孔电流表示，代入式（3-2）、式（3-3）整理得网孔电流方程为

$$
\begin{cases}
网孔 \text{I}：(R_1 + R_2) i_{m1} - R_2 i_{m2} = u_{S1} - u_{S2} & (3\text{-}4) \\
网孔 \text{II}：-R_2 i_{m1} + (R_2 + R_3) i_{m2} = u_{S2} - u_{S3} & (3\text{-}5)
\end{cases}
$$

具有两个网孔的网孔电流方程标准形式为

$$
\begin{cases}
R_{11} i_{m1} + R_{12} i_{m2} = u_{S11} & (3\text{-}6) \\
R_{21} i_{m1} + R_{22} i_{m2} = u_{S22} & (3\text{-}7)
\end{cases}
$$

推广到 $(b-n+1)$ 个网孔，其网孔电流方程的一般形式为

$$
\begin{cases}
R_{11} i_{m1} + R_{12} i_{m2} + R_{13} i_{m3} + \cdots + R_{1m} i_{mm} = u_{S11} \\
R_{21} i_{m1} + R_{22} i_{m2} + R_{23} i_{m3} + \cdots + R_{2m} i_{mm} = u_{S22} \\
\vdots \\
R_{m1} i_{m1} + R_{m2} i_{m2} + R_{m3} i_{m3} + \cdots + R_{mm} i_{mm} = u_{Smm}
\end{cases}
\quad (3\text{-}8)
$$

写成矩阵形式为

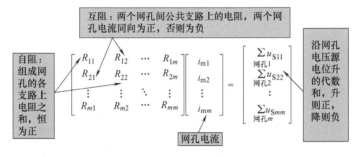

因此可得到从网孔直接列写网孔电流方程的结构表达式为

自阻×该网孔电流+∑互阻×相邻网孔电流=该网孔所含电压源电位升之和

3. 求解步骤

1）确定各网孔电流，并以其参考方向作为网孔的绕行方向。

2）按式（3-8）列写 $(b-n+1)$ 个网孔的 KVL 方程。

3）联立求解得到各网孔电流。

4）在所得网孔电流基础上，按分析要求再求取其他待求电路变量。

【例 3-2】 用网孔电流法求图 3-10 所示电路中各支路电流。

解：（1）设各网孔电流方向为顺时针方向，并在图 3-10 所示电路中标出。

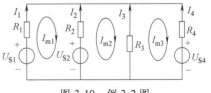

图 3-10 例 3-2 图

（2）对每个网孔列 KVL 方程：

$$
\begin{cases}
(R_1 + R_2) I_{m1} - R_2 I_{m2} = U_{S1} - U_{S2} \\
-R_2 I_{m1} + (R_2 + R_3) I_{m2} - R_3 I_{m3} = U_{S2} \\
-R_3 I_{m2} + (R_3 + R_4) I_{m3} = -U_{S4}
\end{cases}
$$

（3）求解网孔电流方程，得 I_{m1}，I_{m2}，I_{m3}。

（4）求各支路电流：$I_1 = I_{m1}$，$I_2 = I_{m2} - I_{m1}$，$I_3 = I_{m3} - I_{m2}$，$I_4 = -I_{m3}$。

3.3.2 特殊的网孔电流法

1. 含受控源支路时的分析方法

当电路中存在受控源时，可以将受控源按独立源一样处理，然后将受控源的控制量用网孔电流表示出来，最后移项整理并求解。

【例3-3】 如图3-11所示电路，已知 $R_1=1\Omega$，$R_2=2\Omega$，$R_3=3\Omega$，$u_{S1}=10V$，$u_{S2}=20V$。试用网孔法求 i_1 及受控源的功率。

解： 电路分析，该电路有3条支路，2个节点，2个网孔，支路电流法需要列3个方程，而采用网孔电流法仅仅需要列2个方程。电路中含有独立电压源和受控电压源，处理时可以把受控电压源当作独立电压源来看。但必须根据控制量补充一个方程，即把控制量用网孔电流来表示。分析步骤如下：

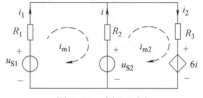

图3-11　例3-3图

1）指定网孔电流 i_{m1}、i_{m2} 及其参考方向如图3-11所示。并以此作为列写KVL方程的回路绕行方向。

2）由于两个网孔电流流过公共支路方向相反，互阻取负号。电压源电压方向与该网孔电流方向一致时，取负号；反之取正号。

那么两个网孔的KVL方程分别为

$$\begin{cases}(R_1+R_2)i_{m1}-R_2i_{m2}=u_{S1}-u_{S2}\\-R_2i_{m1}+(R_2+R_3)i_{m2}=u_{S2}-6i\end{cases}$$

根据控制量补充一个方程：$i=i_{m2}-i_{m1}$

代入已知条件，整理得

$$\begin{cases}3i_{m1}-2i_{m2}=-10\\-8i_{m1}+11i_{m2}=20\end{cases}$$

解方程得

$$i_{m1}=-4.1176A，\quad i_{m2}=-1.1765A$$

则

$$i_1=i_{m1}=-4.1176A$$
$$i_2=i_{m2}=-1.1765A$$
$$i=i_{m2}-i_{m1}=-1.1765-(-4.1176)=2.9411A$$

受控源的功率为

$$P=6ii_{m2}=6\times2.9411\times(-1.1765)=-20.7612W$$

2. 含理想电流源支路时的分析方法

电路中含有理想电流源（也叫无伴电流源）的处理方法如下：

1）理想电流源位于网孔外沿，则理想电流源提供的电流即为一个网孔电流，可少列一个方程。

2）理想电流源位于公共支路，以理想电流源两端电压为变量，同时补充一个网孔电流与理想电流源电流间的约束关系的方程。

【例3-4】 用网孔电流法求图3-12中的各网孔电流和电压 U。

解： 选取网孔电流绕行方向，设公共支路上理想电流源电压 U。

利用直接观察法列方程，其中位于网孔外沿理想电流源支路

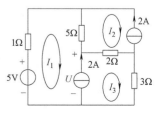

图3-12　例3-4图

的网孔电流为已知量 $I_2 = -2\text{A}$。

$$\begin{cases} (1+5)I_1 - 5I_2 = 5 - U \\ I_2 = -2 \\ -2I_2 + (2+3)I_3 = U \\ I_3 - I_1 = 2 \end{cases}$$

解方程得

$$\begin{cases} I_1 = -1.73\text{A} \\ I_2 = -2\text{A} \\ I_3 = 0.27\text{A} \\ U = 5.35\text{V} \end{cases}$$

 思考与练习

3.3-1 哪些电路适于用网孔电流法？为什么说网孔电流是相互独立的？

3.3-2 电路中含有理想电流源或者受控源时，用网孔电流法分析电路时如何处理？

3.3-3 对于含有受控源的电路，其互阻是否还相等？

3.3-4 为什么说网孔电流方程实质上是 KVL 的体现？

3.4 回路电流法

扫一扫 看视频

网孔电流法仅适用于平面电路，可推广到非平面电路的回路电流法。

1. 定义

以回路电流为变量，根据 KVL 对电路的回路列出所需的独立方程组，求出回路电流的一种分析方法。

2. 公式

与网孔电流方程类似，其回路电流方程的一般形式为

$$\begin{cases} R_{11}i_{l1} + R_{12}i_{l2} + R_{13}i_{l3} + \cdots + R_{1l}i_{ll} = u_{Sl1} \\ R_{21}i_{l1} + R_{22}i_{l2} + R_{23}i_{l3} + \cdots + R_{2l}i_{ll} = u_{Sl2} \\ \vdots \\ R_{l1}i_{l1} + R_{l2}i_{l2} + R_{l3}i_{l3} + \cdots + R_{ll}i_{ll} = u_{Sll} \end{cases} \quad (3\text{-}9)$$

式中，R_{kk} 为第 k 个回路所关联的所有电阻之和，称为自阻，恒为正。R_{kj} 为第 k 个回路与第 j 个回路所关联的所有公共电阻之和，称为互阻，值可正可负，当第 k 个回路电流与第 j 个回路电流在公共支路上参考方向相同时 R_{kj} 为正，反之为负，若两回路间无公共电阻，R_{kj} 为零。当电路中不含受控源时，$R_{kj} = R_{jk}$。u_{Slk} 为回路 k 中所有电源电压代数和，当此电压的参考方向与回路电流参考方向一致时取负，相反时取正。

回路电流方程的结构表达式为

自阻×该回路电流+∑互阻×相邻回路电流=该回路所含电压源电位升之和

【例 3-5】 电路如图 3-13a 所示，用回路电流法求 i_1 和 u。

解：第 1 步，选树。注意到图 3-13a 中含有理想电流源支路，该支路电流是已知的，可以考虑选择该支路为连支，这样就可以省去一个变量，减少一个方程。图 3-13b 是图 3-13a 的拓扑图。选其中一种树如图 3-13b 实线所示，所确定的连支电流变量分别为 i_{l1}、i_{l2}、i_{l3}。

第 2 步，沿基本回路建立 KVL 方程。3 个基本回路对应的 KVL 方程如下：

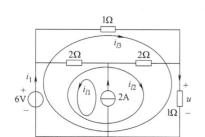
a) 例3-5电路

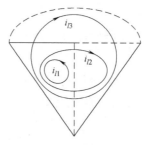
b) 例3-5的拓扑图

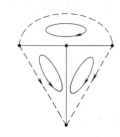
c) 网孔电流法是回路电流法的特例

图 3-13　例 3-5 图

$$\begin{cases} i_{l1} = 2 \\ -2i_{l1} + (1+2+2)i_{l2} + i_{l3} = 6 \\ i_{l2} + (1+1)i_{l3} = 6 \end{cases}$$

注意包含电流源支路的基本回路是不需要列写 KVL 方程的。因为 i_{l1} 已知，两个独立变量只需要两个独立方程即可解出，这是回路电流法通过树的适当选择带来的好处。

第 3 步，求解该方程，得各连支电流为

$$i_{l1} = 2\text{A}, \quad i_{l2} = \frac{14}{9}\text{A}, \quad i_{l3} = \frac{20}{9}\text{A}$$

故

$$i_1 = -i_{l1} + i_{l2} + i_{l3} = \frac{16}{9}\text{A}$$

$$u = (i_{l2} + i_{l3}) \times 1\Omega = \frac{34}{9}\text{V}$$

可以看出，回路电流法对选树技巧有一定要求，若选用得当，可以利用支路电流源减少方程数，简化电路求解。

如按图 3-13c 所示的方式选树，将树选在图的"内部"，则所选的基本回路电流正好是网孔电流，回路电流方程正好是网孔电流方程，所以网孔电流法可以说是回路电流法的一个特例。

【例 3-6】 用网孔电流法和回路电流法列写图 3-14 所示电路的方程。

解： 该电路中含有无伴电流源支路，因此有两种处理方法。

方法 1：采用网孔电流法，虚设公共支路上理想电流源电压 U，选取网孔作为一组独立回路，网孔电流绕行方向都为顺时针方向，如图 3-14a 所示，列写网孔电流方程如下：

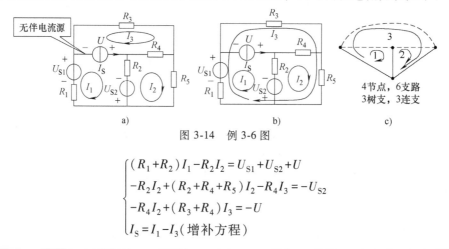
图 3-14　例 3-6 图

$$\begin{cases} (R_1 + R_2)I_1 - R_2 I_2 = U_{S1} + U_{S2} + U \\ -R_2 I_2 + (R_2 + R_4 + R_5)I_2 - R_4 I_3 = -U_{S2} \\ -R_4 I_2 + (R_3 + R_4)I_3 = -U \\ I_S = I_1 - I_3 \text{（增补方程）} \end{cases}$$

方法2：采用回路电流法，在选取独立回路时，使无伴电流源支路仅属于一个回路，即无伴电流源支路为连支，如图 3-14b 所示，选择的树如图 3-14c 所示，并按照回路电流法方程的一般方法列写如下：

$$\begin{cases} I_1 = I_S \\ -R_2 I_1 + (R_2 + R_4 + R_5) I_2 + R_5 I_3 = -U_{S2} \\ R_1 I_1 + R_5 I_2 + (R_1 + R_3 + R_5) I_3 = U_{S1} \end{cases}$$

当一个电路的电流源较多时，在选择了一个合适的"树"的情况下，采用回路电流法求解电路，可以使求解变量大为减少。因此回路电流法最适合电流源多的电路分析。

思考与练习

3.4-1 哪些电路适于用回路电流法？

3.4-2 如何选择树？

3.4-3 电路中含有电流源或者受控源时，用回路电流法分析电路时如何处理？

3.4-4 与支路电流法相比，回路电流法为什么可以省去（$n-1$）个方程？

3.5 节点电压法

3.5.1 基本的节点电压法

1. 定义

以独立节点的节点电压为变量，根据 KCL 列写独立节点的节点电压方程求出节点电压的一种分析方法。

2. 公式

图 3-15 所示电路共有 3 个节点，如选最下面的节点③作为参考节点，则 $u_{n3} = 0$。其余两个独立节点的节点电压记作 u_{n1} 和 u_{n2}。应用基尔霍夫电流定律，对节点①、节点②分别列出节点电流方程：

$$\begin{cases} 节点①：i_1 + i_2 = i_{S1} + i_{S2} \\ 节点②：-i_2 + i_3 = i_{S3} - i_{S2} \end{cases} \tag{3-10}$$

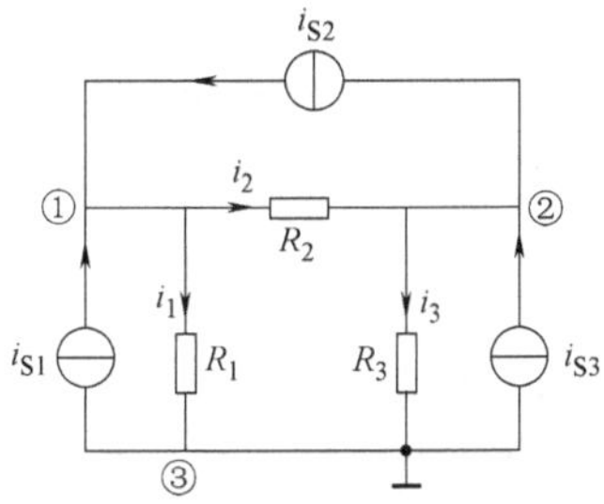

根据欧姆定律，用节点电压表示支路电流：

图 3-15 节点电压法图示

$$\begin{cases} i_1 = \dfrac{u_{n1}}{R_1} = G_1 u_{n1} \\\\ i_2 = \dfrac{u_{n1} - u_{n2}}{R_2} = G_2 (u_{n1} - u_{n2}) \\\\ i_3 = \dfrac{u_{n2}}{R_3} = G_3 u_{n2} \end{cases} \tag{3-11}$$

将式（3-11）代入式（3-10），得到

$$\begin{cases} \left(\dfrac{1}{R_1} + \dfrac{1}{R_2}\right) u_{n1} - \dfrac{1}{R_2} u_{n2} = i_{S1} + i_{S2} \\\\ -\dfrac{1}{R_2} u_{n1} + \left(\dfrac{1}{R_2} + \dfrac{1}{R_3}\right) u_{n2} = i_{S3} - i_{S2} \end{cases} \tag{3-12}$$

式（3-12）可以写为

$$\begin{cases} (G_1+G_2)u_{n1}-G_2u_{n2}=i_{S1}+i_{S2} \\ -G_2u_{n1}+(G_2+G_3)u_{n2}=i_{S3}-i_{S2} \end{cases} \tag{3-13}$$

式（3-13）可改写为一般形式：

$$\begin{cases} G_{11}u_{n1}+G_{12}u_{n2}=i_{S11} \\ G_{21}u_{n1}+G_{22}u_{n2}=i_{S22} \end{cases} \tag{3-14}$$

将其推广到$(n-1)$个独立节点的电路,节点电压方程的一般形式为

$$\begin{cases} G_{11}u_{n1}+G_{12}u_{n2}+\cdots+G_{1(n-1)}u_{n(n-1)}=i_{S11} \\ G_{21}u_{n1}+G_{22}u_{n2}+\cdots+G_{2(n-1)}u_{n(n-1)}=i_{S22} \\ \qquad\vdots \\ G_{(n-1)1}u_{n1}+G_{(n-1)2}u_{n2}+\cdots+G_{(n-1)(n-1)}u_{n(n-1)}=i_{S(n-1)(n-1)} \end{cases} \tag{3-15}$$

式中，G_{ii} 为节点 i 的自导，G_{ii} =连于节点 i 上的所有电导之和；G_{ij} 为节点 i 与节点 j 之间的互导，G_{ij} = −（节点 i 与节点 j 之间的所有公共电导之和）；i_{Sii} 为节点 i 上的各支路电流源（或由电压源和电阻串联等效变换形成的等效电流源）电流的代数和，并且流入为"＋"，流出为"−"。

把节点电压方程的组成用一个结构表达式表示为

自导×本节点电压+∑互导×相邻节点电压＝流入本节点的电流源电流的代数和

3. 求解步骤

1）指定电路中某一节点为参考节点，其他节点（称为独立节点）与参考节点之间的电压称为节点电压。标出各独立节点电位。

2）按照式（3-15）节点电压方程的一般形式，根据实际电路直接列出各节点电压方程。

3）列写第 k 个节点电压方程时，与 k 节点相连接的支路上电阻元件的电导之和（自导）一律取"＋"号；与 j 节点相关联支路的电阻元件的电导（互导）一律取"−"号。流入 k 节点的电流源的电流取"＋"号，流出的则取"−"号。

4）解出各节点电压，然后进一步求出其他各待求量。节点电压总是自动满足KVL，而且相互独立，电路中所有支路电压都可以用节点电压表示。

3.5.2 特殊的节点电压法

1. 电路中含有电压源

（1）有伴电压源：电压源与电阻串联

可以通过电源的等效变换将电压源与电阻串联转化成电流源与电阻的并联来处理，也可直接在方程中体现出来（注意方向：电压源正极与节点相连，取"＋"）。

含有电压源与电阻串联支路的有伴电压源节点电压方程写成矩阵形式：

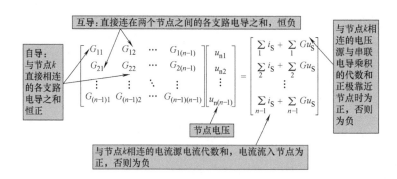

【例3-7】 列写图3-16a所示电路的节点电压方程。

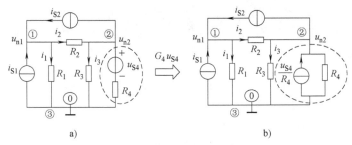

图 3-16 例 3-7 图

解：将电压源与电阻串联转化成电流源与电阻并联来处理，如图 3-16b 所示，列写的节点电压方程为

$$\begin{cases} 节点①：(G_1+G_2)u_{n1}-G_2u_{n2}=i_{S1}+i_{S2} \\ 节点②：-G_2u_{n1}+(G_2+G_3+G_4)u_{n2}=G_4u_{S4}-i_{S2} \end{cases}$$

（2）无伴电压源：理想电压源，无电阻串联

无法将支路电流用支路电压表示时的处理方法有两种：

1）选择无伴电压源的一端作为参考节点，无伴电压源另一端的节点电压就是已知的电压源电压。该节点的节点电压方程可省去。

2）把无伴电压源中的电流作为变量，每引入一个这样的变量，同时就会增加一个无伴电压源电压与节点电压之间的补充方程，其方程数与变量数相同。这是解决电路中不止一个无伴电压源的方法。

【例 3-8】 电路如图 3-17 所示，列节点电压方程。

解：取理想电压源 U_{S1} "－" 极性端为参考点，则 $U_{n1}=U_{S1}$。对节点 1、节点 2、节点 3 分别列写节点电压方程：

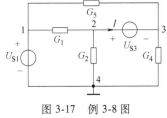

图 3-17 例 3-8 图

$$\begin{cases} U_{n1}=U_{S1} \\ -G_1U_{n1}+(G_1+G_2)U_{n2}=-I \\ -G_5U_{n1}+(G_4+G_5)U_{n3}=I \\ U_{n2}-U_{n3}=U_{S3}（增补方程） \end{cases}$$

2. 电路中含有受控源

对受控源先按独立源处理，再用节点电压把控制量表示出来，整理合并。此时方程组的系数行列式非主对角线不再对称。

【例 3-9】 电路如图 3-18 所示，列节点电压方程。

解：（1）选取参考节点。

（2）先将受控源作独立源处理，利用直接观察法列方程。

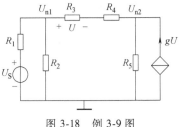

图 3-18 例 3-9 图

$$\begin{cases} \left(\dfrac{1}{R_1}+\dfrac{1}{R_2}+\dfrac{1}{R_3+R_4}\right)U_{n1}-\dfrac{1}{R_3+R_4}U_{n2}=\dfrac{U_S}{R_1} \\ -\dfrac{1}{R_3+R_4}U_{n1}+\left(\dfrac{1}{R_3+R_4}+\dfrac{1}{R_5}\right)U_{n2}=gU \end{cases}$$

（3）再将控制量用未知量表示。

$$U = \frac{U_{n1} - U_{n2}}{R_3 + R_4} R_3$$

（4）整理求解。

$$
\begin{cases}
\left(\dfrac{1}{R_1} + \dfrac{1}{R_2} + \dfrac{1}{R_3 + R_4} \right) U_{n1} - \dfrac{1}{R_3 + R_4} U_{n2} = \dfrac{U_S}{R_1} \quad (\text{注意}: G_{12} \neq G_{21}) \\[4mm]
-\left(\dfrac{g R_3 + 1}{R_3 + R_4} \right) U_{n1} + \left(\dfrac{g R_3 + 1}{R_3 + R_4} + \dfrac{1}{R_5} \right) U_{n2} = 0
\end{cases}
$$

方程中 $G_{12} \neq G_{21}$，可见当电路中存在受控源时，节点电压方程的系数行列式非主对角线一般不再对称。

【例3-10】 用节点电压法求图3-19所示 i_1 和 i_2。

解：对节点1、节点2分别列写节点电压方程：

$$
\begin{cases}
\left(\dfrac{1}{4} + \dfrac{1}{4} \right) u_{n1} - \dfrac{1}{4} u_{n2} = 2 + 0.5 i_2 \\[4mm]
-\dfrac{1}{4} u_{n1} + \left(\dfrac{1}{4} + \dfrac{1}{4} + \dfrac{1}{2} \right) u_{n2} = -0.5 i_2 + \dfrac{4 i_1}{4}
\end{cases}
$$

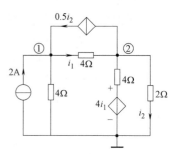

图3-19 例3-10图

由于电路中含有两个受控源，所以还需要增加两个关于受控源的控制量与节点电压的关系式。根据电路知：

$$
\begin{cases}
i_1 = \dfrac{u_{n1} - u_{n2}}{4} \\[4mm]
i_2 = \dfrac{u_{n2}}{2}
\end{cases}
$$

解得

$$
\begin{cases}
i_1 = 1\,A \\
i_2 = 1\,A
\end{cases}
$$

3. 电路中含有电流源串联电阻

凡与电流源串联的元件，不管是电阻还是电压源，在节点电压方程中都不会出现，该支路称为虚元件支路。含有虚元件支路的网络，在列节点电压方程时，应将虚元件置零。注意：

1）节点电压法的方程实质上是KCL，每一项的量纲都是电流。

2）若某支路电流整体列入方程，则其支路电导不应再计入，与电流源串联的电阻不出现在自导或互导中。

【例3-11】 电路如图3-20所示，若节点电压 $U_{n1} = 6\,V$，求节点电压 U_{n2} 和电流源电流 I_S。

解：由于电路只有三个节点，所以只需要列两个节点电压方程。参考节点如图3-20所示，节点电压为 U_{n1}、U_{n2}。注意：与电流源串联的电阻不参与列方程，所以节点电压方程为

$$
\begin{cases}
\left(\dfrac{1}{1} + \dfrac{1}{1} \right) U_{n1} - \dfrac{1}{1} U_{n2} = -I_S \\[4mm]
-\dfrac{1}{1} U_{n1} + \left(\dfrac{1}{1} + \dfrac{1}{1} + \dfrac{1}{1} \right) U_{n2} = \dfrac{6}{1}
\end{cases}
$$

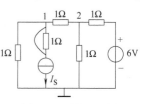

图3-20 例3-11图

代入已知条件得

$$\begin{cases} 12-U_{n2}=-I_S \\ -6+3U_{n2}=6 \end{cases}$$

解得

$$U_{n2}=4V,\ I_S=-8A$$

4. 弥尔曼定理

对支路多但节点却只有两个的电路，采用节点电压法分析电路最为简便，只需要列一个方程就可以。对于图 3-21 所示由独立源和电阻组成的具有一个独立节点的电路，其节点电压方程为

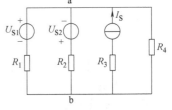

图 3-21　一个独立节点的节点电压法

$$\left(\frac{1}{R_1}+\frac{1}{R_2}+\frac{1}{R_4}\right)U_{ab}=\frac{U_{S1}}{R_1}-\frac{U_{S2}}{R_2}+I_S$$

$$U_{ab}=\frac{\dfrac{U_{S1}}{R_1}-\dfrac{U_{S2}}{R_2}+I_S}{\dfrac{1}{R_1}+\dfrac{1}{R_2}+\dfrac{1}{R_4}} \tag{3-16}$$

式（3-16）写成通式形式为

$$U_{ab}=\frac{\sum\dfrac{U_S}{R}+\sum I_S}{\sum\dfrac{1}{R}} \tag{3-17}$$

式（3-17）被称为弥尔曼定理。

式（3-17）中，$\sum\dfrac{1}{R}$ 是各支路电导之和，但恒流源支路串联的电阻不构成电导（等于 0），$\sum I_S$ 是各支路理想电流源电流之和，$\sum\dfrac{U_S}{R}$ 是各支路理想电压源电压与该支路电阻比值之和。

【例 3-12】　图 3-22 所示电路中，各元件参数均已知，试用节点电压法列出足以求解该电路的方程。

解： 方法 1，对图 3-22a，列节点电压方程如下：

$$\begin{cases} \left(\dfrac{1}{R_1}+\dfrac{1}{R_2}\right)u_{n1}-\dfrac{1}{R_2}u_{n2}=i_S-i_x \\[2mm] -\dfrac{1}{R_2}u_{n1}+\left(\dfrac{1}{R_2}+\dfrac{1}{R_3}\right)u_{n2}=\beta i_2+i_x \\[2mm] u_{n2}-u_{n1}=ri_1 \\[2mm] i_1=-\dfrac{u_{n1}}{R_1} \\[2mm] i_2=\dfrac{u_{n1}-u_{n2}}{R_2} \end{cases}$$

图 3-22　例 3-12 图

a)　　　b)

方法 2，对图 3-22b，列节点电压方程如下：

$$\begin{cases} u_{n1} = ri_1 \\ -\dfrac{1}{R_3}u_{n1} + \left(\dfrac{1}{R_1} + \dfrac{1}{R_3}\right)u_{n2} = -i_S - \beta i_2 \\ i_1 = \dfrac{u_{n2}}{R_1} \\ i_2 = -\dfrac{u_{n1}}{R_2} \end{cases}$$

就电路方程数量而言，支路电流法需要 b 个电路方程，网孔电流法或回路电流法需要 $(b-n+1)$ 个电路方程，节点电压法需要 $(n-1)$ 个电路方程，因此手工分析中对这些分析方法的选用，需要首先比较 b、$(b-n+1)$、$(n-1)$ 三数大小，依据变量数最少或求解更便利的原则，然后再选取数值最小的那种最优分析方法进行分析。

思考与练习

3.5-1 哪些电路适于用节点电压法？

3.5-2 电路中含有理想电压源或者受控源时，用节点电压法分析电路时如何处理？

3.5-3 电路中含有电流源串联电阻时，用节点电压法分析电路时如何处理？

3.5-4 支路电流法、网孔电流法、回路电流法、节点电压法的异同是什么？

3.6 应用案例

应用本章介绍的方法分析晶体管电路。晶体管的原理结构如图 3-23 所示。

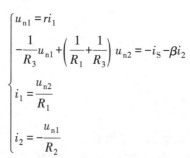

图 3-23 晶体管的结构示意图和符号

【**例 3-13**】 试求图 3-24a 所示晶体管电路中的 U_o。假定晶体管工作在放大模式，$I_C = \beta I_B$，其中 β 为电流放大倍数，并且 $\beta = 150$。$U_{BE} = 0.7V$。

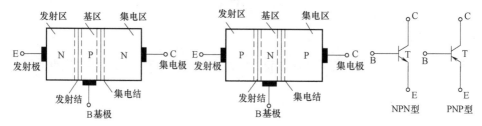

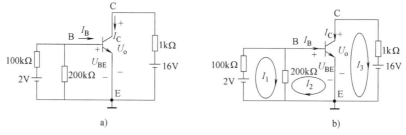

图 3-24 例 3-13 图

解：对于图 3-24b 中的网孔 1 有：$(100+200)\times10^3 I_1 - 200\times10^3 I_2 = 2$

对于网孔 2 有：$-200\times10^3 I_1 + 200\times10^3 I_2 = -U_{BE} = -0.7$

对于网孔 3 有：$1\times 10^{3}I_{3}=U_{o}-16$

约束方程：$I_{3}=-I_{C}=-\beta I_{B}=-150I_{2}$

联立上述方程，解得：$U_{o}=14.575\text{V}$

实际上，对晶体管电路的研究推动着对受控源的研究。通过上面的例题应该注意到，由于晶体管各极之间存在电位差，所以不能直接利用节点电压法来分析晶体管电路。只有用晶体管的等效模型取代晶体管之后，才能求解电路参数。

本 章 小 结

1. 支路电流法

支路电流法是分析电路的基本方法之一，它是基尔霍夫定律应用的体现。对于具有 n 个节点、b 个支路的电路，用 KCL 列写 $(n-1)$ 个独立节点方程，用 KVL 列写 $(b-n+1)$ 个独立回路方程，网孔个数就是独立方程 KVL 的个数。

2. 网孔电流法

网孔电流法的基本思想是，以网孔电流为独立的变量建立独立的 KVL 方程的分析方法。网孔电流法是回路电流法的特例，仅适用于平面电路。

3. 回路电流法

以回路电流（即相应基本回路的连支电流）作为求解变量，建立 KVL 方程的一种分析方法。基本回路电流的参考方向取与连支电流一致的参考方向。通过选择一个树确定 $(b-n+1)$ 个基本回路。树应尽可能这样选择：把电压源、受控电压源或电压控制量所在支路选为树支；把电流源、受控电流源或电流控制量所在支路选取为连支。分析步骤同网孔电流法。回路电流法应用更广，非平面电路同样适用。

4. 节点电压法

以节点电压为未知量列写电路方程分析电路的方法。对支路多、节点少的电路最为简便。节点电压方程可以用观察法直接列写。

常用方法的比较如下：

1）网孔电流法、回路电流法的方程个数都是 $b-n+1$，节点电压法的方程个数为 $n-1$。

2）一般来说，如果电路的独立节点少于网孔数，用节点电压法联立方程数就少。

3）如果电路中已知电压源，用回路电流法、网孔电流法比较方便。如果电路中已知电流源，则节点电压法更为方便。目前计算机辅助网络分析广泛应用这种方法。

4）网孔电流法仅适用于平面电路，回路电流法和节点电压法没有此限制。

电阻电路的一般分析方法小结见表 3-1。

表 3-1　电阻电路的一般分析方法小结

	$2b$ 法	$1b$ 法	节点电压法	网孔电流法	回路电流法
变　量	支路电压和支路电流	支路电压或支路电流	节点电压	网孔电流	连支电流
方程性质	KCL 方程和 KVL 方程	KCL 方程或 KVL 方程	KCL 方程	KVL 方程	KVL 方程
独立方程数目	两倍支路数 $2b$	支路数 b	独立节点数 $n-1$	网孔数目 $b-n+1$	独立回路数 $b-n+1$
方程形式	$AI_{b}=0$ $BU_{b}=0$ 支路 VCR	$AI_{b}=0$ 独立回路电压方程	$G_{n}\cdot U_{n}=J_{n}$ G_{n}:节点电导矩阵 U_{n}:节点电压向量 J_{n}:流入节点的电流源向量	$R_{m}\cdot I_{m}=U_{m}$ R_{m}:网孔电阻矩阵 I_{m}:网孔电流向量 U_{m}:网孔电压源向量（电位升为正）	$R_{1}\cdot I_{1}=U_{1}$ R_{1}:回路电阻矩阵 I_{1}:回路电流向量 U_{1}:回路电压源向量（电位升为正）
适用范围	最基本最灵活	方程数减少 b	易于编程,节点电压易确定	只适用于平面电路	平面电路和非平面电路

能力检测题

一、选择题

1. 对于具有 b 条支路、n 个节点的连通电路来说，可以列出独立的 KCL 方程的最大数量是（　　）。

（A）$b-1$　　　　（B）$n-1$　　　　（C）$b-n+1$　　　　（D）$b-n-1$

2. 对于具有 b 条支路、n 个节点的连通电路来说，可以列出独立的 KVL 方程的最大数量是（　　）。

（A）$b-1$　　　　（B）$n-1$　　　　（C）$b-n+1$　　　　（D）$b-n-1$

3. 必须设立电路参考点后才能求解电路的方法是（　　）。

（A）支路电流法　　（B）回路电流法　　（C）节点电压法　　（D）网孔电流法

4. 若一个电路对应的拓扑图，节点数为 4，支路数为 8，则其独立回路为（　　）。

（A）7　　　　　　（B）3　　　　　　（C）5　　　　　　（D）8

5. 已知某电路的图如图 3-25 所示，则该电路的独立 KCL 方程个数是（　　）个。

（A）3　　　　　　（B）4　　　　　　（C）5　　　　　　（D）6

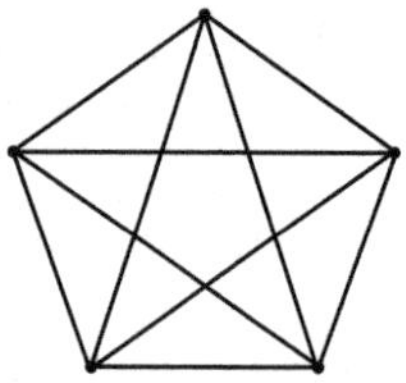

6. 自动满足基尔霍夫电流定律的电路求解法是（　　）。

（A）支路电流法　　　　　　　　　　（B）回路电流法

（C）节点电压法　　　　　　　　　　（D）$2b$ 法

7. 自动满足基尔霍夫电压定律的电路求解法是（　　）。

（A）支路电流法　　　　　　　　　　（B）回路电流法

（C）节点电压法　　　　　　　　　　（D）$2b$ 法

图 3-25　选择题 5 图

8. 应用网孔电流法求解电路时，网孔电流的参考方向（　　）。

（A）只能设定顺时针方向　　　　　　（B）只能设定逆时针方向

（C）必须相同　　　　　　　　　　　（D）任意

9. 应用网孔电流法求解电路时，网孔的自阻与互阻的取值为（　　）。

（A）都取正值　　　　　　　　　　　（B）自阻取正值，互阻取负值

（C）都取负值　　　　　　　　　　　（D）自阻取正值，互阻视不同情况可取正值，也可取负值

10. 应用节点电压法求解电路时，节点的自导与互导的取值为（　　）。

（A）都取正值　　　　　　　　　　　（B）自导取正值，互导取负值

（C）都取负值　　　　　　　　　　　（D）自导取正值，互导视不同情况可取正值，也可取负值

二、判断题

1. 电路中含有受控源时，节点电压方程的系数矩阵对称。（　　）

2. 在使用节点电压法对电路做分析时，与电流源串联的电阻不计入自导或互导。（　　）

3. 连通图 G 的一个树是 G 的一个连通子图，它包含 G 的所有节点但不包含回路。（　　）

4. 在节点电压法中，节点电压方程中自导总为负，互导总为正。（　　）

5. 弥尔曼定理可适用于任意节点电路的求解。（　　）

6. 支路电流法和回路电流法都是为了减少方程式数目而引入的电路分析法。（　　）

7. 回路电流法是只应用基尔霍夫电压定律 KVL 对电路求解的方法。（　　）

8. 应用节点电压法求解电路，自动满足基尔霍夫电压定律 KVL。（　　）

9. 应用节点电压法求解电路时，参考点可要可不要。（　　）

10. 回路电流是为了减少方程式数目而人为假想的绕回路流动的电流。（　　）

三、填空题

1. 一个具有 6 条支路、3 个节点的电路，可以列出独立的 KCL 方程（　　）个，可以列出独立的 KVL 方程（　　）个。

2. 一个具有 6 条支路、3 个节点的电路，可以列出（　　）个网孔电流方程。

3. 一个具有 6 条支路、3 个节点的电路，可以列出（　　）个节点电压方程。

4. 电路中的"树"，包含连通图 G 的全部节点部分支路，"树"连通且不包含（　　）。

5. 电路中不含（　　）时，节点电压方程的系数矩阵对称。

四、计算题

1. 指出图 3-26 中的节点数和支路数，并画出 6 种树。

2. 在图 3-27 中，分别选择支路（1，2，3，6）和支路（5，6，7，8）为树，问独立回路各有多少？求其基本回路数。

图 3-26 计算题 1 图

图 3-27 计算题 2 图

3. 图 3-28 中以 {4，6，7} 为树，求其基本回路。

4. 在图 3-29 所示电路中，可写出独立的 KCL、KVL 方程数分别为多少？

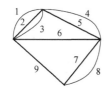

图 3-28 计算题 3 图

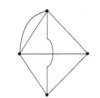

图 3-29 计算题 4 图

5. 用支路电流法写出图 3-30 所示电路的方程。

6. 用支路电流法写出图 3-31 所示电路的方程。

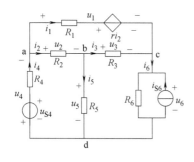

图 3-30 计算题 5 图

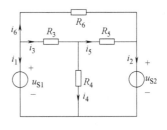

图 3-31 计算题 6 图

7. 电路如图 3-32 所示，用网孔电流法求流过 6Ω 电阻的电流 i。

8. 试求图 3-33 所示电路的网孔电流。

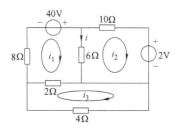

图 3-32 计算题 7 图

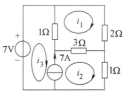

图 3-33 计算题 8 图

9. 图 3-34 所示电路中，已知 $R_1 = 15\Omega$，$R_2 = 1.5\Omega$，$R_3 = 1\Omega$，$u_{S1} = 15V$，$u_{S2} = 4.5V$，$u_{S3} = 9V$，用网孔电流法求电压 u_{ab} 及各电源的功率。

10. 如图 3-35 所示电路，试用网孔电流法求各支路电流。

图 3-34 计算题 9 图

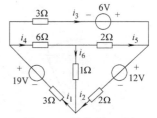

图 3-35 计算题 10 图

11. 试求图 3-36 所示电路的网孔电流 i_1 和 i_2。

12. 试用网孔电流法求图 3-37 所示电路中的电压 u_{ab}。

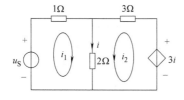

图 3-36 计算题 11 图

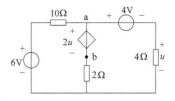

图 3-37 计算题 12 图

13. 电路如图 3-38 所示。（1）求网孔电流 I_1 和 I_2；（2）分别求独立源和受控源的功率。

14. 如图 3-39 所示的电路，用回路电流法求电流 i_a 和电压 u_b。

15. 试用回路电流法求图 3-40 所示电路的电压 u。

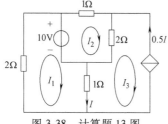

图 3-38 计算题 13 图

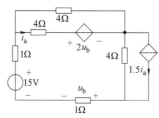

图 3-39 计算题 14 图

图 3-40 计算题 15 图

16. 如图 3-41 所示的电路，用节点电压法求 u 与 i。

17. 如图 3-42 所示的电路，用节点电压法求 i_1。

18. 如图 3-43 所示的电路，用节点电压法求电流源端电压 u 和电流 i。

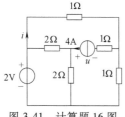

图 3-41 计算题 16 图

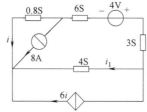

图 3-42 计算题 17 图

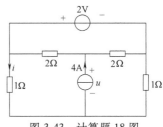

图 3-43 计算题 18 图

19. 写出图 3-44 所示电路的节点电压方程，并求电压 U。

20. 电路如图 3-45 所示，试用节点电压法求电路中的 I_1、I_0 和 U_0。

21. 用节点电压法求图 3-46 所示电路中的 U_2 和 U。

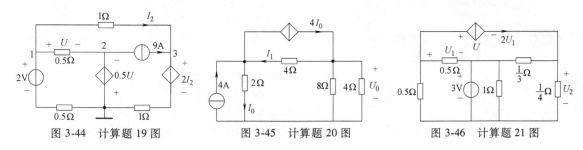

图 3-44　计算题 19 图　　　　图 3-45　计算题 20 图　　　　图 3-46　计算题 21 图

22. 电路如图 3-47 所示，用节点电压法求电流 I_2 和 I_3 以及各电源的功率。

23. 电路如图 3-48 所示，求节点①与节点②之间的电压 u_{12}。

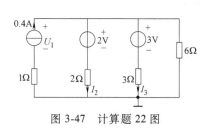

图 3-47　计算题 22 图

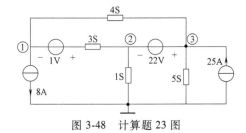

图 3-48　计算题 23 图

第 4 章

电路定理

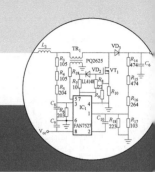

知识图谱（★表示重点，△表示难点）

电路定理
- 4.1 叠加定理（△，★）
  - 叠加定理：共同作用响应为独立源单独作用响应的代数和
  - 齐性定理：所有独立源变化 K 倍，响应也变化 K 倍
- 4.2 替代定理：用电压源或电流源替代二端网络：$u_S = u_k$，$i_S = i_k$
- 4.3 戴维南定理和诺顿定理（△，★）
  - 戴维南定理：用实际电压源支路置换含源二端网络
  - 诺顿定理：用实际电流源支路置换含源二端网络
- 4.4 最大功率传输定理（△，★）：当 $R_{eq} = R_L$ 时，$R_{max} = \dfrac{u_{oc}^2}{4R_{eq}}$
- 4.5 特勒根定理
  - 特勒根定理 1（功率守恒定理）：$\sum\limits_{k=1}^{b} u_k i_k = 0$
  - 特勒根定理 2（拟功率守恒定理）：$\sum\limits_{k=1}^{b} u_k \hat{i}_k = 0$　$\sum\limits_{k=1}^{b} \hat{u}_k i_k = 0$
- 4.6 互易定理
  - 互易定理 1
  - 互易定理 2 ——一个激励与响应互换位置，其比值保持不变
  - 互易定理 3
- 4.7 对偶原理：对偶的元件、结构、状态及定律用对偶量替代后，仍成立
- 4.8 应用案例——数-模转换电阻网络

　　本章介绍一些重要的电路定理，其中有叠加定理、替代定理、戴维南定理、诺顿定理、最大功率传输定理、特勒根定理、互易定理、对偶原理，并介绍它们在实际工程中的应用案例。

学习目标

1. 知识目标

深刻理解并掌握各种电路定理的内容和适用条件；掌握利用电路定理对电路进行分析和计算的方法。

2. 能力目标

熟练掌握叠加定理、戴维南定理、诺顿定理、最大功率传输定理的求解方法；锻炼总结规律和运用规律解决问题的能力。

3. 素质目标

由叠加定理联想到个人与社会的关系，电路有这么多强大的功能，但它们的组成都是由默默无闻的元器件支撑的，一旦有一个元器件损坏或不工作，那么整个电路将极有可能会崩盘。正所谓"天下兴亡，匹夫有责"，中华民族伟大复兴的中国梦和我们每个现实中的个人都息息相关。我们应正确认识社会发展规律，认识国家的前途命运，认识自己的社会责任，培养个体与国家、前途和命运相结合的价值观。"勿以善小而不为，勿以恶小而为之"。我们每一个人每一个小的努力都有意义，量的积累可达到质的飞跃，要有使命、有责任和有担当。学有所成之后力争到社会最需要的地方去，为祖国的建设发展添砖加瓦。有一分光，发一分热，献一份力，把个人的理想融入全体人民的共同理想当中，把个人的奋斗融入社会主义现代化建设事业的奋斗中，坚定理想信念，充分发挥个人在集体中的作用，在提高国家凝聚力和综合实力的同时成就自我，实现个人创造力和核心竞争力，做合格的社会主义建设者和接班人。

扫一扫 看视频

4.1 叠加定理

叠加定理是线性电路叠加特性的概括表征，它的重要性不仅在于可用叠加法分析电路本身，而且在于它为线性电路的定性分析和一些具体计算方法提供了理论依据，并可作为分析电路的工具有效解决工程实践中的问题。线性电路的激励和响应之间满足可加性和比例性质，通过叠加定理和齐性定理可体现出来。

4.1.1 叠加定理的简介

1. 定义

在多个独立源共同作用的线性电路中，任一支路的电流（或电压）都可以看成是电路中每一个独立源单独作用时在该支路产生的电流（或电压）的代数和。

2. 验证

下面以图 4-1a 所示电路求支路电压 U_2 为例来验证叠加定理的内容。

图 4-1a 所示电路中有两个独立源 U_S 和 I_S。仅有一个独立节点，应用节点电压法，由弥尔曼定理有

$$\left(\frac{1}{R_1}+\frac{1}{R_2}\right)U_2 = \frac{U_S}{R_1}+I_S$$

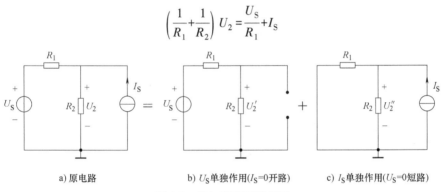

a) 原电路   b) U_S单独作用($I_S=0$开路)   c) I_S单独作用($U_S=0$短路)

图 4-1 叠加定理证明用图

解得节点电压为

$$U_2 = \frac{\dfrac{U_S}{R_1}+I_S}{\dfrac{1}{R_1}+\dfrac{1}{R_2}} = \frac{R_2}{R_1+R_2}U_S+\frac{R_1R_2}{R_1+R_2}I_S$$

电压源 U_S 单独作用时，电流源置零（令 $I_S=0$），此时电流源不起作用，相当于开路。对应的电路如图 4-1b 所示。由图 4-1b 可得

$$U_2' = \frac{R_2}{R_1+R_2}U_S$$

电流源 I_S 单独作用时，电压源置零（令 $U_S=0$），此时电压源不起作用，相当于短路。对应的电路如图 4-1c 所示。由图 4-1c 可得

$$U_2'' = \frac{R_1R_2}{R_1+R_2}I_S$$

可以看出 $U_2 = U_2'+U_2''$ (4-1)

式（4-1）表明，U_2 等于各独立源单独作用时，在该支路产生的电压的叠加，验证了叠加定理的正确性。

3. 求解步骤

1）画出各独立源单独作用时的分电路。单独作用指作用电源以外的独立源置零，$U_S = 0$（电压源短路），$I_S = 0$（电流源开路），而电路的结构及所有电阻和受控源均不得变动。

2）求各分电路中电流（或电压）分量。

3）叠加各电流（或电压）分量，各分量与原对应支路电流（或电压）参考方向一致时取正，相反时取负。

4. 注意事项

1）叠加定理只适用于线性电路，不适用于非线性电路。

2）叠加定理适用于计算电路中电流（或电压），功率的计算不能用叠加定理，以电阻为例：

$$P_1 = R_1 I_1^2 = R_1(I_1' + I_1'')^2 \neq R_1 I_1'^2 + R_1 I_1''^2$$

功率与电流的二次方成正比，它们之间不是线性关系，功率应根据原电路来计算。

3）叠加的方式是任意的，可以一次使一个或一组（内部结构未知的"黑箱"）独立源单独作用。

【**例 4-1**】 电路如图 4-2 所示。用叠加定理求电流 I_1 和电压 U_2 及 2Ω 电阻的功率。

解： 图 4-2 电路中含有两个独立电源，根据叠加定理，首先画出两个独立源分别单独作用时的分解电路。这两个独立电源单独作用时的等效电路如图 4-3a、b 所示。

（1）当 10V 电压源单独作用时，3A 电流源被置零，即开路，电路如图 4-3a 所示。

对于图 4-3a，列 KVL 方程有：$(2+1)I_1' + 2I_1' = 10$

解得：$\qquad I_1' = 2A$

$\qquad U_2' = I_1' + 2I_1' = 6V$

（2）当 3A 电流源单独作用时，10V 电压源被置零，即短路，电路如图 4-3b 所示。

根据弥尔曼定理有：$\left(\dfrac{1}{2} + 1\right) U_2'' = 3 + \dfrac{2I_1''}{1}$

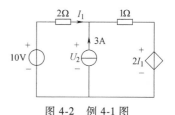

图 4-2 例 4-1 图

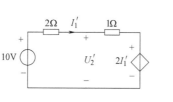

a) 电压源单独作用　　　　　b) 电流源单独作用

图 4-3 例 4-1 图的分析

又有：$\qquad\qquad U_2'' = -2I_1''$

解得：$\qquad\qquad I_1'' = -0.6A, \quad U_2'' = 1.2V$

所以，根据叠加定理：$\qquad I_1 = I_1' + I_1'' = 2 - 0.6 = 1.4A$

$$U_2 = U_2' + U_2'' = 6 + 1.2 = 7.2V$$

（3）功率不能用叠加定理，必须在原电路图中求。

$$P_{2\Omega} = 2I_1^2 = 3.92W$$

【例4-2】 图4-4所示电路中，N为有源线性网络。当 $U_S = 40\text{V}$，$I_S = 0$ 时，$I = 40\text{A}$；当 $U_S = 20\text{V}$，$I_S = 2\text{A}$ 时，$I = 0$；当 $U_S = 10\text{V}$，$I_S = -5\text{A}$ 时，$I = 10\text{A}$。当 $U_S = -40\text{V}$，$I_S = 20\text{A}$ 时，求 I。

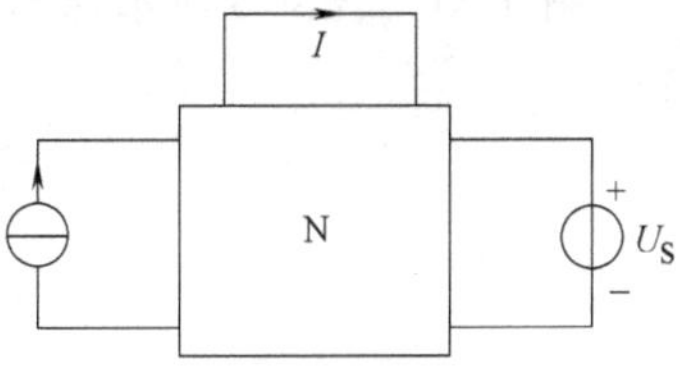

图4-4 例4-2图

解：将激励源分为3组：电压源 U_S，电流源 I_S，N 内的全部独立源。

设 I_S 单独作用时的响应为 I_1，则 $I_1 = K_1 I_S$（I_S 发生变化）。

设 U_S 单独作用时的响应为 I_2，则 $I_2 = K_2 U_S$（U_S 发生变化）。

设 $I_S = 0$，$U_S = 0$ 时，仅由 N 内部独立源作用时产生的 I 的分量为 I'。

于是，由叠加定理可知，在任何情况下所求的电流 I 可以看作是电压源 U_S、电流源 I_S、N 内的全部独立源激励共同产生的响应，利用线性电路的线性性质，响应 I 与激励之间为一次线性函数关系为

$$I = K_1 I_S + K_2 U_S + I'$$

根据已知条件，列写联立方程组，得

$$\begin{cases} 40 = 40K_2 + I' \\ 0 = 2K_1 + 20K_2 + I' \\ 10 = -5K_1 + 10K_2 + I' \end{cases}$$

解得

$$K_1 = -3.75, \quad K_2 = 1.625, \quad I' = -25\text{A}$$

即有

$$I = -3.75 I_S + 1.625 U_S - 25$$

当 $U_S = -40\text{V}$，$I_S = 20\text{A}$ 时，有

$$I = -3.75 \times 20 + 1.625 \times (-40) - 25 = -165\text{A}$$

4.1.2 齐性定理的简介

1. 定义

在线性电路中，当所有激励（独立源）都同时增大或缩小 K 倍（K 为实常数）时，响应（电压或电流）也将同样增大或缩小 K 倍。当激励只有一个时，则响应与激励成正比。

2. 验证

在双激励线性电路中，当激励电压源 U_S 和电流源 I_S 按不同的比例系数变化时，响应也按不同的比例系数变化。这一结论可推广到一般情况的多激励线性电路，假设各激励（电压源或电流源）为 X_i，作用于线性电路，其变化的比例系数为 K_i，其中系数 K_i 取决于电路的参数和结构，与激励源无关。若电路中的电阻均为线性且非时变，则系数 K_i 为常数。任意支路的响应（电压或电流）为 Y_j，如图4-5所示，则响应可表示为

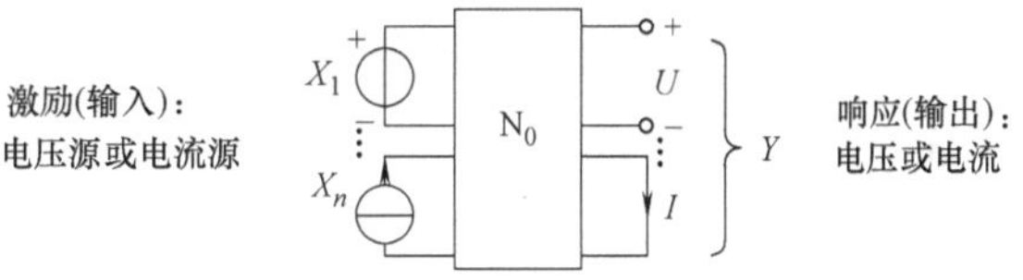

激励(输入)：电压源或电流源

响应(输出)：电压或电流

图4-5 齐性定理

$$Y_j = K_1 X_1 + K_2 X_2 + \cdots + K_n X_n = \sum_{i=1}^{n} K_i X_i \tag{4-2}$$

式（4-2）给出了研究激励和响应关系的实验方法。其中，$i \geqslant 1$，为激励的序号；n 为激励源的个数。

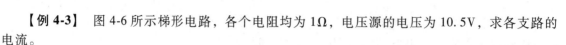

【例4-3】 图4-6所示梯形电路，各个电阻均为1Ω，电压源的电压为$10.5\mathrm{V}$，求各支路的电流。

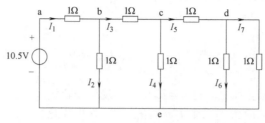

图4-6　例4-3图

解： 假设$I_7'=1\mathrm{A}$，然后逐步用欧姆定律和基尔霍夫定律，向前推出各支路电压、电流分别为

$$I_7'=1\mathrm{A} \qquad U_7'=1\mathrm{V} \qquad U_6'=1\mathrm{V} \qquad I_6'=1\mathrm{A}$$
$$I_5'=I_6'+I_7'=2\mathrm{A} \qquad U_5'=2\mathrm{V} \qquad U_4'=U_5'+U_6'=3\mathrm{V} \qquad I_4'=3\mathrm{A}$$
$$I_3'=I_4'+I_5'=5\mathrm{A} \qquad U_3'=5\mathrm{V} \qquad U_2'=U_3'+U_4'=8\mathrm{V} \qquad I_2'=8\mathrm{A}$$
$$I_1'=I_2'+I_3'=13\mathrm{A} \qquad U_1'=13\mathrm{V} \qquad U_S'=U_1'+U_2'=21\mathrm{V}$$

但实际上$U_S=10.5\mathrm{V}$。根据齐性定理，各支路电流应将上面的数值乘以$\dfrac{10.5}{21}=0.5$，实际各支路电流见表4-1。

表4-1　利用齐性定理得到例4-3假设值与实际值

电流电压值	I_7/A	I_6/A	I_5/A	I_4/A	I_3/A	I_2/A	I_1/A	U_S/V
假设值	1	1	2	3	5	8	13	21
实际值	0.5	0.5	1	1.5	2.5	4	6.5	10.5

注意：本题的计算采用"倒退法"，即先从梯形电路最远离电源的一端开始，对电压或电流设一便于计算的值，倒退算至激励处，最后再按齐性定理予以修正。

思考与练习

4.1-1　叠加定理适用于什么样的电路？

4.1-2　使用叠加定理时电路中的受控源是否和独立源同样处理？

4.1-3　是否能用叠加定理计算功率？为什么？

4.1-4　使用叠加定理时应该注意哪些问题？

4.2　替代定理

4.2.1　替代定理的简介

1. 定义

替代定理又称置换定理，在线性或非线性电路中，若第k条支路的电压u_k或电流i_k已知，则该支路可以用电压源u_k或电流源i_k来替代，替代后电路中所有电压和电流均将保持原值不变。

2. 证明

替代定理可证明如下：在图4-7a中，在支路k串入电压为u_k、方向相反的两个电压源，电路的工作状态不变，因为支路k的电压和其中一个电压源的电压大小相等而方向相反，两者串联的总电压为零，相当于短路，短路后电路的工作状态还是不变，因此，支路k可以用电压源替代。图 4-7b 中，在支路 k 并上电流为 i_k、方向相反的两个电流源，因为支路 k 的电流和其中一个电流源的电流大小相等而方向相反，两者并联的总电流为零，相当于断路，断路后电路的工作状态还是不变，因此，支路 k 可以用电流源替代。

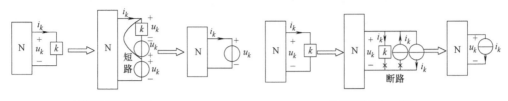

a) 用理想电压源替代　　　　　　　　　　　b) 用理想电流源替代

图 4-7　替代定理证明

替代定理的实质来源于解的唯一性定理。以各支路电流或电压为未知量所列出的方程是一个代数方程组，这个代数方程组只要存在唯一解，则将其中一个未知量用其解去替代，不会影响其余未知量的数值。

4.2.2　定理的应用

【例 4-4】　图 4-8a 所示电路 N 内含有电源，当改变电阻 R_L 的值时，电路中各处的电压和电流将随之变化。已知 $i=1A$ 时，$u=10V$；$i=2A$，$u=30V$，求当 $i=3A$ 时，$u=?$

解：依题意，R_L 中的电流值为已知，根据替代定理，可将电阻 R_L 支路用电流为 i 的电流源替代，如图 4-8b 所示。再根据叠加定理，电阻 R_2 支路两端的电压 u 是由电流源 i 和 N 中电源共同作用产生的，响应 u 为两者的线性组合，可用方程表示，设方程为

$$u=ai+b$$

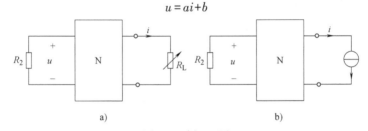

a)　　　　　　　　　　　　　　　　b)

图 4-8　例 4-4 图

式中，b 表示 N 内电源单独作用时，在电阻 R_2 两端产生的电压；ai 表示电流源 i 单独作用时在电阻 R_2 两端产生的电压。由已知条件，可列写方程

$$\begin{cases} 10=a\times1+b \\ 30=a\times2+b \end{cases}$$

解得　　　　　　　　　　　　　　$a=20,\ b=-10$

于是有　　　　　　　　　　　　　$u=20i-10$

所以当 $i=3A$ 时，$u=20\times3-10=50V$。

【例 4-5】　如图 4-9a 所示电路，求电流 I_1。

解：和 4A 电流源串联的支路电流始终是 4A，应用替代定理对原电路简化得图 4-9b 电路，再应用叠加定理求解。

（1）当 7V 电压源单独作用时，4A 电流源不作用，相当于开路。

$$I_1'=\frac{7}{4+2}=\frac{7}{6}A$$

（2）当 4A 电流源单独作用时，7V 电压源不作用，相当于短路。

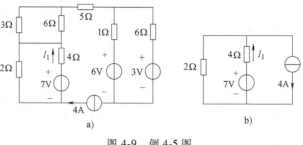

图 4-9　例 4-5 图

$$I_1'' = \frac{2}{4+2} \times 4 = \frac{8}{6} \text{A}$$

应用叠加定理求得

$$I_1 = I_1' + I_1'' = \frac{7}{6} + \frac{8}{6} = 2.5 \text{A}$$

注意应区分"替代"与"等效变换"。"替代"是用电压源或电流源替代已知电压或电流的支路，替代前后替代支路以外电路的拓扑结构和元件参数不能改变；等效变换是两个具有相同端口伏安特性的电路间的相互转换。替代定理必须在电路确定并已知支路电压或电流的限定条件下才能有条件等效。

思考与练习

4.2-1　含有受控源的支路是否可以应用替代定理？

4.2-2　替代定理有几种情况，分别是什么？

4.2-3　有人说："在具有唯一解的线性电路中，某一支路的电压为 u，电流为 i，则该支路可以用电压为 u 的理想电压源或电流为 i 的理想电流源替代。"这种说法正确吗？

4.2-4　有人说："理想电压源和理想电流源之间不能互换，但对某一确定的电路，若已知理想电压源的电流为 2A，则该理想电压源可以替代为 2A 的理想电流源，这种替代不改变原电路的工作状态。"你认为对吗？

4.3　戴维南定理和诺顿定理

在某些实际问题中只需计算电路中某一支路的电流、电压和功率，利用前面所讲的分析方法，必然要涉及许多无关的量，这就带来了不必要的麻烦。如能把待求支路以外的复杂的有源一端口网络用最简等效电路来代替，会使分析和计算简化。等效电源定理包括戴维南定理和诺顿定理，是最重要的简化电路分析和计算的方法，下面分别介绍。

4.3.1　戴维南定理和诺顿定理的简介

扫一扫　看视频

对于任一有源线性二端网络，就其两个端钮而言，都可以用一条最简单支路对外部等效。戴维南定理和诺顿定理的含义可以用图 4-10 表示。下面介绍这两个定理的具体概念和应用。

1. 戴维南定理

戴维南定理为：对任一有源线性二端网络可用一条实际电压源支路对外部等效，其中电压源的电压等于该有源线性二端网络端钮处开路时的开路电压 u_{oc}，其串联电阻等于有源线性二端网络除源（全部独立电源置零）后两个端子间的等效电阻 R_{eq}。可用图 4-11 说明。

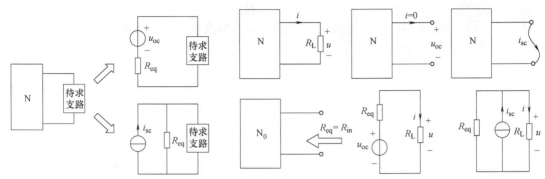

图 4-10 戴维南定理和诺顿定理　　　　图 4-11 戴维南定理和诺顿定理分析

2. 诺顿定理

诺顿定理为：对任一有源线性二端网络可用一条实际电流源支路对外部等效，其中电流源的电流值等于该含源线性二端网络端钮处短接时的短路电流 i_{sc}，其并联电阻 R_{eq}（或等效电导 G_{eq}）的确定同戴维南定理。

4.3.2　定理的证明

戴维南定理可以应用替代定理和叠加定理证明。假设一个与外电路连接的有源一端口 N，其端口 a、b 处的电压为 u，电流为 i。根据替代定理，将外接电路用一个电流等于 i 的电流源替代，将不改变一端口内部工作状态。如图 4-12a 所示。

把图 4-12a 所示电路的独立电源分为两部分，其中有源二端网络中的所有独立电源作为一部分，另外一个部分就是替代后的电流源 $i_S=i$。

再根据叠加定理，图 4-12a 的端口电压 u 等于图 4-12b 所示的一端口 N 内部独立源单独作用时所产生的电压 u' 与图 4-12c 所示电路中电流源单独作用时产生的电压 u'' 之和，即

$$u=u'+u''$$

由图 4-12b 可见，当有源二端网络中的独立电源单独作用时，电流源不作用，$i'=0$，u' 就是含源一端口 a、b 开路时的开路电压 u_{oc}；在图 4-12c 中，替代后的电流源 $i_S=i$ 作用时，全部的独立源不作用，即置零后，无源一端口 N_0 的输入电阻 R_{in} 就是它的等效电阻 R_{eq}，此时，$u''=-R_{eq}i$，根据叠加定理得端口 a、b 间的电压为

$$u=u'+u''=u_{oc}-R_{eq}i \tag{4-3}$$

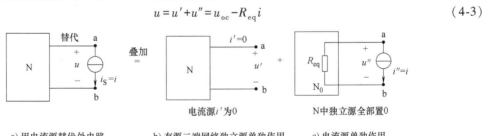

a) 用电流源替代外电路　　　b) 有源二端网络独立源单独作用　　　c) 电流源单独作用

图 4-12 戴维南定理证明过程

对于任一有源线性二端网络，就其两个端钮而言，都可以用一条最简单支路对外部等效。一般情况下，诺顿等效电路和戴维南等效电路只是形式上不同而已，诺顿等效电路和戴维南等效电路之间可以通过电源等效变换相互求得。戴维南等效电压源和诺顿等效电流源对外电路是等效的，等效关系为

$$u_{oc}=R_{eq}i_{sc} \tag{4-4}$$

需要注意的是，以下两种情况两者不能相互转换：

1）当含源一端口网络 N 的等效电阻 $R_{eq}=0$ 时，等效电路是一个理想电压源，该网络只有戴维南等效电路，而无诺顿等效电路。

2）当含源一端口网络 N 的等效电阻 $R_{eq}=\infty$ 时，等效电路是一个理想电流源，该网络只有诺顿等效电路，而无戴维南等效电路。

诺顿等效电路可采用与戴维南定理类似的方法证明。证明过程从略。

4.3.3　定理的应用

应用戴维南定理的关键是求有源一端口网络的戴维南等效电路参数开路电压 u_{oc} 和等效电阻 R_{eq}。

1. 开路电压 u_{oc}

断开待求支路，剩余有源一端口网络 N 的开路电压 u_{oc} 有多种方法求解，如等效变换、回路电流法（网孔电流法）、节点电压法、叠加定理等。

2. 等效电阻 R_{eq}

将原有源二端线性网络除独立源变为无源二端线性网络（电压源短路，电流源开路）后，所得无源一端口网络的输入电阻即为等效电阻 R_{eq}。常用下列方法求 R_{eq}，如图 4-13 所示。

1）当有源一端口网络 N 内部不含受控源时，先将独立源置零后，应用电阻的等效变换求等效电阻。

2）当有源一端口网络 N 内部含有受控源时，常用三种方法计算等效电阻 R_{eq}：

① 外加电源法：独立源置零后在 N_0 端口处施加电压源 u 产生电流 i（u 和 i 对 N_0 关联参考方向），$R_{eq}=\dfrac{u}{i}$；

② 开路短路法：N 的开路电压 u_{oc} 除以短路电流 i_{sc}（u_{oc} 和 i_{sc} 对外电路取关联参考方向），$R_{eq}=\dfrac{u_{oc}}{i_{sc}}$；

③ 待定系数法：端口电压 u 和端口电流 i 对有源一端口网络 N 取关联参考方向，列写 u 和 i 的伏安关系式 $u=Ai+B$，则 $R_{eq}=A$，$u_{oc}=B$。

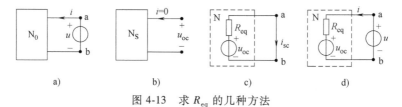

图 4-13　求 R_{eq} 的几种方法

【例 4-6】　电路如图 4-14 所示，用戴维南定理和诺顿定理求图示电路的电流 I。

解：（1）应用戴维南定理

断开 1Ω 电阻支路，如图 4-15a 所示，将其余有源一端口网络化为戴维南等效电路：

1）求开路电压 U_{oc}，电路如图 4-15a 所示，由图得

$$(3+6)I_1+12-6=0$$

$$I_1=-\frac{2}{3}\text{A}$$

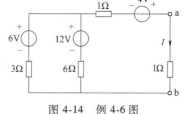

图 4-14　例 4-6 图

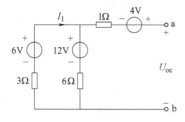
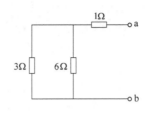
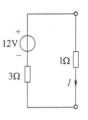

a) 求开路电压 U_{oc} b) 求等效电阻 R_{eq} c) 戴维南等效电路

图 4-15 例 4-6 题戴维南等效电路

$$U_{oc} = 4+12+6I_1 = 12V$$

2）求等效电阻 R_{eq}：

求戴维南等效电阻如图 4-15b 所示（电压源短路、电流源开路）。

$$R_{eq} = \frac{3\times6}{3+6}+1 = 3\Omega$$

得戴维南等效电路如图 4-15c 所示。

$$(3+1)I = 12$$
$$I = 3A$$

（2）求诺顿等效电路

1）求短路电流 I_{sc}。利用弥尔曼定理，采用节点电压法，参考节点如图 4-16a 所示。

$$\left(\frac{1}{3}+\frac{1}{6}+\frac{1}{1}\right)U = \frac{6}{3}+\frac{12}{6}-\frac{4}{1}$$
$$U = 0$$
$$I_{sc} = U+4 = 4A$$

2）求等效电阻 R_{eq}。等效电阻 R_{eq} 的求法可采用开路短路法。求有源一端口 N 的开路电压和短路电流的比值。

$$R_{eq} = \frac{U_{oc}}{I_{sc}} = \frac{12}{4} = 3\Omega$$

诺顿等效电路如图 4-16b 所示。

$$I = \frac{3}{1+3}\times4 = 3A$$

a) 求短路电流 I_{sc} b) 诺顿等效电路

图 4-16 例 4-6 题诺顿等效电路

当电路中含有受控源时，戴维南定理与诺顿定理同样适用。开路电压 u_{oc} 的求法同前；等效电阻 R_{eq} 的求法只能用外加电源法或开路短路法。

【例 4-7】 电路如图 4-17 所示，用戴维南定理求电压 U。

解：（1）求开路电压 U_{oc} 的电路如图 4-18a 所示。

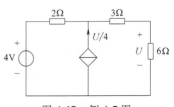

图 4-17 例 4-7 图

$$U_{oc} = 2 \times \frac{U_{oc}}{4} + 4$$

所以 $\qquad U_{oc} = 8V$

（2）求等效电阻 R_{eq}

方法1：外加电源法，如图4-18b所示。由于除去独立电源后的无源二端网络中含有受控电源，一般不能用电阻串并联等效变换，所以用外加电源法计算，即在除去独立电源而含有受控电源的二端网络端口处加一电压源 U，在端口处产生电流 I，于是得出 $R_{eq} = \dfrac{U}{I}$。

则 $\qquad U = 3I + 2\left(I + \dfrac{U}{4}\right)$

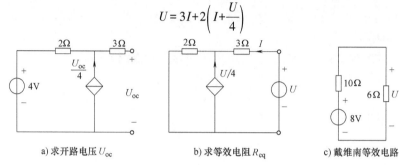

a) 求开路电压 U_{oc}　　　　b) 求等效电阻 R_{eq}　　　　c) 戴维南等效电路

图4-18　例4-7题外加电源法求解

即 $\qquad \dfrac{U}{2} = 5I$

所以 $\qquad R_{eq} = \dfrac{U}{I} = 10\Omega$

戴维南等效电路如图4-18c所示。

$$U = \frac{6}{10+6} \times 8 = 3V$$

方法2：开路短路法，如图4-19a所示，短路电流为

$$I_{sc} = \frac{4}{2+3} = 0.8A, \quad R_{eq} = \frac{U_{oc}}{I_{sc}} = 10\Omega$$

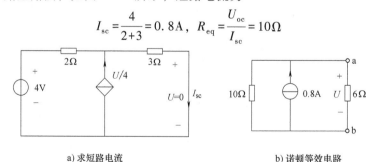

a) 求短路电流　　　　　　　　b) 诺顿等效电路

图4-19　例4-7开路短路法求解

诺顿等效电路如图4-19b所示。由图4-19b所示电路得

$$U = \frac{10}{10+6} \times 0.8 \times 6 = 3V$$

方法3：待定系数法，如图4-20a所示，所以

$$U = 3I + \left(\frac{U}{4} + I\right) \times 2 + 4$$

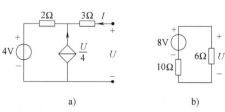

a)　　　　　　　　b)

图4-20　例4-7待定系数法求解

整理得
$$U = 10I + 8$$
$$R_{eq} = 10\Omega, \ U_{oc} = 8V$$

戴维南等效电路如图 4-20b 所示。

$$U = \frac{8}{10+6} \times 6 = 3V$$

应用戴维南定理或诺顿定理求解电路时，应将具有耦合关系的支路同时放在网络 N 中，但有时所求的戴维南等效电路却使耦合支路分开了（下面的例题即是如此），如不进行控制量转移，则 a、b 左端等效为戴维南电路之后，控制量 u_1 不再存在，受控源无法控制。考虑到求解戴维南或诺顿等效电路时，其端口处的电压或电流始终存在，所以在分析求解这一类电路时，应该首先将控制量转化为端口处的电压或电流的表达式，然后再求它的戴维南或诺顿等效电路。

【例 4-8】 用戴维南定理求图 4-21a 所示电路的电压 u。

解：先将控制量 u_1 用端口电压 u 表示为
$$u = 4 \times 2u_1 + u_1 + 12$$
$$u_1 = \frac{1}{9}(u - 12)$$

由图 4-21b，求开路电压 u_{oc} 和等效电阻 R_{eq}。

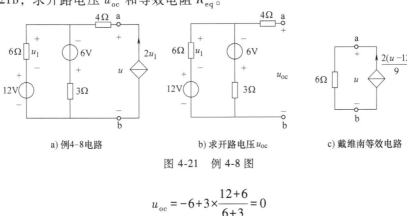

a) 例4-8电路　　　　　b) 求开路电压u_{oc}　　　　　c) 戴维南等效电路

图 4-21　例 4-8 图

$$u_{oc} = -6 + 3 \times \frac{12+6}{6+3} = 0$$

$$R_{eq} = 4 + \frac{3 \times 6}{3+6} = 6\Omega$$

戴维南等效电路如图 4-21c 所示。

$$u = 6 \times \frac{2(u-12)}{9}$$

由此得
$$u = 48V$$

思考与练习

4.3-1　戴维南定理和诺顿定理的概念和应用条件是什么？

4.3-2　试述戴维南定理的求解步骤。如何把一个有源二端网络化为一个无源二端网络？在此过程中，有源二端网络内部的电压源和电流源应如何处理？

4.3-3　运用外加电源法和开路短路法求戴维南等效电阻时，对原网络内部电源的处理是否相同？为什么？

4.3-4　一个实际电源就可以看成是一个有源一端口网络，反之亦然。因此，它们的等效电路形式是相同的。对吗？

4.4　最大功率传输定理

　　工程实际中，常常在给定电源或信号源的情况下，分析计算负载所获得的最大功率。在测量、电子信息工程的电子设计中，这一问题是有工程意义的，往往决定着电子设备能否工作在最佳状态。比如在通信领域，由于发射系统的发射功率有限，同时信号在传输中又存在损耗，所以如何使接收端获取最大功率是人们特别关注的一个问题。下面我们用戴维南定理研究这个问题。

　　将有源线性一端口 N 用戴维南等效电路替代，如图 4-22 所示电路。负载 R_L 的功率为

图 4-22　最大功率传输定理

$$p = i^2 R_L = \left(\frac{u_{oc}}{R_{eq} + R_L} \right)^2 R_L \tag{4-5}$$

为了便于对问题的分析，式（4-5）可化为

$$p = \frac{u_{oc}^2}{\dfrac{(R_{eq} - R_L)^2}{R_L} + 4R_{eq}} \tag{4-6}$$

　　由式（4-6）可以看出，在给定参数 u_{oc} 和 R_{eq} 的条件下，当 $(R_{eq} - R_L)^2 = 0$ 时，分母最小，此时负载上获得最大功率。因此，有源线性一端口网络传输给负载的最大功率条件是 $R_L = R_{eq}$，称为最大功率最佳匹配条件，负载获取的最大功率为

$$p_{Lmax} = \frac{u_{oc}^2}{4R_{eq}} \tag{4-7}$$

如果是诺顿等效电路，则有

$$p_{Lmax} = \frac{i_{sc}^2 R_{eq}}{4} \tag{4-8}$$

　　需要说明的是，负载获得最大功率时，电源传递给负载的效率为 50%。因此，最大功率问题一般用在传输功率不大的电路中。负载电阻吸收的功率和电源的效率随负载电阻变化的曲线如图 4-23 所示。

　　【例 4-9】　如图 4-24 所示电路，求：（1）R_L 获得最大功率时的值；（2）R_L 获得的最大功率 P_{Lmax}；（3）当 R_L 获得最大功率时，电压源产生的电功率传递给 R_L 的百分比。

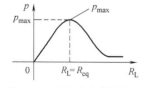

图 4-23　最大功率传输曲线

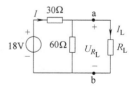

图 4-24　例 4-9 图

　　解：（1）求 ab 左端戴维南等效电路

$$U_{oc} = \frac{18}{30 + 60} \times 60 = 12V$$

$$R_{eq} = \frac{30 \times 60}{30 + 60} = 20\Omega$$

因此，当 $R_L = 20\Omega$ 时，其获得功率最大。

（2）R_L 获得功率为

$$p_{Lmax} = \frac{U_{oc}^2}{4R_{eq}} = \frac{12^2}{4 \times 20} = 1.8W$$

（3）当 $R_L = 20\Omega$ 时，其两端的电压为

$$U_{R_L} = \frac{U_{oc}}{R_{eq} + R_L} \times R_L = \frac{12}{2 \times 20} \times 20 = 6V$$

流过电压源的电流 I 为

$$I = \frac{18 - 6}{30} = 0.4A$$

电压源发出电功率为

$$p_{u_S} = -18 \times 0.4 = -7.2W$$

负载所获得最大功率的百分比为

$$\eta = \frac{p_{Lmax}}{p_{u_S}} = \frac{1.8}{7.2} = 25\%$$

电源传递给负载的电功率为 25%，这个百分数称为传递效率。只有在 $R_L = R_{eq}$ 情况下，负载获得最大功率时，电源传递给负载的效率才为 50%。电力系统要求尽可能提高效率，以便更充分地利用能量，不能采用功率匹配的方法。但是在测量、电子和信息工程的电子设计中，通常着眼于从微弱信号中获得最大功率，就需要采用功率匹配，而不看中效率的高低。例如，晶体管收音机里的输入、输出变压器就是为了达到功率匹配条件而接入的。

🔄 思考与练习

4.4-1 获得最大功率的前提条件是什么？

4.4-2 有人说，根据最大功率传输定理，当负载电阻值等于有源网络的等效内阻时，得到最大功率。因此，此时有源网络的传输效率应为 50%，对吗？

4.4-3 "实际电压源接上可调负载电阻 R_L 时，只有当 R_L 等于其内阻时，R_L 才能获得最大功率，此时电源产生的功率也最大。"这种说法正确吗？为什么？

4.4-4 有一个 40Ω 的负载要想从一个内阻为 20Ω 的电源获得最大功率，采用再用一个 40Ω 的电阻与该负载并联的方法是否可以？

4.5 特勒根定理

4.5.1 特勒根定理的简介

特勒根定理是电路理论中对集总电路普遍适用的基本定理，就这个意义上，它与基尔霍夫定律等价。特勒根定理有两种形式。

特勒根定理1：对一个具有 n 个节点、b 条支路的电路，若支路电流和支路电压分别用 $(i_1, i_2, \cdots, i_b)$ 和 $(u_1, u_2, \cdots, u_b)$ 表示，且各支路电压和支路电流为关联参考方向，则对任何时间 t，有

$$\sum_{k=1}^{b} u_k i_k = 0 \qquad (4\text{-}9)$$

特勒根定理 2：设有两个由不同性质的二端元件组成的电路 N 和 N̂，均有 b 条支路、n 个节点，且具有相同的有向图。假设各支路电压和支路电流取关联参考方向，并分别为 $(i_1, i_2, \cdots, i_b)$，$(u_1, u_2, \cdots, u_b)$，$(\hat{i}_1, \hat{i}_2, \cdots, \hat{i}_b)$，$(\hat{u}_1, \hat{u}_2, \cdots, \hat{u}_b)$，则在任何时刻 t，有

$$\sum_{k=1}^{b} u_k \hat{i}_k = 0 \qquad (4\text{-}10)$$

或

$$\sum_{k=1}^{b} \hat{u}_k i_k = 0 \qquad (4\text{-}11)$$

这个和式中的每一项，都仅仅是一个数学量，没有实际物理意义，只有几何拓扑意义。定义它为"拟功率"定理。

4.5.2　定理的验证

下面通过图 4-25 所示的电路图来验证定理。设图 4-25 为一个有向图，其各支路电压和电流分别为 u_1、u_2、u_3、u_4、u_5、u_6 和 i_1、i_2、i_3、i_4、i_5、i_6。并以节点④为参考点，其余 3 个节点电压为 u_{n1}、u_{n2} 和 u_{n3}。支路电压用节点电压表示为

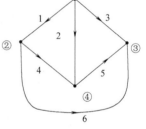

$$\begin{cases} u_1 = u_{n1} - u_{n2} \\ u_2 = u_{n1} \\ u_3 = u_{n1} - u_{n3} \\ u_4 = u_{n2} \\ u_5 = -u_{n3} \\ u_6 = u_{n2} - u_{n3} \end{cases} \qquad (4\text{-}12)$$

图 4-25　特勒根定理验证

该电路在任何时刻 t，各支路吸收电功率的代数和为

$$\sum_{k=1}^{6} u_k i_k = u_1 i_1 + u_2 i_2 + u_3 i_3 + u_4 i_4 + u_5 i_5 + u_6 i_6 \qquad (4\text{-}13)$$

将式（4-12）代入式（4-13）中，经整理可导出节点电压和支路电流的关系式为

$$\sum_{k=1}^{6} u_k i_k = u_{n1}(i_1 + i_2 + i_3) + u_{n2}(-i_1 + i_4 + i_6) + u_{n3}(-i_3 - i_5 - i_6) \qquad (4\text{-}14)$$

根据 KCL，对节点①、②、③列写方程，又有

$$\begin{cases} i_1 + i_2 + i_3 = 0 \\ -i_1 + i_4 + i_6 = 0 \\ -i_3 - i_5 - i_6 = 0 \end{cases} \qquad (4\text{-}15)$$

式（4-15）代入式（4-14）中，得

$$\sum_{k=1}^{6} u_k i_k = 0$$

上述验证方法可推广到任何具有 n 个节点和 b 条支路的电路，即有

$$\sum_{k=1}^{b} u_k i_k = 0$$

特勒根定理 1 实质上是功率守恒的具体体现。特勒根定理 2 实质上是拟功率守恒的具体体现。特勒根定理 2 只与电路的电压和电流有关，而与元件的性质无关。

4.5.3 定理的应用

【例 4-10】 在图 4-26a、b 所示两个电路中，N_R 为线性无源电阻网络，求 $\hat{i}_1$。

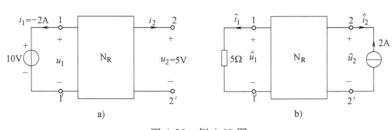

图 4-26 例 4-10 图

解： 应用特勒根定理 2，可得

$$
\begin{cases}
u_1\hat{i}_1 + u_2\hat{i}_2 + \displaystyle\sum_{k=3}^{b} u_k\hat{i}_k = 0 \\
\hat{u}_1 i_1 + \hat{u}_2 i_2 + \displaystyle\sum_{k=3}^{b} \hat{u}_k i_k = 0
\end{cases}
$$

$$
u_k = R_k i_k,\ \hat{u}_k = R_k\hat{i}_k
$$

$$
\sum_{k=3}^{b} u_k\hat{i}_k = \sum_{k=1}^{b} R_k i_k\hat{i}_k
$$

$$
\sum_{k=3}^{b} \hat{u}_k i_k = \sum_{k=1}^{b} R_k\hat{i}_k i_k
$$

$$
\sum_{k=3}^{b} u_k\hat{i}_k = \sum_{k=3}^{b} \hat{u}_k i_k
$$

故

$$
u_1\hat{i}_1 + u_2\hat{i}_2 = \hat{u}_1 i_1 + \hat{u}_2 i_2
$$

代入已知条件得

$$
10\hat{i}_1 + 5\times(-2) = 5\hat{i}_1\times(-2) + \hat{u}_2\times 0
$$

求出

$$
\hat{i}_1 = 0.5\mathrm{A}
$$

思考与练习

4.5-1 特勒根定理有几种形式，分别是什么？

4.5-2 特勒根定理的适用条件是什么？

4.5-3 特勒根定理的物理意义是什么？

4.5-4 特勒根定理 2 为什么叫拟功率定理？

4.6 互易定理

4.6.1 互易定理的简介

互易定理反映了一类特殊的具有互易性的线性网络的重要性质。对于一个仅含电阻的线性电路，在单一激励（独立源）的情况下，当激励与响应（电压或电流）互换位置后，同一激励所产生的响应并不改变。其广泛地应用于网络的灵敏度分析和测量技术等方面。

互易定理1：在图4-27a、b所示电路中，N为仅由电阻组成的线性电阻电路，有

$$\frac{i_2}{u_{S1}} = \frac{i_1}{u_{S2}}$$

证明：使用特勒根定理2，有

$$u_1\hat{i}_1 + u_2\hat{i}_2 = \hat{u}_1 i_1 + \hat{u}_2 i_2$$

$$u_{S1}\hat{i}_1 + 0 \times \hat{i}_2 = 0 \times i_1 + u_{S2} i_2$$

$$u_{S1}\hat{i}_1 = u_{S2} i_2$$

$$\therefore \frac{i_2}{u_{S1}} = \frac{\hat{i}_1}{u_{S2}}, \quad 即 \frac{i_2}{u_{S1}} = \frac{i_1}{u_{S2}}$$

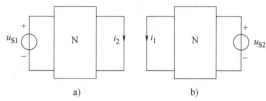

图 4-27 互易定理的第一种形式

当 $u_{S1} = u_{S2}$ 时，则 $i_2 = i_1$。证毕。

互易定理1表明，对于不含受控源的单一激励的线性电阻电路，互易激励（电压源）与响应（电流）的位置，其响应与激励的比值仍然保持不变。当激励 $u_{S1} = u_{S2}$ 时，则 $i_2 = i_1$。

互易定理2：在图4-28a、b所示电路中，N为仅由电阻组成的线性电阻电路，有

$$\frac{u_2}{i_{S1}} = \frac{u_1}{i_{S2}}$$

互易定理2表明，对于不含受控源的单一激励的线性电阻电路，互易激励（电流源）与响应（电压）的位置，其响应与激励的比值仍然保持不变。当激励 $i_{S1} = i_{S2}$ 时，则 $u_2 = u_1$。

互易定理3：在图4-29a、b所示电路中，N为仅由电阻组成的线性电阻电路，有

$$\frac{u_2}{u_{S1}} = \frac{i_1}{i_{S2}}$$

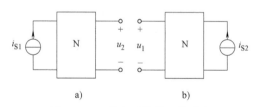

图 4-28 互易定理的第二种形式

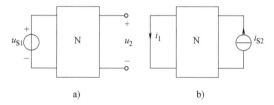

图 4-29 互易定理的第三种形式

互易定理3表明，对于不含受控源的单一激励的线性电阻电路，互易激励与响应的位置，且把原电压激励改换为电流激励，把原电压响应改换为电流响应，则互易位置前后响应与激励的比值仍然保持不变。如果在数值上 $u_{S1} = i_{S2}$ 时，则 $u_2 = i_1$。

4.6.2 定理的应用

【例4-11】 如图4-30a所示电路，求电流 I。

解：根据互易定理，将激励源和响应互换位置，如图4-30b所示电路，求其电流 I_2，即可得 I。在图4-30b中

$$I_2 = \frac{15}{\dfrac{3 \times 6}{3+6} + 2 + 1} = \frac{15}{5} = 3A$$

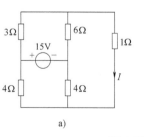

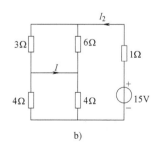

图 4-30 例 4-11 图

$$I = -\frac{3}{3+6}I_2 + \frac{1}{2}I_2 = 0.5\text{A}$$

思考与练习

4.6-1 互易定理有几种形式，分别是什么？

4.6-2 试分析具有受控源的电路是否能用互易定理？

4.6-3 使用互易定理时要注意什么？

4.6-4 "具有互易性的电路一定是线性电路，凡是线性电路一定具有互易性。"这种说法正确吗？为什么？

4.7 对偶原理

电路中的许多变量、元件、结构及定律等都是成对出现的，存在明显的一一对应关系。这种类比关系就称为电路的对偶特性。电路中某些元素之间的关系（或方程），用它们的对偶元素对应地置换后，所得的新关系（或新方程）也一定成立，这个新关系（或新方程）与原有关系（或方程）互为对偶。如果在某电路中导出某一关系式和结论，就等于解决了与它对偶的另一个电路中的关系式和结论。这就是对偶原理。对偶原理是电路分析中出现的大量相似性的归纳和总结，在电路理论及其他领域中有广泛的应用。

比如，串联电路和并联电路的对偶：

$$i = \sum Gu \tag{4-16}$$

$$u = \sum Ri \tag{4-17}$$

结论：将串联电路中的电压 u 与并联电路中的电流 i 互换，电阻 R 与电导 G 互换，串联电路中的公式就成为并联电路中的公式。反之亦然。这些互换元素称为对偶元素。电压与电流、电阻 R 与电导 G 都是对偶元素。而串联与并联电路则称为对偶电路。

为了便于说明对偶原理，下面再看几组关系式。

对于 n 个电阻的串联电路，有

$$\left.\begin{array}{ll} \text{总电阻} & R = \sum_{k=1}^{n} R_k \\[3mm] \text{电流} & i = \dfrac{u}{R} \\[3mm] \text{分压公式} & u_k = \dfrac{R_k}{R}u \end{array}\right\} \tag{4-18}$$

对于 n 个电阻的并联电路，有

$$\left.\begin{array}{ll} \text{总电导} & G = \sum_{k=1}^{n} G_k \\[3mm] \text{电压} & u = \dfrac{i}{G} \\[3mm] \text{分流公式} & i_k = \dfrac{G_k}{G}i \end{array}\right\} \tag{4-19}$$

可见电路、元件、变量、方程式都是对偶的。但是对偶不是等效，两者不能混淆，是两个不同的概念。应当注意的是，对偶电路只限于平面电路。由对偶原理的内容，如果导出了电路某一个关系式和结论，就等于解决了与它对偶的另一个关系式和结论。

根据图 4-31 所示电路，得

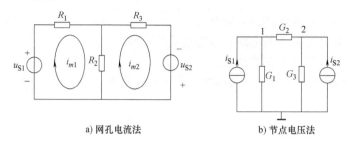

a) 网孔电流法　　　　　　　　b) 节点电压法

图 4-31　对偶电路示意图

$$\begin{cases}(R_1+R_2)i_{m1}-R_2i_{m2}=u_{S1}\\-R_2i_{m1}+(R_2+R_3)i_{m2}=u_{S2}\end{cases}\qquad\begin{cases}(G_1+G_2)u_{n1}-G_2u_{n2}=i_{S1}\\-G_2u_{n1}+(G_2+G_3)u_{n2}=i_{S2}\end{cases}$$

结论：显然把 R 和 G、u_S 和 i_S、网孔电流和节点电压等对应元素互换，则上面两个方程彼此转换。所以"网孔电流"和"节点电压"是对偶元素，这两个平面电路称为对偶电路。

综上所述，对偶就是两个不同的元件特性或两个不同的电路，却具有相同形式的数学表达式。其意义就在于对某电路得出的关系式和结论，其对偶电路也必然满足，起到了事半功倍的作用。对偶原理的应用价值在于，如果已知原电路的方程及其解答，根据对偶关系即可直接写出其对偶电路的方程及其解答。另外，根据对偶关系，使电路的计算方法及对公式的记忆工作量减少了一半。

电路中对偶关系见表 4-2。

表 4-2　电路中具体的对偶关系一览表

电路对偶参数	电路 1	电路 2
结构	网孔（1、2、…）	节点（a、b、…）
	串联	并联
	开路	短路
变量	电压	电流
	网孔电流	节点电压
元件	电阻	电导
	电感	电容
	电压源	电流源
	网孔自阻	节点自导
	网孔互阻	节点互导
方程	KVL	KCL
	欧姆定律 $U=RI$	$I=GU$

必须注意，两个电路互为对偶，绝非这两个电路等效，对偶和等效是两个不同的概念，不可混淆。

对偶电路在滤波电路、电模拟以及某些电路分析中有较大的用途。

思考与练习

4.7-1 为什么学习对偶原理？

4.7-2 归纳和总结你所知道的对偶关系。

4.7-3 讨论对偶性的意义是什么？

4.7-4 网孔电流法和节点电压法是对偶的吗？

4.8 应用案例

在电子电路中，为了用计算机处理信号，需要把数字信号转换为模拟信号，这个过程称为数-模转换，简称 D-A 转换，实现 D-A 转换的电路称为 D-A 转换器。图 4-32 所示电路是 T 形电阻网络 4 位 D-A 转换器。它的输入量为数字量 D，输出量为模拟量 U_0，要求输出量与输入量成正比，即要求 $U_0 = DU_R$。其中 U_R 为基准电压。

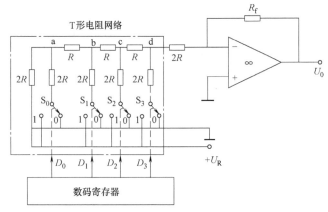

图 4-32 T 形电阻网络 4 位 D-A 转换器

1）当 D_0 单独作用时，T 形电阻网络如图 4-33a 所示。把 a 点左下等效成戴维南电路，如图 4-33b 所示；然后依次把 b 点、c 点、d 点的左下电路等效成戴维南电路时分别如图 4-33c、d、e 所示。

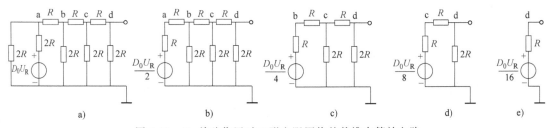

图 4-33 D_0 单独作用时 T 形电阻网络的戴维南等效电路

2）当 D_1 单独作用时，T 形电阻网络如图 4-34a 所示，其 d 点左下电路的戴维南等效电路如图 4-34b 所示。同理，D_2 单独作用时 d 点左下电路的戴维南等效电路如图 4-34c 所示；D_3 单独作用时 d 点左下电路的戴维南等效电路如图 4-34d 所示。故 D_1、D_2、D_3 单独作用时转换器的输出分别为

$$U_E(1) = D_1 U_R/8$$
$$U_E(2) = D_2 U_R/4$$
$$U_E(3) = D_3 U_R/2$$

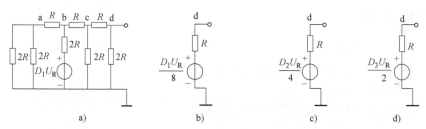

图 4-34 D_1、D_2、D_3 单独作用时 T 形电阻网络的戴维南等效电路

利用叠加定理得到图 4-35 所示 T 形电阻网络开路时的开路电压为

$$U_E = U_E(0) + U_E(1) + U_E(2) + U_E(3)$$

$$= \frac{D_0 U_R}{16} + \frac{D_1 U_R}{8} + \frac{D_2 U_R}{4} + \frac{D_3 U_R}{2}$$

$$= \frac{U_R}{2^4} \times (D_0 \times 2^0 + D_1 \times 2^1 + D_2 \times 2^2 + D_3 \times 2^3)$$

不难求得 T 形电阻网络的等效电阻为 R，因而戴维南等效电路如图 4-35 所示。

T 形电阻网络与运算放大器连接的等效电路如图 4-36 所示。运算放大器输出的模拟电压为

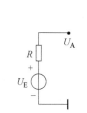

图 4-35 T 形电阻网络的等效电路

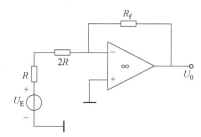

图 4-36 T 形电阻网络与运算放大器连接的等效电路

$$U_0 = -\frac{R_f U_R}{3R \cdot 2^4}(D_0 \cdot 2^0 + D_1 \cdot 2^1 + D_2 \cdot 2^2 + D_3 \cdot 2^3)$$

当取 $R_f = 3R$ 时，代入上式可得

$$U_0 = -\frac{U_R}{2^4}(D_0 \cdot 2^0 + D_1 \cdot 2^1 + D_2 \cdot 2^2 + D_3 \cdot 2^3)$$

可见，输出的模拟量与输入的数字量成正比，从而实现了数字量向模拟量的转换。

本 章 小 结

1. 叠加定理

叠加定理是线性电路叠加特性的概括表征，它的重要性不仅在于可用叠加法分析电路本身，而且在于它为线性电路的定性分析和一些具体计算方法提供了理论依据。叠加定理作为分析方法用于求解电路的基本思想是"化整为零"，即将多个独立源作用的较复杂的电路分解为一个一个（或一组一组）独立源作用的较简单的电路，在各分解图中分别计算，最后代数和相加求出结果。若电路含有受控源，在做分解图时受控源不要单独作用。

2. 替代定理（又称置换定理）

替代定理是集总参数电路中的一个重要定理，它本身就是一种常用的电路等效方法，常辅助其他分析电

路法（包括方程法、等效法）来分析求解电路。在测试电路或实验设备中也经常应用。

3. 戴维南定理、诺顿定理

戴维南定理、诺顿定理是等效法分析电路最常用的两个定理。解题过程可分为以下 4 个步骤：

1）将所求支路划出，余下部分成为一个一端口网络。

2）求开路电压或短路电流。

3）求等效电阻。

4）画出等效电源接上待求支路，由最简等效电路求得待求量。

4. 最大功率传输定理

最大功率这类问题的求解使用戴维南定理（或诺顿定理）并结合使用最大功率传输定理最为简便。

功率匹配条件：$R_\mathrm{L} = R_\mathrm{eq}$

最大功率公式：

$$p_\mathrm{Lmax} = \frac{u_\mathrm{oc}^2}{4R_\mathrm{eq}}$$

5. 特勒根定理、互易定理、对偶原理

特勒根定理、互易定理是电路中相辅相成的两类分析法。对偶原理是电路分析中出现的大量相似性的归纳和总结，在电路理论及其他领域中有广泛的应用。

能力检测题

一、选择题

1. 叠加定理只适用于（　　　）。

（A）交流电路　　　　（B）直流电路　　　　（C）线性电路　　　　（D）非线性电路

2. 一太阳电池板，测得它的开路电压为 800mV，短路电流为 40mA，若将该电池板与一阻值为 20Ω 的电阻器连成一闭合电路，则它的路端电压是（　　　）。

（A）0.20V　　　　（B）0.10V　　　　（C）0.40V　　　　（D）0.30V

3. 戴维南定理说明一个线性有源二端网络可等效为（　　　）和等效电阻（　　　）连接来表示。

（A）短路电流 I_sc　　　（B）开路电压 U_oc　　　（C）串联　　　（D）并联

4. 诺顿定理说明一个线性有源二端网络可等效为（　　　）和等效电阻（　　　）连接来表示。

（A）开路电压 U_oc　　　（B）短路电流 I_sc　　　（C）串联　　　（D）并联

5. 求线性有源二端网络等效电阻时：（1）无源网络的等效电阻法，应将电压源（　　　）处理，将电流源（　　　）处理；（2）外加电源法，应将电压源（　　　）处理，电流源（　　　）处理；（3）开路短路法，应将电压源（　　　）处理，电流源（　　　）处理。

（A）开路　　　　（B）短路　　　　（C）保留　　　　（D）不能确定

6. 负载上获得最大功率的条件是（　　　）。

（A）电源内阻最小时　　　　　　　　　（B）负载上通过的电流最大时

（C）负载电阻等于电源内阻　　　　　　（D）负载上加的电压最高时

二、判断题

1. 运用外加电源法和开路短路法，求解戴维南等效电路的等效电阻时，对原网络内部独立电源的处理方法是不同的。（　　　）

2. 电路中的电压、电流、功率都可以用叠加定理来求解。（　　　）

3. 实用中的任何一个两孔插座对外都可视为一个有源二端网络。（　　　）

4. 叠加定理只适合于直流电路的分析。（　　　）

5. 线性电路中的 i 或 u 可用叠加定理计算。由于功率与 i 或 u 的乘积成正比，因此功率也可用叠加定理计算。（　　　）

6. 叠加定理既可以用于线性电路，也可以用于非线性电路。（　　　）

7. 应用叠加定理，一个电流源置零时，应将该电流源短路。（　　　）

8. 电路中某电阻的电流最大时，该电阻的功率最大。（　　　）

9. 所有的有源二端网络都可以变换为戴维南等效电路。（　　　）

10. 求有源二端网络的等效电阻时，如果有受控源，不能将受控源置零。（　　　）

三、填空题

1. 若某元件上 U、I 取关联参考方向，且用叠加定理求出 $I^{(1)} = -2A$，$U^{(1)} = 10V$，$I^{(2)} = 5A$，$U^{(2)} = 2V$，则其消耗的功率为（　　）W。

2. 在使用叠加定理时应注意：叠加定理仅适用于（　　）电路；在各分电路中，要把不作用的电源置零。不作用的电压源用（　　）代替，不作用的电流源用（　　）代替。（　　）不能单独作用；原电路中的（　　）不能使用叠加定理来计算。

3. 诺顿定理指出：一个含有独立源、受控源和电阻的一端口，对外电路来说，可以用一个电流源和一个电导的并联组合进行等效变换，电流源的电流等于一端口的（　　）电流，电导等于该一端口全部（　　）置零后的输入电导。

4. 某有源二端网络开路电压为 12V，短路电流为 0.5A，则其等效电阻为（　　）Ω。

5. 有源二端网络的开路电压为 16V，短路电流为 8A，若外接 2Ω 的电阻，则该电阻上的电压为（　　）V。

6. 在多个电源共同作用的（　　）电路中，各支路的响应均可看成是由各个独立源单独作用下，在该支路上所产生响应的（　　），称为叠加定理。

7. 应用戴维南定理分析电路时，求开路电压时应注意：对受控源的处理应与（　　）的分析方法相同；求戴维南等效电阻时应注意：受控电压源为零值时按（　　）处理，受控电流源为零值时按（　　）处理。

8. 在使用叠加定理时，原电路的功率（　　）按各分电路计算所得功率叠加。

9. 具有两个引出端钮的电路称为（　　）网络，其内部含有电源的称为（　　）网络，内部不包含电源的称为（　　）网络。

10. 已知某电路的戴维南等效电路的开路电压 $U_{oc} = 8V$，$R_{eq} = 4\Omega$，当负载电阻 $R_L = $（　　）$\Omega$ 时，可获得最大功率为（　　）W。

四、计算题

1. 电路如图 4-37 所示，用叠加定理求 I。

2. 电路如图 4-38 所示，用叠加定理求 I。

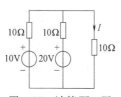

图 4-37　计算题 1 图

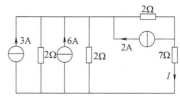

图 4-38　计算题 2 图

3. 电路如图 4-39 所示，用叠加定理求 i_1、i_2、i_3、u_2。

4. 电路如图 4-40 所示，已知 $u_S = 10V$，$i_S = 4A$，用叠加定理求 i_1、i_2。

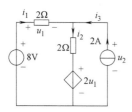

图 4-39　计算题 3 图

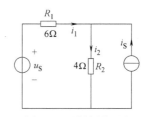

图 4-40　计算题 4 图

5. 电路如图 4-41 所示，用叠加定理求电压 U。

6. 电路如图 4-42 所示，用叠加定理求电压 u_{ab} 和电流 i_1。

7. 电路如图 4-43 所示，用叠加定理求电流 i 和电压 u。

8. 图 4-44 所示电路为一线性纯电阻网络 N_R，其内部结构不详。已知两激励源 u_S、i_S 是下列数值时的实验数据：当 $u_S = 1V$，$i_S = 1A$ 时，响应 $u_2 = 0$；当 $u_S = 10V$，$i_S = 0$ 时，响应 $u_2 = 1V$。求当 $u_S = 30V$，$i_S = 10A$ 时，响应 u_2 为多少？

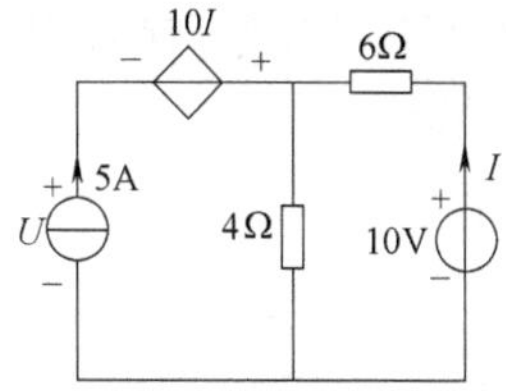

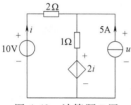

图 4-41　计算题 5 图

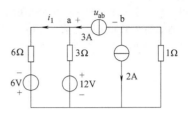

图 4-42　计算题 6 图

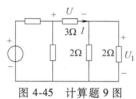

图 4-43　计算题 7 图

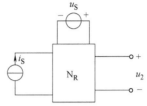

图 4-44　计算题 8 图

9. 已知图 4-45 所示电路中 $U = 1.5\text{V}$，试用替代定理求 U_1。

10. 求图 4-46 所示电路的戴维南等效电路。

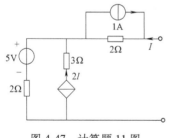

图 4-45　计算题 9 图

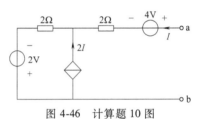

图 4-46　计算题 10 图

11. 电路如图 4-47 所示，求戴维南等效电路的 U_{oc}、R_{eq}。

12. 求图 4-48 所示的戴维南等效电路。

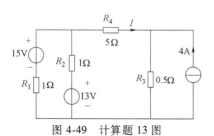

图 4-47　计算题 11 图

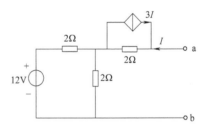

图 4-48　计算题 12 图

13. 试用戴维南定理计算图 4-49 所示电路中 R_4 所在支路电流 I；当 R_4 阻值减小，I 增大到原来的 3 倍，此时 R_4 阻值为多少？

14. 电路如图 4-50 所示，求负载电阻 R_L 上消耗的功率 p_L。

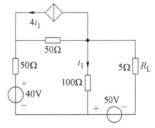

图 4-49　计算题 13 图

图 4-50　计算题 14 图

15. 用诺顿定理求图 4-51 所示电路中的电流 I。

16. 电路如图 4-52 所示,含有一个电压控制的电流源,负载电阻 R_L 可任意改变,问 R_L 为何值时其上获得最大功率?并求出该最大功率 p_{Lmax}。

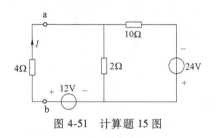

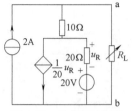

图 4-51　计算题 15 图　　　　　　　图 4-52　计算题 16 图

17. 电路如图 4-53 所示,负载电阻 R_L 可任意改变,试问 R_L 为何值时其上获得最大功率,并求出该最大功率 p_{Lmax}。

18. 电路如图 4-54 所示,负载 R_L 可调,问 R_L 取何值可获最大功率?最大功率是多少?

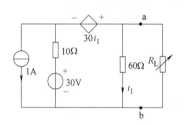

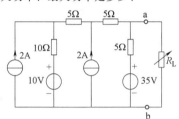

图 4-53　计算题 17 图　　　　　　　图 4-54　计算题 18 图

19. 某线性电路如图 4-55 所示,调节电阻 R 两次,电流 I 和电压 U 的数据为第一次:$I = 5A$,$U = 8V$,第二次:$I = 7A$,$U = 20V$,试做出网络 N 的等效电路。

20. 有一线性无源电阻网络 N_R,从 N_R 中引出两对端子供连接电源和测试时使用。当输入端 1-1′接 2A 电流源时,测得输入端电压 $u_1 = 10V$,输出端 2-2′开路电压 $u_2 = 5V$,如图 4-56a 所示。若把电流源接在输出端,同时在输入端跨接一个 5Ω 的电阻,如图 4-56b 所示,求流过 5Ω 电阻的电流 i。

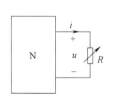

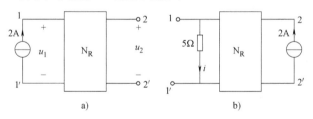

图 4-55　计算题 19 图　　　　　　　图 4-56　计算题 20 图

21. 电路如图 4-57 所示,N_R 网络由线性电阻组成。已知 $R_2 = 2\Omega$,$U_1 = 6V$ 时,测得 $I_1 = 2A$,$U_2 = 2V$;$R_2 = 4\Omega$,$U_1 = 10V$ 时,测得 $I_1 = 3A$,求此时 U_2 的值。

22. 在图 4-58a 所示电路中,已知 $u_{S1} = 1V$,$i_2 = 2A$;图 4-58b 中 $u_{S2} = -2V$,求电流 i_1。

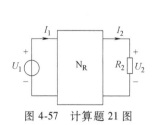

图 4-57　计算题 21 图　　　　　　　图 4-58　计算题 22 图

23. 求图 4-59a 所示电路中的电流 I，图 4-59b 所示电路中的电压 U。

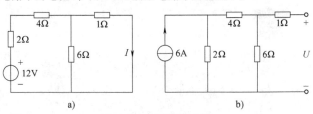

图 4-59 计算题 23 图

第 **5** 章

一阶电路

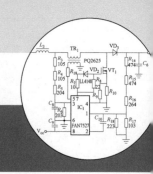

知识图谱（★表示重点，△表示难点）

$$
\text{一阶电路}
\begin{cases}
5.1\ \text{动态元件}
\begin{cases}
\text{电容元件：} i_C = C\dfrac{\mathrm{d}u_C}{\mathrm{d}t} \quad W_C = \dfrac{1}{2}Cu_C^2 \\[2mm]
\text{电感元件：} u_L = L\dfrac{\mathrm{d}i_L}{\mathrm{d}t} \quad W_L = \dfrac{1}{2}Li_L^2
\end{cases}\\[6mm]
5.2\ \text{动态电路的方程及其初始条件}\ (\triangle)
\begin{cases}
\text{独立初始条件}
\begin{cases}
u_C\ (0_+) = u_C\ (0_-) \\
i_L\ (0_+) = i_L\ (0_-)
\end{cases}\Big\}\ \text{换路定则} \\[3mm]
\text{非独立初始条件：除}\ u_C\ (0_+),\ i_L\ (0_+)\ \text{以外的初始值}
\end{cases}\\[6mm]
5.3\ \text{一阶电路的零输入响应：} f(t) = f(0_+)\mathrm{e}^{-\frac{t}{\tau}}\\[3mm]
5.4\ \text{一阶电路的零状态响应：} f(t) = f(\infty)\left(1 - \mathrm{e}^{\frac{t}{\tau}}\right)\\[3mm]
5.5\ \text{一阶电路的全响应}\ (\triangle,\ \bigstar)
\begin{cases}
\text{全响应：} f(t) = f(0_+)\mathrm{e}^{-\frac{t}{\tau}} + f(\infty)\left(1 - \mathrm{e}^{-\frac{t}{\tau}}\right) \\[3mm]
\text{三要素法}
\begin{cases}
f(t) = f(\infty) + [f(0_+) - f(\infty)]\mathrm{e}^{-\frac{t}{\tau}} \\
\text{初始值：} f(0_+) \\
\text{稳态值：} f(\infty) \\
\text{时间常数}
\begin{cases}
\tau = RC \\
\tau = \dfrac{L}{R}
\end{cases}
\end{cases}
\end{cases}\\[6mm]
5.6\ \text{一阶电路的阶跃响应和冲激响应}\ (\triangle)\\[3mm]
5.7\ \text{应用案例——汽车点火电路}
\end{cases}
$$

本章首先介绍电容、电感两种动态元件，动态电路的方程及其初始条件，然后分析 *RC* 和 *RL* 一阶线性电路的过渡过程，包括一阶电路的零输入响应、零状态响应、全响应、阶跃响应、冲激响应的概念和求法（经典法和三要素法）。

♻ 学习目标

1. 知识目标

充分理解一阶电路响应的特点，重点掌握一阶电路的三要素法，并能熟练运用。

2. 能力目标

掌握动态电路微分方程的初始值确定方法；锻炼用微积分知识解决问题的能力；锻炼针对特殊情况提出特殊解决方法的能力。

3. 素质目标

电容、电感两种动态元件是储能元件，能够储存能量是它们的主要功能。习近平总书记曾提到过"蓄电池理论"（人的一生只充一次电的时代已经过去。只有成为一块高效蓄电池，不间断地、持续地充电，才能不间断地、持续地释放能量）。要在大学阶段多给自己储能、充电，提高实践动手能力，有机会多参加学校组织的学术报告会，省级及国家级大学生电子竞赛和老师的相关课题研究工作。知识和能力的提高形成一个良好的闭环，重视养成终身学习的习惯。要德智体全面发展，不能和时代脱节，心理要健康，抗打击能力要强，挫折是难免的，要正确面对。

5.1 动态元件

本章首先介绍两个新的、重要的无源线性电路元件——电容元件与电感元件。因为这类元件的电流、电压关系涉及对电流、电压的微分或积分，称为动态元件，含动态元件的电路称为动态电路。

5.1.1 电容元件

1. 电容器

电容器是一种能够储存电场能量的无源元件，在工程中获得广泛应用。实际电容器如图 5-1 所示。被绝缘介质隔开的两块金属板就构成平行板电容器，结构如图 5-2a 所示。加上电源后，两极板上分别聚集起等量异号的电荷，在介质中建立起电场，并储存有电场能量；电源移去后，电荷可以继续聚集在极板，电场继续存在。所以电容器是一种能够储存电场能量的实际元件。如忽略很小的漏电损失，可认为是一理想电容元件，线性电容元件电路符号如图 5-2b 所示，非线性电容元件将在第 15 章介绍。

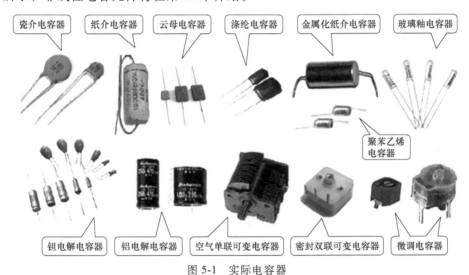

图 5-1 实际电容器

2. 库伏特性

任何时刻线性电容极板上的电荷 q 与电压 u 成正比，库伏特性是过原点的直线，如图 5-3 所示。

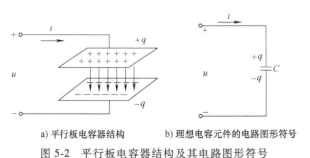

a) 平行板电容器结构　　b) 理想电容元件的电路图形符号

图 5-2 平行板电容器结构及其电路图形符号

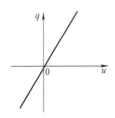

图 5-3 线性电容元件的库伏特性

线性电容的电容量（简称电容）C 定义为

$$C = \frac{q}{u} \tag{5-1}$$

C 为一个正实常数，电容的单位是法拉（F），常用的还有微法（μF）、纳法（nF）和皮法（pF），它们的关系为

$$1F = 10^6 \mu F = 10^9 nF = 10^{12} pF$$

3. 伏安关系

（1）伏安关系的微分形式

电容上 u、i 取关联参考方向时，如图 5-2b 所示，则电容的伏安关系（VCR）为

$$i = \frac{dq}{dt} = C \frac{du}{dt} \tag{5-2}$$

注意：若 u、i 取非关联参考方向时，$i = -C \dfrac{du}{dt}$。

式（5-2）表明：

1）i 的大小取决于 u 的变化率，与 u 的大小无关，电容是动态元件。

2）当电压不随时间变化（直流）时，直流电压为常数，即 $du/dt = 0$，则 $i = 0$。这时电容元件相当于开路，故电容元件有隔断直流（简称隔直）的作用。

3）实际电路中通过电容的电流 i 为有限值，则电容电压 u 必定是时间的连续函数，即 du/dt 必须是有限值。这就意味着电容电压不可能发生跃变，而只能是连续变化的。

（2）伏安关系的积分形式

电容电压、电流的另一表达式为

$$u(t) = \frac{1}{C} \int_{-\infty}^{t} i(\xi) d\xi = \frac{1}{C} \int_{-\infty}^{t_0} i(\xi) d\xi + \frac{1}{C} \int_{t_0}^{t} i(\xi) d\xi = u(t_0) + \frac{1}{C} \int_{t_0}^{t} i(\xi) d\xi \tag{5-3}$$

式（5-3）中把积分变量 t 用 ξ 表示，以区分积分上限 t。式（5-3）表明，t 时刻的电容电压值与该时刻以前通过电容电流的全过程有关，也就是说，电容元件是具有记忆功能的电路元件。与之相比，电阻元件的电压仅与该瞬间的电流值有关，是无记忆的元件。

式（5-3）也可写为

$$u(t) = u(0) + \frac{1}{C} \int_{0}^{t} i(\xi) d\xi \tag{5-4}$$

$u(t_0)$ 或 $u(0)$ 称为电容电压的初始值，它反映电容初始时刻的储能状况，也称为初始状态。

4. 电容的功率和储能

电容是一种储能元件，在 u、i 为关联参考方向下，电容吸收的功率为

$$p = ui = Cu \frac{du}{dt} \tag{5-5}$$

从 $-\infty$ 到 t 时间内电容吸收的能量为

$$\begin{aligned}
W_C &= \int_{-\infty}^{t} u(\xi) i(\xi) d\xi = \int_{-\infty}^{t} u(\xi) C \frac{du(\xi)}{d\xi} d\xi \\
&= C \int_{u(-\infty)}^{u(t)} u(\xi) du(\xi) \\
&= \frac{1}{2} Cu^2(t) - \frac{1}{2} Cu^2(-\infty)
\end{aligned} \tag{5-6}$$

一般认为 $u(-\infty) = 0$，式（5-6）可以写为

$$W_C = \frac{1}{2}Cu^2(t) \tag{5-7}$$

式（5-7）表明：

1）电容的储能只与当时的电压值有关，在电容电流是有限值时，电容电压不能跃变，反映了储能不能跃变。

2）电容储存的能量一定大于或等于零。

若电容元件原来没有充电，那么它在充电时吸收并储存起来的能量一定又在放电完毕时全部释放，它并不消耗能量，所以电容元件是一种储能元件，它本身不消耗能量。同时，它也不会释放出多于它所吸收或储存的能量，因此它又是一种无源元件。

【例5-1】 图5-4a所示电路中的 $u_S(t)$ 波形如图5-4b所示，已知电容 $C = 0.5F$，求电流 $i(t)$、功率 $p(t)$ 和储能 $W_C(t)$，并绘出它们的波形。

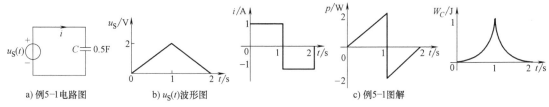

a) 例5-1电路图　　　b) $u_S(t)$波形图　　　c) 例5-1图解

图 5-4　例 5-1 图

解：

$$i(t) = C\frac{du_S}{dt} = \begin{cases} 0 & t<0 \\ 1 & 0 \leqslant t<1\text{s} \\ -1 & 1\text{s} \leqslant t<2\text{s} \\ 0 & t \geqslant 2\text{s} \end{cases} \qquad p(t) = u(t)i(t) = \begin{cases} 0 & t<0 \\ 2t & 0 \leqslant t<1\text{s} \\ 2t-4 & 1\text{s} \leqslant t<2\text{s} \\ 0 & t \geqslant 2\text{s} \end{cases}$$

$$W_C(t) = \frac{1}{2}Cu^2(t) = \begin{cases} 0 & t<0 \\ t^2 & 0 \leqslant t<1\text{s} \\ (t-2)^2 & 1\text{s} \leqslant t<2\text{s} \\ 0 & t \geqslant 2\text{s} \end{cases}$$

绘出波形如图5-4c所示。

5.1.2　电感元件

1. 电感器

由导线绕制而成的实际电感器如图5-5所示，是一种产生磁场、储存磁场能量的无源元件。在电子与电力系统中有许多应用，例如它可以用于供配电系统和信号处理系统等电路中。

实际电感线圈结构如图5-6a所示。在忽略很小的导线电阻及线圈匝与匝之间的电容时，可看成是一个理想电感元件。

2. 韦安特性

当线圈两端加上电压 u，便有电流 i 通过，根据右手螺旋定则，将产生磁通 Φ，并通过每匝线圈。如果线圈有 N 匝，则通过线圈的磁链 $\psi = N\Phi$。磁通与磁链的单位均为韦伯（Wb）。如果磁链 ψ 与电流 i 的特性曲线（又称韦安特性）是过原点的一条直线，如图5-7所示，则对应的电感元件称为线性电感，否则为非线性电感，以后主要讨论线性电感。

对于线性电感元件，电路符号如图5-6b所示。任何时刻，通过电感元件的电流 i 与其磁链 ψ 成正比。

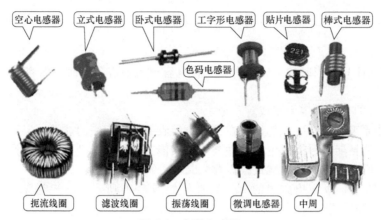

图 5-5　实际电感器

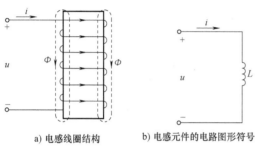

a) 电感线圈结构　　　b) 电感元件的电路图形符号

图 5-6　电感线圈及其电路图形符号

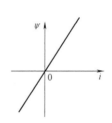

图 5-7　线性电感元件的韦安特性

$$\psi = Li \tag{5-8}$$

L 称为线性电感元件的电感或自感，为一个正实常数。

电感 L 的单位是亨利，简称亨（H），常用的还有毫亨（mH）和微亨（μH）。它们的关系为

$$1H = 10^3 mH = 10^6 μH$$

3. 伏安关系

（1）伏安关系的微分形式

磁链变化时，在电感的两端会产生感应电压。当线圈两端的电压 u 与电流 i 取关联参考方向时，有

$$u = \frac{\mathrm{d}\psi}{\mathrm{d}t} = L\frac{\mathrm{d}i}{\mathrm{d}t} \tag{5-9}$$

注意：若 u、i 取非关联参考方向时，$u = -L\dfrac{\mathrm{d}i}{\mathrm{d}t}$。

式（5-9）表明：

1）任何时刻，电感电压 u 的大小取决于 i 的变化率，与 i 的大小无关，电感是动态元件。

2）当电流不随时间变化（直流）时，i 为常数，即 $\mathrm{d}i/\mathrm{d}t = 0$，则 $u = 0$，这时电感元件相当于短路。

3）实际电路中电感的电压 u 为有限值，则电感电流 i 不能跃变，必定是时间的连续函数。

（2）伏安关系的积分形式

电感电压、电流的另一表达式为

$$i(t) = \frac{1}{L}\int_{-\infty}^{t}u(\xi)\,\mathrm{d}\xi = \frac{1}{L}\int_{-\infty}^{t_0}u(\xi)\,\mathrm{d}\xi + \frac{1}{L}\int_{t_0}^{t}u(\xi)\,\mathrm{d}\xi = i(t_0) + \frac{1}{L}\int_{t_0}^{t}u(\xi)\,\mathrm{d}\xi \qquad (5\text{-}10)$$

式（5-10）表明，t 时刻的电感电流 $i(t)$ 与该时刻初始电流 $i(t_0)$ 及以前所有时刻的电压值有关，电感也是一种"记忆"元件。

4. 电感的功率和储能

在关联参考方向下，电感吸收的功率为

$$p = ui = Li\frac{\mathrm{d}i}{\mathrm{d}t} \qquad (5\text{-}11)$$

从 $-\infty$ 到 t 时间内电感吸收的能量为

$$\begin{aligned}
W_L &= \int_{-\infty}^{t}i(\xi)u(\xi)\,\mathrm{d}\xi = \int_{-\infty}^{t}i(\xi)L\frac{\mathrm{d}i(\xi)}{\mathrm{d}\xi}\mathrm{d}\xi \\
&= L\int_{i(-\infty)}^{i(t)}i(\xi)\,\mathrm{d}i(\xi) \\
&= \frac{1}{2}Li^2(t) - \frac{1}{2}Li^2(-\infty)
\end{aligned} \qquad (5\text{-}12)$$

一般认为 $i(-\infty) = 0$，式（5-12）可以写为

$$W_L = \frac{1}{2}Li^2(t) \qquad (5\text{-}13)$$

式（5-13）表明：

1）电感的储能只与当时的电流值有关，电感电流不能跃变，反映了储能不能跃变。

2）电感储存的能量一定大于或等于零。

电感元件也是一种储能元件。电感的储能只与当时的电流值有关，电感储存的能量一定大于或等于零。同时，它也不会释放出多于它所吸收或储存的能量，因此它又是一种无源元件。

思考与练习

5.1-1 为什么电容有隔直流通交流的作用？为什么电感具有通直流阻交流的作用？

5.1-2 如果一个电容元件中的电流为零，其储能是否也一定等于零？如果一个电感元件两端电压为零，其储能是否也一定等于零？为什么？

5.1-3 有人说，当电容元件两端有电压时，则其中必有电流通过；而电感元件两端电压为零时，电感中电流则必定为零。这种说法对吗？为什么？

5.1-4 电容元件两端加直流电压时可视作开路，是否此时电容 C 为无穷大？电感元件中通过直流电流时可视作短路，是否此时电感 L 为零？

5.2 动态电路的方程及其初始条件

5.2.1 动态电路的方程

当电路中含有动态元件电容和电感时，由于这两类元件的伏安关系是对电流或电压的微分或积分，所以描述电路的数学方程是以电流或电压为变量的微分方程。用微分方程描述的电路称为动态电路。

如图 5-8a 所示动态电路，设在 $t=0$ 时开关 S 闭合，根据 KVL 列出动态回路的方程为

$$iR + u_C = u_S$$

由于 $i = C \dfrac{\mathrm{d}u_C}{\mathrm{d}t}$，所以有

$$RC \frac{\mathrm{d}u_C}{\mathrm{d}t} + u_C = u_{\mathrm{S}} \tag{5-14}$$

式（5-14）是以 u_C 为变量的一阶常系数微分方程，组成动态电路的独立动态元件数决定动态电路的实际阶数。用二阶或高阶微分方程描述的电路称为二阶电路或高阶电路。

动态电路的分析方法有时域分析法（也称经典法）和复频域分析法（也称拉普拉斯变换法），本章讨论时域分析的经典法，复频域的拉普拉斯变换法将在第 11 章中介绍。

求解微分方程需要初始值，这就涉及动态电路的初始条件（初始值）。

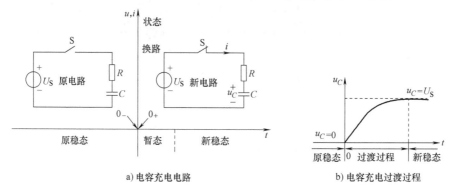

a) 电容充电电路　　　　　　　　b) 电容充电过程

图 5-8　电容充电过程

5.2.2　动态电路的初始条件

在含有动态元件 L 和 C 的电路中，电路的接通和断开、接线的改变或是电路参数、电源的突然变化等，统称为"换路"。

电容充电电路如图 5-8a 所示。电路换路前开关 S 断开，电容没有储存能量，即 $u_C = 0$，这时的电路称为原稳态，也就是换路前的工作状态。设 $t = 0$ 为换路瞬间，而以 $t = 0_-$ 表示换路前的终了时刻，$t = 0_+$ 表示换路后的初始时刻，在数值上都等于 0。换路后电源通过电阻向电容充电，电容储存能量，u_C 上升，由于电容电压不能跃变，电容电压从 0 开始逐渐上升，当达到 U_{S} 时，电容充电完毕，即能量储存完毕，电路从原稳态转变到新稳态，能量的改变需要一段时间，因此产生过渡过程，由于过渡过程相对来说是短暂的，所以又称为暂态。过渡过程如图 5-8b 所示。

扫一扫　看视频

根据能量的建立和消失不能突变规律得出，电容电压 u_C 和电感电流 i_L 只能连续变化，而不能跃变，即

$$\begin{cases} \dfrac{1}{2} C u_C^2(0_+) = \dfrac{1}{2} C u_C^2(0_-) \\ \dfrac{1}{2} L i_L^2(0_+) = \dfrac{1}{2} L i_L^2(0_-) \end{cases} \Rightarrow \begin{cases} u_C(0_+) = u_C(0_-) \\ i_L(0_+) = i_L(0_-) \end{cases} \tag{5-15}$$

式（5-15）就是换路定则，$u_C(0_+)$ 和 $i_L(0_+)$ 称为独立初始条件，由换路前原稳态电路（电容开路，电感短路）的 $u_C(0_-)$ 和 $i_L(0_-)$ 进行计算。除 $u_C(0_+)$ 和 $i_L(0_+)$ 外其余的初始条件称为非独立初始条件，有 $i_C(0_+)$、$u_L(0_+)$、$i_R(0_+)$、$u_R(0_+)$ 等。非独立初始条件可由 0_+ 等效电路计算确定。

求非独立初始条件具体步骤如下：

1）画出 $t = 0_-$ 时的稳态电路：求 $u_C(0_-)$ 或 $i_L(0_-)$。

扫一扫 看视频

$t \le 0_-$ 时，原电路为直流稳态：C—断路，L—短路。

2）画出 $t = 0_+$ 时的 0_+ 等效电路：

在 0_+ 电路中，电容视为恒压源，其电压为 $u_C(0_+) = u_C(0_-)$。如果 $u_C(0_+) = 0$，电容视为短路。

在 0_+ 电路中，电感视为恒流源，其电流为 $i_L(0_+) = i_L(0_-)$。如果 $i_L(0_+) = 0$，电感视为开路。

3）利用直流电阻电路的计算方法，在 0_+ 等效电路中计算其他各电压和电流的非独立初始条件。

【**例 5-2**】 在图 5-9a 所示的电路中，已知 $R = 40\Omega$，$R_1 = R_2 = 10\Omega$，$U_S = 50\text{V}$，$t = 0$ 时开关闭合。求 $u_C(0_+)$、$i_L(0_+)$、$i(0_+)$、$u_L(0_+)$ 和 $i_C(0_+)$。

解：换路前 $t = 0_-$（S 断开）时的电路为图 5-9b，换路前电路为稳定的直流电路，电容相当于开路，电感相当于短路，故有

$$u_C(0_-) = \frac{R_2}{R + R_2} U_S = \frac{10}{40 + 10} \times 50 = 10\text{V}$$

$$i_L(0_-) = \frac{U_S}{R + R_2} = \frac{50}{40 + 10} = 1\text{A}$$

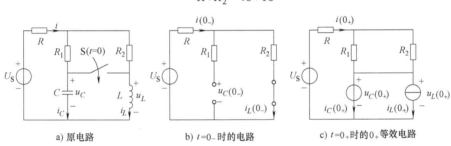

a) 原电路　　　　　b) $t = 0_-$ 时的电路　　　　　c) $t = 0_+$ 时的 0_+ 等效电路

图 5-9　例 5-2 图

根据换路定则，有

$$u_C(0_+) = u_C(0_-) = 10\text{V}，\ i_L(0_+) = i_L(0_-) = 1\text{A}$$

换路后 $t = 0_+$（S 闭合）时的 0_+ 等效电路如图 5-9c 所示，可求出其余量的初始值：

$$i(0_+) = \frac{U_S - u_C(0_+)}{R + \dfrac{R_1 R_2}{R_1 + R_2}} = \frac{50 - 10}{40 + 5} = \frac{8}{9}\text{A}$$

$$u_L(0_+) = u_C(0_+) = 10\text{V}$$

$$i_C(0_+) = i(0_+) - i_L(0_+) = -\frac{1}{9}\text{A}$$

【**例 5-3**】 图 5-10a 所示的电路中，已知：$R = 10\Omega$，$R_1 = 2\Omega$，$U_S = 10\text{V}$，$C = 0.5\text{F}$，$L = 3\text{H}$，$t = 0$ 时将开关打开。求 $u_C(0_+)$、$i_L(0_+)$、$i_C(0_+)$、$u_L(0_+)$。

解：换路前 $t = 0_-$（S 闭合）时的电路为图 5-10b，电路为稳定的直流电路，电容相当于开路，电感相当于短路，故有

$$u_C(0_-) = 0$$

$$i_L(0_-) = \frac{U_S}{R} = 1\text{A}$$

$$i_C(0_-) = 0$$

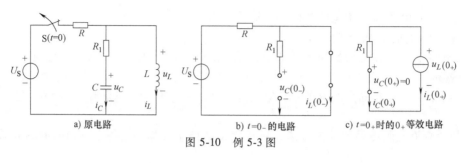

a) 原电路　　　　　b) $t=0_-$ 的电路　　　c) $t=0_+$时的0_+等效电路

图 5-10　例 5-3 图

$$u_L(0_-) = 0$$

根据换路定则，有

$$u_C(0_+) = u_C(0_-) = 0$$

$$i_L(0_+) = i_L(0_-) = 1\text{A}$$

换路后 $t=0_+$（S 打开）时的 0_+ 等效电路如图 5-10c 所示，可求出其余量的初始值。换路后 u_C 和 i_L 都不会跃变。把电容用电压为 $u_C(0_+)$ 的电压源等效代替，把电感用电流为 $i_L(0_+)$ 的电流源等效代替。

注意：零初始条件下的电容在换路瞬间相当于短路，零初始条件下的电感在换路瞬间相当于开路，这与直流稳态时恰好相反。

由此等效电路得

$$i_C(0_+) = -i_L(0_+) = -1\text{A}$$

$$u_L(0_+) = -R_1 i_L(0_+) = -2\text{V}$$

从以上例题可以看出，非独立初始条件在换路瞬间可能发生跃变，因此，不能把式（5-15）的关系式随意应用于 u_C 和 i_L 以外的电压和电流初始值的计算中。

思考与练习

5.2-1　什么是电路的过渡过程？产生过渡过程的原因和条件是什么？

5.2-2　什么是换路定则？它的理论基础是什么？

5.2-3　什么是一阶电路？分析一阶电路的简便方法是什么？

5.2-4　一阶电路中的 0、0_-、0_+ 这 3 个时刻有何区别？$t=\infty$ 是个什么概念？它们的实质各是什么？在具体分析时如何取值？

5.3　一阶电路的零输入响应

当动态电路的外加电源激励为零，仅由动态元件的初始储能产生的响应为零输入响应。

5.3.1　一阶 RC 电路的零输入响应

所谓一阶 RC 电路的零输入响应是指一阶 RC 电路换路后无电源激励，仅由电容元件 C 的初始储能所产生的响应。其实质是电容元件 C 放电的过程。

如图 5-11a 所示电路中，在换路前电路处于稳态，电源对电容元件完成充电，电路达到稳定状态时，电容上电压的初始值 $u_C(0_+) = u_C(0_-) = U_S$。在 $t=0$ 时将开关 S 动作将 RC 电路短接，换路后电路如图 5-11b 所示，电容 C 开始对电阻 R 放电，此放电过程即为一阶 RC 电路的零输入响应。

根据基尔霍夫电压定律（KVL）列出 $t \geq 0_+$ 的微分方程：

扫一扫　看视频

$$u_R - u_C = 0$$

将 $u_R = Ri$，$i = -C\dfrac{\mathrm{d}u_C}{\mathrm{d}t}$ 代入方程，可得

$$R\left[-C\frac{\mathrm{d}u_C}{\mathrm{d}t}\right] - u_C = 0$$

整理上式可得

$$RC\frac{\mathrm{d}u_C}{\mathrm{d}t} + u_C = 0 \tag{5-16}$$

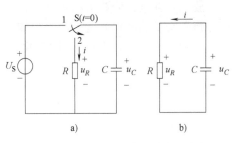

图 5-11 一阶 RC 电路的零输入响应

令此齐次微分方程的通解为

$$u_C = A\mathrm{e}^{pt}$$

代入式（5-16）得

$$(RCp + 1)A\mathrm{e}^{pt} = 0$$

则

$$RCp + 1 = 0; \quad p = -\frac{1}{RC}$$

则式（5-16）的通解为

$$u_C = A\mathrm{e}^{-\frac{1}{RC}t}$$

式中，A 为积分常数，可根据初始值确定：

$$u_C(0_+) = U_S = A\mathrm{e}^0$$

由此得

$$A = U_S$$

求得微分方程的解为

$$u_C = u_C(0_+)\mathrm{e}^{-\frac{1}{RC}t} = U_S\mathrm{e}^{-\frac{1}{RC}t} \tag{5-17}$$

由式（5-17）可得出电容元件上的电流和电阻元件电压，分别为

$$i = -C\frac{\mathrm{d}u_C}{\mathrm{d}t} = -C\frac{\mathrm{d}}{\mathrm{d}t}\left(U_S\mathrm{e}^{-\frac{1}{RC}t}\right) = \frac{U_S}{R}\mathrm{e}^{-\frac{1}{RC}t} \tag{5-18}$$

$$u_R = u_C = U_S\mathrm{e}^{-\frac{1}{RC}t} \tag{5-19}$$

以上各式表明，各响应按指数曲线变化，RC 值决定电路放电快慢，具有时间的量纲，称为时间常数，用 τ 表示，单位为秒（s），与时间 t 的单位相同。

令 $\tau = RC$，其中 R 为由电容两端看过去的戴维南等效电阻，由下式可知

$$欧姆 \times 法拉 = \frac{伏特}{安培} \times \frac{库仑}{伏特} = \frac{库仑}{安培} = \frac{安培 \times 秒}{安培} = 秒$$

τ 的单位为秒（s），因此将 τ 称为 R、C 串联电路的时间常数，时间常数只决定于电路的参数，与电路的初始情况无关。引入 τ 后，电容电压 u_C 和电流 i 可分别表示为

$$u_C = U_S\mathrm{e}^{-\frac{t}{\tau}}$$

$$i = \frac{U_S}{R}\mathrm{e}^{-\frac{t}{\tau}}$$

显然，时间常数 τ 的物理意义是很明显的，时间常数 τ 越大，u_C 衰减（电容器放电）越慢。当电源电压和 R 一定时，C 越大，在相同电压下它储存的电场能量越多，将此能量释放所需时间就越长，也就是说时间常数越大；当 C 一定时，R 越大，在相同电压下的放电电流 i 就

越小，放电就越慢，能量消耗就越慢，时间常数也就越大。因此，一阶 RC 电路中的时间常数 τ 正比于 R 和 C 的乘积。适当调节参数 R 和 C，就可控制一阶 RC 电路过渡过程的快慢。

图 5-12 为 u_C、u_R 和 i 随时间变化的曲线。图 5-13 为时间常数 τ 的几何意义，τ 即为曲线的次切距。

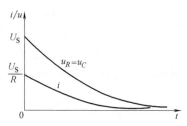

图 5-12 u_C、u_R 和 i 随时间变化的曲线

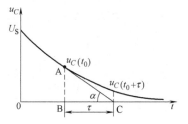

图 5-13 时间常数 τ 的几何意义

当 $t=\tau$ 时，$u_C = U_S e^{-1} = \dfrac{U_S}{2.718} = (36.8\%) U_S$。

时间常数 τ 等于电压 u_C 衰减到初始值 U_S 的 36.8% 所需的时间。工程上可用示波器观测 u_C 等曲线，利用作图法测出 $t=\tau$，$t=2\tau$，$t=3\tau$，$t=4\tau$，$\cdots$ 时刻的电容电压值列于表 5-1 中。

在理论上要经过无限长时间 u_C 才能衰减到零值，从表 5-1 中可以看出，实际中只要经过 $3\tau \sim 5\tau$ 时间，响应已衰减到初始值的 5%~0.7%，一般在工程上就可以认为电容电压达到稳态了，即认为过渡过程结束。

表 5-1 电容上电压随时间而衰减

t	0	τ	2τ	3τ	4τ	5τ	$\cdots$	∞
u_C	U_S	$0.368U_S$	$0.135U_S$	$0.05U_S$	$0.018U_S$	$0.007U_S$	$\cdots$	0

在放电过程中，电容不断放出能量，电阻则不断地消耗能量，最后存储在电容中的电场能量全部被电阻吸收转换成热能，即

$$W_R = \int_0^\infty i^2(t) R dt = \int_0^\infty \left(\frac{U_S}{R} e^{-\frac{t}{RC}}\right)^2 R dt = \frac{U_S^2}{R} \int_0^\infty e^{-\frac{2t}{RC}} dt = \frac{1}{2} C U_S^2 = W_C$$

可见，在整个过程中，储存在电容中的电场能量全部被电阻消耗转换为热能。

【例 5-4】 一组 $80\mu F$ 的电容器从 $3.5kV$ 的高压电网上切除，等效电路如图 5-11a 所示。切除后，电容器经自身漏电电阻 R 放电，现测得 $R=40M\Omega$，试求电容器电压下降到 $1kV$ 所需的时间。

解： 设 $t=0$ 时电容器从电网上切除，故有

$$u_C(0_+) = u_C(0_-) = 3500V$$

$t \geq 0$ 时电容电压的表达式为

$$u_C = u_C(0_+) e^{-\frac{t}{RC}} = 3500 e^{-\frac{t}{RC}}$$

设 $t=t_1$ 时电容电压下降到 $1000V$，则有

$$1000 = 3500 e^{-\frac{t_1}{40\times10^6\times80\times10^{-6}}} = 3500 e^{-\frac{t_1}{3200}}$$

解得

$$t_1 = -3200\ln\frac{1}{3.5}s \approx 4008s \approx 1.12h$$

由上面的计算结果可知，电容器与电网断开 1.12h 后还可保持高达 1000V 的电压，因此

在检修具有大电容的电力设备之前，必须采取措施使设备充分地放电，以保证工作人员的人身安全。

5.3.2 一阶 *RL* 电路的零输入响应

如图 5-14 所示，在换路前，开关 S 是合在位置 1 上的，电感元件中通有电流，其中电流的初始值 $i(0_+) = I_0 = \dfrac{U_S}{R}$。

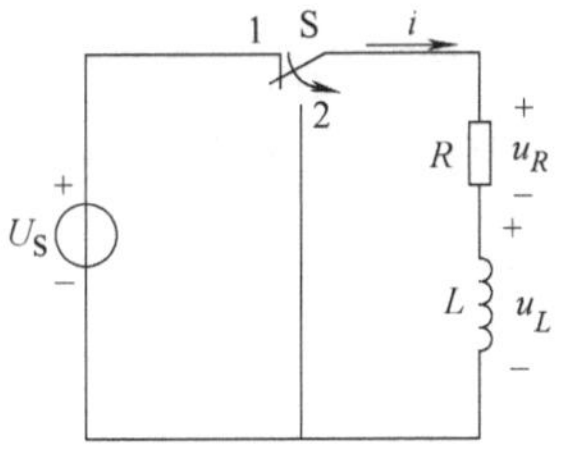

在 $t=0$ 时将开关从位置 1 合到位置 2，使电路脱离电源，一阶 *RL* 电路被短路。此时，电感元件已储有能量，换路后，电感储存的能量逐渐释放出来。在放电过程中，电感电流从它的初始值 I_0 开始下降，最终降为零，下面推导电感电流的变化规律。

根据基尔霍夫电压定律（KVL）列出 $t \geqslant 0_+$ 的微分方程：

$$u_R + u_L = 0$$

将 $u_R = Ri$，$u_L = L\dfrac{\mathrm{d}i}{\mathrm{d}t}$ 代入方程，可得

$$Ri + L\frac{\mathrm{d}i}{\mathrm{d}t} = 0 \tag{5-20}$$

求解过程同一阶 *RC* 电路零输入响应，可得

$$i = I_0 \mathrm{e}^{-\frac{R}{L}t} = I_0 \mathrm{e}^{-\frac{t}{\tau}} = \frac{U_S}{R}\mathrm{e}^{-\frac{t}{\tau}} \tag{5-21}$$

式中，

$$\tau = L/R$$

它也具有时间的量纲，是一阶 *RL* 电路的时间常数。

由式（5-21）可得出电感元件和电阻元件上的电压，分别为

$$u_L = L\frac{\mathrm{d}i}{\mathrm{d}t} = -RI_0 \mathrm{e}^{-\frac{t}{\tau}} = -U_S \mathrm{e}^{-\frac{t}{\tau}} \tag{5-22}$$

$$u_R = Ri = RI_0 \mathrm{e}^{-\frac{t}{\tau}} = U_S \mathrm{e}^{-\frac{t}{\tau}} \tag{5-23}$$

所求 i、u_R 及 u_L 随时间而变化的曲线如图 5-15 所示。其中时间常数 $\tau = L/R$，同样，电阻 R 是换路后，断开电感元件得到的有源二端网络，经除源后的等效电阻。

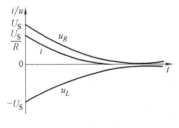

图 5-14 一阶 *RL* 电路的零输入响应

图 5-15 *RL* 电路的零输入响应中 i、u_L、u_R 随 t 变化的曲线

一阶 *RL* 电路的时间常数 τ 与电路的 L 成正比、与 R 成反比。电感的初始储能为 $\dfrac{1}{2}LI_0^2$，同样的 I_0 情况下，L 越大，初始储能越多，放电时间越长，因此 τ 与 L 成正比。同样 I_0 及 L 的情况下，电阻越大，消耗能量越快，所以 τ 与 R 成反比。在整个过渡过程中，存储在电感中的磁场能量 $W_L = \dfrac{1}{2}LI_0^2$ 全部被电阻吸收转换成热能。

【例 5-5】 图 5-16 所示电路中 $U_S = 30\text{V}$，$R = 4\Omega$，电压表内阻 $R_V = 5\text{k}\Omega$，$L = 0.4\text{H}$。求

（1）$t \geqslant 0$ 时的电感电流 $i_L(t)$ 和电压表两端的电压 $u_V(t)$；

（2）开关刚断开时，电压表两端的电压 $u_V(0_+)$。

解：（1）开关打开前电路为直流稳态，由于电流已恒定不变，电感 L 两端电压为零，故

$$i_L(0_-) = \frac{U_S}{R} = 7.5\text{A}$$

换路后根据换路定则，有

$$i_L(0_+) = i_L(0_-) = 7.5\text{A}$$

时间常数为

$$\tau = \frac{L}{R+R_V} \approx 8\times10^{-5}\text{s}$$

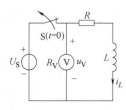

图 5-16　例 5-5 图

电路为一阶 RL 零输入响应，由式（5-21），可写出 $t>0$ 时的电感电流 $i_L(t)$：

$$i_L(t) = i_L(0_+)\mathrm{e}^{-\frac{t}{\tau}} = 7.5\mathrm{e}^{-1.25\times10^4 t}\text{A}$$

电压表的电压 $u_V(t) = -R_V i_L = -3.75\times10^4\mathrm{e}^{-1.25\times10^4 t}\text{V}$

（2）刚断开时，电压表上的电压最大，为

$$|u_V(0_+)| = 3.75\times10^4\text{V}$$

换路后瞬时电压表承受很高电压，易造成电压表损坏。出现这么高的电压，是由于电感电流不能跃变，电压表内电阻 R_V 又远大于励磁绕组的电阻 R，故换路后瞬间电压表的电压将远大于直流电压源电压 U。所以切断电感电流时，必须考虑磁场能量的释放，防止产生过电压。

思考与练习

5.3-1　一阶 RC 放电电路中，电容器两端的电压按照什么规律变化？放电电流又按什么规律变化？

5.3-2　一阶 RL 电路与一阶 RC 电路的时间常数相同吗？其中的 R 是指某一电阻吗？

5.3-3　时间常数 τ 对电路的过渡过程有什么影响？

5.3-4　一阶电路的时间常数 τ 由什么来决定？其物理意义是什么？

扫一扫　看视频

5.4　一阶电路的零状态响应

当动态电路的初始储能为零，仅由外加电源激励产生的响应为零状态响应。

5.4.1　一阶 RC 电路的零状态响应

在如图 5-17 所示一阶 RC 电路中，开关 S 闭合前电路中的电容元件没有储存能量，初始状态为零，$u_C(0_-) = 0$，在 $t=0$ 时开关 S 闭合，一阶 RC 电路与直流电压源 U_S 接通，电源对电容元件开始充电。

根据基尔霍夫电压定律（KVL）列出 $t \geq 0_+$ 的微分方程，即

$$u_R + u_C = U_S$$

而 $u_R = Ri$，将 $i = C\dfrac{\mathrm{d}u_C}{\mathrm{d}t}$ 代入上述方程，可得电路的微分方程：

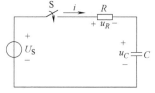

图 5-17　一阶 RC 电路的
零状态响应

$$RC\frac{\mathrm{d}u_C}{\mathrm{d}t} + u_C = U_S \qquad (5\text{-}24)$$

此方程为一阶线性非齐次微分方程，方程的解由两部分组成，即非齐次方程的特解 u'_C 和对应齐次方程的通解 u''_C，即 $u_C = u'_C + u''_C$。

齐次方程 $RC\dfrac{\mathrm{d}u_C}{\mathrm{d}t} + u_C = 0$ 的通解为

$$u''_C = Ae^{-\frac{t}{\tau}}$$

设非齐次方程的特解 u'_C 为常数 k，代入式（5-24）得

$$u'_C = k = U_S$$

所以
$$u_C = U_S + Ae^{-\frac{t}{\tau}} \tag{5-25}$$

代入初始值 $u_C(0_+) = u_C(0_-) = 0$，可求得

$$A = -U_S$$

则电容两端的电压表达式为

$$u_C = U_S(1 - e^{-\frac{1}{RC}t}) = U_S(1 - e^{-\frac{t}{\tau}}) \tag{5-26}$$

一阶 RC 零状态电路中，电容电压的一般表达式为

$$u_C = u_C(\infty)(1 - e^{-\frac{t}{\tau}}) \tag{5-27}$$

式（5-27）表明，电容充电时，电容电压按指数规律上升，最终达到稳态值 U_S，但上升速度与时间常数 τ 有关。

电容的充电电流 i 可以从 u_C 直接求得，而 u_R 可从 i 求得

$$\begin{cases} i = C\dfrac{\mathrm{d}u_C}{\mathrm{d}t} = \dfrac{U_S}{R}e^{-\frac{t}{RC}} \\ u_R = iR = U_S e^{-\frac{t}{RC}} \end{cases} \tag{5-28}$$

可见，开关 S 闭合瞬间 C 相当于短路，电阻电压最大为 U_S，充电电流最大为 U_S/R，稳态后电阻电压和电流均为零。u_C、u_R 和 i 的变化曲线如图 5-18 所示。它们是按指数规律上升或衰减的，其上升或衰减的速度由时间常数 τ 决定，在同一电路中各相响应的 τ 是相同的。

时间常数 τ 越大，u_C 上升越慢（充电过程越长）。这是因为在电源电压 U_S 一定的情况下，电容 C 越大，则所需的电荷越多；电阻 R 越大，充电电流越小，这都会使充电过程变长。改变 R 或 C 的数值，就可以改变电路的时间常数，也就可以改变电容充电的快慢。

电容电压 u_C 由零逐渐充电至 U_S，而充电电流在换路瞬间由零跃变到 $\dfrac{U_S}{R}$，$t>0$ 后再逐渐衰减到零。在此过程中，电容不断充电，而电阻则不断地消耗能量，最终储存的电场能为

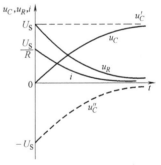

图 5-18 u_C、u_R 和 i 随时间变化的曲线

$$W_R = \int_0^\infty i^2(t)R\mathrm{d}t = \int_0^\infty \left(\dfrac{U_S}{R}e^{-\frac{t}{RC}}\right)^2 R\mathrm{d}t = \dfrac{U_S^2}{R}\int_0^\infty e^{-\frac{2t}{RC}}\mathrm{d}t = \dfrac{1}{2}CU_S^2 = W_C$$

可见，不论电容 C 和电阻 R 的数值为多少，充电过程中电源提供的能量只有一半转变为电场能量储存在电容中，故其充电效率只有 50%。

5.4.2 一阶 RL 电路的零状态响应

图 5-19 是一阶 RL 串联电路，在换路前电感元件未储有能量，$i_L(0_-) = 0$，在 $t=0$ 时将开关 S 合上，电路与电源 U_S 接通，即电路处于零状态。

根据基尔霍夫电压定律，列出 $t \geq 0_+$ 的电路方程为

$$Ri_L + L\dfrac{\mathrm{d}i_L}{\mathrm{d}t} = U_S \tag{5-29}$$

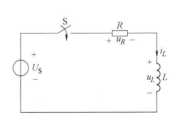

图 5-19 一阶 RL 电路零状态响应电路

根据对偶原理，一阶 RL 零状态电路中，电感电流的一般表达式为

$$i_L = i_L(\infty)(1 - e^{-\frac{t}{\tau}}) \tag{5-30}$$

$$i_L = \frac{U_S}{R}(1 - e^{-\frac{t}{\tau}}) \tag{5-31}$$

式中，时间常数 $\tau = \dfrac{L}{R}$，所求电流随时间而变化的曲线如图 5-20 所示。由式（5-31）可得出 $t \geqslant 0_+$ 时电阻元件和电感元件上的电压为

$$u_R = Ri_L = U_S(1 - e^{-\frac{t}{\tau}}) \tag{5-32}$$

$$u_L = L\frac{\mathrm{d}i_L}{\mathrm{d}t} = U_S e^{-\frac{t}{\tau}} \tag{5-33}$$

【例 5-6】　在图 5-21 中，$t=0$ 时开关 S 打开，求 $t>0$ 后 i_L、u_L 的变化规律。

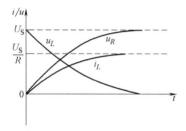

图 5-20　一阶 RL 电路的零状态响应中
i_L、u_L、u_R 随 t 变化的曲线

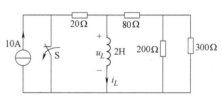

图 5-21　例 5-6 图

解：（1）求电感电流的初始值 $i_L(0_+)$

开关打开前电路为直流稳态，由于电流源不起作用，电感 L 上电流为零，故 $i_L(0_-)=0$。换路后根据换路定则，有 $i_L(0_+) = i_L(0_-) = 0$。

由于电感没有储能，开关 S 打开后，电流源给电感充电，属于零状态响应电路。

（2）求电感电流 i_L

电感电流 i_L 的零状态响应为

$$i_L = i_L(\infty)(1 - e^{-\frac{t}{\tau}})$$

首先求稳态值 $i_L(\infty)$。电路在 $t=\infty$ 时是直流稳态电路，换路后 $i_L(\infty) = 10\mathrm{A}$。

然后求时间常数 τ

$$\tau = \frac{L}{R} = \frac{2}{80 + \dfrac{200 \times 300}{200 + 300}} = \frac{1}{100}\mathrm{s}$$

于是得到电感电流 i_L 的零状态响应为

$$i_L = i_L(\infty)(1 - e^{-\frac{t}{\tau}}) = 10(1 - e^{-100t})\mathrm{A} \quad (t \geqslant 0)$$

（3）求电感电压 u_L

由电感电压与电流的微分关系得到

$$u_L = L\frac{\mathrm{d}i_L}{\mathrm{d}t} = 2 \times \frac{\mathrm{d}10(1 - e^{-100t})}{\mathrm{d}t} = 2000 e^{-100t}\mathrm{V} \quad (t \geqslant 0)$$

思考与练习

5.4-1 一阶 RC 充电电路中，电容器两端的电压按照什么规律变化？充电电流又按什么规律变化？

5.4-2 一阶电路响应的规律是什么？电容元件上通过的电流和电感元件两端的自感电压有无稳态值？为什么？

5.4-3 能否说一阶电路响应的暂态分量等于它的零输入响应？稳态分量等于它的零状态响应吗？为什么？

5.4-4 $C = 20\mu F$、$u_C(0_-) = 0$ 的一阶 RC 串联电路接到 $U_S = 36V$ 的直流电压源，若接通后 10s 时电容的电压为 32V，试求电阻 R 的阻值。

5.5 一阶电路的全响应

非零初始状态的一阶电路在电源激励下的响应称作全响应。

5.5.1 一阶 RC 电路的全响应

一阶 RC 电路如图 5-22 所示，设电容 C 在 S 闭合前有电压，即 $u_C(0_-) = U_0$，S 闭合后，即为全响应暂态过程。

由前面分析可知，对于直流激励的一阶电路，零输入响应的一般表达式为 $u_C(t) = u_C(0_+)e^{-\frac{t}{\tau}}$，零状态响应的一般表达式为 $u_C(t) = u_C(\infty)(1-e^{-\frac{t}{\tau}})$，于是

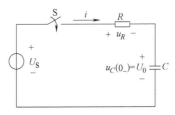

图 5-22 一阶 RC 电路的全响应

$$u_C(t) = u_C(0_+)e^{-\frac{t}{\tau}} + u_C(\infty)(1-e^{-\frac{t}{\tau}}) \tag{5-34}$$

得到全响应的一般表达式为

$$u_C(t) = u_C(\infty) + [u_C(0_+) - u_C(\infty)]e^{-\frac{t}{\tau}}$$

对于图 5-22 所示的一阶 RC 电路的全响应，由于 $u_C(0_+) = u_C(0_-) = U_0$，$u_C(\infty) = U_S$，$\tau = RC$，所以

$$u_C(t) = \underbrace{U_0 e^{-\frac{t}{RC}}}_{\text{零输入响应}} + \underbrace{U_S(1-e^{-\frac{t}{RC}})}_{\text{零状态响应}} \tag{5-35}$$

则可以发现，式（5-35）第一项正是由初始值单独激励下的零输入响应，而第二项则是外加电源单独激励时的零状态响应，这正是线性电路叠加定理的体现。所以全响应又可表示为

全响应 = 零输入响应 + 零状态响应

经整理得

$$u_C(t) = \underbrace{U_S}_{\text{稳态解}} + \underbrace{(U_0 - U_S)e^{-\frac{t}{RC}}}_{\text{暂态解}} \quad (t \geq 0_+) \tag{5-36}$$

可见，全响应的积分常数 A 与零状态响应不同。在 $t = 0_+$ 时，$u_C(0_+) = U_0$，则 $A = U_0 - U_S$。式（5-36）的第一项是电路的稳态解，即 $u_C(\infty) = U_S$ 为强制分量；第二项是电路的暂态解，$(U_0 - U_S)e^{-\frac{t}{RC}}$ 为自由分量，因此一阶电路的全响应可以看成是稳态解和暂态解的叠加，即

全响应 = 强制分量（稳态解） + 自由分量（暂态解）

5.5.2 一阶 *RL* 电路的全响应

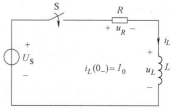

图 5-23 一阶 *RL* 电路的全响应

一阶 *RL* 全响应电路如图 5-23 所示，电感换路前的电流 $i_L(0_-) = I_0$，根据基尔霍夫电压定律（KVL）同样列出 $t \geqslant 0_+$ 关于电感电流的微分方程，即

$$L\frac{\mathrm{d}i_L}{\mathrm{d}t} + Ri_L = U_S \tag{5-37}$$

一阶 *RC* 与一阶 *RL* 是对偶电路，一阶 *RL* 电路的暂态分析可类似于一阶 *RC* 电路的暂态分析来进行。根据对偶原理，有

$$i_L(t) = i_L(\infty) + [i_L(0_+) - i_L(\infty)]\mathrm{e}^{-\frac{t}{\tau}} \tag{5-38}$$

式中，稳态值 $i_L(\infty)$，即换路后稳态时电感两端的短路电流；初始值 $i_L(0_+) = I_L(0_-) = I_0$，即换路前终了瞬间电感中的电流 $i_L(0_-)$ 值。如果换路前电路已处于稳态，$i_L(0_-)$ 就是换路前电感两端的短路电流；时间常数 $\tau = \dfrac{L}{R}$，其中 R 应是换路后电感两端除源网络的等效电阻（即戴维南等效电阻）。当 R 的单位是欧姆（Ω），L 的单位是亨利（H）时，τ 的单位是秒（s）。则式（5-38）的通解为

$$i_L(t) = \frac{U_S}{R} + \left(I_0 - \frac{U_S}{R}\right)\mathrm{e}^{-\frac{t}{\tau}} \tag{5-39}$$

式（5-39）中，等号右边 $\dfrac{U_S}{R}$ 为稳态分量，$\left(I_0 - \dfrac{U_S}{R}\right)\mathrm{e}^{-\frac{t}{\tau}}$ 为暂态分量，两者相加即为全响应 i_L。

式（5-39）经改写后得出

$$i_L(t) = I_0\mathrm{e}^{-\frac{t}{\tau}} + \frac{U_S}{R}\left(1 - \mathrm{e}^{-\frac{t}{\tau}}\right) \tag{5-40}$$

式中，等式右边第一项即为零输入响应；第二项即为零状态响应，两者相加即为全响应 i_L。

5.5.3 直流一阶电路的三要素法

扫一扫 看视频

在直流电源激励下的一阶电路中，可以不用列电路的微分方程，解微分方程求响应，而采用代数法求解一阶电路的响应，就是一阶电路的三要素法。其一般表达式为

$$f(t) = f(\infty) + [f(0_+) - f(\infty)]\mathrm{e}^{-\frac{t}{\tau}} \tag{5-41}$$

式中，$f(t)$ 是一阶线性微分方程的解，代表所求的任意电流或电压。

利用三要素法解一阶电路的暂态问题，关键是正确地求得稳态值 $f(\infty)$、初始值 $f(0_+)$ 和电路时间常数 τ 这三个要素，求解方法如下：

（1）初始值 $f(0_+)$

1）先由换路前的稳态电路求出动态元件的 $u_C(0_-)$ 或 $i_L(0_-)$，然后根据换路定则求出它们的独立初始值 $u_C(0_+) = u_C(0_-)$、$i_L(0_+) = i_L(0_-)$。

2）C 视为电压等于 $u_C(0_+) = u_C(0_-)$ 的电压源；L 视为电流等于 $i_L(0_+) = i_L(0_-)$ 的电流源；在零状态下，$u_C(0_+) = u_C(0_-) = 0$，即 C 短路，$i_L(0_+) = i_L(0_-) = 0$，即 L 断路，画出其 $t = 0_+$ 的等效电路图。

3）根据 $t = 0_+$ 的等效电路图，求出其他各响应的非独立初始值，如 $i_C(0_+)$，$u_L(0_+)$，$i_R(0_+)$，$u_R(0_+)$ 等。

（2）稳态值 $f(\infty)$

1）画出动态电路稳态时的等效电路。在这个等效电路中，电容 C 按开路处理，电感 L 按短路处理。

2）根据稳态时的等效电路应用前面所学过的电路分析方法求出各响应的稳态值。

（3）时间常数 τ

一阶 RC 电路的时间常数 $\tau = RC$；一阶 RL 电路的时间常数 $\tau = \dfrac{L}{R}$；R 是换路后从储能元件 C 或 L 两端向电路看进去的戴维南等效电阻。

【例 5-7】 图 5-24a 所示电路中，已知 $t<0$ 时原电路已稳定，$t=0$ 时合上开关 S。求 $t \geqslant 0_+$ 时的 $u_C(t)$、$i(t)$。

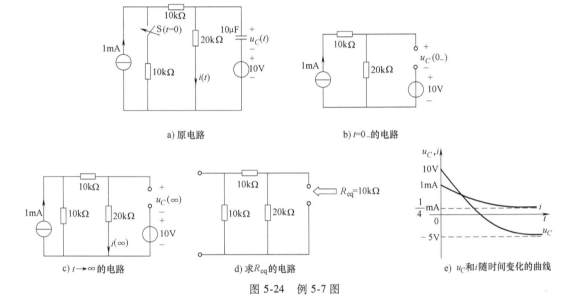

a) 原电路　　　　　　b) $t=0_-$ 的电路

c) $t \to \infty$ 的电路　　　d) 求 R_{eq} 的电路　　　e) u_C 和 i 随时间变化的曲线

图 5-24　例 5-7 图

解：（1）由换路前（$t=0_-$）电路，如图 5-24b 所示，可得
$$u_C(0_-) = 20 \times 1 - 10 = 10V$$

由换路定则得
$$u_C(0_+) = u_C(0_-) = 10V$$

（2）求稳态值 $u_C(\infty)$

由换路后的稳态（$t \to \infty$）电路，如图 5-24c 所示，可得
$$u_C(\infty) = 20 \times 10^3 \times 0.25 \times 10^{-3} - 10 = -5V$$

（3）求时间常数 τ。

电阻 R_{eq} 是换路后断开电容元件 C，从储能元件 C 两端向电路看进去的有源二端网络的等效电路，经除源后的等效电阻。如图 5-24d 所示，可得
$$R_{eq} = (10+10)//20 = 10k\Omega$$
$$\tau = R_{eq}C = 10 \times 10^3 \times 10 \times 10^{-6} = 0.1s$$

则全响应为
$$u_C(t) = u_C(\infty) + [u_C(0_+) - u_C(\infty)]e^{-\frac{t}{\tau}} = -5 + (10+5)e^{-10t} = (-5 + 15e^{-10t})V$$
$$i(t) = \frac{u_C(t) + 10}{20 \times 10^3} = (0.25 + 0.75e^{-10t})mA$$

所求电压电流波形如图 5-24e 所示。

【例 5-8】　电路如图 5-25a 所示，$t=0$ 时换路，换路前开关合在 1 的位置，电路处于稳定状态。换路后开关合在 2 的位置。试求换路后的 $i_L(t)$ 和 $i(t)$。已知：$R_1 = 1\Omega$，$R_2 = R_3 = 2\Omega$，$U_1 = U_2 = 2\text{V}$，$L = 4\text{H}$。

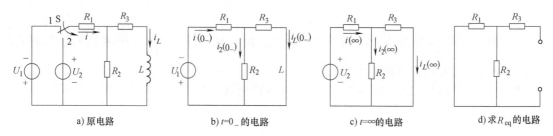

图 5-25　例 5-8 图

解： 由换路前（$t=0_-$）电路，如图 5-25b 所示，可得

$$i_L(0_-) = -\frac{U_1}{R_1 + R_2 /\!/ R_3} \times \frac{R_2}{R_2 + R_3} = -\frac{2}{1 + 2/\!/2} \times \frac{2}{2+2} = -0.5\text{A}$$

由换路定则得

$$i_L(0_+) = i_L(0_-) = -0.5\text{A}$$

由换路后的稳态电路，如图 5-25c 所示，可得

$$i(\infty) = \frac{U_2}{R_1 + R_2 /\!/ R_3} = \frac{2}{1 + 2/\!/2} = 1\text{A}$$

$$i_L(\infty) = i(\infty) \times \frac{R_2}{R_2 + R_3} = 1 \times \frac{2}{2+2} = 0.5\text{A}$$

换路后从储能元件 L 两端向电路看进去的等效电路如图 5-25d 所示，可得

$$R_{eq} = R_1 /\!/ R_2 + R_3 = 1/\!/2 + 2 = \frac{8}{3}\Omega$$

则

$$\tau = \frac{L}{R_{eq}} = \frac{4}{8/3} = 1.5\text{s}$$

应用三要素法求电感电流得

$$i_L(t) = i_L(\infty) + [i_L(0_+) - i_L(\infty)]e^{-\frac{t}{\tau}} = 0.5 + (-0.5 - 0.5)e^{-\frac{t}{1.5}} = 0.5(1 - 2e^{-\frac{t}{1.5}})\text{A}$$

$$i(t) = \frac{R_2 + R_3}{R_2} i_L(t) = (1 - 2e^{-\frac{t}{1.5}})\text{A}$$

思考与练习

5.5-1　一阶电路的零输入响应规律如何？零状态响应规律又如何？全响应的规律呢？

5.5-2　你能正确画出一阶电路 $t=0_-$ 和 $t=\infty$ 时的等效电路图吗？图中动态元件如何处理？

5.5-3　何谓一阶电路的三要素？试述其物理意义。试述三要素法中的几个重要环节应如何掌握？

5.5-4　三要素法可以计算一阶电路中各处的电压和电流。这种说法对吗？

5.6　一阶电路的阶跃响应和冲激响应

电路的激励除了直流激励和正弦激励之外，常见的还有另外两种奇异函数，即阶跃函数和冲激函数。本节将讨论这两种函数的定义、性质及作用于动态电路时引起的响应。

通过开关给动态电路突然施加一个直流源，这时此直流电压源或电流源对电路的作用可以用一个阶跃函数来描述，对应得到的响应称为阶跃响应。

5.6.1 一阶电路的阶跃响应

在动态电路的过渡过程分析中，常引用单位阶跃函数，以更加方便地描述电路的激励和响应。

1. 单位阶跃函数 $\varepsilon(t)$

单位阶跃函数用 $\varepsilon(t)$ 表示，它定义为

$$\varepsilon(t) = \begin{cases} 0 & t<0 \\ 1 & t>0 \end{cases} \tag{5-42}$$

波形如图 5-26 所示。可见它在 $(0_-, 0_+)$ 时域内发生了跃变。

2. 延迟的单位阶跃函数 $\varepsilon(t-t_0)$

若单位阶跃函数的阶跃点不在 $t=0$ 处，而在 $t=t_0$ 处，如图 5-27 所示，则称它为延迟的单位阶跃函数，用 $\varepsilon(t-t_0)$ 表示，为

$$\varepsilon(t-t_0) = \begin{cases} 0 & t<t_0 \\ 1 & t>t_0 \end{cases} \tag{5-43}$$

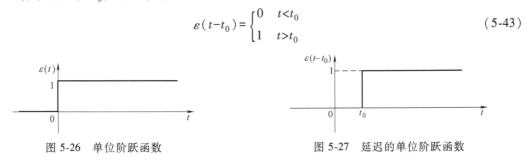

图 5-26 单位阶跃函数　　　　　　图 5-27 延迟的单位阶跃函数

3. 阶跃函数的应用

（1）阶跃函数模拟开关的动作

阶跃函数可以作为开关的数学模型，所以有时也称为开关函数。单位阶跃函数可以描述图 5-28 所示电路的开关动作。图 5-28a 所示电路表示在 $t=0$ 时把电路接到1V 的直流电压源上，则此外施电压就可写为 $\varepsilon(t)$。图 5-28b 表示在 $t=t_0$ 时把电路接到5A 的直流电流源上，则此外施电流就可写为 $5\varepsilon(t-t_0)$。

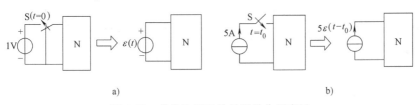

a)　　　　　　　　　　　　　　　b)

图 5-28 单位阶跃函数的开关作用表示

（2）用阶跃函数表示信号

阶跃函数的另一个重要应用是可以简洁、方便地表示某种函数。用单位阶跃函数表示复杂的信号如图 5-29 所示，矩形脉冲信号可以看成是两个延迟阶跃信号的叠加。

又如，$u_S(t) = \varepsilon(t) + \varepsilon(t-1) - 3\varepsilon(t-2) + \varepsilon(t-4)$ 可表示为图 5-30。

引入单位阶跃函数后可以将不连续的波形用一个解析式来进行表达，为复杂且不连续波形的描述带来很大的方便。

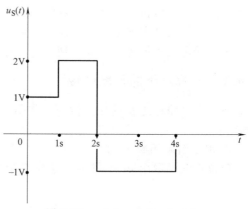

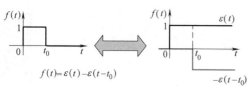

$f(t) = \varepsilon(t) - \varepsilon(t - t_0)$

图 5-29　用单位阶跃函数表示复杂的信号

图 5-30　$u_S(t) = \varepsilon(t) + \varepsilon(t-1) - 3\varepsilon(t-2) + \varepsilon(t-4)$ 的信号表示

（3）起始一个函数

单位阶跃函数还可用来"起始"任意一个函数 $f(t)$。例如，对于 $f(t)\varepsilon(t)$、$f(t)\varepsilon(t-t_0)$、$f(t-t_0)\varepsilon(t-t_0)$ 则分别具有不同的含义，如图 5-31 所示。

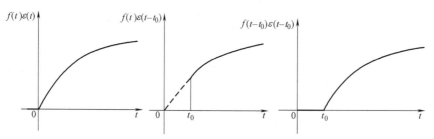

图 5-31　单位阶跃函数起始一个函数

扫一扫　看视频

4. 阶跃响应

电路对于单位阶跃函数激励的零状态响应称为单位阶跃响应，简称阶跃响应，记为 $s(t)$。若已知电路的 $s(t)$，则该电路在恒定激励 $u_S(t) = U_0\varepsilon(t)$ ［或 $i_S(t) = I_0\varepsilon(t)$］下的零状态响应为 $U_0 s(t)$ ［或 $I_0 s(t)$］。它是由外加单位阶跃激励所引起的，由于在 $t \le 0_-$ 时，外加激励恒为零，因而在 $t = 0_-$ 电路中储能元件所储存的能量全为零，所以阶跃响应是零状态响应。其计算方法与前述零状态响应的计算方法完全相同，不过为表示此响应仅适用于 $t \ge 0_+$，可在所得结果的后面乘以单位阶跃函数 $\varepsilon(t)$。实际应用中常利用阶跃函数和延迟阶跃函数对分段函数进行分解，再利用齐性定理和叠加定理进行求解。

5. 应用举例

【**例 5-9**】　求如图 5-32 所示电路的单位阶跃响应 $S_C(t)$、$S_R(t)$。

解：（1）求 $S_C(0_+)$、$S_R(0_+)$

根据换路定则：$u_C(0_+) = u_C(0_-) = 0$

由 0_+ 等效电路得

$$i_R(0_+) = \frac{1}{6} \text{A}$$

$$u_R(0_+) = \frac{1}{6} \times 6 = 1 \text{V}$$

（2）求 $S_C(\infty)$、$S_R(\infty)$

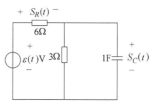

图 5-32　例 5-9 图

$$u_C(\infty) = \frac{1}{6+3} \times 3 = \frac{1}{3}\text{V} , \quad u_R(\infty) = \frac{1}{6+3} \times 6 = \frac{2}{3}\text{V}$$

（3）求时间常数 τ

电阻 R_{eq} 是换路后断开电容元件 C，从储能元件 C 两端向电路看进去的有源二端网络的等效电路，经除源后的等效电阻。如图 5-32 所示，可得

$$R_{eq} = \frac{6 \times 3}{6+3} = 2\Omega , \quad \tau = R_{eq}C = 2 \times 1 = 2\text{s}$$

则单位阶跃响应为

$$S_C(t) = u_C(\infty) + [u_C(0_+) - u_C(\infty)]e^{-\frac{t}{\tau}}$$

$$= \left[\frac{1}{3} + \left(0 - \frac{1}{3}\right)e^{-\frac{t}{\tau}}\right]\varepsilon(t) = \frac{1}{3}(1 - e^{-0.5t})\varepsilon(t)\text{V}$$

$$S_R(t) = u_R(\infty) + [u_R(0_+) - u_R(\infty)]e^{-\frac{t}{\tau}}$$

$$= \left[\frac{2}{3} + \left(1 - \frac{2}{3}\right)e^{-\frac{t}{\tau}}\right]\varepsilon(t)\text{V} = \left(\frac{2}{3} + \frac{1}{3}e^{-0.5t}\right)\varepsilon(t)\text{V}$$

5.6.2 一阶电路的冲激响应

冲激是具有无穷大的幅值而持续时间为零的信号，自然界中并不存在这种信号，但在实际电路切换过程中，可能会出现一种特殊形式的脉冲，其在极短的时间内表示为非常大的电流或电压。为了形象描述这种脉冲，引入了另一种奇异函数——单位冲激函数 $\delta(t)$。

1. 单位冲激函数 $\delta(t)$

单位冲激函数用 $\delta(t)$ 表示，它定义为

$$\delta(t) = 0 \quad \begin{cases} t \leqslant 0_- \\ t \geqslant 0_+ \end{cases} \right\}$$
$$\int_{-\infty}^{\infty} \delta(t)\,dt = 1 \qquad \Bigg\}$$

(5-44)

单位冲激函数可以看作是单位脉冲函数的极限情况。图 5-33a 为一个单位矩形脉冲函数 $p(t)$ 的波形。它的高为 $1/\Delta$，宽为 Δ，当脉冲宽度 $\Delta \to 0$ 时，可以得到一个宽度趋于零，幅度趋于无限大，而面积始终保持为 1 的脉冲，这就是单位冲激函数 $\delta(t)$，记作

$$\delta(t) = \lim_{\Delta \to 0} p(t)$$

单位冲激函数的波形如图 5-33b 所示，箭头旁注明"1"。

2. 延迟的单位冲激函数

类似地，可以把发生在 $t = t_0$ 时刻的单位冲激函数写为 $\delta(t - t_0)$，用 $K\delta(t - t_0)$ 表示强度为 K，发生在 $t = t_0$ 时刻的冲激函数，波形如图 5-33c 所示。

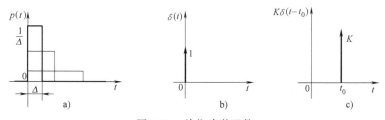

图 5-33 单位冲激函数

$$\begin{cases} \delta(t-t_0)=0 & (t \neq t_0) \\ \int_{-\infty}^{\infty} \delta(t-t_0)\,dt=1 \end{cases} \tag{5-45}$$

3. 单位冲激函数的性质

冲激函数具有如下性质：

1）单位冲激函数 $\delta(t)$ 对时间的积分等于单位阶跃函数 $\varepsilon(t)$，即

$$\int_{-\infty}^{t} \delta(\xi)\,d\xi = \varepsilon(t) \tag{5-46}$$

反之，单位阶跃函数 $\varepsilon(t)$ 对时间的一阶导数等于单位冲激函数 $\delta(t)$，即

$$\frac{d\varepsilon(t)}{dt} = \delta(t) \tag{5-47}$$

2）单位冲激函数具有"筛分性质"。对于任意一个在 $t=0$ 和 $t=t_0$ 时连续的函数 $f(t)$，都有

$$\int_{-\infty}^{\infty} f(t)\delta(t)\,dt = f(0) \tag{5-48}$$

$$\int_{-\infty}^{\infty} f(t)\delta(t-t_0)\,dt = f(t_0) \tag{5-49}$$

可见单位冲激函数有把一个函数在某一时刻"筛"出来的本领，所以称单位冲激函数具有"筛分性质"。

扫一扫　看视频

4. 一阶电路的冲激响应

（1）定义

一阶电路在单位冲激函数 $\delta(t)$ 激励下的零状态响应，称为一阶电路的单位冲激响应，记为 $h(t)$。这里零状态一般是指 $t=0_-$ 时，电路中存储的能量为零。

（2）单位冲激响应 $h(t)$ 和单位阶跃响应 $s(t)$ 之间的关系

由于单位阶跃函数 $\varepsilon(t)$ 和单位冲激函数 $\delta(t)$ 之间具有微分和积分的关系，可以证明，线性电路中单位阶跃响应 $s(t)$ 和单位冲激响应 $h(t)$ 之间也具有相似的关系：

$$h(t) = \frac{ds(t)}{dt} \tag{5-50}$$

$$s(t) = \int_{-\infty}^{t} h(\xi)\,d\xi \tag{5-51}$$

有了以上关系，就可以先求出电路的单位阶跃响应，然后将其对时间求导，便可得到所求的单位冲激响应。但是，这种关系只在零状态的条件下成立。

（3）单位冲激响应 $h(t)$ 的求解

冲激函数作用于电路时，会使电路的状态发生跳变，即 $u_C(0_+) \neq u_C(0_-)$，$i_L(0_+) \neq i_L(0_-)$。当 $t>0_+$ 后，冲激电源已为 0，但 $u_C(0_+)$ 和 $i_L(0_+)$ 不为 0，电路变为由 $u_C(0_+)$ 或 $i_L(0_+)$ 作用下的零输入响应。因此，一阶电路冲激响应的求解可分为两步：

第 1 步，确定在冲激电源作用下初始值 $u_C(0_+)$ 或 $i_L(0_+)$。

第 2 步，计算由 $u_C(0_+)$ 或 $i_L(0_+)$ 产生零输入响应。

电路的关键在于第 1 步，计算在冲激函数作用下的储能元件的初始值 $u_C(0_+)$ 或 $i_L(0_+)$。

单位冲激响应是零状态网络对单位冲激信号的响应，记为 $h(t)$。下面就以图 5-34 所示一阶 RC 电路为例加以说明。

1）求单位冲激函数 $\delta(t)$ 作用下的 $u_C(0_+)$。t 在 $0_- \to 0_+$ 间电容充电，根据 KCL，方程为

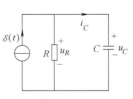

图 5-34　一阶 RC 电路的冲激响应

$$C\frac{\mathrm{d}u_C}{\mathrm{d}t}+\frac{u_C}{R}=\delta(t)$$

而 $u_C(0_-)=0$。为了求 $u_C(0_+)$ 的值，对上式两边从 0_- 到 0_+ 求积分，得

$$\int_{0_-}^{0_+}C\frac{\mathrm{d}u_C}{\mathrm{d}t}\mathrm{d}t+\int_{0_-}^{0_+}\frac{u_C}{R}\mathrm{d}t=\int_{0_-}^{0_+}\delta(t)\mathrm{d}t=1$$

注意：u_C 不是冲激函数，若 u_C 为冲激函数，则 $\mathrm{d}u_C/\mathrm{d}t$ 将为冲激函数的一阶导数，这样 KCL 方程式将不能成立，因此 u_C 只能是有限值，于是第二积分项为零，从而可得

$$C[u_C(0_+)-u_C(0_-)]=1\rightarrow u_C(0_+)=\frac{1}{C}\neq u_C(0_-)$$

故

$$u_C(0_+)=\frac{1}{C}+u_C(0_-)=\frac{1}{C}$$

注意：电容中的冲激电流使电容电压发生跃变。换路定则不成立。

2）求由 $u_C(0_+)$ 产生的零输入响应。$t>0_+$ 为零输入响应（RC 放电），于是便可得到 $t>0_+$ 时电路的单位冲激响应为

$$u_C=u_C(0_+)\mathrm{e}^{-\frac{t}{RC}}=\frac{1}{C}\mathrm{e}^{-\frac{t}{RC}}$$

式中，RC 为给定电路的时间常数。

利用阶跃函数将该冲激响应写作

$$u_C=\frac{1}{C}\mathrm{e}^{-\frac{t}{RC}}\varepsilon(t)$$

由此可进一步求出电容电流：

$$i_C=C\frac{\mathrm{d}u_C}{\mathrm{d}t}=\mathrm{e}^{-\frac{t}{RC}}\delta(t)-\frac{1}{RC}\mathrm{e}^{-\frac{t}{RC}}\varepsilon(t)=\delta(t)-\frac{1}{RC}\mathrm{e}^{-\frac{t}{RC}}\varepsilon(t)$$

图 5-35 画出了 u_C 和 i_C 的变化曲线。其中电容电流在 $t=0$ 时有一冲激电流，正是该电流使电容电压在此瞬间由零跃变到 $1/C$。

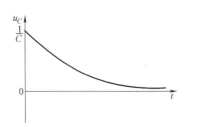 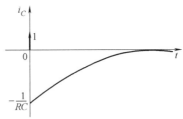

图 5-35　u_C 和 i_C 的变化曲线

同理，根据对偶原理，图 5-36 所示 RL 电路的冲激响应电路 i_L 为

$$i_L=\frac{1}{L}\mathrm{e}^{-\frac{R}{L}t}\varepsilon(t)$$

由以上分析可见，电路的输入为冲激函数时，电容电压和电感电流会发生跃变。一般可先利用 KCL、KVL 求出电容电压或电感电流的跃变值，然后再进一步分析电路的动态过程。

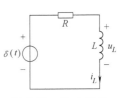

图 5-36　RL 电路的冲激响应

【例 5-10】　求图 5-37a 所示电路中的单位冲激响应 $h_C(t)$。

解：当 $\varepsilon(t)$ 作用于电路时，其响应为单位阶跃响应，通过单位阶跃响应求单位冲激响应：

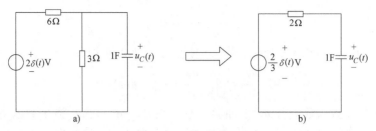

图 5-37　例 5-10 图

$$u_C(0_+)=0,\ u_C(\infty)=\frac{2}{6+3}\times 3=\frac{2}{3}\mathrm{V},\ R_{\mathrm{eq}}=\frac{6\times 3}{6+3}=2\Omega,\ \tau=R_{\mathrm{eq}}C=2\times 1=2\mathrm{s}$$

$$u_C(t)=u_C(\infty)+[u_C(0_+)-u_C(\infty)]\mathrm{e}^{-\frac{t}{\tau}}=\left[\frac{2}{3}+\left(0-\frac{2}{3}\right)\mathrm{e}^{-\frac{t}{\tau}}\right]\varepsilon(t)=\frac{2}{3}(1-\mathrm{e}^{-\frac{t}{2}})\varepsilon(t)\mathrm{V}$$

单位阶跃响应为

$$S_C(t)=\frac{1}{3}(1-\mathrm{e}^{-\frac{t}{2}})\varepsilon(t)\mathrm{V}$$

则单位冲激响应为

$$h_C(t)=\frac{\mathrm{d}s_C(t)}{\mathrm{d}t}=\frac{1}{6}\mathrm{e}^{-\frac{t}{2}}\varepsilon(t)+\frac{1}{3}(1-\mathrm{e}^{-\frac{t}{2}})\delta(t)=\frac{1}{6}\mathrm{e}^{-\frac{t}{2}}\varepsilon(t)+0=\frac{1}{6}\mathrm{e}^{-\frac{t}{2}}\varepsilon(t)\mathrm{V}$$

注意：当求冲激响应时，主要的变化在 $t=0$ 时刻。在暂态分析中，尤其是开关动作，主要关心的是换路后的情况，因此，更全面的分析，时间区间应该是（$-\infty$，$+\infty$）。

思考与练习

5.6-1　单位阶跃函数 $\varepsilon(t-t_0)$ 的波形如何？$\varepsilon(t-t_0)=-\varepsilon(t_0-t)$ 对吗？

5.6-2　阶跃响应为什么在零状态条件下定义？

5.6-3　如何确定电路在冲激函数作用下的 $u_C(0_+)$ 和 $i_L(0_+)$？是否能用换路定则？

5.6-4　试求一阶 RC 串联电路在单位冲激电压源作用下电容电压和电流的冲激响应。

5.7　应用案例

汽车点火电路如图 5-38a 所示。电感阻止其电流快速变化的特性可用于电弧或火花发生器中，汽车点火电路就利用了这一特性。点火线圈为一个电感器，火花塞是一对间隔一定的空气隙电极，当开关动作时，瞬变电流在点火线圈上产生高压，这一高压在火花塞处产生火花并点燃气缸中的汽油混合物，从而发动汽车。图 5-38b 所示为汽车点火电路的电路模型，点火线圈 $L=4\mathrm{mH}$，其电阻 $R=6\Omega$，火花塞等效为一个 $R_L=20\mathrm{k}\Omega$ 的电阻，12V 电池是汽车点火电路的电

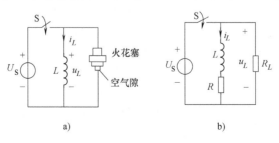

图 5-38　汽车点火电路

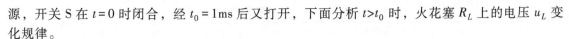

源，开关 S 在 $t=0$ 时闭合，经 $t_0 = 1\text{ms}$ 后又打开，下面分析 $t>t_0$ 时，火花塞 R_L 上的电压 u_L 变化规律。

当开关 S 在 $t=0$ 闭合时，时间常数 $\tau_0 = \dfrac{L}{R} = \dfrac{4\times 10^{-3}}{6} = \dfrac{2}{3}\text{ms}$

在 $t_0 = 1\text{ms}$ 时，$i_L(t_{0_-}) = \dfrac{U_S}{R}(1-\text{e}^{-\frac{t_0}{\tau_0}}) = 2(1-\text{e}^{-\frac{3}{2}}) \approx 1.6\text{A}$

在 $t_0 = 1\text{ms}$ 时开关 S 又打开，此时 $i_L(t_{0_+}) = i_L(t_{0_-}) \approx 1.6\text{A}$

$$u_L(t_{0_+}) = -R_L i_L(t_{0_+}) = -32\text{kV}, u_L(\infty) = 0$$

$$\tau_1 = \frac{L}{R+R_L} = \frac{4\times 10^{-3}}{6 + 20\times 10^3} \approx 2\times 10^{-7}\text{s}$$

由三要素公式，得 $u_L(t) = -32\text{e}^{-5\times 10^6(t-t_0)}\ \text{kV}$，$t \geqslant t_0$。

可见，火花塞上的最高电压可以达到 32kV，该电压足以使火花塞点火。开关的闭合和打开可以采用脉冲宽度为 1ms 的脉冲电子开关控制。

本 章 小 结

1. 电容元件和电感元件

线性电容元件的定义是 $q(t) = Cu(t)$，单位是法拉（F）；伏安关系为

$$i_C = C\frac{\text{d}u_C}{\text{d}t} \quad \text{或} \quad u_C = u_C(0) + \frac{1}{C}\int_0^t i_C(\xi)\,\text{d}\xi$$

能量为 $W_C(t) = \dfrac{1}{2}Cu_C^2(t) - \dfrac{1}{2}Cu_C^2(-\infty)$

线性电感元件的定义是 $\Psi(t) = Li(t)$，电感的单位是亨利（H）；伏安关系为

$$u_L = L\frac{\text{d}i_L}{\text{d}t} \quad \text{或} \quad i_L = i_L(0) + \frac{1}{L}\int_0^t u_L(\xi)\,\text{d}\xi$$

能量为 $W_L(t) = \dfrac{1}{2}L[i_L^2(t) - i_L^2(-\infty)]$

电容元件和电感元件的伏安关系是微分或积分关系，具有记忆功能，因而电容和电感叫作动态元件，含有动态元件 L、C 的电路是动态电路。在动态电路中，由一个稳定状态转换到另一个稳定状态时，一般不能立即完成，需要有一个过渡过程。

2. 动态电路的方程及其初始条件

对于一阶线性电路，电路中的电压和电流响应都可以写成下面的一般表达式：

$$f(t) = f(\infty) + [f(0_+) - f(\infty)]\text{e}^{-\frac{t}{\tau}}$$

式中，$f(t)$ 代表所求的电流或电压。由此可见，只要求出式中的 3 个量值，就可以得到所求函数的全解，而不必列出微分方程。这 3 个量值就是初始值 $f(0_+)$、稳态值 $f(\infty)$、时间常数 τ。这就是分析一阶线性电路暂态过程的三要素法。三要素法是通过经典法推导得出的一个表示指数曲线的公式，它避开了解微分方程的麻烦，可以完全快速、准确地解决一阶电路问题。

换路定则是指：如果电容电流为有限值，电容电压不能越跃变；如果电感电压为有限值，则电感电流不能跃变，即

$$u_C(0_+) = u_C(0_-), \quad i_L(0_+) = i_L(0_-)$$

换路定则与电压和电流初始值的确定见表 5-2。

表5-2 换路定则与电压和电流初始值的确定

	一阶线性 RC 电路	一阶线性 RL 电路
换路	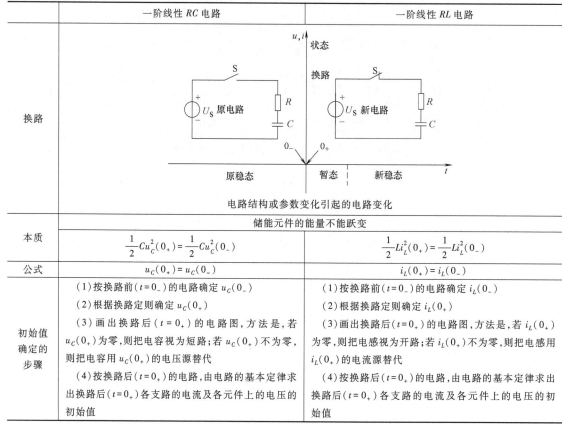 电路结构或参数变化引起的电路变化	
本质	储能元件的能量不能跃变	
	$\frac{1}{2}Cu_C^2(0_+) = \frac{1}{2}Cu_C^2(0_-)$	$\frac{1}{2}Li_L^2(0_+) = \frac{1}{2}Li_L^2(0_-)$
公式	$u_C(0_+) = u_C(0_-)$	$i_L(0_+) = i_L(0_-)$
初始值确定的步骤	(1)按换路前($t=0_-$)的电路确定 $u_C(0_-)$ (2)根据换路定则确定 $u_C(0_+)$ (3)画出换路后($t=0_+$)的电路图,方法是,若 $u_C(0_+)$ 为零,则把电容视为短路;若 $u_C(0_+)$ 不为零,则把电容用 $u_C(0_+)$ 的电压源替代 (4)按换路后($t=0_+$)的电路,由电路的基本定律求出换路后($t=0_+$)各支路的电流及各元件上的电压的初始值	(1)按换路前($t=0_-$)的电路确定 $i_L(0_-)$ (2)根据换路定则确定 $i_L(0_+)$ (3)画出换路后($t=0_+$)的电路图,方法是,若 $i_L(0_+)$ 为零,则把电感视为开路;若 $i_L(0_+)$ 不为零,则把电感用 $i_L(0_+)$ 的电流源替代 (4)按换路后($t=0_+$)的电路,由电路的基本定律求出换路后($t=0_+$)各支路的电流及各元件上的电压的初始值

3. 一阶线性电路响应

1)零输入响应是指无电源激励,输入信号为零,仅由初始储能引起的响应,其实质是动态元件放电的过程,即 $f(t)=f(0_+)e^{-\frac{t}{\tau}}$。

2)零状态响应是指换路前初始储能为零,仅由外加激励引起的响应,其实质是电源给动态元件充电的过程,即 $f(t)=f(\infty)(1-e^{-\frac{t}{\tau}})$。

3)全响应是指电源激励和初始储能共同作用的结果,其实质是零输入响应和零状态响应的叠加。

$$f(t) = \underbrace{f(0_+)e^{-\frac{t}{\tau}}}_{\text{零输入响应}} + \underbrace{f(\infty)(1-e^{-\frac{t}{\tau}})}_{\text{零状态响应}}$$

一阶线性 RC、RL 电路零输入响应、零状态响应、全响应及三要素法见表5-3。

表5-3 一阶线性 RC、RL 电路零输入响应、零状态响应、全响应及三要素法

		一阶线性 RC 电路	一阶线性 RL 电路
一阶电路零输入响应	定义	电路在换路后($t \geqslant 0$)无电源激励,输入信号为零:$f(t)=f(0_+)e^{-\frac{t}{\tau}}$	
	典型电路		

（续）

		一阶线性 RC 电路	一阶线性 RL 电路
一阶电路零输入响应	公式	$u_C(t)=u_C(0_+)\mathrm{e}^{-\frac{t}{\tau}}=U_\mathrm{S}\mathrm{e}^{-\frac{t}{\tau}}\quad \tau=RC$ $i=\frac{U_\mathrm{S}}{R}\mathrm{e}^{-\frac{t}{\tau}}\qquad u_R(t)=U_\mathrm{S}\mathrm{e}^{-\frac{t}{\tau}}$	$i_L=i_L(0_+)\mathrm{e}^{-\frac{t}{\tau}}=\frac{U_\mathrm{S}}{R}\mathrm{e}^{-\frac{t}{\tau}}\quad \tau=\frac{L}{R}$ $u_L(t)=-U_\mathrm{S}\mathrm{e}^{-\frac{t}{\tau}}\quad u_R(t)=U_\mathrm{S}\mathrm{e}^{-\frac{t}{\tau}}$
	变量随时间的变化曲线	 τ_C 越小,过渡过程(放电)进行得就越快	 τ_L 越小,过渡过程(放磁)进行得就越快
一阶电路零状态响应	定义	电路在换路后($t\geqslant 0$)电路在零初始状态下(动态元件初始储能为零)由外施激励引起的响应:$f(t)=f(\infty)(1-\mathrm{e}^{-\frac{t}{\tau}})$	
	典型电路		
	公式	$u_C(t)=u_C(\infty)(1-\mathrm{e}^{-\frac{t}{\tau}})=U_\mathrm{S}(1-\mathrm{e}^{-\frac{t}{RC}})$ $i(t)=C\frac{\mathrm{d}u_C}{\mathrm{d}t}=\frac{U_\mathrm{S}}{R}\mathrm{e}^{-\frac{t}{RC}}$ $u_R(t)=iR=U_\mathrm{S}\mathrm{e}^{-\frac{t}{RC}}$	$i(t)=i(\infty)(1-\mathrm{e}^{-\frac{t}{\tau}})=\frac{U_\mathrm{S}}{R}(1-\mathrm{e}^{-\frac{t}{\tau}})$ $u_R(t)=Ri(t)=U_\mathrm{S}(1-\mathrm{e}^{-\frac{t}{\tau}})$ $u_L(t)=L\frac{\mathrm{d}i(t)}{\mathrm{d}t}=U_\mathrm{S}\mathrm{e}^{-\frac{t}{\tau}}$
	变量随时间的变化曲线	 τ_C 越小,过渡过程(充电)进行得就越快	 τ_L 越小,过渡过程(充磁)进行得就越快
一阶电路全响应	定义	当一个非零初始状态的一阶电路受到激励时:$f(t)=\underset{零输入响应}{\underbrace{f(0_+)\mathrm{e}^{-\frac{t}{\tau}}}}+\underset{零状态响应}{\underbrace{f(\infty)(1-\mathrm{e}^{-\frac{t}{\tau}})}}$	
	三要素法	$f(t)=f(\infty)+[f(0_+)-f(\infty)]\mathrm{e}^{-\frac{t}{\tau}}$ $f(0_+)$、$f(\infty)$ 和 τ 分别为初始值、稳态值和时间常数 $u_C(t)=u_C(\infty)+[u_C(0_+)-u_C(\infty)]\mathrm{e}^{-\frac{t}{\tau}}$ $\tau=RC$	$i_L(t)=i_L(\infty)+[i_L(0_+)-i_L(\infty)]\mathrm{e}^{-\frac{t}{\tau}}$ $\tau=\frac{L}{R}$

4. 单位阶跃响应和单位冲激响应

零状态网络对单位阶跃函数的响应，叫作单位阶跃响应，用 $s(t)$ 表示。零状态网络对单位冲激信号的响应，叫作单位冲激响应用 $h(t)$ 表示。

$$h(t) = \frac{\mathrm{d}s(t)}{\mathrm{d}t}$$

$$s(t) = \int_{-\infty}^{t} h(\xi)\,\mathrm{d}\xi$$

参考答案

能力检测题

一、选择题

1. 能量转换过程不可逆的理想电路元件是（　　）。

（A）电阻元件　　　　（B）电感元件　　　　（C）电容元件　　　　（D）受控源

2. 动态元件的初始储能在电路中产生的零输入响应中（　　）。

（A）仅有稳态分量　　　　　　　　（B）仅有暂态分量

（C）既有稳态分量，又有暂态分量　　（D）无法确定

3. 在换路瞬间，下列说法中正确的是（　　）。

（A）电感电流不能跃变　　　　　　（B）电感电压必然跃变

（C）电容电流必然跃变　　　　　　（D）无法确定

4. 工程上认为 $R = 25\Omega$、$L = 50\mathrm{mH}$ 的串联电路中发生暂态过程时将持续（　　）。

（A）30～50ms　　　（B）37.5～62.5ms　　　（C）6～10ms　　　（D）8～20ms

5. 换路定则的本质是遵循（　　）。

（A）电荷守恒　　　（B）电压守恒　　　（C）电流守恒　　　（D）能量守恒

二、判断题

1. 换路定则指出：电感两端的电压是不能发生跃变的，只能连续变化。（　　）

2. 换路定则指出：电容两端的电压是不能发生跃变的，只能连续变化。（　　）

3. 单位阶跃函数除了在 $t = 0$ 处不连续，其余都是连续的。（　　）

4. 一阶电路的全响应，等于其稳态分量和暂态分量之和。（　　）

5. 一阶电路中所有的初始值，都要根据换路定则进行求解。（　　）

6. 一阶电路的全响应可以看成是零状态响应和零输入响应的叠加。（　　）

7. 电容元件是储能元件，它本身不消耗能量。（　　）

8. 阶跃函数又称为开关函数。（　　）

9. 在任何情况下，电路中的电容相当于开路，电感相当于短路。（　　）

10. 三要素法可以计算一阶电路中各处的电压和电流。（　　）

三、填空题

1. 在直流稳态电路中，电容相当于（　　），电感相当于（　　），而在换路瞬间，无储能电容相当于（　　），无储能电感相当于（　　）。

2. 某一阶电路的单位阶跃响应 $s(t) = (1 - \mathrm{e}^{-3t})\varepsilon(t)$，则单位冲激响应为（　　）。

3. 一阶电路的时间常数 τ 越大，过渡过程进展得就越（　　），暂态持续的时间就越（　　）。

4. 一阶电路全响应的三要素是指待求响应的（　　）、（　　）和（　　）。

5. 工程上一般认为一阶电路换路后，经过（　　）时间过渡过程即告结束。

6. 含有动态元件的电路中，当电路的接通、断开、接线的改变或是电路参数、电源的突然变化等，统称为（　　）。

7. 在电路发生换路后的一瞬间，电感元件的（　　）和电容元件的（　　）都应保持换路前一瞬间的原有值不变，此规律称（　　）定则。

8. 仅在动态元件原始能量的作用下所引起的电路响应称为（　　）响应；当动态元件的原始能量为零，仅在外激励作用下引起的电路响应称为（　　）响应；动态元件既存在原始能量，又有外输入激励时在电路中引起的响应称为（　　）。

9. RL 一阶电路的时间常数 $\tau =$ (   )，RC 一阶电路的时间常数 $\tau =$ (   )，在过渡过程中，时间常数 τ 的数值越大，过渡过程所经历的时间 (   )。

10. 冲激函数有把一个函数在某一时刻的值"筛"出来的本领，这一性质称为 (   )。

四、计算题

1. 电路如图 5-39 所示，在开关闭合前，电路已处于稳定。当 $t = 0$ 时开关 S 闭合，求初始值 $i_1(0_+)$、$i_2(0_+)$ 和 $i_C(0_+)$。

2. 电路如图 5-40 所示，在 $t < 0$ 时电路已经处于稳定状态，$t = 0$ 时开关 S 由 1 扳向 2，求初始值 $i_1(0_+)$、$i_2(0_+)$ 和 $u_L(0_+)$。

3. 电路如图 5-41 所示，在 $t < 0$ 时电路已处于稳定状态，$t = 0$ 时开关 S 由 1 扳向 2，求初始值 $i_2(0_+)$、$i_C(0_+)$。

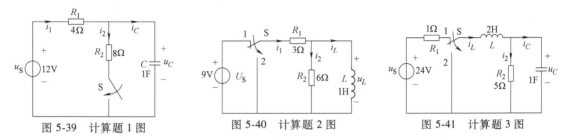

图 5-39　计算题 1 图　　　　图 5-40　计算题 2 图　　　　图 5-41　计算题 3 图

4. 电路如图 5-42 所示，开关 S 原来在 1 位置，电路已稳定，$t = 0$ 时，S 换为 2 位置，求 $u_C(t)$ 及 $i_C(t)$。

5. 在图 5-43 所示电路中，$t = 0$ 时刻开关 S 断开，换路前电路已处于稳态，求 $t \geqslant 0$ 时的电感电流 $i_L(t)$。

图 5-42　计算题 4 图　　　　　　　图 5-43　计算题 5 图

6. 在图 5-44 所示电路中，换路前已达稳态，在 $t = 0$ 时开关 S 接通，求 $t > 0$ 时的 $i_L(t)$。

7. 电路如图 5-45 所示，换路前已达稳态，求换路后的 $i_L(t)$。

8. 电路如图 5-46 所示，$t < 0$ 时电路处于稳定，$t = 0$ 时开关 S 打开。求 $t > 0$ 时的电流 i_L 和电压 u_R、u_L。

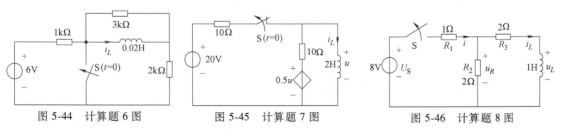

图 5-44　计算题 6 图　　　　图 5-45　计算题 7 图　　　　图 5-46　计算题 8 图

9. 在图 5-47 中，$t = 0$ 时开关 S 闭合，已知 $u_C(0_-) = 0$，求

（1）电容电压和电流；

（2）$u_C = 80V$ 时的充电时间 t。

10. 电路如图 5-48 所示，换路前已达稳态，求换路后的 i 和 u。

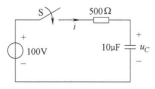
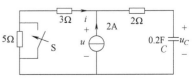

图 5-47　计算题 9 图　　　　　　　图 5-48　计算题 10 图

11. 图 5-49 所示电路中，$t=0$ 时将 S 合上，求 $t \geq 0$ 时的 i_1、i_L、u_L。

12. 图 5-50 所示电路中，在 $t<0$ 时，开关 S 位于"1"，电路已达到稳定状态，在 $t=0$ 时，开关由"1"闭合到"2"，求 $t \geq 0$ 时的电感电流 i_L、电感电压 u_L 以及 i_1 和 i_2。

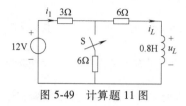

图 5-49　计算题 11 图

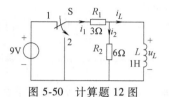

图 5-50　计算题 12 图

13. 图 5-51 所示电路中，开关 S 闭合时电路已处于稳态，设 $t=0$ 时将 S 断开，试用三要素法求 $u_C(t)$，并画出其变化曲线。

14. 电路如图 5-52 所示。

（1）若 $U_S=18\text{V}$，$u_C(0)=-6\text{V}$，求零输入响应分量 $u_{Ci}(t)$，零状态响应分量 $u_{C0}(t)$，全响应 $u_C(t)$；

（2）若 $U_S=18\text{V}$，$u_C(0)=-12\text{V}$，求全响应 $u_C(t)$；

（3）若 $U_S=36\text{V}$，$u_C(0)=-6\text{V}$，求全响应 $u_C(t)$。

图 5-51　计算题 13 图

15. 在图 5-53 所示电路中，$t=0$ 时刻开关闭合，换路前电路已处于稳态，试求 $t \geq 0$ 时的电流 i。

16. 在图 5-54 所示电路中，$u_C(0_-)=0$，$t=0$ 时开关 S 投向位置 1，$t=\tau$ 时开关 S 又投向位置 2，求 $t \geq 0$ 时的 i_C、u_R。

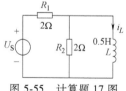

图 5-52　计算题 14 图

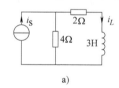

图 5-53　计算题 15 图

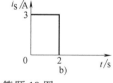

图 5-54　计算题 16 图

17. 图 5-55 所示电路，若以电流 i_L 为输出，求其阶跃响应。

18. 图 5-56a 所示电路，其激励 i_S 的波形如图 5-56b 所示，若以 i_L 为输出，求其零状态响应。

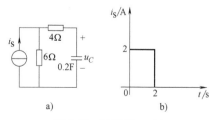

图 5-55　计算题 17 图

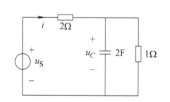

图 5-56　计算题 18 图

19. 图 5-57a 所示电路，其激励 i_S 的波形如图 5-57b 所示，若以 u_C 为输出，求其零状态响应。

20. 求图 5-58 所示电路的单位阶跃响应 i。

21. 试求图 5-59 所示电路中 i_L 及 u_L 的冲激响应。已知 $R_1=600\Omega$，$R_2=400\Omega$，$L=100\text{mH}$。

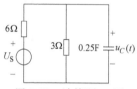

图 5-57　计算题 19 图

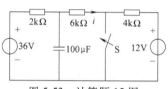

图 5-58　计算题 20 图

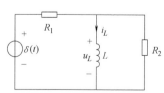

图 5-59　计算题 21 图

第 6 章

相量法

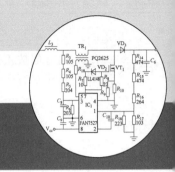

知识图谱（★表示重点，△表示难点）

$$
相量法
\begin{cases}
6.1\ 正弦量（△，★）\begin{cases}正弦量的三要素：振幅、角频率、初相位 \\ 正弦量的有效值：U、I \\ 正弦量的相位差：\varphi = \psi_u - \psi_i\end{cases} \\
6.2\ 正弦量的相量表示法\begin{cases}复数表示法：F = a+jb = |F|(\cos\varphi + j\sin\varphi) = |F|e^{j\varphi} = |F|\angle\varphi \\ 相量表示法：\dot{U} = U\angle\psi_u\quad \dot{I} = I\angle\psi_i \\ 正弦量运算的相量形式\end{cases} \\
6.3\ 电路定律的相量形式（△，★）\begin{cases}基尔霍夫定律的相量形式：\sum\dot{I}=0\quad \sum\dot{U}=0 \\ 电路中基本元件的相量形式\begin{cases}R：\dot{U}=R\dot{I}：电压与电流同相 \\ L：\dot{U}=j\omega L\dot{I}：电压超前电流90° \\ C：\dot{U}=\dfrac{1}{j\omega C}\dot{I}：电压滞后电流90°\end{cases}\end{cases} \\
6.4\ 应用案例——荧光灯照明电路
\end{cases}
$$

本章首先介绍正弦交流电的基本概念和正弦量的相量表示，引入相量分析法，然后重点讨论元件伏安关系（VCR）与电路基本定律（KCL、KVL）的相量形式。

学习目标

1. 知识目标

熟练掌握元件伏安关系（VCR）与电路基本定律（KCL、KVL）的相量形式并能灵活运用。

2. 能力目标

理解相量图的绘制依据，掌握相量图的绘制方法；锻炼利用相量图方法辅助分析问题的能力。

3. 素质目标

本章是电路分析的一个巨大突破，将时域的正弦量对应到复数形式的相量，将正弦量几乎不可能完成的复杂三角运算转化为简单的复数相量代数运算。如果一直局限于时域范围，正弦稳态电路的微分求解将会非常困难，相量法的提出正是他山之石，可以攻玉。由于拓宽了视野，转变了思路，才进入频域领域，最终使得难题迎刃而解。生活中若遇到复杂难解的问题时，不妨试试打破固有视野及局限，换个角度，转换思路，另辟蹊径也不失为解决问题的一个好方法，很有可能原来无法克服的困难就能轻而易举地解决了。我们一生中都要不断学习，目的就是增长见识，锻炼本领，建立用数学思维模式来描述和解决工程问题的工程意识，将学习的知识体系、道理、方法做到前后贯通，立体关联，解决所遇到的各种问题。

6.1 正弦量

6.1.1 正弦交流电路

在线性电路中，如果全部激励都是同一频率的正弦函数，则电路中全部稳态响应也是同一频率的正弦函数，这类电路叫正弦交流电路。我国电力系统中交流发电机所产生的电动势随时间近似按正弦规律变化，电力系统近似为正弦交流电路。因此，研究正弦交流电路是非常有必要的。

6.1.2　正弦量及其三要素

1. 正弦量

凡是随时间按正弦规律变化的电压和电流统称为正弦量。正弦量的数学描述可以使用 sin 函数或 cos 函数，本书统一采用 cos 函数。以正弦电流 i 为例，正弦量在任一瞬时的值称为瞬时值，瞬时值表达式为

$$i = I_{m} \cos(\omega t + \psi_i) \tag{6-1}$$

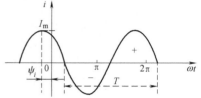

随时间按正弦规律变化的波形图如图 6-1 所示。正半波表示电流的实际方向与参考方向一致；负半波表示电流的实际方向与参考方向相反。该波形也可通过示波器观察到。

图 6-1　正弦电流的波形

由式（6-1）可知，正弦量含有 3 个量：振幅 I_m（也称最大值、幅值），角频率 ω，初相位 ψ_i。只要知道这 3 个量，正弦量便被唯一确定，故将它们称为正弦量的三要素。正弦量的三要素是正弦量之间进行比较和区别的依据。

2. 正弦量的三要素

（1）振幅

正弦量的瞬时值中最大的值反映了正弦量振荡的正向最高点，称为振幅、最大值（或幅值），用带有下标"m"的大写字母表示，如 I_m、U_m，反映了正弦量变化的大小。

（2）角频率

正弦量是周期函数，其重复交变一次所需的时间称为周期，用 T 表示，单位为秒（s）。正弦量每秒变化的次数称为频率，用 f 表示，单位为赫兹（Hz）。

$$f = \frac{1}{T} \tag{6-2}$$

我国电力系统的频率是 50Hz，作为电力标准频率，习惯上称为工频。美国和日本采用频率 60Hz。

正弦量每秒变化的弧度称为角频率，用 ω 表示，单位为弧度/秒（rad/s）。由于正弦量每变化一周所经历的角弧度是 2π，因此 ω 与 T 或 f 的关系是

$$\omega = \frac{2\pi}{T} = 2\pi f \tag{6-3}$$

ω 与 T 或 f 都是用来描述正弦量变化快慢的物理量，是同一概念的不同表示方式。

（3）初相位

用相位、初相位、相位差描述正弦量变化的进程。$\omega t + \psi_i$ 是正弦量随时间 t 变化的角度，称为正弦量的相位角，简称相位。当 $t = 0$ 时，相位角 $\omega t + \psi_i$ 等于 ψ_i，即为初相位或初相，它决定了正弦量的初始值。ψ_i 为正弦电流值中最靠近坐标原点的正最大值点与坐标原点之间的角度值。规定 $|\psi_i| \leqslant \pi$。如果最靠近坐标原点的正最大值点发生在坐标原点之前，则 $\psi_i > 0$；如果此最大值发生在坐标原点之后，则 $\psi_i < 0$。

两个同频正弦量 $u(t) = U_m \cos(\omega t + \psi_u)$ 和 $i(t) = I_m \cos(\omega t + \psi_i)$ 的相位差等于初相位之差，用符号 φ 表示，主值范围为 $|\varphi| \leqslant \pi$。注意：不同频率的正弦量之间是没有相位差的概念的。

$$\varphi = (\omega t + \psi_u) - (\omega t + \psi_i) = \psi_u - \psi_i$$

1）当 $\varphi = \psi_u - \psi_i > 0$ 时，称 u 超前 i（或 i 滞后 u），如图 6-2a 所示。

2）当 $\varphi = \psi_u - \psi_i = 0$ 时，$\psi_u = \psi_i$，则称 u、i 同相，如图 6-2b 所示。

3）当 $\varphi = \psi_u - \psi_i = \pm\dfrac{\pi}{2}$ 时，则称 u 和 i 正交，如图 6-2c 所示。

4）当 $\varphi = \psi_u - \psi_i = \pm\pi$ 时，则称 u 和 i 反相，如图 6-2d 所示。

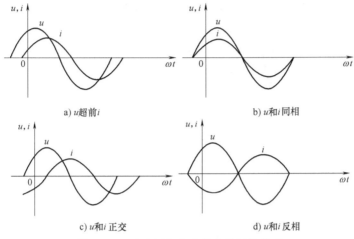

图 6-2　正弦电压与电流的几种相位关系

【例 6-1】　已知一正弦电流 i 的 $I_m = 10\text{A}$，$f = 50\text{Hz}$，$\psi_i = 60°$，求电流 i 的瞬时值表达式。

解：　$\omega = 2\pi f = 2 \times 3.14 \times 50 = 314\text{rad/s}$，所以 $i = 10\cos(314t + 60°)\text{A}$

3. 正弦量的有效值

任意周期性电流、电压的瞬时值是随时间变化的，而最大值只是特定瞬间的数值，不能正确反映做功能力，因此引入有效值的概念。

正弦量的有效值等于与其热效应相同的直流电的数值。交流电有效值的概念是从能量角度进行定义的。周期电流 i 通过一个电阻在一个周期消耗的电能等于直流电流 I 通过此电阻在相同时间消耗的电能，则称此直流电流 I 为交流电流 i 的有效值。

$$\int_0^T i^2 R\,\mathrm{d}t = I^2 RT$$

由此可得正弦电流 i 的有效值 I 为

$$I = \sqrt{\frac{1}{T}\int_0^T i^2(t)\,\mathrm{d}t} \tag{6-4}$$

式（6-4）表明，正弦电流 i 的有效值等于它的瞬时值的二次方在一个周期内积分的平均值再取二次方根。因此有效值又称为方均根值。所得的结论完全适用于其他周期量，如电压等。

把 $i = I_m\cos(\omega t + \psi_i)$ 代入式（6-4）中，可得正弦电流 i 的有效值 I 与其最大值 I_m 关系为

$$I = \frac{I_m}{\sqrt{2}} \tag{6-5}$$

同理可得

$$U = \frac{U_m}{\sqrt{2}} \tag{6-6}$$

因此，正弦量的有效值可以代替最大值作为它的一个要素。正弦量的有效值为其振幅的 $\dfrac{1}{\sqrt{2}}$

倍，与正弦量的频率和初相位无关。根据这一关系常将正弦量 i、u 改写成如下的形式：

$$i(t) = I_\mathrm{m}\cos(\omega t + \psi_i) = \sqrt{2}\,I\cos(\omega t + \psi_i) \tag{6-7}$$

$$u(t) = U_\mathrm{m}\cos(\omega t + \psi_u) = \sqrt{2}\,U\cos(\omega t + \psi_u) \tag{6-8}$$

通常工程上所说的正弦交流电的电流、电压的值，不作特殊说明的都是有效值。例如，市电电压是 220V，是指其有效值为 220V。交流电气设备铭牌上所标明的额定值，交流电表的读数均指有效值。各种电气设备的绝缘耐压值是按最大值来考虑的。

【**例 6-2**】 已知正弦电流 $i = 20\cos(314t + 60°)$ A，电压 $u = 10\sqrt{2}\sin(314t - 30°)$ V，如图 6-3 所示。试分别求它们的有效值、频率及相位差。

解： 电压 u 可改写为

$$u = 10\sqrt{2}\sin(314t - 30°) = 10\sqrt{2}\cos(314t - 120°)\ \mathrm{V}$$

i、u 波形图如图 6-3 所示。其有效值为

$$I = \frac{20}{\sqrt{2}} = 14.142\mathrm{A}$$

$$U = 10\mathrm{V}$$

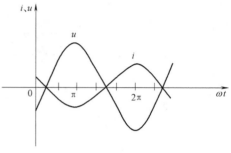

图 6-3　例 6-2 图

i、u 的频率为

$$f = \frac{\omega}{2\pi} = \frac{314}{2 \times 3.14} = 50\mathrm{Hz}$$

u、i 的相位差为

$$\varphi = \psi_u - \psi_i = -120° - 60° = -180°$$

【**例 6-3**】 已知正弦电压 $u = 311\cos(314t + 60°)$ V，试求：（1）角频率 ω、频率 f、周期 T、最大值 U_m 和初相位 ψ_u；（2）在 $t = 0$ 和 $t = 0.001\mathrm{s}$ 时，电压的瞬时值；（3）用交流电压表去测量电压时，电压表的读数应为多少？

解：（1）$\omega = 314\mathrm{rad/s}$，$f = \dfrac{\omega}{2\pi} = 50\mathrm{Hz}$，$T = \dfrac{1}{f} = 0.02\mathrm{s}$，$U_\mathrm{m} = 311\mathrm{V}$，$\psi_u = 60°$

（2）$t = 0$ 时，$u = 311\cos 60° = 155.5\mathrm{V}$

$$t = 0.001\mathrm{s}\ \text{时}，\ u = 311\cos\left(100\pi \times 0.001 + \frac{\pi}{3}\right) = 311\cos 78° \approx 64.66\mathrm{V}$$

（3）用交流电压表去测量电压时，电压表的读数应为有效值，即

$$U = \frac{U_\mathrm{m}}{\sqrt{2}} = 220\mathrm{V}$$

思考与练习

6.1-1 何谓正弦量的三要素？三要素各反映了正弦量的哪些方面？

6.1-2 平常我们所说的交流电流多少安培，交流电压多少伏特，是指什么值？

6.1-3 常用的交流电流表与交流电压表，其读数是指什么值？

6.1-4 各种电气设备的绝缘耐压值应该以什么值来考虑？

6.2　正弦量的相量表示法

相量表示法的基础是复数，即用复数来表示正弦量。它是使正弦交流电路的稳态分析与计算转化为复数代数运算的一种方法。

6.2.1 复数表示法及运算法则

1. 复数及其表示形式

复数 F 可以表示为复平面上的由原点指向一个点的有向线段（矢量），如图 6-4 所示。$|F|$ 为复数的模，取 $\mathrm{Re}[F]=a$，$\mathrm{Im}[F]=b$，分别表示复数 F 的实部和虚部。φ 为复数的辐角，主值范围为 $|\varphi|\leqslant\pi$。

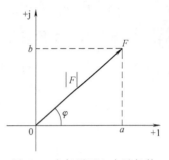

图 6-4 在复平面上表示复数

如图 6-4 所示，由一个复数 F 的直角坐标形式可得代数式

$$F=a+\mathrm{j}b \tag{6-9}$$

将 $a=|F|\cos\varphi$，$b=|F|\sin\varphi$ 代入式（6-9）可得三角函数式

$$F=|F|\cos\varphi+\mathrm{j}|F|\sin\varphi \tag{6-10}$$

由欧拉公式 $\cos\varphi=\dfrac{\mathrm{e}^{\mathrm{j}\varphi}+\mathrm{e}^{-\mathrm{j}\varphi}}{2}$、$\sin\varphi=\dfrac{\mathrm{e}^{\mathrm{j}\varphi}-\mathrm{e}^{-\mathrm{j}\varphi}}{2\mathrm{j}}$ 代入式（6-10）可得指数式

$$F=|F|\mathrm{e}^{\mathrm{j}\varphi} \tag{6-11}$$

由于 $\mathrm{e}^{\mathrm{j}\varphi}=1\angle\varphi=\cos\varphi+\mathrm{j}\sin\varphi$，可得极坐标式

$$F=|F|\angle\varphi \tag{6-12}$$

一个复数 F 有以下 4 种表达式：代数型、三角型、指数型和极坐标型，即

$$F=a+\mathrm{j}b=|F|(\cos\varphi+\mathrm{j}\sin\varphi)=|F|\mathrm{e}^{\mathrm{j}\varphi}=|F|\angle\varphi \tag{6-13}$$

注意：在电学中，为避免与电流 i 混淆，选用 j 表示虚单位，$\mathrm{j}^2=-1$，即 $\mathrm{j}=\sqrt{-1}$。

2. 复数运算

对于电路分析而言，复数运算要求掌握的是复数的加、减、乘、除四则运算，有如下几方面。

设有两个复数：

$$F_1=a_1+\mathrm{j}b_1=|F_1|\angle\varphi_1$$
$$F_2=a_2+\mathrm{j}b_2=|F_2|\angle\varphi_2$$

1）加法运算：$F_1+F_2=(a_1+a_2)+\mathrm{j}(b_1+b_2)$

2）减法运算：$F_1-F_2=(a_1-a_2)+\mathrm{j}(b_1-b_2)$

3）乘法运算：$F_1\cdot F_2=|F_1||F_2|\angle(\varphi_1+\varphi_2)$

4）除法运算：$\dfrac{F_1}{F_2}=\dfrac{|F_1|}{|F_2|}\angle(\varphi_1-\varphi_2)$

注意：1）两复数的加、减运算，应采用复数的直角坐标形式来进行。运算的方法是，分别将两复数的实部相加、减，虚部相加、减。

2）两复数的乘、除运算，应采用复数的极坐标形式来进行。运算方法是，分别将两复数的模相乘、除，辐角相加、减。

3）要熟练掌握复数的 4 种表示形式及相互转换关系，这对相量的运算非常重要。

【例 6-4】 已知 $F_1=8-\mathrm{j}6$，$F_2=3+\mathrm{j}4$。试求：（1）F_1+F_2；（2）F_1-F_2；（3）$F_1\cdot F_2$；（4）F_1/F_2。

解：（1）$F_1+F_2=(8-\mathrm{j}6)+(3+\mathrm{j}4)=11-\mathrm{j}2=11.18\angle-10.3°$

（2）$F_1-F_2=(8-\mathrm{j}6)-(3+\mathrm{j}4)=5-\mathrm{j}10=11.18\angle-63.4°$

（3）$F_1\cdot F_2=(10\angle-36.9°)\cdot(5\angle53.1°)=50\angle16.2°$

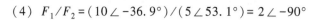

（4）$F_1/F_2 = (10\angle-36.9°)/(5\angle53.1°) = 2\angle-90°$

扫一扫　看视频

6.2.2　相量表示法

1. 正弦量的相量表示

正弦交流电路中正弦激励和响应均为同频率的正弦量，可认为频率是已知的，因此正弦量只需考虑最大值或有效值（大小）和初相位（角度）即可。可用复数极坐标形式来表示正弦量，称为相量。

设某正弦电流为 $i(t) = I_m\cos(\omega t+\psi_i)$，根据欧拉公式可以把复指数 $\sqrt{2}Ie^{j(\omega t+\psi_i)}$ 展开成

$$\sqrt{2}Ie^{j(\omega t+\psi_i)} = \sqrt{2}I[\cos(\omega t+\psi_i)+j\sin(\omega t+\psi_i)] \tag{6-14}$$

式（6-14）表明，复指数函数取实部即为正弦量 $i(t)$，即

$$i(t) = I_m\cos(\omega t+\psi_i) = \sqrt{2}I\cos(\omega t+\psi_i) = \mathrm{Re}[\sqrt{2}Ie^{j(\omega t+\psi_i)}] = \mathrm{Re}[\sqrt{2}Ie^{j\psi_i}e^{j\omega t}] \tag{6-15}$$

式中，$\dot{I}_m = \sqrt{2}Ie^{j\psi_i} = I_m\angle\psi_i$ 定义为"最大值"相量；$\dot{I} = Ie^{j\psi_i} = I\angle\psi_i$ 定义为"有效值"相量。利用相量表示后，就可以把正弦量的运算变为相应的复数运算，称为相量法。这实质上是一种"变换"而非相等，通常将正弦量的瞬时值形式称为正弦量的时域表示，将相量称为正弦量的频域表示。

2. 旋转因子

式（6-15）中 $e^{j\omega t} = 1\angle\omega t = \cos\omega t+j\sin\omega t$ 是一个随时间变化的旋转因子，它在复平面上是以原点为中心，以角速度 ω 不断逆时针旋转的复数（模为1）。几个特殊旋转因子如下：

1）$\theta = \dfrac{\pi}{2}$，$e^{j\frac{\pi}{2}} = \cos\dfrac{\pi}{2}+j\sin\dfrac{\pi}{2} = +j$。

2）$\theta = -\dfrac{\pi}{2}$，$e^{j-\frac{\pi}{2}} = \cos\left(-\dfrac{\pi}{2}\right)+j\sin\left(-\dfrac{\pi}{2}\right) = -j$。

3）$\theta = \pm\pi$，$e^{j\pm\pi} = \cos(\pm\pi)+j\sin(\pm\pi) = -1$。

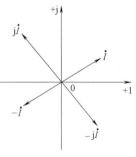

由于 $e^{j\pi/2} = j$、$e^{-j\pi/2} = -j$、$e^{j\pi} = -1$，故 $+j$、$-j$、-1 都可以看成旋转因子。任意一个相量乘以 j 相当于该相量逆时针旋转 90°，任意一个相量除以 j（相当于乘以 $-j$）相当于该相量顺时针旋转 90°，如图 6-5 所示。

图 6-5　旋转因子

3. 相量图

在复平面上按照各个正弦量的大小和相位关系用初始位置的有向线段画出同频率的正弦量的相量的图形，称为相量图。画相量图时，可以不画出复数坐标，只画出参考水平线（虚线），为了清楚起见，相量图上通常省去虚轴 +j，有时实轴也可以省去，如图 6-6 所示。在相量图中不但可以清晰地看出同频率正弦量的大小和相位关系，还可用于同频率正弦量之间的比较和运算，即相量图也是分析和计算正弦量的工具。

【例 6-5】　在图 6-7 所示相量图中，已知 $I_1 = 10\mathrm{A}$，$I_2 = 5\mathrm{A}$，$U = 110\mathrm{V}$，$f = 50\mathrm{Hz}$，试分别写出它们的相量表达式和瞬时值表达式，并说明它们之间的相位关系。

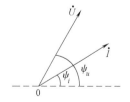

图 6-6　正弦电压、电流的相量图

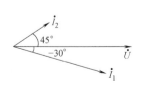

图 6-7　例 6-5 图

解： 相量表达式为

$$\dot{I}_1 = 10\angle-30°\,\mathrm{A}$$

$$\dot{I}_2 = 5\angle45°\,\mathrm{A}$$

$$\dot{U} = 110\angle0°\,\mathrm{V}$$

瞬时值表达式为

$$i_1 = 10\sqrt{2}\cos(314t-30°)\,\mathrm{A}$$

$$i_2 = 5\sqrt{2}\cos(314t+45°)\,\mathrm{A}$$

$$u = 110\sqrt{2}\cos(314t)\,\mathrm{V}$$

i_1 滞后 u 30°，i_2 超前 u 45°。

【例 6-6】 写出下列正弦电流对应的相量 $i_1 = 14.14\cos(314t+30°)\,\mathrm{A}$，$i_2 = -14.14\sin(100t-60°)\,\mathrm{A}$。

解： 统一使用余弦函数表示，所以

$$\dot{I}_1 = \frac{14.14}{\sqrt{2}}\angle30° = 10\angle30°\,\mathrm{A}$$

$$i_2 = -14.14\sin(100t-60°) = -14.14\cos(100t-60°-90°)$$

$$= -14.14\cos(100t-150°) = 14.14\cos(100t+30°)\,\mathrm{A}$$

$$\dot{I}_2 = \frac{14.14}{\sqrt{2}}\angle30° = 10\angle30°\,\mathrm{A}$$

6.2.3 正弦量运算的相量形式

1. 同频率正弦量的代数和

设有 n 个同频率的正弦量，其和为

$$i = i_1 + i_2 + \cdots + i_k + \cdots + i_n$$

由于 $i_k = \sqrt{2}I_k\cos(\omega t+\theta_k) = \mathrm{Re}[\sqrt{2}I_k\mathrm{e}^{\mathrm{j}\theta_k}\mathrm{e}^{\mathrm{j}\omega t}] = \mathrm{Re}[\sqrt{2}\dot{I}_k\mathrm{e}^{\mathrm{j}\omega t}]$，若每一个正弦量均用与之对应的复指数函数表示，则

$$i = \mathrm{Re}[\sqrt{2}\dot{I}_1\mathrm{e}^{\mathrm{j}\omega t}] + \mathrm{Re}[\sqrt{2}\dot{I}_2\mathrm{e}^{\mathrm{j}\omega t}] + \cdots + \mathrm{Re}[\sqrt{2}\dot{I}_k\mathrm{e}^{\mathrm{j}\omega t}] + \cdots + \mathrm{Re}[\sqrt{2}\dot{I}_n\mathrm{e}^{\mathrm{j}\omega t}]$$

$$= \mathrm{Re}[\sqrt{2}(\dot{I}_1+\dot{I}_2+\cdots+\dot{I}_k+\cdots+\dot{I}_n)\mathrm{e}^{\mathrm{j}\omega t}] = \mathrm{Re}[\sqrt{2}\dot{I}\mathrm{e}^{\mathrm{j}\omega t}]$$

上式对任何时刻都成立，所以

$$\dot{I} = \dot{I}_1 + \dot{I}_2 + \cdots + \dot{I}_k + \cdots + \dot{I}_n = \sum_{k=1}^{n}\dot{I}_k \tag{6-16}$$

可见同频率正弦量相加（减）对应为相量的相加（减）。

2. 正弦量的微分

设正弦电流 $i = \sqrt{2}I\cos(\omega t+\psi_i)$，对之求导，有

$$\frac{\mathrm{d}i}{\mathrm{d}t} = \frac{\mathrm{d}}{\mathrm{d}t}[\sqrt{2}I\cos(\omega t+\psi_i)] = -\sqrt{2}\omega I\sin(\omega t+\psi_i) = \sqrt{2}\omega I\cos\left(\omega t+\psi_i+\frac{\pi}{2}\right)$$

所以 $\dfrac{\mathrm{d}i}{\mathrm{d}t}$ 的相量为 $\mathrm{j}\omega\dot{I} = \omega I\angle\left(\psi_i+\dfrac{\pi}{2}\right)$。

可见正弦量对时间的导数仍是一个同频率的正弦量，其相量等于原正弦量的相量乘以 $\mathrm{j}\omega$。

3. 正弦量的积分

设 $i = \sqrt{2}I\cos(\omega t+\psi_i)$，则有

$$\int idt = \int \sqrt{2}I\cos(\omega t + \psi_i)\,\mathrm{d}t = \sqrt{2}\,\frac{I}{\omega}\sin(\omega t + \psi_i) = \sqrt{2}\,\frac{I}{\omega}\cos\left(\omega t + \psi_i - \frac{\pi}{2}\right)$$

所以 $\int idt$ 的相量为 $\dfrac{\dot{I}}{\mathrm{j}\omega}$。

可见正弦量对时间的积分是一个同频率的正弦量，其相量等于原正弦量的相量除以 $\mathrm{j}\omega$。

正弦稳态电路常用相量法来分析，其主要的优点有

1）把时域问题变为复数问题。

2）把微积分方程的运算变为复数方程运算。

3）可以把直流电路的分析方法直接用于交流电路。但要注意的是，相量法只适用于激励为同频正弦量的非时变线性电路。

【例 6-7】 计算 $5\angle 47° + 10\angle -25° = ?$

解： $5\angle 47° + 10\angle -25° = (3.41 + \mathrm{j}3.657) + (9.063 - \mathrm{j}4.226)$

$$= 12.47 - \mathrm{j}0.569$$

$$= 12.48\angle -2.61°$$

特别强调：相量只是用来表示正弦量，它实质上是一个复数，两者只存在对应关系而绝不是相等关系。

思考与练习

6.2-1 为什么要用相量表示正弦量？

6.2-2 相量与正弦函数之间存在什么对应关系？

6.2-3 为什么要学习相量？电路的相量是怎么得出来的？

6.2-4 复数的表示形式有几种？它们之间如何转换？如何进行复数运算？

6.3 电路定律的相量形式

研究分析正弦稳态电路的方法为相量法。相量法就是用复数来表示正弦量的有效值和初相位。运用这一方法使得正弦电流电路的稳态分析成为与线性电阻电路的分析在形式上相同的问题。将相量形式的欧姆定律和基尔霍夫定律应用于电路的相量模型，建立相量形式的电路方程并求解，即可得到电路的正弦稳态响应。在电路分析中，应用相量法需要两个步骤。首先，需要建立单一元件电流与电压相量之间的关系式（元件约束）；其次，需要建立相量域下的基尔霍夫定律（拓扑约束）。下面分别加以说明。

6.3.1 电路基本元件的相量形式

1. 电阻伏安关系的相量形式

如图 6-8a 所示的电阻时域电路，当正弦电流 $i_R(t) = \sqrt{2}I_R\cos(\omega t + \psi_i)$ 通过电阻 R 时，其端电压 $u_R(t) = \sqrt{2}U_R\cos(\omega t + \psi_u)$ 为一同频正弦量，如图 6-8b 所示，根据欧姆定律有

$$u_R = Ri_R \,(\text{时域形式})$$

即

$$\sqrt{2}U_R\cos(\omega t + \psi_u) = \sqrt{2}RI_R\cos(\omega t + \psi_i)$$

相应的相量形式为

$$\dot{U}_R = R\dot{I}_R \,(\text{相量形式}) \tag{6-17}$$

即

$$U_R \angle \psi_u = R I_R \angle \psi_i \qquad (6\text{-}18)$$

从式（6-17）和式（6-18）的关系中都可得到

$$\begin{cases} U_R = R I_R \\ \psi_u = \psi_i \end{cases}$$

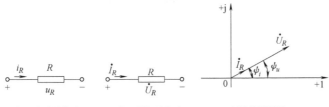

a) 电阻的时域电路　　b) 电阻的相量电路　　c) 电阻的相量图

图 6-8　电阻伏安关系的相量形式

图 6-8b 所示是电阻的相量电路，电阻上电压与电流同相位，图 6-8c 所示是电阻的相量图。

2. 电感伏安关系的相量形式

如图 6-9a 所示的电感时域电路，设 $i_L = I_m \cos(\omega t + \psi_i)$，在正弦稳态下伏安关系为

$$u_L = L \frac{\mathrm{d} i_L}{\mathrm{d} t} = -L I_m \omega \sin(\omega t + \psi_i) = L I_m \omega \cos(\omega t + \psi_i + 90°)$$

其相量形式为

$$\dot{U}_L = \mathrm{j} \omega L \dot{I}_L \qquad (6\text{-}19)$$

或写成
$$U_L \angle \psi_u = \omega L I_L \angle (\psi_i + 90°) \qquad (6\text{-}20)$$

由式（6-20），得

$$\frac{U_L}{I_L} = \omega L$$

$X_L = \omega L$，称为电感元件的感抗，国际单位制（SI）中，其单位为欧姆（Ω）。

感抗是用来表示电感元件对电流阻碍作用的一个物理量。在电压一定的条件下，感抗越大，电路中的电流越小，其值正比于频率 f。$f \to \infty$ 时，$X_L = \omega L \to \infty$，$I_L \to 0$，即电感元件对高频率的电流有极强的抑制作用，在极限情况下，它相当于开路。$f \to 0$ 时，$X_L = \omega L \to 0$，$U_L \to 0$，即电感元件对于直流电流相当于短路。图 6-9b 是电感的相量电路，图 6-9c 是电感的相量图。

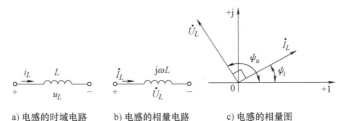

a) 电感的时域电路　　b) 电感的相量电路　　c) 电感的相量图

图 6-9　电感伏安关系的相量形式

3. 电容伏安关系的相量形式

如图 6-10a 所示，正弦稳态下的电容元件，当正弦电流通过电容 C 时，有

$$i_C = C \frac{\mathrm{d} u_C}{\mathrm{d} t}$$

相应的相量形式为

$$\dot{U}_C = \frac{1}{\mathrm{j}\omega C}\dot{I}_C \tag{6-21}$$

即

$$U_C \angle \psi_u = \frac{1}{\omega C}I_C \angle \psi_i - \frac{\pi}{2} \tag{6-22}$$

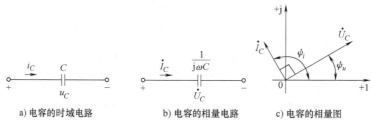

a) 电容的时域电路　　　　　b) 电容的相量电路　　　　　c) 电容的相量图

图 6-10　电容伏安关系的相量形式

电容元件 C 的时域电路、相量电路、相量图如图 6-10 所示。

由式（6-22），得

$$\frac{U_C}{I_C} = \frac{1}{\omega C}$$

$X_C = \dfrac{1}{\omega C}$，称为电容元件的容抗，国际单位制（SI）中，其单位为欧姆（Ω），其值与频率

成反比。对于两种极端的情况，当 $f \to \infty$ 时，$X_C = \dfrac{1}{\omega C} \to 0$，$U_C \to 0$。电容元件对高频率电流有极

强的导流作用，在极限情况下，它相当于短路。用于"通高频、阻低频"将高频电流成分滤

除的电容叫作高频旁路电容。当 $f \to 0$（直流电路）时，$X_C = \dfrac{1}{\omega C} \to \infty$，$I_C \to 0$。电容在直流电路

中就相当于断路，所以电容是通高频、阻低频的元件（刚好与电感通直隔交的特性相反）。注

意，容抗是电压、电流有效值之比，而不是它们的瞬时值之比。

6.3.2　基尔霍夫定律的相量形式

基尔霍夫定律的时域形式为

$$\text{KCL:} \quad \sum i = 0$$

$$\text{KVL:} \quad \sum u = 0$$

由于正弦电流电路中的电压、电流全部是同频正弦量，根据上一节所论述的相量运算，很
容易推导出基尔霍夫定律的相量形式，即为

$$\text{KCL:} \quad \sum \dot{I} = 0$$

$$\text{KVL:} \quad \sum \dot{U} = 0$$

必须强调指出，KCL、KVL 的相量形式所
表示的是相量的代数和恒等于零，并非是有效
值的代数和恒等于零。

【例 6-8】　图 6-11a 所示正弦稳态电路中，

$I_2 = 10\text{A}$，$U_\text{S} = \dfrac{10}{\sqrt{2}}\text{V}$，求电流 $\dot{I}$ 和电压 $\dot{U}_\text{S}$，并

画出电路的相量图。

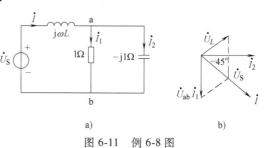

a)　　　　　　　b)

图 6-11　例 6-8 图

解： 设 $\dot{I}_2$ 为参考相量，即 $\dot{I}_2 = 10\angle 0°\text{A}$，则 ab 两端的电压相量为

$$\dot{U}_{ab} = -\text{j}1 \times \dot{I}_2 = -\text{j}1 \times 10 = -\text{j}10\text{V}$$

电流

$$\dot{I}_1 = \frac{\dot{U}_{ab}}{1} = -\text{j}10\text{A}$$

$$\dot{I} = \dot{I}_1 + \dot{I}_2 = -\text{j}10 + 10 = 10\sqrt{2}\angle -45°\text{A}$$

由 KVL，得

$$\dot{U}_S = \text{j}X_L\dot{I} + \dot{U}_{ab} = \text{j}10(X_L - 1) + 10X_L$$

根据已知条件

$$U_S = \frac{10}{\sqrt{2}}\text{V}$$

$$\left(\frac{10}{\sqrt{2}}\right)^2 = \left[10(X_L - 1)\right]^2 + (10X_L)^2$$

从中解得

$$X_L = \frac{1}{2}\Omega$$

$$\dot{U}_S = \text{j}X_L\dot{I} + \dot{U}_{ab} = \text{j}10(X_L - 1) + 10X_L$$

$$= 5 - \text{j}5 = \frac{10}{\sqrt{2}}\angle -45°\text{V}$$

相量图如图 6-11b 所示，在水平方向作 $\dot{I}_2$，其初相位为零，称为参考相量，电容的电流超前电压 90°，所以 $\dot{U}_{ab}$ 垂直于 $\dot{I}_2$，并滞后 $\dot{I}_2$，在电阻上电压与电流同相，所以 $\dot{I}_1$ 与 $\dot{U}_{ab}$ 同相，求解 $\dot{I}$ 和 $\dot{U}_S$ 由平行四边形法则求解。

⟳ 思考与练习

6.3-1　感抗、容抗和电阻有何相同？有何不同？

6.3-2　如何理解电容元件的"通交隔直"作用？

6.3-3　直流情况下，电容的容抗等于多少？容抗与哪些因素有关？

6.3-4　电感和电容在直流和交流电路中的作用如何？

6.4　应用案例

荧光灯照明电路主要由灯管、镇流器、辉光启动器等组成，如图 6-12 所示。

当开关接通时，电源电压立即通过镇流器和灯管灯丝加到辉光启动器两极，荧光灯电路通电，220V 的电压立即使辉光启动器的惰性气体电离，产生辉光放电。由于灯管内汞蒸气导电所需电压较高，氖泡内氖气导电所需电压较低，此时只有氖气导电，发出辉光，使金属片温度升高，由于双金属片的膨胀程度不同，致使 U 形片伸开，与静触片接触，电路导通，电路中形成较强的电流；氖泡中两电极之间无电压，氖气不发光，氖泡内温度下降，U 形电极形变，两电极断开，此时由于电路中镇流器的存在，产

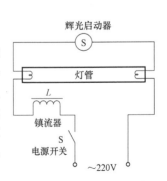

图 6-12　荧光灯照明电路

生自感，镇流器产生一个与原来电压方向相同的较高的电动势，再加上此时灯丝还接在电源，这样自感电动势加上电源电压形成一个高电压加在灯管两端使汞蒸气导电，发出不可见的紫外线，使管壁上的荧光粉发光。

本 章 小 结

1. 正弦量的三要素

正弦量的三要素有角频率、幅值（最大值）和初相位，分别表征正弦量的快慢、大小和初始值 3 个方面。初相位与相位差见表 6-1。

表 6-1　初相位与相位差

正弦交流量	初相位	相位之差		
$u = U_m \cos(\omega t + \psi_u)$	ψ_u	$\varphi = \psi_u - \psi_i$	$\psi_u = \psi_i, \varphi = 0$	u 与 i 同相
			$\varphi = \pm\pi$	u 与 i 反相
$i = I_m \cos(\omega t + \psi_i)$	ψ_i		$\varphi = \psi_u - \psi_i = \pm\dfrac{\pi}{2}$	u 与 i 正交
			$\varphi > 0, \psi_u > \psi_i$	u 超前于 i
			$\varphi < 0, \psi_u < \psi_i$	u 滞后于 i

2. 正弦量的表示方法

正弦量的表示方法有三角函数表示法、波形表示法、相量表示法及相量图表示法，见表 6-2。其中相量表示法是计算分析正弦交流电的重要工具。

表 6-2　正弦量的表示方法

		正弦量的表示方法	
三角函数		$i(t) = I_m \cos(\omega t + \psi_i) = \sqrt{2} I \cos(\omega t + \psi_i)$	
正弦波形			
相量式或复数式	定义	用复数的模表示正弦量的幅值（或有效值），复数的辐角表示正弦量的初相位	
	直角坐标式	$F = a + jb$	
	三角函数式	$F = \|F\|(\cos\varphi + j\sin\varphi)$	
	指数形式	$F = \|F\| e^{j\varphi}$	
	极坐标式	$F = \|F\| \angle \varphi$	
相量图	定义	相量的长度等于正弦量的幅值（或有效值），相量的起始位置与横轴之间的夹角等于正弦量的初相位。当相量以正弦量角频率绕原点逆时针旋转时，任一瞬间在纵轴上的投影等于该时刻正弦量的瞬时值	
	表示形式：$\dot{U} = U \angle \psi_u$ $\dot{I} = I \angle \psi_i$		
注意		相量是正弦量的一种表示方法，相量不等于正弦量！ $i(t) = 10\sqrt{2} \cos(10t - 60°)\,A \ \dot{I} = 10 \angle -60°\,A$（严重错误）	

3. KL 和元件 VCR 的时域形式与相量形式

KL 和元件 VCR 的时域形式与相量形式见表 6-3。

表 6-3 **KL 和元件 VCR 的时域形式与相量形式**

定律		时域形式	相量形式
KL	KCL	$\sum i = 0$	$\sum \dot{I} = 0$
	KVL	$\sum u = 0$	$\sum \dot{U} = 0$
元件的 VCR	R	$u_R = Ri_R$ 或 $i_G = Gu_G$	$\dot{U}_R = R\dot{I}_R$ 或 $\dot{I}_G = G\dot{U}_G$ 电阻 R 或电导 G 呈现一定的阻碍作用 $U_R = RI_R$，$\varphi_{ui} = 0°$ $\dot{I} \longrightarrow$ $\dot{U} \longrightarrow$ u，i 同相
	L	$u_L = L\dfrac{di_L}{dt}$ 或 $i_L = \dfrac{1}{L}\int u_L dt$	$\dot{U}_L = j\omega L\dot{I}_L$ 或 $\dot{I}_L = \dfrac{1}{j\omega L}\dot{U}_L$ 感抗 $X_L = \omega L$，$U_L = X_L I_L$，$\varphi_{ui} = 90°$ 直流特性：通直流（相当于短路） 交流特性：通低频，阻高频 u_L 超前 i 90°
	C	$u_C = \dfrac{1}{C}\int i_C dt$ 或 $i_C = C\dfrac{du_C}{dt}$	$\dot{U}_C = \dfrac{1}{j\omega C}\dot{I}_C$ 或 $\dot{I}_C = j\omega C\dot{U}_C$ 容抗 $X_C = 1/\omega C$，$U_C = X_C I_C$，$\varphi_{ui} = -90°$ 直流特性：隔直流（相当于开路） 交流特性：通高频，阻低频 u_C 滞后 i 90°

能力检测题

参考答案

一、选择题

1. 已知正弦 $\dot{U} = 380\angle 45° \text{V}$，频率为 50Hz，则它的瞬时值表达式为（   ）。

(A) $u(t) = 380\cos(314t+45°)\text{V}$ (B) $u(t) = 380\sqrt{2}\cos(314t+45°)\text{V}$

(C) $u(t) = \dfrac{380}{\sqrt{2}}\cos(314t+45°)\text{V}$ (D) $u(t) = 380\sqrt{2}\cos(50t+45°)\text{V}$

2. 电容元件的正弦交流电路中，电压有效值不变，频率增大时，电路中电流将（   ）。

(A) 增大   (B) 减小   (C) 不变   (D) 无法确定

3. 在 RL 串联电路中，$U_R = 16\text{V}$，$U_L = 12\text{V}$，则总电压为（   ）。

(A) 28V   (B) 20V   (C) 2V   (D) 无法确定

4. 电感元件的正弦交流电路中，电压有效值不变，当频率增大时，电路中电流将（   ）。

(A) 增大   (B) 减小   (C) 不变   (D) 无法确定

5. 实验室中的交流电压表和电流表，其读值是交流电的（   ）。

(A) 最大值   (B) 有效值   (C) 瞬时值   (D) 平均值

6. 某一个相量乘以 j 相当于该相量（   ）。

（A）逆时针旋转 90°　　（B）顺时针旋转 90°　　（C）逆时针旋转 10°　　（D）顺时针旋转 180°

7. 任意一个相量除以 j 相当于该相量（　　　）。

（A）逆时针旋转 90°　　（B）顺时针旋转 90°　　（C）逆时针旋转 30°　　（D）顺时针旋转 180°

8. 白炽灯的额定工作电压为 220V，它允许承受的最大电压为（　　　）。

（A）220V　　　　　　（B）311V　　　　　　（C）380V　　　　　　（D）$u(t)=220\sqrt{2}\cos314t$V

9. 一个电热器，接在 10V 的直流电源上，产生的功率为 P。把它改接在正弦交流电源上，使其产生的功率为 P/2，则正弦交流电源电压的最大值为（　　　）。

（A）7.07V　　　　　（B）5V　　　　　　　（C）14V　　　　　　　（D）10V

10. 已知 $i_1=10\cos(314t+90°)$A，$i_2=10\cos(628t+30°)$A，则（　　　）。

（A）i_1 超前 i_2 60°　　（B）i_1 滞后 i_2 60°　　（C）无法判断　　　（D）两电流相位相同

二、判断题

1. 正弦量的三要素是指它的最大值、角频率和相位。（　　　）

2. 一个实际的电感线圈，在任何情况下呈现的电特性都是感性。（　　　）

3. 正弦交流电路的频率越高，阻抗越大；频率越低，阻抗越小。（　　　）

4. 因为正弦量可以用相量来表示，所以说相量就是正弦量。（　　　）

5. 从电压、电流瞬时值关系式来看，电感元件属于动态元件。（　　　）

6. 正弦量的幅值是有效值的 $\sqrt{2}$ 倍。（　　　）

7. $u_1=220\sqrt{2}\cos314t$V 超前 $u_2=311\cos(628t-45°)$V 为 45°。（　　　）

8. 电阻和电抗都是阻碍交流电的因素，与电路的频率高低无关。（　　　）

9. 耐压值为 180V 的电容器可以放心地用在 220V 的正弦交流电路中。（　　　）

10. 由元件本身的频率特性可知，实际线圈具有通高频、阻低频的作用。（　　　）

三、填空题

1. 正弦量的三要素为（　　　）、（　　　）、（　　　）。

2. 两个同频率正弦量的相位差等于它们的（　　　）之差。

3. 实际应用的电表交流指示值和我们实验的交流测量值，都是交流电的（　　　）值。工程上所说的交流电压、交流电流的数值，通常也都是它们的（　　　）值。

4. 已知一正弦量 $i=10\cos(314t-30°)$A，则该正弦电流的最大值是（　　　）A；有效值是（　　　）A；角频率是（　　　）rad/s；频率是（　　　）Hz；周期是（　　　）s；初相位是（　　　）。

5. 市用照明电的电压是 220V，这是指电压的（　　　）值。

6. 正弦交流电路中，单一电阻元件阻碍交流电流的因素是（　　　），与频率（　　　）；单一电感元件阻碍交流电流的因素是（　　　），其大小与频率成（　　　）；单一电容元件阻碍交流电流的因素是（　　　），其大小与频率成（　　　）。

7. 频率 $f=50$Hz 的正弦量的有效值相量为 $220\angle30°$V，则此正弦量表达式为（　　　　　　）V。

8. 已知正弦电流 $i=141.4\cos(314t+60°)$A，则该正弦电流的频率 $f=$（　　　）Hz。

9. 正弦量的（　　　）值等于与其（　　　）相同的直流电的数值。

10. 电阻元件上的电压、电流相位关系是（　　　）关系；电感元件上的电压、电流相位关系是（　　　）超前（　　　）90°；电容元件上的电压、电流相位关系是（　　　）超前（　　　）90°。

四、计算题

1. 已知 $u=311.1\cos(314t-60°)$V，$i=141.4\cos(314t+30°)$A，试用相量表示 u 和 i。

2. 已知 $\dot{I}=50\angle15°$A，$f=50$Hz，$\dot{U}_m=50\angle-65°$V，试写出正弦量的瞬时值表达式。

3. 已知正弦电流的 $I=2$A，$\psi_i=30°$，$f=50$Hz，求该正弦量的最大值、角频率；写出该电流的正弦量函数式；画出其波形图。

4. 已知 $u_1(t)=6\sqrt{2}\cos(314t+30°)$V，$u_2(t)=4\sqrt{2}\cos(314t+60°)$V。求 $u(t)=u_1(t)+u_2(t)$。

5. 判断正误：

（1）$i=5\sqrt{2}\cos(314t+10°)=5\sqrt{2}\angle10°$A

（2）$I=10\angle20°$A　　（3）$X_L=\dfrac{u}{i}\Omega$　　（4）$\dfrac{U}{I}=j\omega L\Omega$

6. 把一个 0.1H 的电感接到 $f = 50Hz$、$U = 10V$ 的正弦电源上,求 I。如保持 U 不变,而电源 $f = 5000Hz$,这时 I 为多少?

7. 电阻元件在交流电路中电压与电流的相位差为多少?判断下列表达式的正误。

（1）$i = \dfrac{U}{R}$ （2）$I = \dfrac{U}{R}$ （3）$i = \dfrac{U_m}{R}$ （4）$i = \dfrac{u}{R}$

8. 纯电感元件在交流电路中电压与电流的相位差为多少?感抗与频率有何关系?判断下列表达式的正误。

（1）$i = \dfrac{u}{X_L}$ （2）$I = \dfrac{U}{\omega L}$ （3）$i = \dfrac{u}{\omega L}$ （4）$I = \dfrac{U_m}{\omega L}$

9. 纯电容元件在交流电路中电压与电流的相位差为多少?容抗与频率有何关系?判断下列表达式的正误。

（1）$i = \dfrac{u}{X_C}$ （2）$I = \dfrac{U}{\omega C}$ （3）$i = \dfrac{u}{\omega C}$ （4）$I = U_m \omega C$

10. 图 6-13 所示正弦交流电路,已标明电流表 A_1 和 A_2 的读数,试用相量图求电流表 A 的读数。

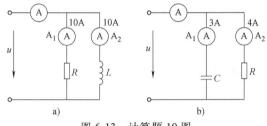

图 6-13 计算题 10 图

第7章

正弦稳态电路的分析

知识图谱（★表示重点，△表示难点）

$$
\text{正弦稳态电路的分析}
\begin{cases}
\text{7.1 阻抗和导纳}
\begin{cases}
\text{阻抗：} Z = \dfrac{\dot{U}}{\dot{I}} = R + jX = |Z| \angle \varphi_Z \\[2mm]
\text{导纳：} Y = \dfrac{\dot{I}}{\dot{U}} = G + jB = |Y| \angle \varphi_Y
\end{cases} \\[6mm]
\text{7.2 正弦稳态电路的分析（△，★）} \\[2mm]
\text{7.3 正弦稳态电路的功率（△，★）}
\begin{cases}
\text{瞬时功率：} p = ui \\
\text{有功功率：} P = UI\cos\varphi \\
\text{无功功率：} Q = UI\sin\varphi \\
\text{视在功率：} S = UI \\
\text{复功率：} \bar{S} = P + jQ = S \angle \varphi
\end{cases} \\[6mm]
\text{7.4 功率因数及其提高：并联电容，提高功率因数（△）} \\[2mm]
\text{7.5 最大功率传输：} Z_L = Z_{eq}^* \quad P_{Lmax} = \dfrac{U_{OC}^2}{4R_{eq}} \\[4mm]
\text{7.6 串、并联谐振（△）}
\begin{cases}
\text{串联谐振} \\
\text{并联谐振}
\end{cases}
\dot{U} \text{与} \dot{I} \text{ 同相 } \omega_0 = \dfrac{1}{\sqrt{LC}} \\[4mm]
\text{7.7 应用案例——移相器电路}
\end{cases}
$$

本章首先引入阻抗、导纳及相量图的概念以及正弦稳态电路的相量分析法。主要学习 RLC 串联、并联电路及其谐振，介绍正弦稳态电路的功率及功率因数的提高方法以及最大功率传输条件等。

⬡ 学习目标

1. 知识目标

掌握阻抗、导纳、有功功率、无功功率、视在功率和功率因数的概念及应用；熟练掌握正弦稳态电路的相量分析方法；理解谐振电路选频特性的原理。

2. 能力目标

锻炼利用数学将时域正弦量转换到相量域进行正弦稳态电路分析计算的能力。

3. 素质目标

通过课程内容的学习要认识到大学生应珍惜时间，在学习上多做有用功，少做无用功，要和时代同频共振，维持好自己的"水平"，要"耐压"，在顺境中时常整理思想，善于自省，在逆境中敢于思"变"，不被浮云遮目，保持一颗赤子之心，以昂扬的姿态直面挑战，全力以赴，不留遗憾。树立自强自主的信心，学会终身学习，有方向地脚踏实地、奋发图强、不忘初心、砥砺前行，做好克服困难的准备，滤除人生旅途中的噪声与干扰，为今后参与社会实践活动做好铺垫，培养综合素质和能力，勇敢地肩负起时代赋予的光荣使命。

7.1　阻抗和导纳

扫一扫 看视频

7.1.1　阻抗和导纳

1. 阻抗

如图 7-1a 所示无源一端口网络，其阻抗定义为稳态下端口电压相量与端子电流相量之比，用大写字母 Z 表示，单位是欧姆（Ω），其图形符号如图 7-1b 所示，即

$$Z = \frac{\dot{U}}{\dot{I}} = \frac{U\angle\psi_u}{I\angle\psi_i} = \frac{U}{I}\angle(\psi_u-\psi_i) = |Z|\angle\varphi_Z = R+jX \qquad (7\text{-}1)$$

因 $\dot{U}=Z\dot{I}$ 与电阻电路中的欧姆定律相似，故称为欧姆定律的相量形式。Z 是一个复数，而不是正弦量的相量。其实部 R 称为电阻，虚部 X 称为电抗，模 $|Z|$ 称为阻抗模，辐角 ψ_Z 称为阻抗角。

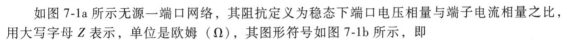

图 7-1　无源一端口网络

$$R = |Z|\cos\varphi_Z,\ X = |Z|\sin\varphi_Z,\ |Z| = \sqrt{R^2+X^2} = \frac{U}{I},\ \varphi_Z = \arctan\frac{X}{R} = \psi_u-\psi_i$$

引入阻抗 Z 后图 7-1a 所示电路可用图 7-1b 来表示。R、X 和 $|Z|$ 的单位均是欧姆（Ω），可构成直角三角形，称其为阻抗三角形。注意，R、X 和 $|Z|$ 都不是相量，画阻抗三角形时，要用不带箭头的线段表示。

如图 7-2 所示的 RLC 串联电路，其等效阻抗为

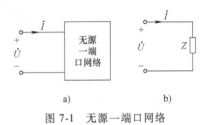

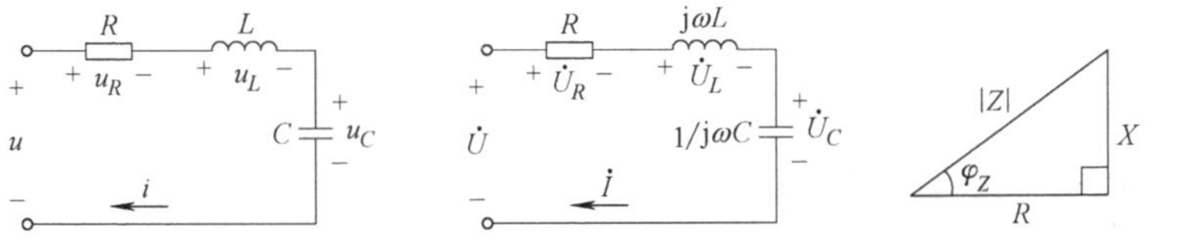

a) 时域电路　　　　　　　　b) 相量模型　　　　　　　c) 阻抗三角形

图 7-2　RLC 串联电路

$$Z = \frac{\dot{U}}{\dot{I}} = \frac{\dot{U}_R+\dot{U}_L+\dot{U}_C}{\dot{I}} = \frac{\dot{U}_R}{\dot{I}}+\frac{\dot{U}_L}{\dot{I}}+\frac{\dot{U}_C}{\dot{I}} = R+j\omega L+\frac{1}{j\omega C} = R+j\left(\omega L-\frac{1}{\omega C}\right)$$

$$= R+j(X_L-X_C) = R+jX = |Z|\angle\varphi_Z \qquad\qquad (7\text{-}2)$$

式中，Z 的实部为电阻 R，虚部为电抗 $X = X_L-X_C = \omega L-\dfrac{1}{\omega C}$，$Z$ 的模为 $|Z| = \sqrt{R^2+X^2}$，阻抗角

$\varphi_Z = \arctan\dfrac{X}{R}$。$X_L$ 为感抗，X_C 为容抗。画出相量图，如图 7-3 所示。根据 $X = X_L-X_C$ 的不同，分 3 种情况讨论：

1）如果 $X_L>X_C$，则 $\varphi_Z>0$，总电压超前电流，为感性电路，如图 7-3a 所示。

2）如果 $X_L<X_C$，则 $\varphi_Z<0$，总电压滞后电流，为容性电路，如图 7-3b 所示。

3）如果 $X_L=X_C$，则 $\varphi_Z=0$，总电压与电流同相，为阻性电路，如图 7-3c 所示。

因 $\dot{U}=Z\dot{I}$ 与电阻电路中的欧姆定律相似，故称为欧姆定律的相量形式。

各电压之间的大小关系为

$$U = \sqrt{U_R^2+(U_L-U_C)^2}$$

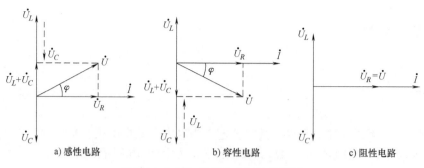

图 7-3　电流与各部分电压的相量图

上式又称电压三角形关系式。由相量图可以看出总电压与电流的相位差为

$$\varphi_Z = \arctan \frac{U_L - U_C}{U_R} = \arctan \frac{X_L - X_C}{R} = \arctan \frac{X}{R}$$

【例 7-1】　在图 7-2 的 RLC 串联电路中，交流电源电压 $U = 220\text{V}$，频率 $f = 50\text{Hz}$，$R = 30\Omega$，$L = 445\text{mH}$，$C = 32\mu\text{F}$。试求：（1）电路中的电流大小 I；（2）总电压与电流的相位差 φ；（3）各元件上的电压 U_R、U_L、U_C。

解：（1）$X_L = 2\pi fL = 140\Omega$，$X_C = \dfrac{1}{2\pi fC} = 100\Omega$，$|Z| = \sqrt{R^2 + (X_L - X_C)^2} = 50\Omega$，$I = \dfrac{U}{|Z|} = 4.4\text{A}$。

（2）$\varphi_Z = \arctan \dfrac{X_L - X_C}{R} = \arctan \dfrac{40}{30} = 53.1°$，即总电压比电流超前 53.1°，电路呈感性。

（3）$U_R = RI = 132\text{V}$，$U_L = X_L I = 616\text{V}$，$U_C = X_C I = 440\text{V}$。

本例题中电感电压 U_L、电容电压 U_C 都比电源电压 U 大，在交流电路中各元件上的电压可以比总电压大，这是交流电路与直流电路特性不同之处。

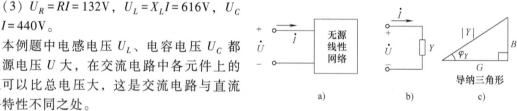

图 7-4　无源一端口网络

2. 导纳

对于一个无源一端口网络，如图 7-4a 所示，导纳定义为同一端口上电流相量 $\dot{I}$ 与电压相量 $\dot{U}$ 之比，单位是西门子（S）。它也是一个复数。

$$Y = \frac{\dot{I}}{\dot{U}} = \frac{I \angle \psi_i}{U \angle \psi_u} = \frac{I}{U} \angle (\psi_i - \psi_u) = |Y| \angle \varphi_Y = |Y| \cos\varphi_Y + \text{j}|Y| \sin\varphi_Y \qquad (7\text{-}3)$$

导纳适合于 RLC 并联电路的计算，如图 7-5a 所示，其导纳为

$$Y = \frac{\dot{I}}{\dot{U}} = \frac{1}{R} + \text{j}\left(\omega C - \frac{1}{\omega L}\right) = G + \text{j}B = |Y| \angle \varphi_Y \qquad (7\text{-}4)$$

式中，$|Y| = \dfrac{I}{U} = \sqrt{G^2 + B^2}$ 为导纳 Y 的模，等于电流与电压有效值之比；φ_Y 为导纳 Y 的导纳角，即电流与电压的相位差；$G = |Y| \cos\varphi_Y = \dfrac{1}{R}$ 为导纳 Y 的电导分量；$B = |Y| \sin\varphi_Y = B_C + B_L = \omega C - \dfrac{1}{\omega L}$ 为导纳 Y 的电纳分量；$B_C = \omega C$ 为电容的电纳，简称容纳；$B_L = -\dfrac{1}{\omega L}$ 为电感的电纳，简称感纳。

图 7-5a 所示 RLC 并联电路的相量模型如图 7-5b 所示。此相量模型是针对 $I_L < I_C$ 画出的，

其导纳角 $\varphi_Y > 0$，端口电流超前于电压，RLC 并联电路呈现容性。从图 7-5b 中可以直观地看出，各电流有效值的关系为

$$I = \sqrt{I_R^2 + (I_C - I_L)^2} \qquad (7\text{-}5)$$

式（7-5）称为电流三角形关系式。

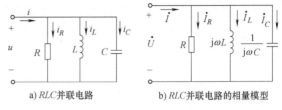

a) RLC并联电路　　　　b) RLC并联电路的相量模型

图 7-5　一端口的导纳

【例 7-2】　在图 7-5 的 RLC 并联电路中，已知：电源电压 $U = 120\text{V}$，频率 $f = 50\text{Hz}$，$R = 50\Omega$，$L = 0.19\text{H}$，$C = 80\mu\text{F}$。试求：（1）各支路电流 I_R、I_L、I_C；（2）总电流 I，并说明该电路的性质；（3）等效阻抗 $|Z|$。

解：（1）$\omega = 2\pi f = 314\text{rad/s}$，$X_L = \omega L = 60\Omega$，$X_C = 1/(\omega C) = 40\Omega$，$I_R = U/R = 120/50 = 2.4\text{A}$，$I_L = U/X_L = 2\text{A}$，$I_C = U/X_C = 3\text{A}$。

（2）$I = \sqrt{I_R^2 + (I_C - I_L)^2} = 2.6\text{A}$，因 $X_L > X_C$，则电路呈容性。

（3）$|Z| = U/I = 120/2.6 = 46\Omega$。

3. 相量法

在正弦稳态电路分析和计算中，往往需要画出一种能反映电路中电流、电压关系的几何图形，这种图形就称为电路的相量图。相量法能直观地显示各相量之间的关系，特别是各相量的相位关系，它是分析和计算正弦稳态电路的重要手段，常用于定性分析及利用比例尺定量计算。具体思路如下：

1）选择一个恰当的相量作为参考相量（设初相位为零）。相量图中所有的相量都是共原点且分别与电流、电压的有效值成比例。

2）在画串联电路的相量图时，一般取电流相量为参考相量，初相位为零，各元件的电压相量即可按元件上电流、电压的大小关系和相位关系画出。

3）在画并联电路的相量图时，一般取电压相量为参考相量，初相位为零，各元件的电流相量即可按元件上电流、电压的大小关系和相位关系画出。

7.1.2　阻抗、导纳串联与并联及其等效互换

1. 阻抗、导纳的串联与并联

阻抗及导纳的串联、并联形式上完全与电阻电路一样，可以用一个等效阻抗或等效导纳来代替。其中，阻抗与电阻对应，导纳与电导对应。

引入阻抗概念以后，根据上述关系，并与电阻电路的有关公式做对比，不难得知，若无源一端口正弦稳态电路的各元件为串联，则其阻抗为

$$Z = \sum_{k=1}^{n} Z_k \qquad (7\text{-}6)$$

串联阻抗分压公式为

$$\dot{U}_k = \frac{Z_k}{Z_{eq}} \dot{U} \qquad (7\text{-}7)$$

注意：两个电阻的并联与两个阻抗的并联对应。

$$R = \frac{R_1 R_2}{R_1 + R_2} \Rightarrow Z = \frac{Z_1 Z_2}{Z_1 + Z_2} \qquad (7\text{-}8)$$

欧姆定律的另一种相量形式为 $\dot{I} = Y\dot{U}$，若无源一端口正弦稳态电路的各元件为并联，则其导纳为

$$Y = \sum_{k=1}^{n} Y_k \tag{7-9}$$

并联导纳的分流公式为

$$\dot{I}_k = \frac{Y_k}{Y_{eq}} \dot{I} \tag{7-10}$$

2. 阻抗与导纳的等效互换

由无源一端口网络的阻抗 Z 和导纳 Y 的定义可知，对于同一无源一端口网络 Z 与 Y 互为倒数。

若已知 $Y = G + jB$，则

$$Z = \frac{1}{Y} = \frac{1}{G+jB} = \frac{G-jB}{(G+jB)(G-jB)} = \frac{G}{G^2+B^2} - j\frac{B}{G^2+B^2} \tag{7-11}$$

所以

$$R = \frac{G}{G^2+B^2}, \quad X = -\frac{B}{G^2+B^2}$$

一般情况下，R 并非 G 的倒数，X 也不可能是 B 的倒数。若已知 $Z = R + jX$，则

$$Y = \frac{1}{Z} = \frac{1}{R+jX} = \frac{R-jX}{(R+jX)(R-jX)} = \frac{R}{R^2+X^2} - j\frac{X}{R^2+X^2} = G + jB \tag{7-12}$$

所以

$$G = \frac{R}{R^2+X^2}, \quad B = -\frac{X}{R^2+X^2}$$

 思考与练习

7.1-1　感抗、容抗和电阻有何相同？有何不同？

7.1-2　对于 n 个并联的电路，各支路上电流的有效值一定小于总电流的有效值，对吗？请用相量图说明。

7.1-3　直流情况下，电容的容抗等于多少？容抗与哪些因素有关？

7.1-4　在 RLC 串联电路中，总电压有效值等于各元件电压有效值之和吗？在 RLC 并联电路中，总电流有效值等于各元件电流有效值之和吗？

7.2　正弦稳态电路的分析

根据相量法的特点，可见电路基本定律的相量形式，在形式上与线性电阻电路相同，对于电阻电路，有

$$\sum i = 0, \quad \sum u = 0, \quad u = Ri$$

对于正弦交流电路，则有

$$\sum \dot{I} = 0, \quad \sum \dot{U} = 0, \quad \dot{U} = Z\dot{I}$$

所以分析计算线性电阻电路的各种方法和电路定理，用相量法就可以推广应用于正弦交流电路，其差别仅在于所得到的电路方程为相量形式的代数方程（复数方程）以及用相量描述的定理，而差异为复数运算。一般正弦电流电路的解题步骤如下：

1）根据原电路图画出相量模型图（电路结构不变）：元件用复数阻抗或导纳表示，电压、电流用相量表示。

2）根据相量模型列出相量方程式或画相量图。

3）将直流电路中的电路定律、电路定理及电路的各种分析方法推广到正弦稳态电路中，建立相量代数方程，用复数符号法或相量图法求解。

4）将结果变换成要求的形式。

【**例7-3**】　电路如图7-6所示，已知 $U=100\text{V}$，$I=5\text{A}$，且 $\dot{U}$ 超前 $\dot{I}$ 为 $53.1°$，求 R、X_L。

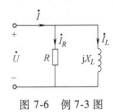

图7-6　例7-3图

解法一： 令 $\dot{I}=5\angle0°\text{A}$，则

$$\dot{U}=100\angle53.1°\text{V}$$

$$Z_{eq}=\frac{\dot{U}}{\dot{I}}=\frac{100\angle53.1°}{5\angle0°}=20\angle53.1°=(12+j16)\,\Omega$$

所以　　　　　　　　　　　　　　　$R_{eq}=12\Omega,X_{eq}=16\Omega$

因为

$$Z_{eq}=\frac{R(jX_L)}{R+jX_L}=\frac{RX_L^2+jR^2X_L}{R^2+X_L^2}=R_{eq}+jX_{eq}$$

所以

$$\left.\begin{array}{l}\dfrac{RX_L^2}{R^2+X_L^2}=12\\[3mm]\dfrac{R^2X_L}{R^2+X_L^2}=16\end{array}\right\}\Rightarrow\left\{\begin{array}{l}R=\dfrac{100}{3}\Omega\\[3mm]X_L=25\Omega\end{array}\right.$$

解法二： 令 $\dot{U}=100\angle0°\text{V}$ 为纯实数，则

$$\dot{I}=5\angle-53.1°=(3-j4)\,\text{A}$$

$$R=\frac{\dot{U}}{\dot{I}_R}=\frac{100\angle0°}{3}=\frac{100}{3}\Omega$$

$$Z_L=\frac{\dot{U}}{\dot{I}_L}=\frac{100\angle0°}{-j4}=j25\Omega$$

$$X_L=25\Omega$$

【**例7-4**】　电路如图7-7a所示，已知 $I_C=2\text{A}$，$I_R=\sqrt{2}\,\text{A}$，$X_L=100\Omega$，且 $\dot{U}$ 与 $\dot{I}_C$ 同相，求 U。

解法一（代数法）：

令 $\dot{I}_R=\sqrt{2}\angle0°\text{A}$，则 $\dot{U}_R=R\sqrt{2}\angle0°\text{V}$

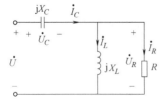
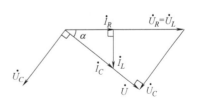

a) 电路图　　　　　　　　　　　　　　　b) 相量图

图7-7　例7-4图

$$\dot{I}_L=\frac{\dot{U}_R}{jX_L}=-j\frac{R\sqrt{2}}{100}\text{A}$$

$$\dot I_C = \dot I_R + \dot I_L = \sqrt 2 - \mathrm j \frac{R\sqrt 2}{100}$$

$$2 = \sqrt{(\sqrt 2)^2 + \left(\frac{R\sqrt 2}{100}\right)^2}, \quad R = 100\Omega$$

$$\therefore \dot U_R = 100\sqrt 2 \angle 0°\mathrm V, \quad \dot I_L = -\mathrm j\sqrt 2\,\mathrm A$$

$$\dot I_C = \dot I_R + \dot I_L = 2\angle -45°\mathrm A$$

$$Z_{\mathrm{eq}} = \mathrm j X_C + \frac{R(\mathrm j X_L)}{R + \mathrm j X_L} = \frac{\dot U}{\dot I_C} = \mathrm j X_C + 50 + \mathrm j50$$

$$\because \dot U \text{ 与 } \dot I_C \text{同相}, \quad \therefore \mathrm{Im}[Z_{\mathrm{eq}}] = 0$$

$$\text{即 } X_C + 50 = 0, \quad \text{则 } X_C = -50\Omega$$

$$\dot U = \mathrm j X_C \dot I_C + \dot U_R = -\mathrm j50 \times 2\angle -45° + 100\sqrt 2$$

$$= 50\sqrt 2 - \mathrm j50\sqrt 2 = 100\angle -45°\mathrm V$$

$$\therefore U = 100\mathrm V$$

解法二 （相量法）：画出满足题意的相量图如图 7-7b 所示。
由电流三角形得

$$I_L = \sqrt{I_C^2 - I_R^2} = \sqrt 2\,\mathrm A$$

$$U_R = U_L = X_L I_L = 100\sqrt 2\,\mathrm V$$

$$\alpha = \arctan \frac{I_L}{I_R} = 45°$$

由电压三角形得

$$U = U_R \cos\alpha = 100\mathrm V$$

【例 7-5】 　电路如图 7-8a 所示，已知 $u_\mathrm S(t) = 10\sqrt 2 \cos 10^3 t\,\mathrm V$，求 i_1、i_2。

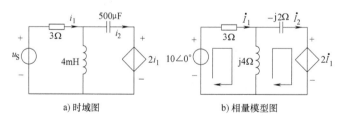

a) 时域图　　　　　　　　b) 相量模型图

图 7-8　例 7-5 图

解法一 （网孔法）：$Z_\mathrm L = \mathrm j\omega L = \mathrm j4\Omega$，$Z_C = \dfrac{1}{\mathrm j\omega C} = -\mathrm j\dfrac{1}{500\times10^{-6}\times10^3} = -\mathrm j2\Omega$

$$\begin{cases} (3+\mathrm j4)\dot I_1 - \mathrm j4\dot I_2 = 10 \\ -\mathrm j4\dot I_1 + (\mathrm j4 - \mathrm j2)\dot I_2 = -2\dot I_1 \end{cases} \qquad \begin{cases} \dot I_1 = 1.24\angle 29.7°\mathrm A \\ \dot I_2 = 2.77\angle 56.3°\mathrm A \end{cases}$$

$$\begin{cases} i_1 = 1.24\sqrt 2 \cos(10^3 t + 29.7°)\,\mathrm A \\ i_2 = 2.77\sqrt 2 \cos(10^3 t + 56.3°)\,\mathrm A \end{cases}$$

解法二（节点法）：
$$\begin{cases} \left(\dfrac{1}{3}+\dfrac{1}{j4}+\dfrac{1}{-j2}\right)\dot U_1 = \dfrac{10}{3}+\dfrac{2\dot I_1}{-j2} \\ \dot I_1 = \dfrac{10-\dot U_1}{3} \end{cases}$$

【**例 7-6**】 电路如图 7-9a 所示，已知 $\dot I_S = 4\angle 90°$A，$Z_1 = Z_2 = -j30\Omega$，$Z_3 = 30\Omega$，$Z = 45\Omega$，求 $\dot I$。

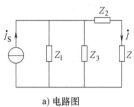
a) 电路图

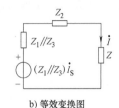
b) 等效变换图

图 7-9 例 7-6 图

解法一（电源等效变换）：$Z_1 /\!/ Z_3 = \dfrac{-j30\times 30}{-j30+30} = 15-j15$

$$\dot I = \frac{\dot I_S(Z_1/\!/Z_3)}{Z_1/\!/Z_3 + Z_2 + Z} = \frac{j4\,(15-j15)}{15-j15-j30+45} = \frac{5.657\angle 45°}{5\angle -36.9°} = 1.13\angle 81.9°\,\text{A}$$

解法二（戴维南等效变换）：电路如图 7-10a 所示。

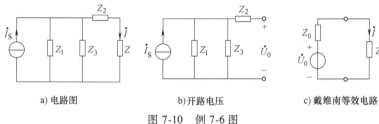
a) 电路图　　　　　b) 开路电压　　　　　c) 戴维南等效电路

图 7-10 例 7-6 图

（1）求开路电压，电路如图 7-10b 所示，$\dot U_0 = \dot I_S(Z_1/\!/Z_3) = 84.86\angle 45°$V

（2）求等效电阻，电路如图 7-10c 所示，$Z_0 = Z_1/\!/Z_3 + Z_2 = (15-j45)\,\Omega$

$$\dot I = \frac{\dot U_0}{Z_0 + Z} = \frac{84.86\angle 45°}{15-j45+45} = 1.13\angle 81.9°\,\text{A}$$

思考与练习

7.2-1　一般正弦稳态电路的解题步骤是怎样的？

7.2-2　正弦稳态电路和直流稳态电路有何区别和联系？

7.3　正弦稳态电路的功率

7.3.1　瞬时功率

在图 7-11a 所示无源一端口网络 N_0 中，设 $u(t) = \sqrt{2}\,U\cos\omega t$，$i(t) = \sqrt{2}\,I\cos(\omega t-\varphi)$。在关联参考方向下，电路的瞬时功率为

$$\begin{aligned} p(t) &= \sqrt{2}\,U\cos\omega t \cdot \sqrt{2}\,I\cos(\omega t-\varphi) \\ &= UI[\cos\varphi+\cos(2\omega t-\varphi)] \\ &= UI\cos\varphi+UI\cos(2\omega t-\varphi) \qquad\qquad (7\text{-}13) \\ &= UI\cos\varphi(1+\cos 2\omega t)+UI\sin 2\omega t\sin\varphi \qquad (7\text{-}14) \end{aligned}$$

图 7-11b 是瞬时功率的波形图，表示一端口网络所吸收的瞬时功率。可以从式（7-13）看出，

瞬时功率有两个分量，第一个为恒定分量，第二个为正弦量，其频率为电压或电流频率的两倍。

式（7-14）中第一项的值始终大于或等于零，表示二端网络所吸收的能量，是瞬时功率中的不可逆部分；第二项是正弦量，其值正负交替，是网络与外部电源交换能量的瞬时功率，其最大值为 $UI\sin\varphi$，是瞬时功率中可逆部分，并不消耗能量，这是由于网络包含储能元件的缘故，说明能量在外施电源与一端口电路之间来回交换进行。

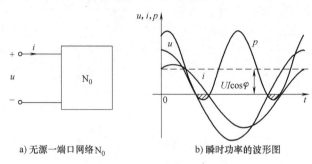

a) 无源一端口网络 N_0　　　　b) 瞬时功率的波形图

图 7-11　一端口网络的瞬时功率

瞬时功率不便于测量，且有时为正，有时为负，在工程中实际意义不大。为了充分反映正弦稳态电路能量交换的情况，引入平均功率的概念，来衡量功率的大小。

7.3.2　平均功率（有功功率）

瞬时功率在一个周期内的平均值叫作平均功率，即

$$P = \frac{1}{T}\int_0^T p\,\mathrm{d}t = \frac{1}{T}\int_0^T UI[\cos\varphi + \cos(2\omega t - \varphi)]\,\mathrm{d}t = UI\cos\varphi \tag{7-15}$$

平均功率也称有功功率，"有功"两个字意味着电路中吸收电能并把电能转换为人们所需要的能量形式做功了，这种能量转换显然是不可逆的，它反映了交流电路中实际消耗的功率，用 P 表示，单位是瓦特（W）。可以用功率表（瓦特表）来测量。其定义为

1）P 是一个常量，由有效值 U、I 及 $\cos\varphi(\varphi = \psi_u - \psi_i)$ 三者乘积确定，量纲为 W。

2）单一无源元件的平均功率：$R：\varphi = 0$，$P_R = U_R I_R \cos\varphi = U_R I_R = I_R^2 R = \dfrac{U_R^2}{R}$

$$L：\varphi = 90°，\ P_L = UI\cos\varphi = 0$$
$$C：\varphi = -90°，\ P_C = UI\cos\varphi = 0$$

3）无论 $0°<\varphi<90°$（感性），还是 $-90°<\varphi<0°$（容性），始终 $P>0$，消耗有功功率。

结论：电路总的有功功率为电阻所消耗的有功功率。电感和电容不消耗有功功率。

7.3.3　无功功率

为了衡量电路中电磁能量交换的规模，工程中引用无功功率 Q 来表示，即

$$Q = UI\sin\varphi \tag{7-16}$$

无功功率表示电路内电磁能的相互转换以及与外部电路的能量交换，它对外不做功，无功功率中的"无功"两个字意味着"只交换不消耗"，不能理解为"无用"。当电压 u 超前电流 i 时，阻抗为感性，Q 值代表感性无功功率。反之，电压 u 滞后于电流 i，阻抗为容性，Q 值代表容性无功功率。无功功率的单位是乏（var）。

1）Q 也是一个常量，由 U、I 及 $\sin\varphi$ 三者乘积确定，量纲为乏（var）。

2）$R：\varphi = 0$，$Q_R = UI\sin\varphi = 0$

$$L：\varphi = 90°，\ Q_L = UI\sin\varphi = UI = \omega L I^2 = \frac{U^2}{\omega L}$$

$$C: \varphi = -90°, \quad Q_C = UI\sin\varphi = -UI = -\frac{1}{\omega C}I^2 = -\omega C U^2$$

3）$0° < \varphi < 90°$ 时，$Q > 0$，吸收无功功率；$-90° < \varphi < 0°$ 时，$Q < 0$，发出无功功率。

在交流电路中，电感、电容、电源之间能量会不断互换，在 RLC 串联电路中，电阻的无功功率为零。Q 为电感与电容无功功率之和，即

$$Q = Q_L + Q_C = U_L I - U_C I = I(U_L - U_C) = I^2(X_L - X_C) = UI\sin\varphi \tag{7-17}$$

7.3.4　视在功率

许多供电设备（发电机和变压器）上都标有额定电压和额定电流，两者的乘积叫作视在功率，表示供电设备可能供给的最大有功功率，常称为供电设备的容量，用 S 表示，即

$$S = UI \tag{7-18}$$

视在功率的国际单位为伏安（VA），也常使用千伏安（kVA），1kVA = 1000VA。

视在功率与有功功率、无功功率之间有如下关系：

$$S^2 = P^2 + Q^2 \tag{7-19}$$

阻抗三角形、电压三角形和功率三角形的对比，如图 7-12 所示。

【例 7-7】　电路如图 7-13a 所示，已知 $U = 100\text{V}$，$P = 86.6\text{W}$，$I = I_1 = I_2$，求 R、X_L、X_C。

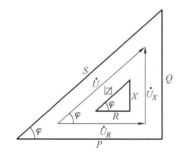

图 7-12　功率、电压和阻抗三角形

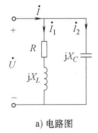

a) 电路图

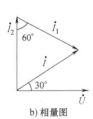

b) 相量图

图 7-13　例 7-7 图

解： 分析：$X_C = -\dfrac{U}{I_2}$，$R = \dfrac{P}{I_1^2}$，$X_L = \sqrt{\left(\dfrac{U}{I_1}\right)^2 - R^2}$

画出电路的相量图，如图 7-13b 所示，可见电流相量图为等腰三角形。

$$I = \frac{P}{U\cos\varphi} = \frac{P}{U\cos(-30°)} = 1\text{A}$$

则

$$I = I_1 = I_2 = 1\text{A}$$

$$\therefore X_C = -\frac{U}{I_2} = -100\Omega$$

$$R = \frac{P}{I_1^2} = 86.6\Omega$$

$$X_L = \sqrt{\left(\frac{U}{I_1}\right)^2 - R^2} = 50\Omega$$

【例 7-8】　将一电感线圈接至 50Hz 的交流电源上，测得其端电压为 120V，电流为 20A，有功功率为 2kW，试求线圈的电感、视在功率、无功功率及功率因数。

解：$S = UI = 120 \times 20 = 2400 \text{VA}$

$$Q = \sqrt{S^2 - P^2} = \sqrt{2400^2 - 2000^2} \approx 1327 \text{var}$$

$$\cos\varphi = \frac{P}{S} = \frac{2000}{2400} \approx 0.83, \quad \varphi \approx 33.557°$$

$$R = \frac{P}{I^2} = \frac{2000}{400} = 5\Omega$$

$$X_L = R\tan\varphi = 5\tan 33.557° \approx 3.32\Omega$$

$$L = \frac{X_L}{2\pi f} \approx \frac{3.32}{314} \approx 0.01 \text{H}$$

7.3.5 复功率

正弦稳态电路功率种类多，为了用一个统一的公式来计算它们，把 $\dot{U}\dot{I}^*$ 称为复功率。

$$\bar{S} = \dot{U}\dot{I}^* = U\angle\psi_u I\angle -\psi_i = UI\angle\psi_u - \psi_i = S\angle\varphi = UI\cos\varphi + \mathrm{j}UI\sin\varphi = P + \mathrm{j}Q \quad (7-20)$$

$\bar{S}$ 是用复数表示的复功率，其实部是有功功率 P，虚部是无功功率 Q，模是视在功率 S，使 3 个功率的关系变得一目了然；辐角是二端网络或元件的阻抗角 $\varphi = \psi_u - \psi_i$，复功率的单位与视在功率相同，都是伏安（VA）。复功率代数和为零，称为复功率守恒。有功功率和无功功率也分别守恒，而视在功率不守恒。

【例 7-9】 如图 7-14 所示电路，已知电源的频率 $f = 50\text{Hz}$，且测得 $U = 50\text{V}$，$I = 1\text{A}$，$P = 30\text{W}$。

（1）试用三表法测线圈参数 R、L 的值；（2）线圈吸收的复功率 $\bar{S}$。

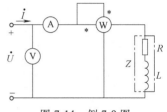

图 7-14 例 7-9 图

解：（1）方法 1：电压表、电流表读数分别是电压、电流有效值，功率表读数为线圈吸收的有功功率，即为线圈直流电阻吸收的有功功率 P，$P = I^2 R = 30\text{W}$，得

$$R = \frac{P}{I^2} = \frac{30}{1^2} = 30\Omega, \quad |Z| = \frac{U}{I} = \frac{50}{1} = 50\Omega$$

$|Z| = \sqrt{R^2 + (\omega L)^2}$，故可求得 $\omega L = \sqrt{50^2 - 30^2} = 40\Omega$

所以

$$L = \frac{40}{\omega} = \frac{40}{314} = 127\text{mH}$$

方法 2：由 $P = UI\cos\varphi = 30\text{W}$，得 $\varphi = \arccos\left(\frac{30}{UI}\right) = 53.13°$

$$Z = 50\angle 53.13° = (30 + \mathrm{j}40)\,\Omega$$

$$\therefore R = 30\Omega, \quad L = \frac{40}{\omega} = \frac{40}{314} = 127\text{mH}$$

（2）根据电压、电流相量就可以计算复功率。

令 $\dot{U} = 50\angle 0°\text{V}$，则 $\dot{I} = 1\angle -53.13°\text{A}$

有 $\bar{S} = \dot{U}\dot{I}^* = 50\angle 0° \times 1\angle 53.13° = (30 + \mathrm{j}40)\,\text{VA}$

可见线圈吸收有功功率 30W，吸收无功功率 40var。

思考与练习

7.3-1 无功功率和有功功率有什么区别？能否从字面上把无功功率理解为无用的功率？为什么？

7.3-2 有功功率、无功功率和视在功率满足什么关系？

7.3-3 电压、电流相位如何时只吸收有功功率？只吸收无功功率时两者相位又如何？

7.3-4 阻抗三角形和功率三角形是相量图吗？电压三角形呢？

7.4 功率因数及其提高

扫一扫 看视频

7.4.1 功率因数的定义

当正弦稳态电路内部不含独立源时，平均有功功率 P 与视在功率 S 之比，定义为该电路的功率因数 $\cos\varphi$，用希腊字母 λ 表示，即

$$\lambda = \cos\varphi = \frac{P}{S} \tag{7-21}$$

$\varphi = \psi_u - \psi_i$ 为其等效阻抗的阻抗角。对于无源网络，φ 决定功率因数 λ 的数值，称为功率因数角。由于 $\cos(-\varphi) = \cos\varphi$，故不论 φ 是正值，还是负值，功率因数恒为正值。常以"滞后"表示电流滞后于电压，$\varphi > 0$；以"超前"表示电流超前于电压，$\varphi < 0$。一般地，有 $0 \leqslant |\cos\varphi| \leqslant 1$。

7.4.2 提高功率因数的意义

1）提高功率因数，能提高发电设备和变压器的利用率。设电源设备的视在功率（容量）$S = UI$，输出的有功功率 $P = UI\cos\varphi$。所有同容量的电源，能输送多少有功功率给负载，与负载的 $\cos\varphi$ 相关。若负载为纯电阻性，则 $\cos\varphi = 1$，电源设备的利用率最高。异步电动机空载或轻载运行时 $\cos\varphi = 0.1 \sim 0.3$，较低。可见提高电路的功率因数，可提高有功功率的输出，增大设备的利用率。

2）提高功率因数，能减少输电线路电能损耗和电压损耗。由 $P = UI\cos\varphi$ 可知，在额定电压 U 下，电源供给负载的有功功率 P 一定时，根据 $I = \dfrac{P}{U\cos\varphi}$，提高功率因数可减小线路的电流 I，能减少输电线路功率损耗（$\Delta P = I^2 r$）和电压损耗（$\Delta U = Ir$）。电力系统在输电过程中所损耗的电能占它所产生电能的 $5\% \sim 10\%$，提高功率因数是十分必要的。

7.4.3 提高功率因数的方法

提高功率因数的方法有两种：一是自然提高法，就是避免感性设备的空载和尽量减少其空载，改进用电设备的功率因数，但这要涉及更换或改进用电设备；二是人工补偿法，即在感性负载两端并联适当的电容。电容本身不消耗电源提供的有功功率，但能"补偿"负载中电感需要的无功功率，减少了电源的无功功率，从而提高了电路的功率因数。

如图 7-15a 所示一感性负载 Z，接在电压为 $\dot{U}$ 的电源上，其有功功率为 P，功率因数为 $\cos\varphi_1$，如要将电路的功率因数提高到 $\cos\varphi$，就应采用在负载 Z 的两端并联电容 C 的方法实现。

并联电容之后的相量图如图 7-15b 所示。在感性负载两端并联电容可以补偿电感消耗的无功功率，图 7-15c 的功率三角形图中，设并联电容 C 之前电路的无功功率 $Q_1 = P\tan\varphi_1$，并联电

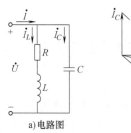 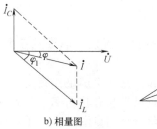

a)电路图　　　　　b)相量图　　　　　c)无功功率关系

图 7-15　提高功率因数方法

容 C 后的无功功率 $Q=P\tan\varphi$，无功功率减少 $\Delta Q=P(\tan\varphi_1-\tan\varphi)$，减少的补偿无功功率为

$$|Q_C|=\Delta Q=Q_1-Q=P(\tan\varphi_1-\tan\varphi)=\omega CU^2$$

移项后得出补偿电容 C 的计算公式为

$$C=\frac{P}{\omega U^2}(\tan\varphi_1-\tan\varphi)$$

【例 7-10】　有一台 220V、50Hz、100kW 的电动机，功率因数为 0.8。（1）在使用时，电源提供的电流是多少？无功功率是多少？（2）如欲使功率因数达到 0.85，需要并联的电容是多少？此时电源提供的电流是多少？

解：（1）由于 $P=UI_1\cos\varphi_1$，所以电源提供的电流为

$$I_1=\frac{P}{U\cos\varphi_1}=\frac{100\times10^3}{220\times0.8}=568.18\text{A}$$

无功功率　　　　$Q_1=UI_1\sin\varphi_1=220\times568.18\sqrt{1-0.8^2}=74.99\text{kvar}$

（2）使功率因数提高到 0.85 时所需电容为

$$C=\frac{P}{\omega U^2}(\tan\varphi_1-\tan\varphi)$$

$$=\frac{100\times10^3}{314\times220^2}(0.75-0.62)=855.4\mu\text{F}$$

此时电源提供的电流 $I=\dfrac{P}{U\cos\varphi}=\dfrac{100\times10^3}{220\times0.85}=534.76\text{A}$。

可见，用电容进行无功补偿后，电源提供的电流减小，减少了传输线上电能损耗，提高了电源利用率。在实际生产中，并不要求将功率因数提高到 1。因为这样做将增加电容设备的投资，而带来的经济效益并不显著。功率因数提高到什么数值为宜，只能在做具体的技术经济指标综合比较以后才能决定。

 思考与练习

7.4-1　提高功率因数的意义何在？为什么并联电容能提高功率因数？

7.4-2　提高功率因数的方法有哪些？

7.4-3　并联电容可以提高电路的功率因数，并联电容的容量越大，功率因数是否被提得越高？为什么？

7.4-4　会不会使电路的功率因数为负值？是否可以用串联电容的方法提高功率因数？

7.5　最大功率传输

在正弦稳态电路中负载在什么条件下能获得最大平均功率呢？这类问题可以归结为一个有

源一端口向负载传输功率的问题。根据戴维南定理，有源一端口最终可以简化为图 7-16 所示的电路来进行研究。图中 $\dot{U}_{oc}$ 为等效电源的电压相量（即端口的开路电压相量），Z_{eq} 为戴维南等效阻抗。

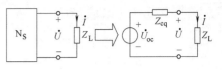

图 7-16　最大功率传输

设 $Z_{eq}=R_{eq}+jX_{eq}$，$Z_L=R_L+jX_L$，则

$$\dot{I}=\frac{\dot{U}_{oc}}{Z_{eq}+Z_L}\Rightarrow I=\frac{U_{oc}}{\sqrt{(R_{eq}+R_L)^2+(X_{eq}+X_L)^2}}$$

负载吸收的有功功率

$$P_L=R_LI^2=R_L=\frac{U_{oc}^2}{(R_{eq}+R_L)^2+(X_{eq}+X_L)^2}=f(R_L,X_L)$$

解得

$$\left.\begin{array}{r}R_L=R_{eq}\\X_L=-X_{eq}\end{array}\right\}\Rightarrow Z_L=R_{eq}-jX_{eq}=Z_{eq}^* \qquad (7-22)$$

即负载阻抗与一端口戴维南等效阻抗互为共轭复数时，也叫共轭匹配，此时

$$P_{Lmax}=\frac{U_{oc}^2}{4R_{eq}} \qquad (7-23)$$

【例 7-11】 电路如图 7-17 所示，电源频率 $f=10^8$ Hz，欲使电阻 R 吸收功率最大，则 C 和 R 各应为多大，并求此功率。

解： $X_L=\omega L=2\pi fL=62.8\Omega$，$Z_1=(50+j62.8)\Omega$

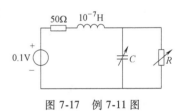

图 7-17　例 7-11 图

$$Z_2=\frac{R(jX_C)}{R+jX_C}=\frac{RX_C^2+jR^2X_C}{R^2+X_C^2}$$

由 $\dfrac{RX_C^2}{R^2+X_C^2}=50$，$\dfrac{R^2X_C}{R^2+X_C^2}=-62.8$

得 $R=129\Omega$，$X_C=-102.6\Omega$，$C=-\dfrac{1}{\omega X_C}=15.5\,\mathrm{pF}$

$$\therefore P_{max}=\frac{0.1^2}{4\times50}=5\times10^{-5}\,\mathrm{W}$$

思考与练习

7.5-1　获得最大功率的前提条件是什么？

7.5-2　什么叫共轭匹配？

7.6　串、并联谐振

含 R、L、C 的一端口电路，在特定条件下出现端口电流、电压同相位的现象时，称电路发生了谐振。谐振是交流电路中一种特殊的现象，分为串联谐振和并联谐振。谐振在无线电和电工技术中得到广泛的应用。但另一方面，发生谐振时又有可能破坏系统的正常工作，造成危害而应加以避免。

扫一扫　看视频

7.6.1　串联谐振

1. 串联谐振的条件

RLC 串联谐振电路如图 7-18 所示。

在 RLC 串联电路中，阻抗为

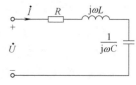

图 7-18　RLC 串联谐振电路

$$Z = R + j\omega L + \frac{1}{j\omega C} = R + j\left(\omega L - \frac{1}{\omega C}\right)$$

要使 $\dot{U}$ 与 $\dot{I}$ 同相，则 $\mathrm{Im}[Z] = 0$，即

$$\omega L - \frac{1}{\omega C} = 0 \tag{7-24}$$

式（7-24）为电路发生串联谐振的条件。可得谐振角频率 ω_0 和谐振频率 f_0 分别为

$$\omega_0 = \frac{1}{\sqrt{LC}} \tag{7-25}$$

$$f_0 = \frac{1}{2\pi\sqrt{LC}} \tag{7-26}$$

由此可见，f_0 只由电感 L 与电容 C 决定，改变 L 或 C 可使电路发生谐振或消除谐振。f_0 反映了 RLC 串联电路的固有性质，所以称为电路的固有频率。通常改变电容 C 或调整电感 L 来选台。

2. 串联谐振的特点

1）电路呈电阻性：$Z = R + j(X_L - X_C) = R$，$|Z|_{\min} = R$

2）电流呈现最大：$I = I_0 = \dfrac{U}{|Z|} = \dfrac{U}{R}$

3）电压和电流同相：$\dot{U} = \dot{U}_R$，$\dot{U}_L + \dot{U}_C = 0$，所以又称为电压谐振。$\dot{U}_L = -\dot{U}_C$，电感上与电容上的电压相量有效值相等，相位相反，相互完全抵消。L、C 串联部分对外电路而言，可以短路表示。这时，外施电压全部加在电阻 R 上，电阻上的电压达到了最大值，相量图如图 7-19 所示。

4）功率特性：$P = UI_0\cos\varphi = UI_0 = \dfrac{U^2}{R}$；$Q = 0$；$S = UI_0 = \dfrac{U^2}{R}$。

电路谐振时，电源提供的视在功率全部转换为有功功率，被电阻消耗。总的无功功率为零，电路与电源之间没有能量互换。说明在电路谐振时，能量互换发生在电感和电容之间。

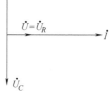

图 7-19　串联谐振时的相量图

5）特性阻抗：电路发生谐振时 $\omega_0 L = \dfrac{1}{\omega_0 C}$，由（7-25）得

$$\rho = \omega_0 L = \frac{1}{\omega_0 C} = \sqrt{\frac{L}{C}} \tag{7-27}$$

ρ 称为串联谐振电路的特性阻抗，单位为欧姆（Ω）。

6）品质因数：串联谐振时，电感电压（或电容电压）与总电压的比值称为串联谐振电路的品质因数，即

$$Q = \frac{U_L}{U} = \frac{U_C}{U} = \frac{X_L}{R} = \frac{X_C}{R} = \frac{\omega_0 L}{R} = \frac{1}{\omega_0 CR} = \frac{1}{R}\sqrt{\frac{L}{C}} \tag{7-28}$$

当 $X_L = X_C \gg R$ 时，品质因数 Q 很大，则 $U_L = U_C \gg U_R = U$，电感和电容上会出现超过外施电压 Q 倍的高电压，在电力系统中，出现这种高电压是不允许的，因为这将引起某些电气设

备的损坏，根据不同情况可以利用或者应避免这一现象。

7）谐振曲线和选择性：串联谐振电路具有选择谐振频率附近电流的性能，这种性能称为选择性。经推导可得

$$I = \frac{I_0}{\sqrt{1 + Q^2\left(\dfrac{f}{f_0} - \dfrac{f_0}{f}\right)^2}} \tag{7-29}$$

电压一定时，在谐振频率附近电流与频率的关系曲线称为谐振曲线，画出不同 Q 值的谐振曲线如图 7-20 所示。也可以用通频带表示选择性，当电流 I 减少到谐振电流 I_0 的 $1/\sqrt{2}$ 时所对应的上下限频率之间的宽度，称为通频带 Δf，即 $\Delta f = f_H - f_L$。只有信号频率在电路的通频带范围之内，电路才能不失真地传递信号。

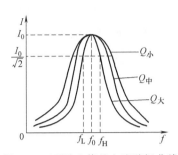

图 7-20　不同 Q 值的电流谐振曲线

电流谐振曲线的形状与品质因数 Q 有关，Q 值越大，谐振曲线越尖锐，说明电路的选择性越好，但通频带较窄，显然又不利于信号的传递，所以品质因数不是越大越好，不能无限制地加大品质因数，否则将使通频带变窄，造成接收信号部分频率丢失而产生失真。因此，在工程实际中应合理选择 Q 值的大小，使之能够兼顾选择性和通频带两个方面，即应使谐振电路不仅具有较高的选择性，而且还应具有不失真传递信号的能力。

【例 7-12】　有一电感、电阻和电容相串联的电路接在电压为 20V 且频率可调的交流电源上，已知 $L = 6\text{mH}$，$R = 80\Omega$，$C = 120\text{pF}$。试求：（1）电路的谐振频率；（2）电路的品质因数；（3）谐振时电阻、电感和电容上电压有效值。

解：（1）谐振频率为

$$f_0 = \frac{1}{2\pi\sqrt{LC}} = \frac{1}{2\pi\sqrt{6\times10^{-3}\times120\times10^{-12}}} = 187.6\text{kHz}$$

（2）品质因数为

$$Q = \frac{1}{R}\sqrt{\frac{L}{C}} = \frac{1}{80}\sqrt{\frac{6\times10^{-3}}{120\times10^{-12}}} = 88$$

（3）电路发生谐振时的感抗和容抗分别为

$$X_L = X_C = 2\pi f_0 L = 7069\Omega$$

谐振时电路的电流为

$$I_0 = \frac{U}{R} = \frac{20}{80} = 0.25\text{A}$$

各元件上电压有效值为

$$U_R = RI_0 = 80\times0.25 = 20\text{V}$$
$$U_L = U_C = X_L I_0 = 7069\times0.25 = 1767\text{V}$$

7.6.2　并联谐振

1. 简单 *GCL* 并联谐振电路

图 7-21a 为最简单的 *GCL* 并联谐振电路，输入为正弦电流 $\dot{I}_\text{S}$。讨论并联谐振电路的方法与讨论串联谐振电路的方法相同，也可以根据对偶的方法进行讨论。并联谐振的定义仍为端口上的电压 $\dot{U}$ 与端口电流 $\dot{I}$ 同相时的工作状态。由于谐振发生在并联电路，所以称为

扫一扫　看视频

并联谐振。并联谐振的条件为

$$Y(j\omega_0) = G + j\left(\omega_0 C - \frac{1}{\omega_0 L}\right) \quad Im[Y(j\omega_0)] = 0$$

所以谐振角频率 ω_0 和谐振频率 f_0
分别为

$$\omega_0 = \frac{1}{\sqrt{LC}}, \quad f_0 = \frac{1}{2\pi\sqrt{LC}} \quad (7\text{-}30)$$

并联谐振时，输入导纳 $Y(j\omega_0) = G$
最小，输入阻抗 $Z(j\omega_0) = R$ 最大。

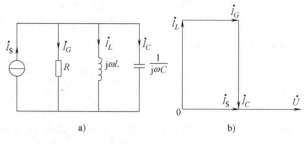

图 7-21　GCL 并联电路

$$\dot{I}_L(\omega_0) = -j\frac{1}{\omega_0 L}\dot{U} = -j\frac{1}{\omega_0 LG}\dot{I}_S = -jQ\dot{I}_S$$

$$\dot{I}_C(\omega_0) = j\omega C\dot{U} = j\frac{\omega_0 C}{G}\dot{I}_S = jQ\dot{I}_S$$

式中，Q 称为并联谐振电路的品质因数，

$$Q = \frac{I_C(\omega_0)}{I_S} = \frac{I_L(\omega_0)}{I_S} = \frac{1}{\omega_0 LG} = \frac{\omega_0 C}{G} = \frac{1}{G}\sqrt{\frac{C}{L}}$$

并联谐振时电流相量图如图 7-21b 所示。

若 $Q \gg 1$，则谐振时在电感和电容中会出现过电流。由于 $Im[Y(j\omega_0)] = 0$，从 L、C 两端看进去的等效导纳等于零，即电抗为无穷大，L、C 相当于开路。谐振时无功功率为零。

谐振时端电压达到最大值，$U(\omega_0) = |Z(j\omega_0)|I_S = RI_S$，这是工程中判断并联电路是否发生谐振的依据。并联谐振时，$\dot{I}_L + \dot{I}_C = 0$，所以并联谐振又称为电流谐振。

2. 电感线圈与电容并联谐振电路

工程实际中常用电感线圈与电容元件并联组成谐振电路，电路模型如图 7-22a 所示。

$$Y = j\omega C + \frac{1}{R + j\omega L} = \frac{R}{R^2 + (\omega L)^2} + j\left(\omega C - \frac{\omega L}{R^2 + (\omega L)^2}\right) = G + jB$$

谐振时 $B = 0$，即 $\omega_0 C - \dfrac{\omega_0 L}{R^2 + (\omega_0 L)^2} = 0$，求得 $\omega_0 = \sqrt{\dfrac{1}{LC} - \left(\dfrac{R}{L}\right)^2}$，由电路参数决定。

谐振时电流相量图如图 7-22b 所示。

【例 7-13】　图 7-23 所示电路中，$R_1 = 10.1\Omega$，$R_2 = 1000\Omega$，$C = 10\mu F$，$U_S = 100V$，电路发生谐振时的角频率 $\omega_0 = 10^3 \text{rad/s}$。试求电感 L 和电压 $\dot{U}_{10}$。

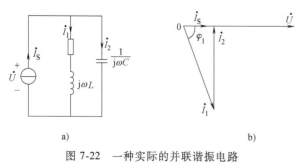

图 7-22　一种实际的并联谐振电路

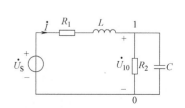

图 7-23　例 7-13 图

解： 因为

$$Z = R_1 + j\omega_0 L + \cfrac{R_2 \cdot \cfrac{1}{j\omega_0 C}}{R_2 + \cfrac{1}{j\omega_0 C}}$$

$$= 10.1 + j\omega_0 L + (9.9 - j99)$$

所以 $\omega_0 L = 99 \Rightarrow L = 99\text{mH}$。

谐振时，$\dot{I} = \dfrac{\dot{U}_S}{Z} = \dfrac{100 \angle 0°}{10.1 + 9.9} = 5 \angle 0°\text{A}$，

故 $\dot{U}_{10} = (9.9 - j99)\dot{I} = 497.5 \angle -84.29°\text{V}$。

 思考与练习

7.6-1 为什么把串联谐振电路称为电压谐振而把并联谐振电路称为电流谐振？

7.6-2 谐振电路的通频带是如何定义的？它与哪些量有关？

7.6-3 何谓串联谐振电路的谐振曲线？说明品质因数 Q 值的大小对谐振曲线的影响。

7.6-4 LC 并联谐振电路接在理想电压源上是否具有选频性？为什么？

7.7 应用案例

移相器电路通常用于校正电路中已经存在的不必要的相移或者用于产生某种特定的效果，采用 RC 电路即可达到这一目的。图 7-24 给出了一种移相器电路。

利用分压公式和 KVL，有

$$\dot{U}_{ab} = \frac{R_2}{R_2 + \cfrac{1}{j\omega C}}\dot{U} - \frac{R_1}{R_1 + R_1}\dot{U} = \left(\frac{j\omega CR_2}{j\omega CR_2 + 1} - \frac{1}{2}\right)\dot{U} = \frac{-1 + j\omega CR_2}{2(j\omega CR_2 + 1)}\dot{U}$$

$$\frac{\dot{U}_{ab}}{\dot{U}} = \frac{-1 + j\omega CR_2}{2(j\omega CR_2 + 1)} = \frac{1}{2} \angle (180° - 2\arctan\omega CR_2)$$

由上式可见，移相器电路的幅频特性为 1/2；由图 7-25 可知，当 R_2 由 0 变化至 ∞ 时，它的相位随之从 180° 变化至 0°。该电路是一个超前相移网络。

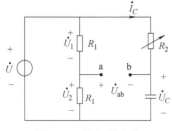

图 7-24 移相器电路

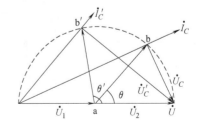

图 7-25 移相器电路相量图

本 章 小 结

1. 欧姆定律的相量形式

$\dot{U} = Z\dot{I}$ 称为欧姆定律的相量形式。Z 称为复数阻抗（简称为阻抗），其中 $|Z| = U/I$ 是阻抗模，$\varphi = \psi_u - \psi_i$

为阻抗角，即电压超前于电流的相位角，在 RLC 串联等效电路中，阻抗为

$$Z = \frac{\dot{U}}{\dot{I}} = R + j\omega L - j\frac{1}{\omega C} = R + jX = |Z| \angle \varphi_Z$$

在 RLC 并联等效电路中，导纳为

$$Y = \frac{\dot{I}}{\dot{U}} = \frac{1}{R} + j\left(\omega C - \frac{1}{\omega L}\right) = G + jB = |Y| \angle \varphi_Y$$

RLC 串联交流电路主要知识点归纳见表 7-1。

表 7-1　RLC 串联交流电路

RLC 串联交流电路		
电路图	电路图	
相量关系	$\dot{U} = \dot{U}_R + \dot{U}_L + \dot{U}_C = R\dot{I} + j\omega L\dot{I} - j\frac{1}{\omega C}\dot{I}$ $= \left(R + j\omega L - j\frac{1}{\omega C}\right)\dot{I}$ $= [R + j(X_L - X_C)]\dot{I}$ $= (R + jX)\dot{I} = Z\dot{I}$	阻抗　$Z = \frac{\dot{U}}{\dot{I}} = R + j\omega L - j\frac{1}{\omega C} = R + jX = |Z|\angle\varphi_Z$ 阻抗模　$|Z| = \sqrt{R^2 + (X_L - X_C)^2}$ 辐角　$\varphi = \arctan\frac{X_L - X_C}{R} = \arctan\frac{U_L - U_C}{U_R}$
有效值	$U = \sqrt{U_R^2 + (U_L - U_C)^2} = I\sqrt{R^2 + (X_L - X_C)^2} = I|Z|$	
相量图	阻抗三角形　电压三角形 选电流 $\dot{I}$ 为参考相量, $\dot{U}_R$ 和 $\dot{I}$ 同相, $\dot{U}_L$ 超前 $\dot{I}$ 90°, $\dot{U}_C$ 滞后 $\dot{I}$ 90°	
	瞬时功率　$p = ui$	
	平均功率（有功功率）　$P = UI\cos\varphi = I^2 R$ 单位: W, kW	
	无功功率　$Q = UI\sin\varphi = I^2(X_L - X_C) = Q_L - Q_C$ 单位: var, kvar	功率三角形
	视在功率　$S = UI = \sqrt{P^2 + Q^2}$ 单位: VA, kVA	
	复功率　$\bar{S} = P + jQ = S\angle\varphi = UI\angle\psi_u - \psi_i$ $= U\angle\psi_u \cdot I\angle-\psi_i = \dot{U}\dot{I}^*$ 单位: VA, kVA	
	功率因数　$\lambda = \cos\varphi = \cos(\psi_u - \psi_i) = \frac{R}{|Z|} = \frac{U_R}{U} = \frac{P}{S}$	φ 为正时, 电流滞后 φ 为负时, 电流超前
相位角 φ	$X_L > X_C, \varphi > 0, u$ 超前 $i, Q_L > Q_C,$ 电路呈电感性	
	$X_L < X_C, \varphi < 0, u$ 滞后 $i, Q_L < Q_C,$ 电路呈电容性	
	$X_L = X_C, \varphi = 0, u$ 与 i 同相位, $Q = 0, S = P,$ 电路呈电阻性	

（续）

		RLC 串联交流电路	
功率因数的提高	定义	$\cos\varphi = \dfrac{P}{S} = \dfrac{P}{UI}$	
	危害	负载功率因数低，电源输出功率将减小	
	方法	在感性负载的两端并联适当大小的电容器（无极性）	
	并联电容 C 的计算公式	设有一感性负载的端电压为 U，功率为 P，功率因数 $\cos\varphi_1$，为了使功率因数提高到 $\cos\varphi$ $$C = \frac{P}{\omega U^2}(\tan\varphi_1 - \tan\varphi)$$ C——所需电容值；P——负载额定功率；ω——电源角频率；U——负载额定电压；φ_1——提高前的功率因数角；φ——提高后的功率因数角	

2. 正弦电流电路的功率

正弦电流电路吸收的有功功率、无功功率和视在功率分别为

$$P = UI\cos\varphi$$
$$Q = UI\sin\varphi$$
$$S = UI$$

它们用复功率 $\bar{S}$ 联系起来为

$$\bar{S} = P + jQ = S\angle\varphi = \dot{U}\overset{*}{\dot{I}}$$
$$\lambda = \cos\varphi = \cos(\psi_u - \psi_i) = \frac{R}{|Z|} = \frac{U_R}{U} = \frac{P}{S}$$

λ 称为电路的功率因数。当负载阻抗与一端口戴维南等效阻抗互为共轭复数时，也叫共轭匹配，$Z_L = Z_{eq}^*$ 时有最大功率

$$P_{Lmax} = \frac{U_{oc}^2}{4R_{eq}}$$

3. 串联谐振和并联谐振

交流电路的串联谐振见表 7-2。

表 7-2 交流电路的串联谐振

串联谐振	端口的电压相量 $\dot{U}$ 与电流相量 $\dot{I}$ 同相时的工作状况称为串联谐振
谐振条件	$X_L = X_C$
谐振角频率 谐振频率	$\omega_0 = \dfrac{1}{\sqrt{LC}}$ $\quad$ $f_0 = \dfrac{1}{2\pi\sqrt{LC}}$
谐振特点	阻抗最小：$Z = R$
	电流最大，且与电源电压同相。$I_0 = \dfrac{U}{R}I_{max} \neq I_m$，$\dot{U}_{R0} = R\dot{I}_0 = \dot{U}$
	U_L 与 U_C 大小相等，方向相反，相互抵消，电源电压 $\dot{U} = \dot{U}_R$；当 $X_L = X_C > R$ 时，$U_L = U_C \gg U_R = U$，出现电路局部过电压也称为电压谐振

（续）

特性阻抗	$\rho=\omega_0 L=\dfrac{1}{\omega_0 C}=\sqrt{\dfrac{L}{C}}$ 仅与电路参数有关
品质因数	$Q=\dfrac{U_L}{U}=\dfrac{\omega_0 L}{R}=\dfrac{U_C}{U}=\dfrac{1}{\omega_0 RC}$ 反映电路选择性能好坏的指标，仅与电路参数有关
通频带	$\Delta f=f_H-f_L$，Q 越大，Δf 越小，选择性越好

并联谐振也如此分析。

参考答案

能力检测题

一、选择题

1. 正弦稳态电路中，RLC 串联电路的阻抗为（　　）。

（A）$R+j\omega L+j\omega C$　　　　（B）$R+j\omega L+\dfrac{1}{j\omega C}$　　　　（C）$R+j\omega L-\dfrac{1}{j\omega C}$　　　　（D）$R+j\omega L-j\omega C$

2. 正弦稳态电路中，R、L 和 C 串联，它们的电压有效值分别为 4V、3V 和 6V，则它们串联的总电压有效值为（　　）。

（A）7V　　　　　　（B）1V　　　　　　（C）5V　　　　　　（D）13V

3. 在正弦稳态 RLC 串联电路发生谐振后，当 ω 增加时，电路呈现（　　）。

（A）电阻性　　　　（B）电容性　　　　（C）电感性　　　　（D）无法确定

4. RLC 串联谐振电路的谐振条件为（　　）。

（A）$\omega L=\dfrac{1}{\omega C}$　　　　（B）$LC=1$　　　　（C）$L=C$　　　　（D）$\omega L=\omega C$

5. 在正弦交流电路中提高感性负载功率因数的方法是（　　）。

（A）负载串联电感　　（B）负载串联电容　　（C）负载并联电感　　（D）负载并联电容

6. 下列说法中，（　　）是正确的。

（A）串联谐振时阻抗最小　　　　　　　　（B）并联谐振时阻抗最小

（C）电路谐振时阻抗最小　　　　　　　　（D）无法确定

7. 电阻与电感元件并联，它们的电流有效值分别为 3A 和 4A，则它们总的电流有效值为（　　）。

（A）7A　　　　　　（B）6A　　　　　　（C）5A　　　　　　（D）4A

8. 并联一个合适的电容可以提高感性负载电路的功率因数。并联电容后，电路的总电流将（　　）。

（A）增大　　　　　（B）减小　　　　　（C）不变　　　　　（D）不确定

9. 幅角处在复平面上第二象限的复阻抗是（　　）。

（A）$Z=3+j4$　　　（B）$Z=3-j4$　　　（C）$Z=-3+j4$　　　（D）$Z=-3-j4$

10. 复功率的实部对应正弦交流电路的（　　）。

（A）有功功率　　　（B）无功功率　　　（C）视在功率　　　（D）复功率

二、判断题

1. 电阻元件上只消耗有功功率，不产生无功功率。（　　）

2. 无功功率的概念可以理解为这部分功率在电路中不起任何作用。（　　）

3. 谐振电路的品质因数越高，电路选择性越好，因此实用中 Q 值越大越好。（　　）

4. 串联谐振在 L 和 C 两端将出现过电压现象，因此也把串联谐振称为电压谐振。（　　）

5. 并联谐振在 L 和 C 支路上出现过电流现象，因此常把并联谐振称为电流谐振。（　　）

6. 理想并联谐振电路对总电流产生的阻碍作用无穷大，因此总电流为零。（　　）

7. 某感性负载，电压的初相位一定小于电流的初相位，即 U 滞后于 I。（　　）

8. 品质因数高的电路对非谐振频率电流具有较强的抵制能力。（　　）

9. 谐振状态下电源供给电路的功率全部消耗在电阻上。（　　）

10. 在正弦电流电路中，两元件串联后的总电压必大于分电压，两元件并联后的总电流必大于分电流。（　　）

三、填空题

1. RLC 串联谐振电路的谐振频率 $\omega =$（　　　　）。

2. 品质因数越大越好，但不能无限制地增大品质因数，否则将造成（　　　　）变窄，致使接收信号产生失真。

3. RLC 串联谐振电路品质因数 $Q = 100$，若 $U_R = 10\text{V}$，则电源电压 $U =$（　　　　）V，电容两端电压 $U_C =$（　　　　）V。

4. 并联一个合适的电容可以提高感性负载电路的功率因数。并联电容后，电路的有功功率（　　　　），电路的总电流（　　　　）。

5. 复功率的实部是（　　　　）功率，单位是（　　　　）；复功率的虚部是（　　　　）功率，单位是（　　　　）。复功率的模对应正弦交流电路的（　　　　）功率，单位是（　　　　）。

6. 在 RLC 串联电路中，已知电流为 5A，电阻为 30Ω，感抗为 40Ω，容抗为 80Ω，那么电路的阻抗为（　　　　），该电路为（　　　　）性电路。

7. RLC 串联电路出现（　　　　）与（　　　　）同相的现象称电路发生了串联谐振。串联谐振时，电路的（　　　　）最小，且等于电路中的（　　　　），电路中的（　　　　）最大，动态元件 L 和 C 两端的电压是电路端电压的（　　　　）倍，谐振电路的特征阻抗 $\rho =$（　　　　）。

8. 电路发生并联谐振时，电路中的（　　　　）最大，且呈（　　　　）性质，（　　　　）最小，且与（　　　　）同相位，动态元件 L 和 C 两支路的电流是输入总电流的（　　　　）倍。

9. 谐振电路的品质因数 Q 值越大，则电路的（　　　　）越好，谐振曲线的顶部越（　　　　），但会使（　　　　）变窄，造成接收信号部分频率丢失而产生失真。

10.（　　　　）三角形、（　　　　）三角形和（　　　　）三角形是相似三角形，其中的（　　　　）三角形属于相量图，当 RLC 串联电路处于感性时，该三角形的辐角（　　　　）0，若 RLC 串联电路处于容性时，其三角形辐角（　　　　）0，当 RLC 串联电路表现为纯电阻性时，三角形辐角（　　　　）0。

四、计算题

1. 试求图 7-26 所示电路的等效阻抗。

2. 如图 7-27 所示电路，电压表 V_1、V_2、V_3 的读数分别为 15V，80V，100V，求电压 u_S。

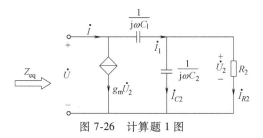

图 7-26　计算题 1 图

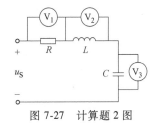

图 7-27　计算题 2 图

3. 已知 $U = 50\text{V}$，$I = 2\text{A}$，$P = 80\text{W}$，求 R、X、G、B。

4. 如图 7-28 所示电路，在 $f = 50\text{Hz}$、$U = 380\text{V}$ 的交流电源上，接有一感性负载，其消耗的平均功率 $P_1 = 20\text{kW}$，其功率因数 $\cos\varphi_1 = 0.6$。求线路电流 I_1。若在感性负载两端并联一组电容，其等效电容为 $374\mu\text{F}$，求线路电流 I 及总功率因数 $\cos\varphi$。

5. 现有一个 40W 的荧光灯，使用时灯管与镇流器（可近似把镇流器看作纯电感）串联在电压为 220V，频率为 50Hz 的电源上。已知灯管工作时属于纯电阻负载，灯管两端的电压等于 110V，试求镇流器上的感抗和电感。这时电路的功率因数等于多少？将功率因数提高到 0.8，问应并联多大的电容？

6. 如图 7-29 所示电路，已知 $f = 50\text{Hz}$，$U = 380\text{V}$，$P = 20\text{kW}$，$\cos\varphi_1 = 0.6$（滞后）。提高功率因数到 0.9，求并联电容 C。

图 7-28　计算题 4 图

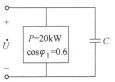

图 7-29　计算题 6 图

7. 如图 7-30 所示电路，已知 $Z = (2+j2)\,\Omega$，$I_R = 5A$，$I_L = 3A$，$I_C = 8A$，且总平均功率 $P = 200W$，求 U。

8. 如图 7-31 所示电路，已知 $i_S(t) = 5\sqrt{2}\cos 2t\,A$，试求电源的 P、Q、S、$\cos\varphi$。

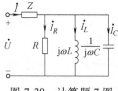

图 7-30　计算题 7 图

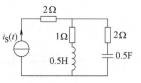

图 7-31　计算题 8 图

9. 如图 7-32 所示电路，已 $u_S(t) = 220\sqrt{2}\cos 314t\,V$，（1）若改变 Z_L，但电流 I_L 的有效值始终保持为 10A，试确定电路参数 L 和 C。（2）当 $Z_L = (11.7-j30.9)\,\Omega$ 时，试求 $u_L(t)$。

10. 如图 7-33 所示电路，已知 $I_1 = I_2 = I_3 = I_4 = I_5 = 10A$，$\cos\varphi = 1$，求 Z_1、Z_2、Z_3。

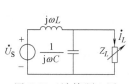

图 7-32　计算题 9 图

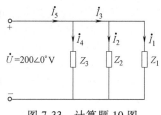

图 7-33　计算题 10 图

11. 如图 7-34 所示电路，$U_S = 380V$，$f = 50Hz$，C 为可变电容，当 $C = 80.95\mu F$ 时，表 A 读数最小为 2.59A。求表 A_1 的读数。

12. 如图 7-35 所示电路，已知 $u_S = 20\sqrt{2}\cos(314t+60°)\,V$，电流表 A 的读数为 2A，电压表 V_1、V_2 的读数均为 200V，求参数 R、L、C，并画出该电路的相量图。

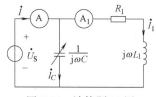

图 7-34　计算题 11 图

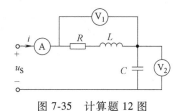

图 7-35　计算题 12 图

13. 如图 7-36 所示电路，已知 $\dot{U}$ 与 $\dot{I}$ 同相。求 I、R、X_C、X_L。

14. 如图 7-37 所示电路，列写电路的回路电流方程。

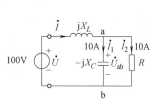

图 7-36　计算题 13 图

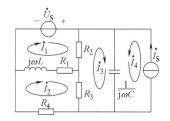

图 7-37　计算题 14 图

15. 如图 7-38 所示电路，列写电路的节点电压方程。

16. 如图 7-39 所示电路，独立源均为同频率正弦量。试列出该电路的节点电压方程。

17. 如图 7-40 所示电路，已知 $R_1 = 1000\Omega$，$R_2 = 10\Omega$，$L = 500mH$，$C = 10\mu F$，$U = 100V$，$\omega = 314rad/s$。求各支路电流。

18. 如图 7-41 所示电路，已知 $R = R_1 = R_2 = 10\Omega$，$L = 31.8\text{mH}$，$C = 318\mu\text{F}$，$f = 50\text{Hz}$，$U = 10\text{V}$，试求并联支路端电压 U_{ab} 及电路的 P、Q 和功率因数 $\cos\varphi$。

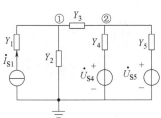

图 7-38　计算题 15 图

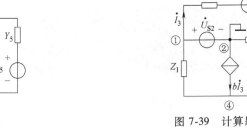

图 7-39　计算题 16 图

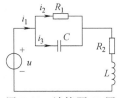

图 7-40　计算题 17 图

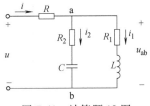

图 7-41　计算题 18 图

19. 如图 7-42 所示电路，已知 $Z = (10+\text{j}50)\Omega$，$Z_1 = (400+\text{j}1000)\Omega$。问 β 等于多少时，$\dot{I}_1$ 和 $\dot{U}_S$ 相位差为 90°？

20. 如图 7-43 所示电路，已知 $U = 115\text{V}$，$U_1 = 55.4\text{V}$，$U_2 = 80\text{V}$，$R_1 = 32\Omega$，$f = 50\text{Hz}$。求线圈的电阻 R_2 和电感 L_2。

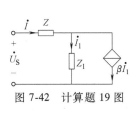

图 7-42　计算题 19 图

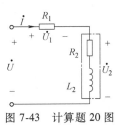

图 7-43　计算题 20 图

21. 如图 7-44 所示电路，当 $\omega = 5000\text{rad/s}$ 时，RLC 串联电路发生谐振，已知 $R = 5\Omega$，$L = 400\text{mH}$，端电压 $U = 1\text{V}$。求 C 的值及电路中的电流和各元件电压的瞬时表达式。

22. 已知 RLC 串联电路中端口电源电压 $U = 10\text{mV}$，当电路元件的参数为 $R = 5\Omega$，$L = 20\mu\text{H}$，$C = 200\text{pF}$ 时，若电路产生串联谐振，求电源频率 f_0，回路的特性阻抗 ρ，品质因数 Q 及 U_C。

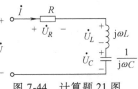

图 7-44　计算题 21 图

第 8 章

三相电路

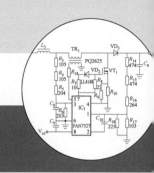

知识图谱（★表示重点，△表示难点）

$$
\text{三相电路}
\begin{cases}
8.1\ \text{三相电路（★）}
\begin{cases}
\text{对称三相电源}
\begin{cases}
\text{Y 联结} \\
\triangle\text{联结}
\end{cases} \\
\text{三相负载}
\begin{cases}
\text{Y 联结} \\
\triangle\text{联结}
\end{cases} \\
\text{线量与相量关系}
\begin{cases}
\text{Y}：\dot{I}_1 = I_\mathrm{p} \quad U_1 = \sqrt{3}\,U_\mathrm{p}，\text{线电压超前相应相电压 }30° \\
\triangle：\dot{U}_1 = U_\mathrm{p} \quad I_1 = \sqrt{3}\,I_\mathrm{p}，\text{线电流滞后相应相电流 }30°
\end{cases}
\end{cases} \\
8.2\ \text{对称三相电路的计算（△，★）}
\begin{cases}
\text{三相归结为一相的计算} \\
\text{相量图}
\end{cases} \\
8.3\ \text{不对称三相电路的概念：节点电压法} \\
8.4\ \text{三相电路的功率及测量（△，★）}
\begin{cases}
\text{各种功率的求法} \\
\text{两表法测量三相功率}
\end{cases} \\
8.5\ \text{应用案例——防止触电的三相保护系统}
\end{cases}
$$

　　本章主要介绍三相电源，三相电路中的线电压、相电压（电流）间的关系，对称三相电路化为一相的计算方法，三相电路的功率及测量，以及不对称三相电路的分析方法。

学习目标

　　1. 知识目标

　　牢固掌握对称三相电路的分析与计算以及三相电路的功率及测量。

　　2. 能力目标

　　掌握对称三相电路简化为单相电路的原理和方法；锻炼采用两表法测量三相电路功率及功率表读数的能力。

　　3. 素质目标

　　一生二，二生三，三生万物。通过三相电路的学习认识到团队协作才能成就大事。每个人在社会中扮演着不同的角色，而在人生历程中角色也在发生着变化。要有集体成员团结协作的精神，耐心细致的作风，善于沟通的意识，向书本学习、向实践学习、向生活学习；学会学习、学会生存、学会做人、学会做事，成为肯奉献、善合作、懂感恩、扬正气的合格大学生，在祖国的伟大复兴中成就自我。

8.1　三相电路

　　三相电路是指由三相电源向三相负载供电的一种特殊的正弦交流系统，由三相电源、三相负载和三相输电线三部分组成。与单相交流电路比较，三相电路在发电、输电、配电和用电方面都具有明显的优越性。例如在相同尺寸下，三相发电机比单相发电机功率高约 50%；传输电能时，在电气指标（距离、功率等）相同时，三相电路比单相电路可节省 1/4 的金属材料；三相变压器比单相变压器经济，并且便于接入三相及单相两类负载；三相电动机比单相电动机结构简单、价格低廉、运行可靠、易于维护、起动简便、运行平稳。以上优点使三相电路在动力方面获得了广泛应用，是目前国内外电力系统采用的主要供电方式。

8.1.1 三相电源

1. 三相交流电的产生

三相同步发电机示意图如图 8-1 所示，它的定子上分布着 3 个结构相同的定子绕组 AX、BY、CZ，其中 A、B、C 称为绕组的始端，X、Y、Z 称为绕组的末端，它们在空间上相隔 120°。当发电机的转子（磁铁）通上直流电，则产生在空间按正弦规律分布的磁场。这样，当原动机（如水轮机或汽轮机）带动转子以均匀的角速度 ω 顺时针旋转时，3 个定子绕组中产生振幅相等、频率相同、相位依次相差 120° 的 3 个正弦电压 u_A、u_B、u_C，称为对称三相电压，这样的电源按一定方式连接构成对称三相电源，如图 8-2a 所示。

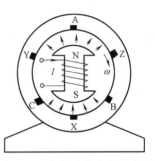

图 8-1　三相同步发电机示意图

2. 对称三相电压

若设 u_A 为参考正弦量，初相位为 0°，则三相电压瞬时值表达式为

$$\begin{cases} u_A = U_m \cos\omega t = \sqrt{2}\,U\cos\omega t \\ u_B = U_m \cos(\omega t - 120°) = \sqrt{2}\,U\cos(\omega t - 120°) \\ u_C = U_m \cos(\omega t + 120°) = \sqrt{2}\,U\cos(\omega t + 120°) \end{cases} \quad (8\text{-}1)$$

式中，U_m 为每相电源电压的最大值（幅值），U 为每相电源电压的有效值，ω 为正弦电压变化的角频率，则三相电压的相量形式为

$$\begin{cases} \dot{U}_A = U\angle 0° \\ \dot{U}_B = U\angle -120° \\ \dot{U}_C = U\angle 120° \end{cases} \quad (8\text{-}2)$$

对称三相电压及其波形图和相量图分别如图 8-2a、b 和 c 所示。

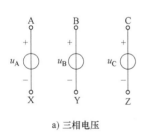

a) 三相电压

b) 波形图

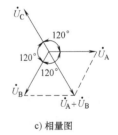

c) 相量图

图 8-2　对称三相电压及其波形图和相量图

对称三相电压的瞬时值或相量之和为零，这是对称三相电压最显著的特点，即

$$u_A + u_B + u_C = 0 \text{ 或 } \dot{U}_A + \dot{U}_B + \dot{U}_C = 0$$

3. 对称三相电压的相序

对称三相电压到达正的最大值的顺序称为相序。三相电压的相序为 A、B、C 称为正序或顺序。反之，三相电压的相序为 C、B、A 称为负序或逆序。通常，无特别说明，三相电源均指正序。

相序决定三相电源所接三相交流电动机的转动方向，如果相序反了，电动机的转动方向就会反了，称为反转，这种方法常用于控制三相异步电动机的正转和反转。

8.1.2　三相电路的连接

1. 星形联结

图 8-3a 中三相电源和三相负载的连接均为星形，或称丫。所谓把电源接成星形就是把 3 个电压源的末端 X、Y、Z 连在同一点上，这一连接点称为中性点或零点 N，从中性点引出的导线称为中性线（NN′）。在应用最多的低压供电系统中，中性点通常是接地的，因而，中性线又俗称地线，其裸导线可涂淡蓝色标志。电源与负载间用端线、中性线四根导线连接时叫作三相四线制，如图 8-3a 所示。只用 3 根端线将电源与负载连接的电路则称三相三线制，如图 8-3b 所示。当三相电源和三相负载都对称而且三相的导线阻抗都相等时，称为对称三相电路，否则称为不对称三相电路。

根据三相电源与负载的不同联结方式可以组成丫-丫、丫-△、△-丫、△-△ 4 种联结方式的三相电路。中性线电流为 $\dot{I}_N$。分别从始端 A、B、C 引出的 3 根导线称为端线，即相线，俗称火线。端线电流 $\dot{I}_A$、$\dot{I}_B$、$\dot{I}_C$ 称为线电流，每两条端线之间的电压称为线电压，分别用 $\dot{U}_{AB}$、$\dot{U}_{BC}$、$\dot{U}_{CA}$ 表示。电源和负载中各相的电流都称为相电流，各相上的电压（在星形联结中也就是端线与中性线间的电压）称为相电压。

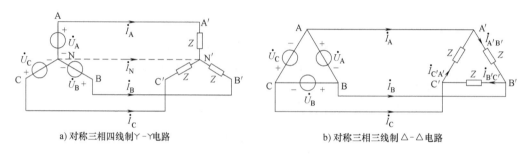

a) 对称三相四线制丫-丫电路　　　　　　　　b) 对称三相三线制△-△电路

图 8-3　对称三相电路

在图 8-3a 所示参考方向下，根据 KVL 可得出线电压与相应的相电压的关系为

$$\left.\begin{aligned}\dot{U}_{AB}&=\dot{U}_A-\dot{U}_B=\sqrt{3}\,\dot{U}_A\angle30°\\\dot{U}_{BC}&=\dot{U}_B-\dot{U}_C=\sqrt{3}\,\dot{U}_B\angle30°\\\dot{U}_{CA}&=\dot{U}_C-\dot{U}_A=\sqrt{3}\,\dot{U}_C\angle30°\end{aligned}\right\}\tag{8-3}$$

设 $\dot{U}_A$ 为参考相量，根据式（8-3）画出相电压和线电压的相量图，如图 8-4 所示。由图中可见，星形联结的对称三相电路中，相电压有效值用 U_p 表示，线电压有效值用 U_l 表示，相电压对称时，线电压也一定对称，线电压是相电压的 $\sqrt{3}$ 倍，即 $U_l=\sqrt{3}\,U_p$。线电压超前相应的相电压 30°，即 $\dot{U}_{AB}$、$\dot{U}_{BC}$、$\dot{U}_{CA}$ 相位依次超前 $\dot{U}_A$、$\dot{U}_B$、$\dot{U}_C$ 30°，通式为 $\dot{U}_l=\sqrt{3}\,\dot{U}_p\angle30°$。计算时只要计算出 $\dot{U}_{AB}$ 就可依次写出 $\dot{U}_{BC}$、$\dot{U}_{CA}$。我国低压配电系统中通常采用三相四线制供电，规定相电压为 $U_p=220\text{V}$，线电压为 $U_l=380\text{V}$。在星形联结对称三相电路中，线电流均等于相电流，即 $\dot{I}_l=\dot{I}_p$。

2. 三角形联结

图 8-3b 是把三相电源依次按正负极连接成一个回路，再从端子 A、B、C 引出 3 条导线，称为三角形或△电源，可以为三相对称负载提供三相对称电压，称为三相三线制供电。三角形电源的相、线电压，相、线电流的定义与星形电源相同。在△联结对称正弦三相电压源正确连

接的情况下，因为 $\dot{U}_A + \dot{U}_B + \dot{U}_C = 0$，所以能保证在没有电流输出时，闭合回路电源内部没有环行电流。如误将一相（如 A 相）电压源的极性接反，造成三角形回路内三相电源电压之和不为零，则回路中电压之和 $-\dot{U}_A + \dot{U}_B + \dot{U}_C = -2\dot{U}_A$。由于三相电源的内阻抗很小，在回路内就必然形成很大的环行电流，将会烧坏三相电源设备。所以三相电源作为 △ 联结时，连接前必须仔细检查，在大容量的三相交流发电机中很少采用 △ 联结。

对于图 8-3b 所示的 △ 联结，线电压就是相电压。通式为 $\dot{U}_l = \dot{U}_p$。设每相负载中的相电流分别为 $\dot{I}_{A'B'}$、$\dot{I}_{B'C'}$、$\dot{I}_{C'A'}$ 且为对称的，线电流为 $\dot{I}_A$、$\dot{I}_B$、$\dot{I}_C$，由 KCL 得

$$\left.\begin{aligned} \dot{I}_A &= \dot{I}_{A'B'} - \dot{I}_{C'A'} = \sqrt{3}\,\dot{I}_{A'B'}\angle -30° \\ \dot{I}_B &= \dot{I}_{B'C'} - \dot{I}_{A'B'} = \sqrt{3}\,\dot{I}_{B'C'}\angle -30° \\ \dot{I}_C &= \dot{I}_{C'A'} - \dot{I}_{B'C'} = \sqrt{3}\,\dot{I}_{C'A'}\angle -30° \end{aligned}\right\} \tag{8-4}$$

由此可见，在 △ 联结的对称三相电路中，由于相电流是对称的，所以线电流也是对称的。只要求出一个线电流，其他两个可以依次写出。线电流有效值是相电流有效值的 $\sqrt{3}$ 倍，线电流滞后相应相电流相位为 30°。△ 联结线、相电流的相量图如图 8-5 所示。

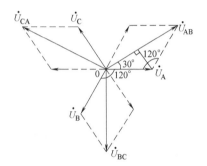

图 8-4 丫联结线、相电压的相量图

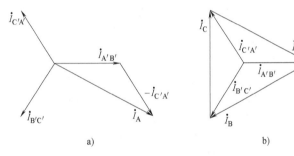

图 8-5 △联结线、相电流的相量图

思考与练习

8.1-1 如何用验电笔或交流电压表测出三相四线制供电线路上的相线和中性线？

8.1-2 三相四线制供电制中，你能说出线、相电压之间的数量关系及相位关系吗？

8.1-3 你能说出对称三相交流电的特征吗？

8.1-4 三相电源采用 △ 联结时，如果有一相绕组接反，后果如何？试用相量图加以分析说明。

8.2 对称三相电路的计算

扫一扫 看视频

8.2.1 对称三相电路的计算方法

对称三相电路的计算属于正弦稳态电路的计算，在前面章节中所用的相量法可用于对称三相电路的分析。

如图 8-6a 所示为一个对称丫-丫联结的三相电路。图中 Z_1 为端线阻抗，Z_N 为中性线阻抗。应用节点电压法，设 N 为参考节点，则节点电压方程为

$$\left(\frac{3}{Z+Z_1}+\frac{1}{Z_N}\right)\dot{U}_{N'N}=\frac{\dot{U}_A}{Z+Z_1}+\frac{\dot{U}_B}{Z+Z_1}+\frac{\dot{U}_C}{Z+Z_1}$$

由于 $\dot{U}_A+\dot{U}_B+\dot{U}_C=0$，所以可解得 $\dot{U}_{N'N}=0$，中性线电流 $\dot{I}_N=0$，由于中性线电流等于零，所以有无中性线并不影响电路，去掉中性线，电路成为三相三线制。生产上最常用的三相电动机，就是以三相三线制供电的。

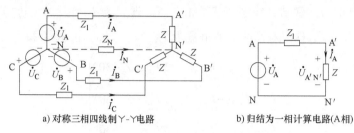

a) 对称三相四线制 Y-Y 电路 b) 归结为一相计算电路(A相)

图 8-6 对称三相四线制 Y-Y 电路的计算

相电流等于线电流，分别为

$$\dot{I}_A=\frac{\dot{U}_A}{Z+Z_1}, \quad \dot{I}_B=\frac{\dot{U}_B}{Z+Z_1}=\dot{I}_A\angle-120°$$

$$\dot{I}_C=\frac{\dot{U}_C}{Z+Z_1}=\dot{I}_A\angle120°, \quad \dot{I}_N=-(\dot{I}_A+\dot{I}_B+\dot{I}_C)=0$$

由此可见，对称 Y-Y 联结的三相电路中，中性线的电流等于零。中性线不起载送电流的作用，可以把中性线省去，于是原来的三相四线制就变成了三相三线制。由于 $\dot{U}_{N'N}=0$，不论原来有无中性线，也不论中性线阻抗多大，各相独立，彼此无关，并且相电流是对称的。可以设想在 NN′间用一根理想导线连接起来，这样就将对称 Y-Y 联结的三相电路简化成一相进行计算，如图 8-6b 所示。只要分析计算三相中的任意一个线电流、线电压后，其他两相的相电流、相电压可依次按对称顺序写出。注意在一相计算电路中，NN′用短路线连接，与原三相电路中 Z_N 的取值无关，这就是对称三相电路归结为一相的计算方法。

对于其他形式联结的对称三相电路，可根据 Y-△ 等效变换关系，化为 Y-Y 联结的对称三相电路，再将其简化成一相电路进行计算。

8.2.2 应用举例

【例 8-1】 如图 8-7a 所示的对称三相电路，已知对称三相电路的电源线电压为 380V，三角形负载阻抗 $Z=20\angle36.87°\Omega$，端线阻抗 $Z_1=(1+j2)\Omega$。以 A 相为例，求线电流 $\dot{I}_A$、负载的相电流 $\dot{I}_{A'B'}$ 和负载端线电压 $\dot{U}_{A'B'}$。

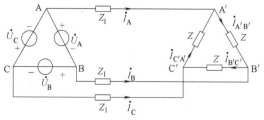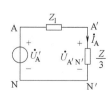

a) 对称三相三线制 △-△ 电路 b) 归结为一相(A相)的计算电路

图 8-7 例 8-1 图

解：设 $\dot{U}_{AB} = \dot{U}_A = 380\angle 0°\text{V}$，则等效丫联结电源相电压 $\dot{U}'_A = \frac{1}{\sqrt{3}}\dot{U}_{AB}\angle -30° = 220\angle -30°\text{V}$。

将三角形负载等效变换成星形，其每相阻抗为

$$Z_{\curlyvee} = \frac{1}{3}Z = \frac{20}{3}\angle 36.87°\Omega$$

因变换后的三相丫-丫电路对称，画出归结为一相（A 相）的计算电路如图 8-7b 所示，可求出

$$\dot{I}_A = \frac{\dot{U}'_A}{Z_{\curlyvee}+Z_1} = \frac{220\angle -30°}{\frac{20}{3}\angle 36.87°+1+\text{j}2} = 25.217\angle -73.452°\text{A}$$

$$\dot{I}_{A'B'} = \frac{1}{\sqrt{3}}\dot{I}_A\angle 30° = 14.559\angle -43.452°\text{A}$$

$$\dot{U}_{A'B'} = \dot{I}_{A'B'}Z = 14.559\angle -43.452°\times 20\angle 36.87° = 291.18\angle -6.582°\text{V}$$

或

$$\dot{U}_{A'N'} = \dot{I}_A Z_{\curlyvee} = 25.217\angle -73.452°\times\frac{20}{3}\angle 36.87° = 168.113\angle -36.582°\text{V}$$

$$\dot{U}_{A'B'} = \sqrt{3}\dot{U}_{A'N'}\angle 30° = 291.18\angle -6.582°\text{V}$$

【例 8-2】 如图 8-8 所示的电路中，$\dot{U}_{AB} = 380\angle 30°\text{V}$，在下列两种情况下：（1）$Z_1 = 10\Omega$，$Z_2 = 20\Omega$；（2）$Z_1 = 10\angle 20°\Omega$，$Z_2 = 20\angle 80°\Omega$。求线电流 $\dot{I}_A$。

解：（1）由所给条件得

$$\dot{U}_A = \frac{\dot{U}_{AB}}{\sqrt{3}}\angle -30° = 220\angle 0°\text{V}$$

$$\dot{I}_{A\curlyvee} = \frac{\dot{U}_A}{Z_1} = \frac{220\angle 0°}{10} = 22\angle 0°\text{A}$$

$$\dot{I}_{AB} = \frac{\dot{U}_{AB}}{Z_2} = \frac{380\angle 30°}{20} = 19\angle 30°\text{A}$$

$$\dot{I}_{A\triangle} = \sqrt{3}\dot{I}_{AB}\angle -30° = 32.909\angle 0°\text{A}$$

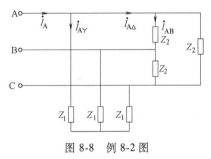

图 8-8 例 8-2 图

应用 KCL 得

$$\dot{I}_A = \dot{I}_{A\curlyvee} + \dot{I}_{A\triangle} = 22\angle 0°+32.909\angle 0° = 54.909\angle 0°\text{A}$$

（2）由所给条件得

$$\dot{U}_A = \frac{\dot{U}_{AB}}{\sqrt{3}}\angle -30° = 220\angle 0°\text{V}$$

则

$$\dot{I}_{A\curlyvee} = \frac{\dot{U}_A}{Z_1} = \frac{220\angle 0°}{10\angle 20°} = 22\angle -20°\text{A}$$

$$\dot{I}_{AB} = \frac{\dot{U}_{AB}}{Z_2} = \frac{380\angle 30°}{20\angle 80°} = 19\angle -50°\text{A}$$

$$\dot{I}_{A\triangle} = \sqrt{3}\dot{I}_{AB}\angle -30° = 32.909\angle -80°\text{A}$$

应用 KCL 得

$$\dot{I}_A = \dot{I}_{A\curlyvee} + \dot{I}_{A\triangle} = 22\angle-20° + 32.909\angle-80° = 47.864\angle-56.543°\text{A}$$

对称三相电路的一般计算方法归纳如下：

1）将所有三相电源、负载都简化为等效丫联结。

2）连接各负载和电源中性点，中性线上若有阻抗则不计。

3）画出单相计算电路，求出一相的电压、电流。

4）根据△联结、丫联结时线值、相值之间的关系，求出原电路的电流、电压。

5）由对称性，得出其他两相的电流、电压。

思考与练习

8.2-1 对称三相电路归结为一相的计算方法是什么？

8.2-2 除了对称的丫-丫三相电路外，其他的对称三相电路应如何计算？

8.2-3 三相对称电源，线电压 U_1 为380V，负载为星形联结的三相对称电炉，每相电阻为 $R = 22\Omega$，试求此电炉工作时的相电流 I_p。

8.2-4 3个阻抗相同的负载，先后接成星形和三角形，并由同一对称三相电源供电，试问哪种联结方式的线电流大？大多少倍？

扫一扫 看视频

8.3 不对称三相电路的概念

8.3.1 负载不对称三相电路

在三相电路的构成中，只要有任意一部分出现不对称的情况，就称为不对称三相电路。例如，三相电源出现个别相电源短路或开路等现象，三相负载中的3个负载不完全相等，此时，都会形成不对称三相电路。本节主要讨论由对称三相电源向不对称三相负载供电而形成的不对称三相电路的特点。由于低压系统中有大量单相负载，在一般情况下将端线阻抗和负载阻抗合并，三相的等效阻抗 Z_A、Z_B、Z_C 互不相同，而电源电压通常认为是对称的，这样就形成了对称三相电源向不对称三相负载供电的情形。图 8-9 所示为最常见的低压三相四线制系统，根据节点电压法可直接写出 N′N 两节点间电压为

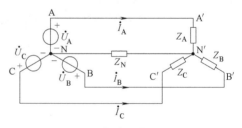

图 8-9 负载阻抗不对称

$$\dot{U}_{N'N} = \frac{\dfrac{\dot{U}_A}{Z_A} + \dfrac{\dot{U}_B}{Z_B} + \dfrac{\dot{U}_C}{Z_C}}{\dfrac{1}{Z_A} + \dfrac{1}{Z_B} + \dfrac{1}{Z_C} + \dfrac{1}{Z_N}} \neq 0 \tag{8-5}$$

式（8-5）中电源电压是对称的，但因负载不对称，使得电源中性点和负载中性点之间的电压一般不为零，即 $\dot{U}_{N'N} \neq 0$。根据基尔霍夫电压定律可写出负载的各相电压为

$$\begin{cases} \dot{U}_{AN'} = \dot{U}_{AN} - \dot{U}_{N'N} \\ \dot{U}_{BN'} = \dot{U}_{BN} - \dot{U}_{N'N} \\ \dot{U}_{CN'} = \dot{U}_{CN} - \dot{U}_{N'N} \end{cases} \tag{8-6}$$

与式（8-6）对应的各电压相量图如图 8-10 所示。图中 $\dot{U}_{N'N}$ 称为负载中性点对电源中性点
的位移。由式（8-5）可知，当负载不变的情况下，最大位移出现在
$Z_N = \infty$，即中性线开路时。当中性点位移较大时，由图 8-10 所示相
量图可以看出，可能造成某相负载因过电压而损坏，而另一相负载
则由于欠电压而不能正常工作（如灯泡暗淡无光）。最小位移出现在
$Z_N = 0$，即中性线短路时。这时 $\dot{U}_{N'N} = 0$，没有中性点位移，当中性线
不长且较粗时，就接近这种情况。这时，尽管负载不对称，由于中
性线阻抗非常小，强迫负载中性点电位接近于电源中性点电位，使

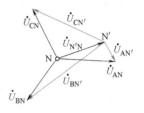

图 8-10　负载中性点位移

各相电压接近对称。因此，在负载不对称的情况下中性线的存在是非常重要的。中性线的作用
在于保证每相负载的相电压就是电源的相电压，即都等于额定电压 220V。尽管各相负载不对
称，但负载的相电压仍然对称，也能保证负载正常工作。这就是低压电网广泛采用三相四线制
的原因之一。同时要求中性线安装牢固，中性线上不能接熔断器或开关。因为一旦熔断器的熔
体熔断，中性线作用就丧失了。此外，要用机械强度符合要求的导线作中性线，并经常定期检
查、维修，预防事故发生。有的电气设备或仪器正是利用不对称三相电路的某些特性而工作
的，如相序指示器。

8.3.2　相序指示器

【例 8-3】　图 8-11 所示电路是一种相序指示器电路。它是由一个电容和两个电灯连接成星
形的三相电路。如果电容所接的是 A 相（假定为 A 相），则灯光较亮的是 B 相，试证明之。已
知 $X_C = R$。

解：先应用节点电压法求出负载中性点 N' 到电源中性点 N 之间
的电压，有

$$\dot{U}_{N'N} = \frac{\dfrac{\dot{U}_A}{-jX_C} + \dfrac{\dot{U}_B}{R} + \dfrac{\dot{U}_C}{R}}{\dfrac{1}{-jX_C} + \dfrac{1}{R} + \dfrac{1}{R}}$$

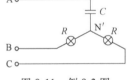

图 8-11　例 8-3 图

设 $\dot{U}_A = U_p \angle 0° = U_p$，并将 $X_C = R$ 代入上式得

$$\dot{U}_{N'N} = \frac{\dfrac{U_p \angle 0°}{-jR} + \dfrac{U_p \angle -120°}{R} + \dfrac{U_p \angle 120°}{R}}{\dfrac{2}{R} + j\dfrac{1}{R}}$$

$$= \frac{jU_p + U_p(-0.5 - j0.866) + U_p(-0.5 + j0.866)}{2 + j}$$

$$= \frac{-1 + j}{2 + j} U_p$$

$$= (-0.2 + j0.6) U_p$$

B 相灯泡所承受的电压为

$$\dot{U}_{BN'} = \dot{U}_B - \dot{U}_{N'N} = U_p \angle -120° - (-0.2 + j0.6) U_p$$
$$= (-0.3 - j1.466) U_p = 1.496 U_p \angle -101.565°$$

C 相灯泡所承受的电压为

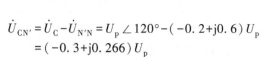

$$\dot{U}_{CN'} = \dot{U}_C - \dot{U}_{N'N} = U_p \angle 120° - (-0.2+j0.6) U_p$$
$$= (-0.3+j0.266) U_p$$
$$= 0.4U_p \angle 138.438°$$

即有

$$U_{BN'} = 1.496U_p$$
$$U_{CN'} = 0.4U_p$$

根据上述计算结果可以判断：电容所在的那一相若定为 A 相，则灯泡比较亮的是 B 相，较暗的是 C 相。

【例 8-4】 对称三相电路作无中性线丫-丫联结。试用相量图分析：（1）A 相负载短路时；（2）A 相负载断路时，各相电压的变化情况。

解：（1）A 相负载短路

由图 8-12a 可以看出，由于 A 相短路，负载中性点 N′直接连接到 A，故 N′点和 A 点电位相同，相量图如图 8-12b 所示，分别得

$$\dot{U}_{AN'} = 0, \dot{U}_{BN'} = \dot{U}_{BA} = \sqrt{3} U_p \angle -150°V, \dot{U}_{CN'} = \dot{U}_{CA} = \sqrt{3} U_p \angle 150°V$$

A 相负载电压为 0，B、C 相电压升高到正常电压的$\sqrt{3}$倍，即由相电压升高到线电压。

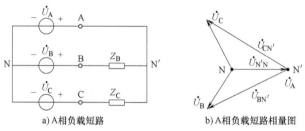

a) A相负载短路

b) A相负载短路相量图

图 8-12   例 8-4（1）图

（2）A 相负载断路

由图 8-13a 可以看出，由于 A 相断路，B、C 相负载阻抗串联，中性点 N′在 BC 连线的中性点处，相量图如图 8-13b 所示，由相量图可得

$$\dot{U}_{AN'} = \frac{3}{2}U_p \angle 0°V, \dot{U}_{BN'} = \frac{3}{2}U_p \angle -90°V, \dot{U}_{CN'} = \frac{3}{2}U_p \angle 90°V$$

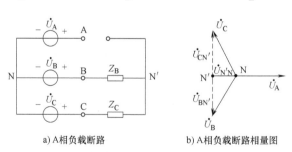

a) A相负载断路

b) A相负载断路相量图

图 8-13   例 8-4（2）图

思考与练习

8.3-1   为什么电灯开关一定要接在端线（相线）上？

8.3-2   为什么实际使用中三相电动机可以采用三相三线制供电，而三相照明电路必须采用三相四线制供电系统？

8.3-3 三相四线制供电系统中，中性线的作用是什么？

8.3-4 三相四线制供电系统中，为什么中性线不允许断路？

8.4 三相电路的功率及测量

扫一扫 看视频

8.4.1 三相电路功率的计算

1. 有功功率

三相有功功率等于各相有功功率之和，即

$$P = P_A + P_B + P_C = U_A I_A \cos\varphi_A + U_B I_B \cos\varphi_B + U_C I_C \cos\varphi_C$$

在对称三相电路中，各相电压有效值、各相电流有效值和各相的功率因数角（即各相阻抗的阻抗角）均分别相等，因而各相的有功功率相等，于是

$$P_A = P_B = P_C = U_p I_p \cos\varphi_Z = P_p$$

$$P = 3P_p = 3U_p I_p \cos\varphi_Z \tag{8-7}$$

式中，U_p、I_p 为相电压、相电流有效值；φ_Z 为一相负载的阻抗角；下标 p 表示"相"。

在实际应用中，测量线电压和线电流比较方便，故三相有功功率常用线电压 U_l 和线电流 I_l 表示。对于对称星形联结，有

$$U_p = \frac{1}{\sqrt{3}} U_l \quad I_p = I_l \tag{8-8}$$

对于对称三角形联结，有

$$U_p = U_l \quad I_p = \frac{1}{\sqrt{3}} I_l \tag{8-9}$$

将式（8-8）或式（8-9）代入式（8-7），则有

$$P = \sqrt{3} U_l I_l \cos\varphi_Z \tag{8-10}$$

应当注意，上式中的 φ_Z 仍是某相电压超前于同一相电流的相位差，而不是线电压与线电流间的相位差。

2. 无功功率

对称三相电路的无功功率为

$$Q = 3U_p I_p \sin\varphi_Z = \sqrt{3} U_l I_l \sin\varphi_Z \tag{8-11}$$

3. 视在功率

对称三相电路的视在功率为

$$S = \sqrt{P^2 + Q^2} = 3U_p I_p = \sqrt{3} U_l I_l \tag{8-12}$$

4. 瞬时功率

三相电路的瞬时功率也为三相负载瞬时功率之和，对称三相电路各相的瞬时功率分别为

$$p_A = u_A i_A = \sqrt{2} U_p \cos\omega t \sqrt{2} I_p \cos(\omega t - \varphi_Z) = U_p I_p [\cos\varphi_Z + \cos(2\omega t - \varphi_Z)]$$

$$p_B = u_B i_B = \sqrt{2} U_p \cos(\omega t - 120°) \sqrt{2} I_p \cos(\omega t - 120° - \varphi_Z)$$
$$= U_p I_p [\cos\varphi_Z + \cos(2\omega t - 240° - \varphi_Z)]$$

$$p_C = u_C i_C = \sqrt{2} U_p \cos(\omega t + 120°) \sqrt{2} I_p \cos(\omega t + 120° - \varphi_Z)$$
$$= U_p I_p [\cos\varphi_Z + \cos(2\omega t + 240° - \varphi_Z)]$$

p_A、p_B、p_C 中都含有一个交变分量，它们的振幅相等，相位上互差 240°，这 3 个交变分量相加等于零，所以有

$$p_A + p_B + p_C = 3U_p I_p \cos\varphi_Z = 3P_p = P = 定值 \tag{8-13}$$

如果三相负载是电动机，因为电动机转矩的瞬时值是和总瞬时功率成正比的，而三相瞬时功率是定值，所以三相电动机在对称情形下运行时其瞬时转矩是恒定的。这样，虽然每相的电流是随时间变化的，但转矩却不是时大时小的，这样就保证了三相电动机运转时所产生的机械转矩恒定而不至于引起机械振动。能量的均匀传输可以保证电动机平稳运行，使三相电动机的稳定性高于单相电动机，习惯上常把这一性能称为瞬时功率平衡。

【例 8-5】　三相对称感性负载三角形联结，其线电流 $I_1 = 5.5\text{A}$，有功功率 $P = 7760\text{W}$，功率因数 $\cos\varphi = 0.8$。求电源的线电压 U_1、电路的无功功率 Q 和每相阻抗 Z。

解：由于 $P = \sqrt{3}\,U_1 I_1 \cos\varphi$

所以
$$U_1 = \frac{P}{\sqrt{3}\,I_1 \cos\varphi} = \frac{7760}{\sqrt{3} \times 5.5 \times 0.8} = 1018.2\text{V}$$

$$Q = \sqrt{3}\,U_1 I_1 \sin\varphi = \sqrt{3} \times 1018.2 \times 5.5 \times \sqrt{1 - \cos^2\varphi} = 5819.8\text{var}$$

$$U_p = U_1 = 1018.2\text{V}$$

$$I_p = \frac{I_1}{\sqrt{3}} = \frac{5.5}{\sqrt{3}} = 3.18\text{A}$$

$$|Z| = \frac{U_p}{I_p} = \frac{1018.2}{3.18} = 320.19\Omega$$

$$\varphi = \arccos 0.8 = 36.9°$$

$$\therefore Z = |Z| \angle\varphi = 320.19 \angle 36.9°\Omega$$

8.4.2　三相电路功率的测量

扫一扫　看视频

　　三相电路功率的测量是一个实际工程问题，其测量方法随三相电路的联结方式和负载是否对称而不同。

1. 一表法

对于对称三相四线制电路，由于各相功率相同，所以只要用一个单相功率表测出任意一相有功功率，将读数乘以 3 即为负载的总有功功率，这种测量方法常称为一表法。

2. 三表法

对于不对称三相四线制电路，则必须用 3 个单相功率表分别测出三相有功功率，然后相加。这种测量方法称为三表法。将每个单相功率表的读数相加，就是三相负载吸收的有功功率，即

$$P = P_A + P_B + P_C$$

3. 两表法（二瓦计法）

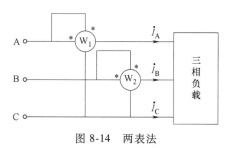

图 8-14　两表法

在三相三线制电路中，由于没有中性线，直接测量各相负载的有功功率不方便。不论负载对称与否，也不论何种接法，均可用两个单相功率表测量三相功率，即所谓的两表法。两表法测量三相有功功率的连接方式之一如图 8-14 所示。两个单相功率表的电流线圈分别串接在两根端线中（图示为 A、B 两端线），电压线圈的 * 端分别与各自电流线圈的 * 端相连，非 *
端都接在未串联电流线圈所在的第 3 条（图示 C）端线上。在两表法中，根据功率表的工作原

理，并设其读数分别为 P_1、P_2，则两个单相功率表读数的代数和为三相三线制中三相负载吸收的平均功率，即 $P = P_1 + P_2$，其原理如下：

不管负载何种接法，总可转化为星形联结，因此三相瞬时功率为

$$p = p_A + p_B + p_C = u_A i_A + u_B i_B + u_C i_C$$

由于 $i_A + i_B + i_C = 0$，所以 $p = u_A i_A + u_B i_B + u_C(-i_A - i_B) = (u_A - u_C)i_A + (u_B - u_C)i_B = u_{AC}i_A + u_{BC}i_B = p_1 + p_2$。

则三相有功功率为

$$P = \frac{1}{T}\int_0^T p\,dt = \frac{1}{T}\int_0^T p_1\,dt + \frac{1}{T}\int_0^T p_2\,dt = U_{AC}I_A\cos\varphi_1 + U_{BC}I_B\cos\varphi_2 \tag{8-14}$$

式中，φ_1 为 $\dot{U}_{AC}$ 与 $\dot{I}_A$ 之间的相位差；φ_2 为 $\dot{U}_{BC}$ 与 $\dot{I}_B$ 之间的相位差。式中第一项是图 8-14 中功率表 W_1 的读数 P_1，第二项是功率表 W_2 的读数 P_2，两个功率表读数的代数和是三相有功功率，即 $P = P_1 + P_2$。设对称三相负载呈感性，$\dot{U}_A$ 为参考相量，可画出电压、电流相量图如图 8-15 所示，由图 8-15 所示相量图，可知两个功率表的读数分别为

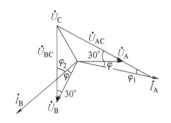

图 8-15　两表法相量图

$$\left.\begin{array}{l} P_1 = U_{AC}I_A\cos(30° - \varphi) \\ P_2 = U_{BC}I_B\cos(\varphi + 30°) \end{array}\right\} \tag{8-15}$$

【例 8-6】　图 8-16 所示为一对称三相电路，已知对称三相负载吸收的功率为 3kW，功率因数 $\cos\varphi_Z = 0.866$（感性），线电压为 380V，求图中两个功率表的读数。

解：要求功率表的读数，只要求出与它们相关联的电压、电流相量即可。

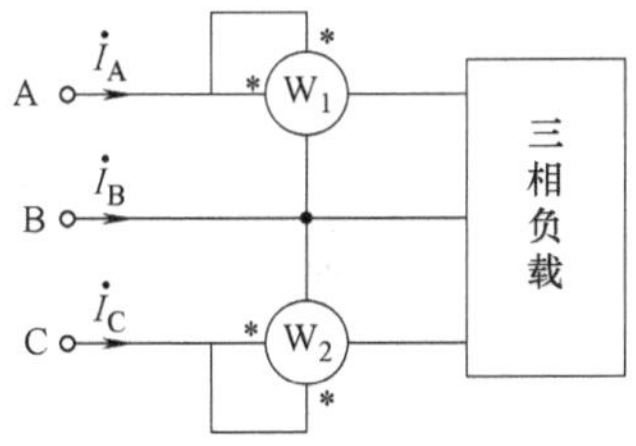

由　　　　　　　　　$P = \sqrt{3}\,U_1 I_1\cos\varphi_Z$

则　　　　　$I_1 = \dfrac{P}{\sqrt{3}\,U_1\cos\varphi_Z} = 5.263\text{A}$

$$\varphi_Z = \arccos 0.866 = 30°$$

令 A 相电压 $\dot{U}_A = 220\angle 0°\text{V}$

则 $\dot{U}_{AB} = 380\angle 30°\text{V}$，$\dot{I}_A = 5.263\angle -30°\text{A}$

$\dot{I}_C = 5.263\angle 90°\text{A}$，$\dot{U}_{CB} = -\dot{U}_{BC} = 380\angle 90°\text{V}$

图 8-16　例 8-6 图

两功率表的读数分别为

$$P_1 = U_{AB}I_A\cos\varphi_1 = 380 \times 5.263 \times \cos(30° + 30°) = 1000\text{W}$$
$$P_2 = U_{CB}I_C\cos\varphi_2 = 380 \times 5.263 \times \cos(30° - 30°) = 2000\text{W}$$

则　　　　　　　　　　　　$P_1 + P_2 = 3000\text{W}$

思考与练习

8.4-1　如何计算三相对称电路的功率？有功功率计算式中的 $\cos\varphi_Z$ 表示什么意思？

8.4-2　"对称三相负载的功率因数角，对于星形联结是指相电压与相电流的相位差，对于三角形联结则指线电压与线电流的相位差。"这句话对吗？

8.4-3　在同一电路中，若换用阻值相同而额定功率不同的同类型电阻，为什么发热状况会不相同？

8.4-4　线电压相同，三相电动机电源的三角形联结和星形联结的功率有什么不同？

8.5 应用案例

为防止发生触电事故，除应注意开关必须安装在相线上以及合理选择导线与熔丝外，还必须采取必要的防护措施，例如正确安装用电设备、对电气设备做保护接地、保护接零、使用漏电保护装置等。

1. 保护接地

将电气设备的金属外壳与大地可靠地连接，称为保护接地。它适用于中性点不接地的三相供电系统。电气设备采用保护接地以后，即使外壳因绝缘不好而带电，这时工作人员碰到机壳就相当于人体和接地电阻并联，而人体的电阻远比接地电阻大，因此流过人体的电流就微小，保证了人身安全，如图8-17所示。

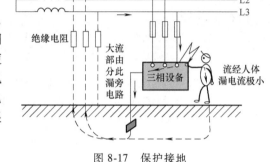

图8-17 保护接地

2. 保护接零

保护接零就是在电源中性点接地的三相四线制中，把电气设备的金属外壳与中性线连接起来。这时，如果电气设备的绝缘层损坏而碰壳，由于中性线的电阻很小，所以短路电流很大，立即使电路中的熔丝烧断，切断电源，从而消除触电危险，如图8-18所示。

3. 漏电保护

漏电保护装置的作用主要是防止由漏电引起的触电事故；其次是防止由漏电引起火灾事故以及监视或切除一相接地故障。有的漏电保护装置还能切除三相电动机的断相运行故障，如图8-19所示。

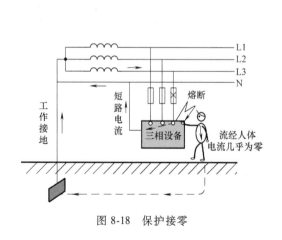

图8-18 保护接零

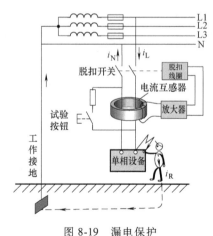

图8-19 漏电保护

本 章 小 结

1. Y联结或△联结

三相电源、三相负载均可作Y联结或△联结，在Y联结的对称三相电路中，线电压的有效值为相电压有效值的$\sqrt{3}$倍，线电压超前相应的相电压相位为30°，而线电流等于相电流，即

$$U_1 = \sqrt{3}\,U_\text{p}, \qquad \dot{I}_1 = \dot{I}_\text{p}$$

在△联结的对称三相电路中，线电流的有效值为相电流有效值的$\sqrt{3}$倍，线电流滞后于相应的相电流相位

为 30°，而线电压等于相电压，即

$$I_1 = \sqrt{3}\,I_p, \quad \dot{U}_1 = \dot{U}_p$$

2. 对称三相电路的计算

对称星形联结的三相电路在计算时可把各中性点互连，并取其一相进行计算。对称三角形联结负载，可先等效变换为星形联结负载，再取一相计算，然后推算出其余两相。对称三相交流电路的计算见表 8-1。

表 8-1　对称三相交流电路的计算

类别	△联结负载			Y联结负载
电路				
电压	对称三相电路的负载相电压、线电压对称：它们之间的关系与△联结电源相同			对称三相电路中：$\dot{U}_{NN'}=0$；负载相电压、线电压对称，它们之间的关系与Y联结电源相同
负载电流	相电流	线电流		相电流 = 线电流
	$\dot{I}_{AB}=\dfrac{\dot{U}_{AB}}{Z_A}$	$\dot{I}_A=\dot{I}_{AB}-\dot{I}_{CA}=\sqrt{3}\,\dot{I}_{AB}\angle-30°$		$\dot{I}_A=\dfrac{\dot{U}_A}{Z_A}=\dfrac{\dot{U}_A}{Z}$
	$\dot{I}_{BC}=\dfrac{\dot{U}_{BC}}{Z_B}$	$\dot{I}_B=\dot{I}_{BC}-\dot{I}_{AB}=\sqrt{3}\,\dot{I}_{BC}\angle-30°$		$\dot{I}_B=\dfrac{\dot{U}_B}{Z_B}=\dfrac{\dot{U}_B}{Z}=\dot{I}_A\angle-120°$
	$\dot{I}_{CA}=\dfrac{\dot{U}_{CA}}{Z_C}$	$\dot{I}_C=\dot{I}_{CA}-\dot{I}_{BC}=\sqrt{3}\,\dot{I}_{CA}\angle-30°$		$\dot{I}_C=\dfrac{\dot{U}_C}{Z_C}=\dfrac{\dot{U}_C}{Z}=\dot{I}_A\angle120°$
其他	$\dot{I}_A+\dot{I}_B+\dot{I}_C=0 \quad \dot{I}_{AB}+\dot{I}_{BC}+\dot{I}_{CA}=0$			$\dot{I}_A+\dot{I}_B+\dot{I}_C=0$

分析方法：当负载与电源均为Y联结时，对称三相电路各电源中性点与各负载中性点为等电位。利用这一特性，可将三相化成单相再进行计算。

三相化单相的过程如下：

1）将电源、负载均变换成Y联结。

2）保留其中一相（如 A 相）。

3）将电源与负载的各中性点用导线相连。

4）按一般正弦稳态电路的分析方法计算单相电路。

5）根据各相的对称特性，可得到另外两相（如 B、C 相）电路的电流、电压。

6）根据Y联结和△联结时相电压与线电压的关系和相电流与线电流的关系，可得到△联结负载的线电压和相电流。

3. 不对称三相电路的分析

当已知三相电源电压求解不对称星形联结负载电路时，用节点电压法先计算中性点间电压较为简便。

4. 三相电路的功率及测量

有功功率

$$P = 3U_p I_p \cos\varphi_Z = \sqrt{3}\,U_1 I_1 \cos\varphi_Z$$

无功功率

$$Q = 3U_p I_p \sin\varphi_Z = \sqrt{3}\,U_1 I_1 \sin\varphi_Z$$

视在功率

$$S = \sqrt{P^2 + Q^2} = 3U_p I_p = \sqrt{3}\,U_1 I_1$$

三相电路功率的计算见表 8-2。

表 8-2　三相电路功率的计算

类别	一般三相电路	对称三相电路	说明
复功率的计算	$\bar S = \bar S_A + \bar S_B + \bar S_C$	$\bar S = 3\bar S_A$	复功率守恒 视在功率不守恒
有功功率的计算 无功功率的计算	$P = P_A + P_B + P_C$ $Q = Q_A + Q_B + Q_C$	$P = 3U_A I_A \cos\varphi$ $Q = 3U_A I_A \sin\varphi$	U_A、I_A 分别为相电压和相电流的有效值 φ 为相电压和相电流的相位差
		$P = \sqrt{3}\,U_{AB} I_A \cos\varphi$ $Q = \sqrt{3}\,U_{AB} I_A \sin\varphi$	U_{AB}、I_A 分别为线电压和线电流的有效值 φ 为相电压和相电流的相位差
瞬时功率的计算	$p = p_A + p_B + p_C$	$p = 3U_A I_A \cos\varphi = P$	$\cos\varphi = \dfrac{P}{S}$

两表法测功率，两只功率表的读数为

$$P_1 = \mathrm{Re}\left[\dot U_{AC} \dot I_A^*\right] = U_{AC} I_A \cos(\varphi_Z - 30°)\Bigg\}$$
$$P_2 = \mathrm{Re}\left[\dot U_{BC} \dot I_B^*\right] = U_{BC} I_B \cos(\varphi_Z + 30°)\Bigg\}$$

能力检测题

一、选择题

1. 对称三相四线制电路中，线电流为 1A，则中性线电流为（　　）A。

(A) 6　　　　　　　(B) 3　　　　　　　(C) 2　　　　　　　(D) 0

2. 对称三相丫联结负载，各相阻抗为（3+j3）Ω，若将其变换为等效△联结负载，则各相阻抗为（　　）。

(A)（1+j1）Ω　　　(B) $3\sqrt{2}\angle 45°$Ω　　　(C)（9+j9）Ω　　　(D) $\sqrt{3}$（3+j3）Ω

3. 对称三相电路总有功功率为 $P = \sqrt{3}\,U_l I_l \cos\varphi$，式中的 φ 是（　　）。

(A) 线电压与线电流之间的相位差角　　　　(B) 相电压与相电流之间的相位差角

(C) 线电压与相电流之间的相位差角　　　　(D) 相电压与线电流之间的相位差角

4. 对称三相电路中，线电压 $\dot U_{AB}$ 与 $\dot U_{BC}$ 之间的相位关系是（　　）。

(A) $\dot U_{AB}$超前 $\dot U_{BC}$ 60°　(B) $\dot U_{AB}$滞后 $\dot U_{BC}$ 60°　(C) $\dot U_{AB}$超前 $\dot U_{BC}$ 120°　(D) $\dot U_{AB}$滞后 $\dot U_{BC}$ 120°

5. 对称三相电路中，平均功率的计算公式为（　　）。

(A) $P = 3U_l I_l \cos\varphi$　　(B) $P = 3U_p I_p \cos\varphi$　　(C) $P = \sqrt{3}\,U_l I_l$　　(D) $P = \sqrt{3}\,U_p I_p$

6. 某三相四线制供电电路中，相电压为 220V，则相线与相线之间的电压为（　　）。

(A) 220V　　　　　(B) 311V　　　　　(C) 380V　　　　　(D) 无法确定

7. 三角形联结的对称三相负载接至相序为 A、B、C 的对称三相电源上，已知相电流 $\dot I_{AB} = 10\angle 0°$A，则线电流 $\dot I_A = $（　　）A。

(A) $10\sqrt{3}\angle 30°$　　(B) $10\sqrt{3}\angle -30°$　　(C) $\dfrac{10}{\sqrt{3}}\angle 30°$　　(D) $\dfrac{10}{\sqrt{3}}\angle -30°$

8. 用两表法测量三相功率时，两只功率表的读数分别为 $P_1 = 10\text{W}$，$P_2 = -5\text{W}$，则三相总功率为（　　）。

(A) 15W　　　　　(B) −15W　　　　　(C) 5W　　　　　(D) 10W

9. 已知对称三相电源的相电压 $u_A = 10\cos(\omega t + 60°)$V，相序为 A—B—C，则当电源星形联结时线电压 u_{AB} 为（　　）V。

(A) $17.32\cos(\omega t + 90°)$　(B) $10\cos(\omega t + 90°)$　(C) $17.32\cos(\omega t - 30°)$　(D) $17.32\cos(\omega t + 150°)$

10. 已知三相电源线电压 $U_l = 380$V，三角形联结对称负载 $Z =（6+j8）$Ω。则线电流 $I_l = $（　　）A。

(A) $38\sqrt{3}$　　　　(B) $22\sqrt{3}$　　　　(C) 38　　　　(D) 22

二、判断题

1. 中性线的作用就是使不对称丫联结负载的端电压保持对称。（　　）

2. 负载作星形联结时，必有线电流等于相电流。（　　）

3. 三相不对称负载越接近对称，中性线上通过的电流就越小。（　　）

4. 中性线不允许断开，因此不能安装熔丝和开关，并且中性线截面积比相线大。（　　　）

5. 三相总视在功率等于总有功功率和总无功功率之和。（　　　）

6. 对称三相交流电任一瞬时值之和恒等于零，有效值之和恒等于零。（　　　）

7. 三相负载作三角形联结时，线电流在数量上是相电流的3倍。（　　　）

8. 三相四线制电路无论对称与不对称，都可以用两表法测量三相功率。（　　　）

9. 中性线的作用使得三相不对称负载保持对称。（　　　）

10. Y联结三相电源若测出线电压两个为220V、一个为380V时，说明有一相接反。（　　　）

三、填空题

1. 对称三相负载作Y联结，接在380V的三相四线制电源上。此时负载端的相电压等于（　　　）倍的线电压；相电流等于（　　　）倍的线电流；中性线电流等于（　　　）。

2. 有一对称三相负载接成星形联结，每相阻抗均为22Ω，功率因数为0.8，又测出负载中的电流为10A，那么三相电路的有功功率为（　　　）；无功功率为（　　　）；视在功率为（　　　）。假如负载为感性设备，则等效电阻是（　　　）；等效电感量为（　　　）。

3. 某对称星形联结负载与对称三相电源连接，已知线电流 $\dot{I}_A = 5\angle 10°$ A，$\dot{U}_{AB} = 380\angle 75°$ V，则此负载的每相阻抗为（　　　）。

4. 已知对称三相负载各相阻抗 $Z = (6+j8)\,\Omega$ 接于线电压为380V的对称三相电源上，负载为星形联结时，负载消耗的平均功率为（　　　）kW。负载为三角形联结时，负载消耗的平均功率为（　　　）kW。

5. 在对称三相电路中，已知电源线电压有效值为380V，若负载作星形联结，负载相电压为（　　　）；若负载作三角形联结，负载相电压为（　　　）。

6. 三相三线制电路中可用（　　　）法测量三相负载功率。在不对称三相四线制电路中，可用（　　　）法测量三相负载功率。

7. 三相对称电压就是三个频率（　　　）、幅值（　　　）、相位互差（　　　）的三相交流电压。

8. 三相电源的相序有（　　　）和（　　　）之分。

9. 在三相四线制供电线路中，中性线上不许接（　　　）、（　　　）。

10. 在三相不对称负载电路中，中性线能保证负载的（　　　）等于电源的（　　　）。

四、计算题

1. 如图8-20所示电路中，已知对称三相电源的线电压为 $\dot{U}_{AB} = 380\angle 30°$ V，对称负载 $Z = 100\angle 30°\,\Omega$，求线电流。

2. 如图8-21所示电路中，三相电源对称。当开关S闭合时，电流表的读数均为5A。求开关S打开后各电流表的读数。

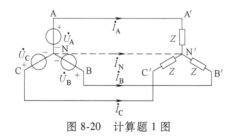

图8-20　计算题1图

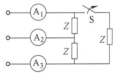

图8-21　计算题2图

3. 已知星形联结三相负载的每相电阻为10Ω、感抗为15Ω，线电压对称，其有效值为380V。试求此负载吸收的功率及其功率因数。

4. 某一对称三角形联结的负载与一个对称星形三相电源相接，已知此负载每相的阻抗为 $(8-j6)\,\Omega$，线路阻抗为 j2Ω，电源相电压为220V，试求发电机相电流及输出功率。

5. 对称三相电路的线电压 $U_1 = 230$ V，负载 $Z = (12+j16)\,\Omega$，试求：（1）负载星形联结时的线电流有效值及吸收的总功率；（2）负载三角形联结时的线电流、相电流有效值和吸收的总功率；（3）比较（1）和（2）的结果能得到什么结论？

6. 已知对称三相电路的线电压 $\dot{U}_{AB} = 380\angle 30°$ V（电源端），负载三角形联结为 $Z = (4.5+j14)\,\Omega$，端线阻

抗 $Z_l = (1.5 + j2)\,\Omega$，求线电流和负载的相电流，并作电路的相量图。

7. 已知对称三相电路的负载吸收的功率为 $P = 2.4\mathrm{kW}$，功率因数 $\lambda = 0.4$（滞后）。试求：（1）用两表法测量功率时，两功率表的读数是多少？（2）若负载的功率因数提高到 0.8（滞后）应怎么办？此时，两个功率表的读数是多少？

8. 已知对称三相电路的线电流 $\dot{I}_A = 5\angle 10°\mathrm{A}$，线电压 $\dot{U}_{AB} = 380\angle 75°\mathrm{V}$。（1）画出用两表法测量三相功率的接线图并求出两个功率表的读数；（2）根据功率表的读数，能否求出三相的无功功率和功率因数（指对称条件的情况下）。

9. 如图 8-22 所示电路中，三相对称感性负载 $\cos\varphi = 0.88$，线电压 $U_1 = 380\mathrm{V}$，电路消耗的平均功率为 $7.5\mathrm{kW}$，求两个功率表的读数。

10. 如图 8-23 所示电路中，对称负载成 △ 联结，已知电源电压 $U_1 = 220\mathrm{V}$，电流表读数 $I_1 = 17.3\mathrm{A}$，三相功率 $P = 4.5\mathrm{kW}$。试求：（1）每相负载的电阻和电抗；（2）当 AB 相断开时，图中各电流表的读数和总功率 P；（3）当 A 线断开时，图中各电流表的读数和总功率 P。

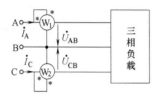

图 8-22　计算题 9 图

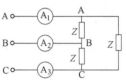

图 8-23　计算题 10 图

第 9 章

含有耦合电感的电路

知识图谱（★表示重点，△表示难点）

含有耦合电感的电路
- 9.1 耦合电感
  - 互感及互感系数
  - 耦合系数 k：$k = \dfrac{M}{\sqrt{L_1 L_2}} \leqslant 1$
  - 互感电压：$u_1 = \pm L_1 \dfrac{\mathrm{d}i_1}{\mathrm{d}t} \pm M \dfrac{\mathrm{d}i_2}{\mathrm{d}t}$　　$u_2 = \pm M \dfrac{\mathrm{d}i_1}{\mathrm{d}t} \pm L_2 \dfrac{\mathrm{d}i_2}{\mathrm{d}t}$
  - 同名端
- 9.2 含有耦合电感电路的计算（△，★）
  - 串联：$L_{\mathrm{eq}} = L_1 + L_2 \pm 2M$
  - 并联：$L_{\mathrm{eq}} = \dfrac{L_1 L_2 - M^2}{L_1 + L_2 \mp 2M}$
  - 去耦：消去互感耦合
- 9.3 空心变压器（△）
  - 电路模型
  - 各种阻抗概念
  - 一、二次等效电路
- 9.4 理想变压器：无能量损耗、全耦合、参数无穷大（★）
  - 变压：$\dfrac{u_1}{u_2} = \dfrac{N_1}{N_2} = n$
  - 变流：$\dfrac{i_1}{i_2} = -\dfrac{1}{n}$
  - 变阻抗：$Z_{\mathrm{in}} = n^2 Z_{\mathrm{L}}$
- 9.5 应用案例
  - 电压变换
  - 电流变换
  - 阻抗变换

　　耦合电感在工程中有着广泛的应用。本章主要介绍磁耦合现象、互感和互感电压、有互感电路的计算、空心变压器和理想变压器的计算。

学习目标

1. 知识目标

　　理解互感现象，掌握磁耦合电路的去耦等效和计算方法；理解并掌握各种变压器电路的分析方法。

2. 能力目标

　　锻炼分析耦合电路的能力。

3. 素质目标

　　互感现象启发我们世界是普遍联系、辩证统一的，不可孤立地看待事物，要确立开放性、整体性的思维观念。分析一个事物，不能够只盯着它本身看，还要从和它相互联系的事物来进行考察。在这个全球化的时代，整个地球的人类以及万事万物紧密联系在一起，建设万物互联时代尤为重要。"你中有我，我中有你"，其实就像构建人类命运共同体，关注自身利益的同时必须兼顾他人利益，谋求自我发展的同时促进多方共同发展。应尽可能同心协力、同舟共济、相互包容、互利共赢。互感耦合并不总是互相增强的情形，也可能会出现彼此互相削弱的情形。因此，在共同体中要想达到合力增强的效果，对个体是有要求的。一个集体中，人与人之间的相互影响，会形成某种氛围：积极乐观、共同进步，或消极悲观、不思进取。互感增强要求两个电流要从同名端流入。对中华民族这个共同体来说，就需要每一个个体都能做到"心往一处想，劲往一处使"，那就一定能同心聚力、合力增强，早日实现中华民族伟大复兴的中国梦。

扫一扫 看视频

9.1 耦合电感

9.1.1 耦合现象

耦合电感是耦合线圈的理想电路模型。所谓耦合，在这里是指磁场的耦合，是载流线圈之间通过彼此的磁场相互联系的一种物理现象。一般情况下，耦合线圈由多个线圈组成。不失一般性，这里只讨论一对线圈的耦合情况，它是单个线圈工作原理的引申。在实际电路中，如收音机、电视机中的中周线圈、振荡线圈，整流电源里使用的变压器等都是耦合电感元件。熟悉这类多端元件的特性，掌握包含这类多端元件的电路分析方法是非常必要的。

1. 互感和互感系数

一对相耦合的电感，若流过其中一个电感的电流随时间变化，则在另一电感两端将出现感应电压，而这个两电感间可能并无导线相连，这便是电磁学中所称的互感现象。图 9-1 所示为一对载流耦合线圈。设耦合线圈的自感分别为 L_1、L_2，匝数分别为 N_1、N_2。当各自通有电流 i_1 和 i_2 时（称 i_1、i_2 为施感电流），其产生的磁通和彼此相交链的情况要根据两个线圈的绕向、相对位置和两个电流 i_1、i_2 的参考方向，按右手螺旋定则来确定。

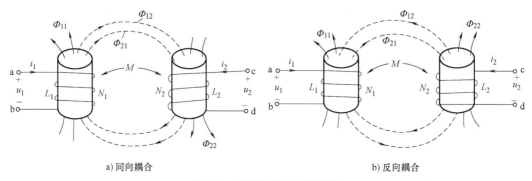

a) 同向耦合   b) 反向耦合

图 9-1   两个耦合的电感线圈

设线圈 1 中的电流 i_1 产生的磁通为 Φ_{11}，方向如图 9-1 所示。在穿过自身的线圈时，所产生的磁通链设为 ψ_{11}，并称之为线圈 1 的自感磁通链。由于线圈 1、2 离得较近，Φ_{11} 中的一部分或全部与线圈 2 交链产生的磁通链设为 ψ_{21}，并称之为互感磁通链。同样的道理，电流 i_2 会在线圈 2 中产生自感磁通链 ψ_{22}，并在线圈 1 产生互感磁通链 ψ_{12}。这样，每个线圈中的磁通链等于自感磁通链和互感磁通链两部分的代数和。设线圈 1、2 中的磁通链分别为 ψ_1、ψ_2，则有

$$\psi_1 = \psi_{11} \pm \psi_{12} \tag{9-1}$$

$$\psi_2 = \pm\psi_{21} + \psi_{22} \tag{9-2}$$

$$\psi_1 = L_1 i_1 \pm M i_2 \tag{9-3}$$

$$\psi_2 = \pm M i_1 + L_2 i_2 \tag{9-4}$$

式（9-3）、式（9-4）中 L_1 和 L_2 称为自感系数，简称自感，M_{12} 和 M_{21} 称为互感系数，简称互感，单位均为亨利（H）。对静止介质的磁场，可以证明 $M_{12}=M_{21}$。所以在只有两个线圈耦合时可以略去 M 的下标，不再区分 M_{12} 和 M_{21}，都用 M 表示。互感的量值反映了一个线圈在另一个线圈产生磁通链的能力。M 前的"±"号说明磁耦合中互感与自感作用的两种可能性。"+"号表示互感磁通链与自感磁通链方向一致，互感磁通链对自感磁通链起"加强"作用。"−"号则相反，表示互感的"削弱"作用。

2. 耦合系数

工程上为了定量地描述两线圈耦合的紧疏程度，通常把两线圈的互感磁通链与自感磁通链的比值的几何平均值定义为耦合系数 k。

$$k=\sqrt{\left|\frac{\psi_{12}}{\psi_{11}}\right|\cdot\left|\frac{\psi_{21}}{\psi_{22}}\right|} \qquad (9\text{-}5)$$

由于 $\psi_{11}=L_1i_1$，$|\psi_{12}|=Mi_2$，$\psi_{22}=L_2i_2$，$|\psi_{21}|=Mi_1$，代入式（9-5）有

$$k=\frac{M}{\sqrt{L_1L_2}}\leqslant 1 \qquad (9\text{-}6)$$

k 的大小与两个线圈的结构、相互位置以及周围磁介质有关。如果两个线圈靠得很紧或密绕在一起（或线圈内插入用铁磁性材料制成的磁心），则 k 值可能接近于 1；反之，如果它们相隔很远，或者它们的轴线互相垂直，则 k 值就很小，甚至可能接近于零。由此可见，改变或调整它们的相互位置可以改变耦合系数的大小，当 L_1、L_2 一定时，这就相应地改变了互感 M 的大小，如图 9-2 所示。当 $k>0.5$ 时称为紧耦合；当 $k<0.5$ 时称为松耦合。

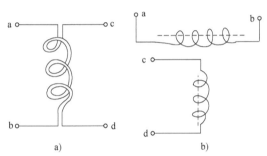

图 9-2　耦合系数 k 的两种特例

在电子电路和电力系统中，为了更有效地传输信号或功率，一般总是尽可能紧密地耦合，使 k 尽可能接近 1。一般采用铁磁性材料制成的磁心可达到这一目的。工程上利用互感制成了变压器，来实现信号、功率的传递。另外，在高频电路中，对于单个独立电感元件，它们之间的相互干扰是要尽量加以避免的。为了避免互感带来的干扰，可以通过合理布置线圈相互位置和增加屏蔽来减少互感的影响，使之为松耦合或无耦合，以使其耦合系数尽可能趋近于零。

9.1.2　耦合电感的伏安关系

1. 互感电压

当图 9-1 中 i_1、i_2 为变动的电流，各线圈的电流、电压均采用关联参考方向，且电流与磁通符合右手螺旋定则，根据电磁感应定律，在本线圈中相应产生的感应电压称为自感电压；在相邻线圈中产生的感应电压称为互感电压。由式（9-3）、式（9-4）可得

$$u_1=\frac{\mathrm{d}\psi_1}{\mathrm{d}t}=u_{11}\pm u_{12}=L_1\frac{\mathrm{d}i_1}{\mathrm{d}t}\pm M\frac{\mathrm{d}i_2}{\mathrm{d}t} \qquad (9\text{-}7)$$

$$u_2=\frac{\mathrm{d}\psi_2}{\mathrm{d}t}=\pm u_{21}+u_{22}=\pm M\frac{\mathrm{d}i_1}{\mathrm{d}t}+L_2\frac{\mathrm{d}i_2}{\mathrm{d}t} \qquad (9\text{-}8)$$

在正弦交流电路中，其相量形式的方程为

$$\dot U_1=\mathrm{j}\omega L_1\dot I_1\pm\mathrm{j}\omega M\dot I_2$$

$$\dot U_2=\pm\mathrm{j}\omega M\dot I_1+\mathrm{j}\omega L_2\dot I_2 \qquad (9\text{-}9)$$

扫一扫 看视频

2. 同名端

互感电压的正、负既与电流的参考方向有关，还与线圈的相对位置和绕向有关。工程实际应用中，线圈往往密封在铁壳内，无法看到其绕向，在电路图中也不会画出线圈绕向，如图9-3a所示。为了解决这一问题，电路中通常采用"同名端"标记来表示绕向一致的线圈端子。

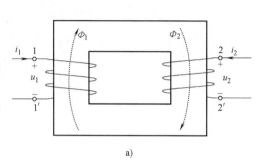
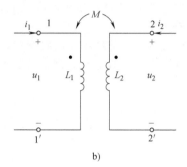

图9-3 耦合电感及同名端

同时标有"."或"*"的端钮称为同名端，另一对同时不加"."或"*"的端钮也是一对同名端。图9-3b中的端钮1、2和1′、2′都是同名端。当两个电流分别从两个线圈的同名端同时流入（或流出）时，产生的磁通相互增强。端钮1、2′或端钮1′、2则为异名端。

对标有同名端的耦合线圈而言，如果电流的参考方向由一个线圈的同名端指向另一端，那么由这个电流在另一线圈内产生的互感电压参考方向也应由该线圈的同名端指向另一端，如图9-3b所示。

3. 耦合电感的伏安关系

有了同名端，表示两个线圈相互作用时，就不需考虑实际绕向，而只画出同名端及u、i参考方向即可。应特别注意自感电压与互感电压的正负符号。

1）自感电压前的正负符号只与线圈自身的电流、电压参考方向有关，若自身电流、电压参考方向为关联方向，则自感电压前取正号，否则取负号。

2）互感电压前的正负符号既与施感电流方向、线圈之间同名端有关，还与线圈自身电压的参考方向有关。互感电压的正极性端总与施感电流的进端互为同名端，若互感电压的正极性端与线圈自身电压的参考方向一致，则互感电压前取正号，否则取负号。

【例9-1】 写出图9-4中各电路的电压、电流关系式。

解：由同名端的标注及给定电压和电流的参考方向可写出

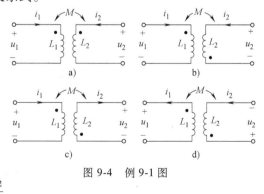

图9-4a：$u_1 = L_1 \dfrac{di_1}{dt} + M \dfrac{di_2}{dt}$，$u_2 = M \dfrac{di_1}{dt} + L_2 \dfrac{di_2}{dt}$

图9-4b：$u_1 = L_1 \dfrac{di_1}{dt} - M \dfrac{di_2}{dt}$，$u_2 = -M \dfrac{di_1}{dt} + L_2 \dfrac{di_2}{dt}$

图9-4c：$u_1 = L_1 \dfrac{di_1}{dt} + M \dfrac{di_2}{dt}$，$u_2 = -M \dfrac{di_1}{dt} - L_2 \dfrac{di_2}{dt}$

图9-4 例9-1图

图9-4d：$u_1 = -L_1 \dfrac{di_1}{dt} - M \dfrac{di_2}{dt}$，$u_2 = -M \dfrac{di_1}{dt} - L_2 \dfrac{di_2}{dt}$

【例9-2】 电路如图9-5a所示，已知$R_1 = 10\Omega$，$L_1 = 5\text{H}$，$L_2 = 2\text{H}$，$M = 1\text{H}$，激励波形如图9-5b所示，求$u(t)$和$u_2(t)$。

解：根据电流源波形，写出其函数表示式为

$$i_S = \begin{cases} 10t & 0 \leq t \leq 1\text{s} \\ 20-10t & 1 \leq t \leq 2\text{s} \\ 0 & 2 \leq t \end{cases}$$

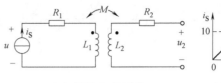

a) 含有耦合电感的电路　　　　b) 激励波形图

图 9-5　例 9-2 图

该电流在线圈 2 中引起互感电压为

$$u_2(t) = M\frac{di_S}{dt} = \begin{cases} 10\text{V} & 0 \leq t \leq 1\text{s} \\ -10\text{V} & 1 \leq t \leq 2\text{s} \\ 0 & 2 \leq t \end{cases}$$

对线圈 1 应用 KVL ，得电流源电压为

$$u(t) = R_1 i_S + L_1\frac{di_S}{dt} = \begin{cases} 100t+50\text{V} & 0 \leq t \leq 1\text{s} \\ -100t+150\text{V} & 1 \leq t \leq 2\text{s} \\ 0 & 2 \leq t \end{cases}$$

思考与练习

9.1-1　耦合电感属于多端元件，试找出其在实际中更多应用的例子。

9.1-2　两个有互感的线圈，一个线圈的两端接直流电压表，当另一个线圈与直流电源相接通的瞬间，若发现电压表指针正向偏转，试判断耦合线圈的同名端。

9.1-3　为了增大或减小互感的影响，可以采取哪些措施？

9.1-4　同名端的工程意义是什么？如何判断耦合线圈的同名端？

9.2　含有耦合电感电路的计算

含有耦合电感电路的正弦稳态分析仍可以采用相量法，但要考虑互感的作用。在 KVL 的表达式中，应计入由于互感的作用而引起的互感电压。

9.2.1　耦合电感的串联

耦合电感的串联方式有两种：一种是顺接串联，另一种是反接串联。

1. 顺接串联

电流从两个互感的同名端流进（或流出）称为顺接串联，如图 9-6a 所示。

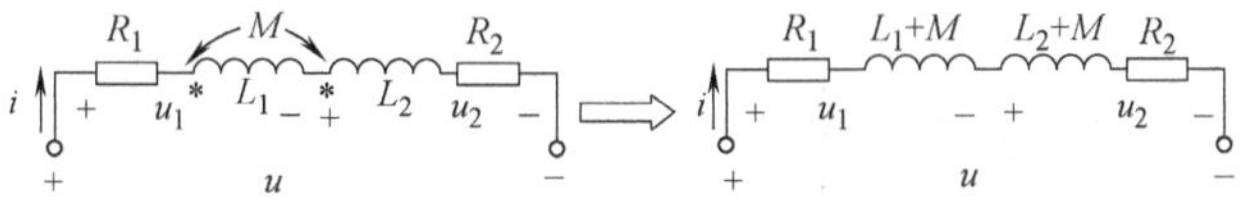

a) 耦合电感的顺接串联　　　　b) 顺接串联的去耦等效电路

图 9-6　耦合电感的顺接串联

$$u = R_1 i + L_1\frac{di}{dt} + M\frac{di}{dt} + L_2\frac{di}{dt} + M\frac{di}{dt} + R_2 i = (R_1+R_2)i + (L_1+L_2+2M)\frac{di}{dt} = Ri + L\frac{di}{dt}$$

式中

$$R = R_1+R_2, \quad L = L_1+L_2+2M \tag{9-10}$$

2. 反接串联

电流从两个互感的异名端流进（或流出）称为反接串联，如图 9-7a 所示。

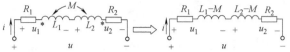

a) 耦合电感的反接串联　　　　b) 反接串联的去耦等效电路

图 9-7　耦合电感的反接串联

$$u = R_1 i + L_1 \frac{\mathrm{d}i}{\mathrm{d}t} - M \frac{\mathrm{d}i}{\mathrm{d}t} + L_2 \frac{\mathrm{d}i}{\mathrm{d}t} - M \frac{\mathrm{d}i}{\mathrm{d}t} + R_2 i = (R_1 + R_2) i + (L_1 + L_2 - 2M) \frac{\mathrm{d}i}{\mathrm{d}t} = Ri + L \frac{\mathrm{d}i}{\mathrm{d}t}$$

式中
$$R = R_1 + R_2, \quad L = L_1 + L_2 - 2M \tag{9-11}$$

在正弦稳态时有

$$\dot{U} = \left[R_1 + j\omega(L_1 \pm M) \right] \dot{I} + \left[R_2 + j\omega(L_2 \pm M) \right] \dot{I}$$

$$= (R_1 + R_2) \dot{I} + j\omega(L_1 + L_2 \pm 2M) \dot{I}$$

$$= \left[(R_1 + R_2) + j\omega(L_1 + L_2 \pm 2M) \right] \dot{I} \tag{9-12}$$

顺接串联时等效电感增强,反接串联时等效电感减小,这说明反接串联时互感削弱了自感。

9.2.2　耦合电感的并联

互感线圈的并联也有同侧并联和异侧并联两种形式。

1. 同侧并联

两个线圈的同名端相连,称为同侧并联,如图 9-8a 所示。在正弦稳态情况下,有

$$\begin{cases} \dot{U} = j\omega L_1 \dot{I}_1 + j\omega M \dot{I}_2 + R_1 \dot{I}_1 & (9\text{-}13) \\ \dot{U} = j\omega L_2 \dot{I}_2 + j\omega M \dot{I}_1 + R_2 \dot{I}_2 & (9\text{-}14) \\ \dot{I} = \dot{I}_1 + \dot{I}_2 & (9\text{-}15) \end{cases}$$

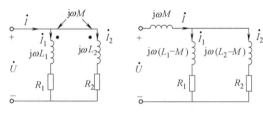

a) 耦合电感的同侧并联　　　b) 同侧去耦等效电路

图 9-8　耦合电感的同侧并联电路

由以上三式可得

$$\dot{U} = j\omega M \dot{I} + R_1 \dot{I}_1 + j\omega(L_1 - M) \dot{I}_1 = j\omega M \dot{I} + R_2 \dot{I}_2 + j\omega(L_2 - M) \dot{I}_2 \tag{9-16}$$

由此生成的电路,即为去耦等效电路,如图 9-8b 所示。

当不考虑 R_1、R_2 时,同侧并联时的等效电感为

$$L = \frac{L_1 L_2 - M^2}{L_1 + L_2 - 2M}$$

2. 异侧并联

两个线圈的异名端相连,称为异侧并联,如图 9-9a 所示。在正弦稳态情况下,有

$$\begin{cases} \dot{U} = j\omega L_1 \dot{I}_1 - j\omega M \dot{I}_2 + R_1 \dot{I}_1 & (9\text{-}17) \\ \dot{U} = j\omega L_2 \dot{I}_2 - j\omega M \dot{I}_1 + R_2 \dot{I}_2 & (9\text{-}18) \\ \dot{I} = \dot{I}_1 + \dot{I}_2 & (9\text{-}19) \end{cases}$$

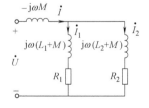

a) 耦合电感的异侧并联　　　b) 异侧去耦等效电路

图 9-9　耦合电感的异侧并联电路

由以上三式可得

$$\dot{U} = -j\omega M \dot{I} + R_1 \dot{I}_1 + j\omega(L_1 + M) \dot{I}_1 = -j\omega M \dot{I} + R_2 \dot{I}_2 + j\omega(L_2 + M) \dot{I}_2 \tag{9-20}$$

去耦等效电路与同侧并联的结构相同,只是 M 前的正负号发生改变,如图 9-9b 所示。

当不考虑 R_1、R_2 时，同理可推出异侧并联时的等效电感为

$$L = \frac{L_1 L_2 - M^2}{L_1 + L_2 + 2M}$$

9.2.3 去耦等效电路

对于只有一个公共端钮相连接的耦合电感如图 9-10 所示，可以用 3 个电感组成的无互感的 T 形网络进行等效替换，这种处理方法称为互感消去法（或去耦法）。

T 形连接有两种方式，图 9-10a 所示的是同名端为共同端的 T 形连接；另一种是异名端为共同端的 T 形连接，如图 9-10b 所示。

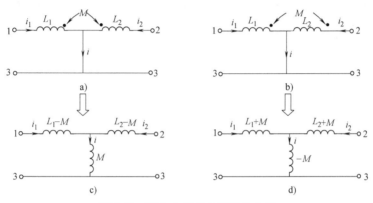

图 9-10 耦合电感的去耦等效电路

对含有耦合电感电路的分析计算总结如下：

1）在正弦稳态情况下，有互感的电路的计算仍应用前面介绍的相量分析方法。

2）互感线圈上的电压除自感电压外，还应包含互感电压。

3）一般直接采用支路电流法和回路电流法计算，有时也可先去耦等效再利用相量法分析计算。

【例 9-3】 图 9-11a 所示的电路中，已知 $\dot{U}_S = 200\angle 0°\text{V}$，$M = \mu L_1$，$R_1 = 1\text{k}\Omega$，$R_2 = 2\text{k}\Omega$，$L_1 = 2\text{H}$，$L_2 = 1.5\text{H}$，$\mu = 0.5$。试用戴维南定理求电阻 R_2 中的电流及电源发出的复功率。

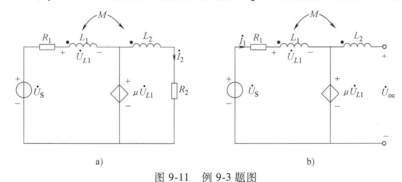

图 9-11 例 9-3 题图

解：将 R_2 断开，求端口的开路电压 $\dot{U}_{oc}$，如图 9-11b 所示。

$$\dot{U}_{oc} = -\text{j}\omega M \dot{I}_1 + \mu \dot{U}_{L1} = -\text{j}\omega M \dot{I}_1 + \mu \text{j}\omega L_1 \dot{I}_1 = 0$$

因此：$\dot{I}_2 = 0$

根据 KVL，由图 9-11a 可得

$$\dot{U}_S = (R_1 + j\omega L_1)\dot{I}_1 + \mu j\omega L_1\dot{I}_1$$

$$\dot{I}_1 = \frac{\dot{U}_S}{R_1 + j\omega L_1(1+\mu)} = \frac{200\angle 0°}{1374.14\angle 43.30°} = 0.15\angle -43.30° \text{A}$$

则电源提供的复功率为

$$\overline{S} = \dot{U}_S\dot{I}_1^* = 200\angle 0° \cdot 0.15\angle 43.30° = 30\angle 43.30° \text{VA}$$

思考与练习

9.2-1　去耦法是通过对耦合电感并联分析得出的，耦合电感串联时去耦法还适用吗？

9.2-2　通过耦合电感串、并联的分析，总结含有耦合电感电路的分析方法。

9.2-3　如果误把顺接串联的两互感线圈反接串联，会发生什么现象？为什么？

9.2-4　为什么要消去互感？消去互感的好处是什么？

扫一扫　看视频

9.3　空心变压器

　　变压器是利用电磁感应原理传输电能或电信号的器件，分为空心变压器和铁心变压器。空心变压器是由两个绕在非铁磁性材料制成的芯子上并且具有互感的绕组组成的，如图9-12a所示。它与电源相连的绕组称为一次绕组；另一个绕组与负载相连作为输出，称为二次绕组。

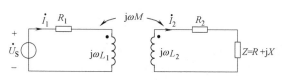

a) 空心变压器　　　　b) 空心变压器的电路模型

图9-12　空心变压器及其电路模型

9.3.1　空心变压器的电路模型

　　空心变压器电路模型如图9-12b所示。负载设为电阻和电感串联。变压器通过耦合作用，将一次侧的输入传递到二次侧输出。在正弦稳态下，对图9-12b列回路方程有

$$(R_1 + j\omega L_1)\dot{I}_1 - j\omega M\dot{I}_2 = \dot{U}_S \tag{9-21}$$

$$-j\omega M\dot{I}_1 + (R_2 + j\omega L_2 + Z)\dot{I}_2 = 0 \tag{9-22}$$

令 $Z_{11} = R_1 + j\omega L_1$ 为一次回路阻抗，$Z_{22} = R_2 + j\omega L_2 + Z$ 为二次回路阻抗，则方程可简写为

$$Z_{11}\dot{I}_1 - j\omega M\dot{I}_2 = \dot{U}_S \tag{9-23}$$

$$-j\omega M\dot{I}_1 + Z_{22}\dot{I}_2 = 0 \tag{9-24}$$

得

$$\dot{I}_1 = \frac{\dot{U}_S}{Z_{11} + \dfrac{(\omega M)^2}{Z_{22}}} \tag{9-25}$$

$$\dot{I}_2 = \frac{j\omega M\dot{U}_S}{\left(Z_{11} + \dfrac{(\omega M)^2}{Z_{22}}\right)Z_{22}} = \frac{j\omega M\dot{U}_S}{Z_{11}} \cdot \frac{1}{Z_{22} + \dfrac{(\omega M)^2}{Z_{11}}} = \dot{U}_{oc}\frac{1}{Z_{22} + \dfrac{(\omega M)^2}{Z_{11}}} \tag{9-26}$$

9.3.2 空心变压器的等效电路

空心变压器从电源端看进去的输入阻抗为

$$Z_{\text{in}} = \frac{\dot{U}_S}{\dot{I}_1} = Z_{11} + \frac{(\omega M)^2}{Z_{22}} \tag{9-27}$$

式中，$\dfrac{(\omega M)^2}{Z_{22}}$ 称为引入阻抗或反映阻抗，它是二次回路阻抗通过互感反映到一次侧的等效阻抗。引入阻抗的性质与 Z_{22} 相反，即感性（容性）变为容性（感性）。式（9-27）可以用图 9-13a 所示的等效电路表示，称为一次等效电路。同理式（9-26）可以用图 9-13b 所示的等效电路表示，它是从二次侧看进去的等效电路。其中 $\dot{U}_{\text{oc}} = \dfrac{\mathrm{j}\omega M \dot{U}_S}{Z_{11}} = \mathrm{j}\omega M \dot{I}_1$，一次侧对二次侧的引入阻抗为 $\dfrac{(\omega M)^2}{Z_{11}}$。

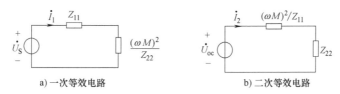

图 9-13 空心变压器的等效电路

【例 9-4】 电路如图 9-14 所示，已知 $L_1 = 3.6\mathrm{H}$，$L_2 = 0.06\mathrm{H}$，$M = 0.465\mathrm{H}$，$R_1 = 20\Omega$，$R_2 = 0.08\Omega$，$R_L = 42\Omega$，$\omega = 314\mathrm{rad/s}$，$\dot{U}_S = 115\angle 0°\mathrm{V}$，求 $\dot{I}_1$、$\dot{I}_2$。

解： 应用一次等效电路有

$$Z_{11}\dot{I}_1 - \mathrm{j}\omega M \dot{I}_2 = \dot{U}_S$$

$$-\mathrm{j}\omega M \dot{I}_1 + Z_{22}\dot{I}_2 = 0$$

$$Z_{11} = R_1 + \mathrm{j}\omega L_1 = (20 + \mathrm{j}1130.4)\,\Omega$$

$$Z_{22} = R_2 + R_L + \mathrm{j}\omega L_2 = (42.08 + \mathrm{j}18.85)\,\Omega$$

图 9-14 例 9-4 图

$$Z_l = \frac{(\omega M)^2}{Z_{22}} = \frac{146^2}{46.11\angle 24.1°} = 462.3\angle(-24.1°) = (422 - \mathrm{j}188.8)\,\Omega$$

$$\dot{I}_1 = \frac{\dot{U}_S}{Z_{11} + Z_l} = \frac{115\angle 0°}{20 + \mathrm{j}1130.4 + 422 - \mathrm{j}188.8} = 0.111\angle(-64.9°)\,\mathrm{A}$$

$$\dot{I}_2 = \frac{\mathrm{j}\omega M \dot{I}_1}{Z_{22}} = \frac{\mathrm{j}146 \times 0.111\angle -64.9°}{42.08 + \mathrm{j}18.85} = \frac{16.2\angle 25.1°}{46.11\angle 24.1°} = 0.351\angle 1°\mathrm{A}$$

思考与练习

9.3-1 空心变压器主要应用于哪些场合？

9.3-2 如何理解空心变压器电路模型中各元件的物理意义？

9.3-3 空心变压器一次侧引入阻抗消耗的功率与二次侧阻抗消耗功率的关系是什么？

9.3-4 空心变压器二次侧如接感性负载，则反映到一次侧的引入阻抗一定是容性阻抗。对吗？

9.4 理想变压器

理想变压器常用来模拟电力系统中的实际变压器，首先介绍理想变压器的理想化条件。

9.4.1 理想变压器的理想化条件

理想变压器是实际变压器的理想化模型，由铁心变压器演变而来，是对互感元件的理想化抽象，是一种特殊的无损耗全耦合变压器。理想变压器由两个匝数为 N_1 和 N_2 的磁耦合绕组构成。它满足以下 3 个条件：

1）无损耗：即 $R_1 = R_2 = 0$。

2）全耦合：耦合系数 $k = \dfrac{M}{\sqrt{L_1 L_2}} = 1$，即无漏磁。

3）参数 L_1、L_2 和 M 均为无限大：但保持 $\sqrt{\dfrac{L_1}{L_2}} = \dfrac{N_1}{N_2} = n$ 不变，n 称为一、二次绕组的匝数比。

以上 3 个条件在工程实际中不可能满足，但在一些实际工程概算中，在误差允许的范围内，把实际变压器当理想变压器对待，可使计算过程简化。

9.4.2 理想变压器的主要性能

理想变压器示意图及其模型如图 9-15 所示。理想变压器具有 3 个重要特性：变压、变流、变阻抗。

1. 变压关系

图 9-15a 为满足上述 3 个理想条件的耦合线圈，由于 $k=1$ 所以流过变压器一次绕组的电流 i_1 所产生的磁通 Φ_{11} 将全部与二次绕组相交链，即 $\Phi_{21} = \Phi_{11}$；同理，i_2 产生的磁通 Φ_{22} 也将全部与一、二次绕组相交链，所以 $\Phi_{12} = \Phi_{22}$。这时，穿过两绕组的总磁通或称为主磁通相等，为

$$\Phi = \Phi_{11} + \Phi_{12} = \Phi_{22} + \Phi_{21} = \Phi_{11} + \Phi_{22}$$

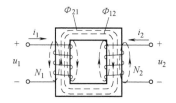
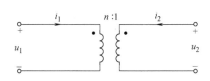

a) 理想变压器示意图　　　　　　　　　　b) 理想变压器模型

图 9-15　理想变压器示意图及其模型

总磁通在两绕组中分别产生互感电压 u_1 和 u_2，即

$$u_1 = \frac{\mathrm{d}\psi_1}{\mathrm{d}t} = N_1 \frac{\mathrm{d}\Phi}{\mathrm{d}t}, \quad u_2 = \frac{\mathrm{d}\psi_2}{\mathrm{d}t} = N_2 \frac{\mathrm{d}\Phi}{\mathrm{d}t}$$

由此可得理想变压器的电压关系

$$\frac{u_1}{u_2} = \frac{N_1}{N_2} = n \tag{9-28}$$

式中，N_1 与 N_2 分别是一次绕组和二次绕组的匝数；n 称为匝数比或电压比。理想变压器电路

模型如图 9-15b 所示。

如果 u_1、u_2 参考方向的 "+" 极性端设在异名端，则 u_1 与 u_2 之比为

$$\frac{u_1}{u_2} = -\frac{N_1}{N_2} = -n \tag{9-29}$$

注意，u_1 和 u_2 的参考 "+" 都在同名端时，电压与匝数成正比，否则前面加 "–"。

2. 变流关系

理想变压器不仅可以进行变压，而且也具有变流的特性。由于理想变压器无损耗，所以它吸收的瞬时功率恒等于零，在电路中只起传递信号和能量的作用，即 $p = u_1 i_1 + u_2 i_2 = 0$，则其变流的关系可描述为

$$\frac{i_1}{i_2} = -\frac{u_2}{u_1} = -\frac{1}{n} \tag{9-30}$$

如果 i_1、i_2 参考方向从异名端流入（见图 9-16），则

$$\frac{i_1}{i_2} = \frac{1}{n} \tag{9-31}$$

图 9-15a 所示理想变压器用受控源表示的电路模型如图 9-17 所示。

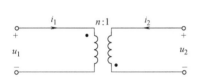

图 9-16 电流的参考方向从变压器异名端流入

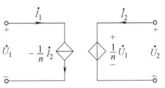

图 9-17 理想变压器受控源模型

3. 变阻抗关系

理想变压器还可以变换阻抗。当理想变压器的二次侧接负载电阻 Z_L 时，如图 9-18a 所示，一次侧的输入阻抗为

$$Z_{in} = \frac{\dot{U}_1}{\dot{I}_1} = \frac{n\dot{U}_2}{-\frac{1}{n}\dot{I}_2} = n^2\left(-\frac{\dot{U}_2}{\dot{I}_2}\right) = n^2 Z_L \tag{9-32}$$

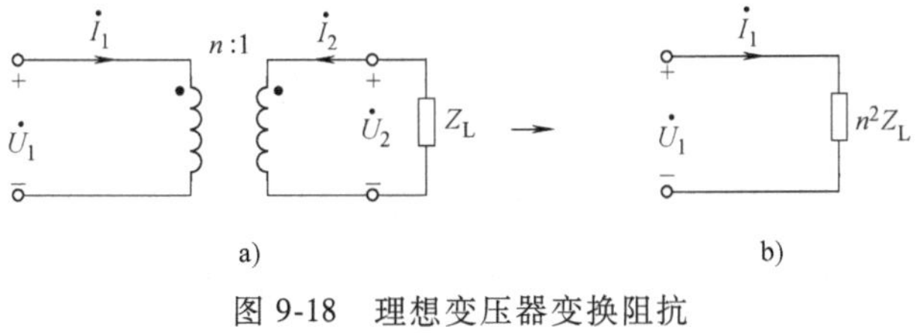

a)

b)

图 9-18 理想变压器变换阻抗

所以得出从理想变压器一次侧看进去的等效电路如图 9-18b 所示，即实现阻抗变换。

注意，理想变压器与空心变压器的反映阻抗是有区别的，理想变压器阻抗变换的作用只改变原阻抗的大小，不改变原阻抗的性质。

在分析含有理想变压器电路时，由于一、二次回路没有直接的电路联系，是磁场将它们联系在一起的，所以分析计算起来十分复杂。利用阻抗变换的性质，将二次阻抗折合到一次回路中去，则与一般电路的分析计算一样，就简化了这种电路的分析计算。在电子技术中，常利用变压器的阻抗变换改变匝数比的方法改变输入阻抗实现阻抗匹配，从而实现最大功率传输。收音机的输出变压器就是为此目的而设计的。

【**例 9-5**】 已知图 9-19a 中，电源内阻 $R_S = 1k\Omega$，负载电阻 $R_L = 10\Omega$。为使 R_L 上获得最大功率，求理想变压器的匝数比 n。

解：由理想变压器变阻抗关系可得图 9-19b。

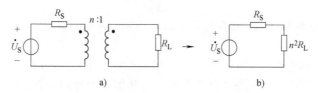

图 9-19 例 9-5 图

因此，当 $n^2 R_L = R_S$ 时为最佳匹配，即 $10n^2 = 1000$

∴ $n^2 = 100$，$n = 10$ 。

【**例 9-6**】 已知电路如图 9-20a 所示，求 $\dot{U}_2$。

解：方法一：列方程求解

一次回路有：$1 \times \dot{I}_1 + \dot{U}_1 = 10\angle 0°$

二次回路有：$50\dot{I}_2 + \dot{U}_2 = 0$

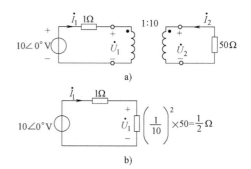

代入理想变压器的特性方程：$\dot{U}_1 = \dfrac{1}{10}\dot{U}_2$

$$\dot{I}_1 = -10\dot{I}_2$$

解得：$\dot{U}_2 = 33.33\angle 0°V$

方法二：阻抗变换

阻抗变换等效电路如图 9-20b 所示。

图 9-20 例 9-6 图

$$\dot{U}_1 = \frac{10\angle 0°}{1+1/2} \times \frac{1}{2} = \frac{10}{3}\angle 0°V$$

$$\therefore \dot{U}_2 = \frac{1}{n}\dot{U}_1 = 10\dot{U}_1 = 33.33\angle 0°V$$

方法三：应用戴维南定理

戴维南等效电路如图 9-21a 所示。根据 9-21a 求 $\dot{U}_{oc}$，有

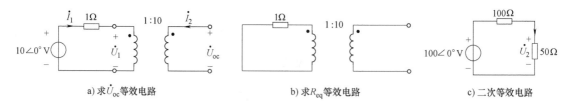

a) 求 $\dot{U}_{oc}$ 等效电路　　　　b) 求 R_{eq} 等效电路　　　　c) 二次等效电路

图 9-21 例 9-6 图

∵ $\dot{I}_2 = 0$，∴ $\dot{I}_1 = 0$

则 $\dot{U}_{oc} = 10\dot{U}_1 = 10\dot{U}_S = 100\angle 0°V$

由图 9-21b 求等效电阻 R_{eq}：

$$R_{eq} = 10^2 \times 1 = 100\Omega$$

戴维南等效电路如图 9-21c 所示，则有

$$\dot{U}_2 = \frac{100\angle 0°}{100+50}\times 50 = 33.33\angle 0°\text{V}$$

思考与练习

9.4-1 理想变压器和全耦合变压器有什么相同之处？有什么区别？

9.4-2 理想变压器有哪些作用？

9.4-3 若理想变压器的匝数比为 n，跨接于二次绕组两端的负载的反映阻抗是多少？

9.4-4 试述理想变压器和空心变压器的反映阻抗不同之处。

9.5 应用案例

变压器的主要作用是升高或降低电压与电流，使其适合于电力传输与分配；将电路的一部分与另一部分隔离（即在没有任何电气连接的情况下传输功率）；用作阻抗匹配设备，以实现最大功率传输。现将实现电压变换、电流变换和阻抗变换的应用举例如下。

1. 电压变换

如图 9-22 所示电路，一次绕组匝数多，二次绕组匝数少，通过变压器可把电网电压变为所需的低电压，然后经过整流、滤波、稳压获得所需的稳恒的直流电压。图 9-22 中整流器是将交流电转换为直流电的电子电路。变压器在该电路中的作用是将交流电耦合到整流器中。变压器的一次电路与二次电路之间无电气连接，能量是通过磁耦合传输的。

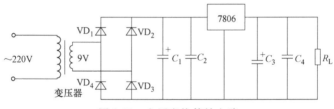

图 9-22 电压变换等效电路

2. 电流变换

如图 9-23 所示电路，电流互感器的一次绕组线径较粗，匝数很少，与被测电路负载串联；二次绕组线径较细，匝数很多，与电流表等的电流线圈串联。通过电流互感器可把大电流变为小电流，方便测量。

3. 阻抗变换

变压器的另一个作用是使负载电阻与电源内阻匹配以实现最大功率传输，这一技术称为阻抗匹配。例如，扬声器的电阻只有几欧姆，而音频功率放大器的内阻却高达几千欧姆，就需要采用变压器，通过变阻抗实现阻抗匹配，实现最大功率传输，从而使扬声器的功率最大。在音频电路中，专门的阻抗匹配变压器常使放大器的功率最大限度地传输到扬声器，如图 9-24 所示。

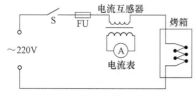

图 9-23 电流变换等效电路

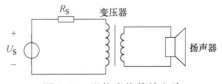

图 9-24 阻抗变换等效电路

本 章 小 结

1. 耦合电感

本章讨论了具有耦合电感的电路，首先要深入理解为什么引入同名端、同名端的标记方法以及在所标同名端下，互感电压参考方向的确定，这是分析互感电路的基础。

2. 含耦合电感的正弦电流电路的分析计算方法

含耦合电感的正弦电流电路的分析计算方法，与一般正弦电流电路的分析虽无本质区别，但也有其特殊性，这使得某些分析正弦电流电路的方法（如节点法）不能直接应用。若采用互感消去法，将含耦合电感的电路变为去耦等效电路，则所有分析正弦电流电路的方法都可直接应用，因此，消耦法是分析计算互感电路的有效方法，读者要熟练掌握。

耦合电感的去耦等效电路见表 9-1。

表 9-1 耦合电感的去耦等效电路

含耦合电感电路	去耦等效电路	等效电感
M L_1 L_2	L_{eq}	$L_{eq} = L_1 + L_2 + 2M$
M L_1 L_2	L_{eq}	$L_{eq} = L_1 + L_2 - 2M$
L_1 M L_2	M L_1-M L_2-M	$L_{eq} = \dfrac{L_1 L_2 - M^2}{L_1 + L_2 - 2M}$
L_1 M L_2	$-M$ L_1+M L_2+M	$L_{eq} = \dfrac{L_1 L_2 - M^2}{L_1 + L_2 + 2M}$

3. 空心变压器

空心变压器是利用互感来实现从一个电路向另一个电路传递能量或信号的一种器件，要深入理解其能量转换关系，引入阻抗的概念和一、二次等效电路。

4. 理想变压器

理想变压器的 3 个理想条件：无损耗、全耦合、参数无穷大。它的一、二次电压和电流关系是代数关系，因而它是不储能、不耗能的元件，是一种无记忆元件。变压、变流及变阻抗是理想变压器的 3 个重要特征，其变压、变流关系式与同名端及所设电压、电流参考方向密切相关，应用中只需记住变压与匝数成正比，变流与匝数成反比，至于变压、变流关系式中应是带负号还是带正号，则要看同名端位置与所设电压电流参考方向，不能一概而论。

能力检测题

一、选择题

1. 耦合电感 $L_1 = 4\mathrm{H}$，$L_2 = 1\mathrm{H}$，$M = 1\mathrm{H}$，则耦合系数 $k = $（   ）。

（A）0.25　　　　（B）0.5　　　　（C）0.4　　　　（D）0.8

2. 互感系数 M 与（   ）无关。

（A）两线圈形状和结构　　　　　　　　（B）两线圈几何位置
（C）空间媒质　　　　　　　　　　　　（D）两线圈电压电流参考方向

3. 理想变压器主要特性不包括（   ）。

（A）变换电压　　　（B）变换电流　　　（C）变换功率　　　（D）变换阻抗

4. 在应用等效电路法分析空心变压器时，若一次阻抗为 Z_{11}，二次阻抗为 Z_{22}，互感阻抗为 $j\omega M$，则二次侧对一次侧的引入阻抗 Z_1 等于（　　　）。

(A) $j\omega M + Z_{22}$　　　　(B) $\dfrac{(\omega M)^2}{Z_{22}}$　　　　(C) $j\omega M + Z_{11}$　　　　(D) $\dfrac{(\omega M)^2}{Z_{11}}$

5. 某理想变压器的一次绕组为 500 匝，二次绕组为 2500 匝，则匝数比为（　　　）。

(A) 0.2　　　　　　　　(B) 2.5　　　　　　　　(C) 5　　　　　　　　(D) 0.5

6. 某理想变压器一次绕组功率为 10W，匝数比为 5，则传输到二次负载的功率为（　　　）。

(A) 50W　　　　　　　　(B) 0.5W　　　　　　　　(C) 0W　　　　　　　　(D) 10W

7. 某给定负载的变压器，二次电压是一次电压的 1/3，二次电流为（　　　）。

(A) 一次电流的 1/3　　　　(B) 一次电流的 3 倍　　　(C) 等于一次电流　　　(D) 小于一次电流

8. 若理想变压器二次绕组两端跨接的负载电阻为 $1.0k\Omega$，匝数比为 2，则一次回路中的反映负载为（　　　）。

(A) 250Ω　　　　　　　　(B) $2k\Omega$　　　　　　　　(C) $4k\Omega$　　　　　　　　(D) $1.0k\Omega$

9. 使 200Ω 负载电阻与 50Ω 的电源内阻相匹配的匝数比为（　　　）。

(A) 0.25　　　　　　　　(B) 0.5　　　　　　　　(C) 4　　　　　　　　(D) 2

10. 两互感线圈顺向串联时，其等效电感量 $L_{顺} =$（　　　）。

(A) $L_1 + L_2 - 2M$　　　　(B) $L_1 + L_2 + 2M$　　　　(C) $L_1 + L_2 - M$　　　　(D) $L_1 + L_2 + M$

二、判断题

1. 由于线圈本身的电流变化而在本线圈中引起的电磁感应称为自感。（　　　）

2. 任意两个相邻较近的线圈总要存在着互感现象。（　　　）

3. 由同一电流引起的感应电压，其极性始终保持一致的端子称为同名端。（　　　）

4. 两个串联互感线圈的感应电压极性，取决于电流流向，与同名端无关。（　　　）

5. 顺向串联的两个互感线圈，等效电感量为它们的电感量之和。（　　　）

6. 同侧相并的两个互感线圈，其等效电感量比它们异侧相并时的大。（　　　）

7. 通过互感线圈的电流若同时流入同名端，则它们产生的感应电压彼此增强。（　　　）

8. 空心变压器和理想变压器的反映阻抗均与初级回路的自阻抗相串联。（　　　）

9. 全耦合变压器的变压比与理想变压器的变压比相同。（　　　）

10. 全耦合变压器与理想变压器都是无损耗且耦合系数等于1。（　　　）

三、填空题

1. 理想变压器的 3 个理想化条件是：（　　　），全耦合，参数无限大。

2. 理想变压器除了可以用来变换电压和电流，还可以用来变换（　　　）。

3. 理想变压器匝数比为 $n:1$，当二次侧接上 R_L 时，一次等效电阻变为（　　　）。

4. 理想变压器的功率 $p = u_1 i_1 + u_2 i_2 =$（　　　）。

5. 空心变压器二次的回路阻抗通过互感反映到一次侧，变成等效导纳，即感性变为（　　　），电阻变为（　　　）。

6. 已知两线圈的自感分别为 0.8H 和 0.7H，互感为 0.5H，线圈电阻忽略不计。正弦电源电压有效值不变，则两线圈同名端反接时的电流有效值为两线圈同名端顺接时的（　　　）倍。

7. 互感电压的正负与电流的（　　　）及（　　　）端有关。

8. 耦合系数 k 是表征两个耦合线圈的耦合紧疏程度，当两个线圈的结构，周围磁介质一定时，与（　　　）有关，k 的变化范围是（　　　）。

9. 两个具有互感的线圈顺向串联时，其等效电感为（　　　）；它们反向串联时，其等效电感为（　　　）。

10. 理想变压器二次负载阻抗折合到一次回路的反映阻抗 $Z_{in} =$（　　　）。

四、计算题

1. 图 9-25 电路中，假定 1 端和 2 端为耦合线圈的同名端，试说明自感电压和互感电压的极性与同名端的关系。

2. 图 9-26 电路中，已知 $R_1 = 3\Omega$，$R_2 = 5\Omega$，$\omega L_1 = 7.5\Omega$，$\omega L_2 = 12.5\Omega$，$\omega M = 6\Omega$，$U = 50V$，求当开关打开和闭合时的电流 $\dot{I}$、$\dot{I_1}$、$\dot{I_2}$。

图 9-25 计算题 1 图

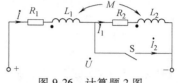

图 9-26 计算题 2 图

3. 图 9-27 电路中，已知 $U_S = 20V$，一次等效电路的引入阻抗 $Z_1 = (10 - j10)\Omega$，求 Z_X 及负载获得的有功功率。

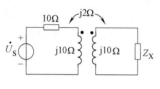

图 9-27 计算题 3 图

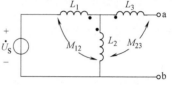

图 9-28 计算题 4 图

4. 图 9-28 所示电路，已知 $\dot{U}_S = 120\angle 0°V$，$L_1 = 8H$，$L_2 = 6H$，$L_3 = 10H$，$M_{12} = 4H$，$M_{23} = 5H$，$\omega = 2\mathrm{rad/s}$，求此有源二端网络的戴维宁等效电路。

5. 图 9-29 所示电路中 $R = 50\Omega$，$L_1 = 70\mathrm{mH}$，$L_2 = 25\mathrm{mH}$，$M = 25\mathrm{mH}$，$C = 1\mu F$，正弦电压源的电压 $U = 500V$，$\omega = 10^4 \mathrm{rad/s}$。求各支路电流。

6. 图 9-30 所示的空心变压器电路中，已知 u_S 的有效值 $U_S = 10V$，$\omega = 10^6 \mathrm{rad/s}$，$L_1 = L_2 = 1\mathrm{mH}$，$C_1 = C_2 = 0.001\mu F$，$R_1 = 10\Omega$，$M = 20\mu H$，试求当负载 R_L 为何值时，吸收的功率最大。

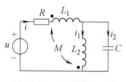

图 9-29 计算题 5 图

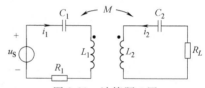

图 9-30 计算题 6 图

7. 图 9-31 所示电路中，正弦电压源 $\dot{U}_S = 1\angle 0°V$，其角频率 $\omega = 1\mathrm{rad/s}$，问互感系数为 M 何值时，整个电路处于谐振状态，谐振时 $\dot{I}_2$ 为何值。

8. 图 9-32 所示是含理想变压器的电路，已知 $\dot{U}_S = 10\angle 0°V$，$R_1 = 10\Omega$，$R_2 = 5\Omega$，$X_C = 10\Omega$，试求一、二次电流 $\dot{I}_1$、$\dot{I}_2$。

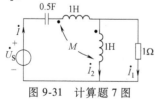

图 9-31 计算题 7 图

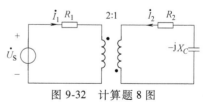

图 9-32 计算题 8 图

9. 图 9-33 所示电路中负载电阻 R_L 吸收的最大功率等于多少？

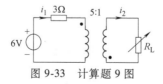

图 9-33 计算题 9 图

第 **10** 章

非正弦周期电流电路

知识图谱（★表示重点，△表示难点）

非正弦周期电流电路
- 10.1 非正弦周期信号：谐波分析法
- 10.2 非正弦周期函数分解为傅里叶级数
  - 系数求取
  - 对称函数的系数特点
  - 频谱图
    - 幅值频谱
    - 相位频谱
- 10.3 有效值、平均值和平均功率（△，★）
  - 有效值：$I = \sqrt{I_0^2 + I_1^2 + I_2^2 + \cdots}$
  - 平均值：$I_{av} = \dfrac{1}{T} \displaystyle\int_0^T |i(t)| \, \mathrm{d}t$
  - 平均功率：$P = U_0 I_0 + U_1 I_1 \cos\varphi_1 + U_2 I_2 \cos\varphi_2 + \cdots$
- 10.4 非正弦周期电流电路的计算（△，★）
  - 计算：$X_{Lk} = k\omega L \quad X_{Ck} = \dfrac{1}{k\omega C}$
  - 滤波（无源）
- 10.5 应用案例
  - 滤波器
  - 频谱分析仪

本章介绍的非正弦周期电流电路是指线性电路在非正弦周期激励下的稳态响应，主要讨论非正弦周期电流电路的一种分析方法——谐波分析法。主要内容有：非正弦周期函数分解为傅里叶级数；非正弦周期信号的频谱；非正弦周期电流、电压的有效值、平均值和平均功率以及非正弦周期电流电路的计算。

学习目标

1. 知识目标

理解非正弦周期信号的频谱的概念；掌握非正弦周期电流、电压有效值的计算方法；熟练掌握非正弦周期电流电路的谐波分析法和平均功率的计算。

2. 能力目标

具有熟练地求解非正弦周期电流电路的能力；深刻理解并掌握非正弦周期电流电路有效值和平均功率的表达式内容并能熟练灵活运用，锻炼将一个复杂问题分解为多个简单问题的能力。

3. 素质目标

非正弦周期电流电路的谐波分析法对同一个电路，在不同频率信号输入的情况下表现出不同的输出结果。人类社会是一个非常复杂又丰富多彩的环境，并且在不断发展变化。社会环境的多样性和多变性类似于电路中存在多种频率，且频率可以改变。人与人之间存在着个体差异，社会的多样性是客观存在的，但奋斗的目标却是一致的，在这种情况下，我们每个人总能找到与社会环境同频共振的点。只要我们同心协力，目标一致，各展其能、各尽其才，心往一处想，劲往一处使，就能够共同推动中华民族伟大复兴的中国梦早日实现。

10.1 非正弦周期信号

前面我们已经讨论了直流电源和正弦交流电源作用的电路。但在电子技术、自动控制、计算机和无线电技术等工程实际中，经常会遇到非正弦的周期变化的电压和电流，例如数字电子电路中的脉冲电压及整流电路的输出电流等，都是非正弦周期信号。首先介绍非正弦周期量产生的原因。

扫一扫 看视频

10.1.1 产生非正弦周期信号的原因

电路中产生非正弦周期电压和电流的原因一般有以下几个方面：

1. 激励（电源或信号源）**本身是非正弦周期信号**

由于内部结构设计和制造上的原因，电力系统中交流发电机发出的电压波形并不是理想的正弦波，而存在一定的畸变，严格地说应是非正弦周期电压，图 10-1a 所示的是函数信号发生器中的方波电压，图 10-1b 所示的锯齿波是实验室常用的电子示波器中的扫描电压，它们都是非正弦周期信号，它们在电路中产生的响应（即电压和电流）也是非正弦的。

2. 电路中含有非线性元件

即使输入的是正弦波，经过非线性元件二极管后的电流波形却是一个只有正半波的半波整流波形，如图 10-1c 所示。

3. 电路中有不同频率的电源共同作用

晶体管放大电路工作时既有为放大电路提供能量的直流电源，又有需要传输和放大的正弦输入信号，在它们的共同作用下，放大电路中的电压和电流是交直流共存的（正弦信号叠加在直流信号上），是非正弦波形，如图 10-1d 所示。

本章仅讨论激励为非正弦周期性函数、电路元件为线性时不变元件的非正弦电路的稳态分析和计算方法——谐波分析法。

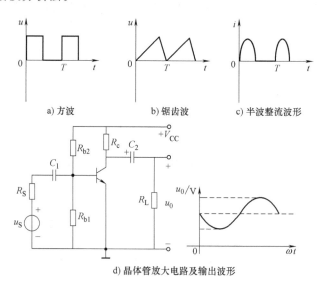

a) 方波　　　　　　　b) 锯齿波　　　　　　　c) 半波整流波形

d) 晶体管放大电路及输出波形

图 10-1　几种非正弦周期信号的波形

10.1.2 谐波分析法

怎样分析在非正弦周期电流、电压信号的作用下线性电路的稳态响应呢？具体步骤如下：

1）应用数学中的傅里叶级数展开法，将非正弦周期电流、电压激励分解为直流量和一系列不同频率的正弦量之和。

2）求每一信号单独作用下的响应，与直流电路及正弦交流电路的求解方法相同。

3）根据线性电路的叠加定理，把所得分量按时域形式叠加，得到电路在非正弦周期激励下的稳态电流和电压。

上述非正弦电路的稳态分析方法就称为谐波分析法。它实质上就是把非正弦周期电流电路的计算转化为直流电路和一系列正弦交流电路的计算，是对一个非正弦周期信号，找出它的一系列振幅按一定规律递减、频率成整数倍递增的谐波的过程。这样仍能充分利用相量法这个有效的工具，是前面内容的综合。

思考与练习

10.1-1　什么叫非正弦周期波，你能举出几个实际中的非正弦周期波的例子吗？

10.1-2　电路中产生非正弦周期波的原因是什么？试举例说明。

10.1-3　有人说："只要电源是正弦的，电路中各部分的响应也一定是正弦波"，这种说法对吗？为什么？

10.1-4　试述谐波分析法的应用范围和应用步骤。

10.2　非正弦周期函数分解为傅里叶级数

周期电流、电压信号都可以用一个周期函数表示，即
$$f(t) = f(t+kT)$$
式中，T 为周期函数 $f(t)$ 的周期；$k = 0，1，2，3，\cdots$。

如果给定的周期函数 $f(t)$ 满足狄里赫利条件，即

1）在一个周期内，极大值和极小值的数量为有限个。

2）在一个周期内，只有有限个不连续点。

3）在一个周期内，$f(t)$ 绝对值的积分为有限值，即 $\int_0^T |f(t)| \mathrm{d}t < \infty$，则 $f(t)$ 可展开为一个无穷级数。

这个非正弦周期函数 $f(t)$ 就可以展开为傅里叶级数，即直流分量和一系列正弦分量之和。电工技术中的非正弦周期电流、电压信号大多都能满足狄里赫利条件，因而能分解成傅里叶级数形式。

10.2.1　非正弦周期函数的傅里叶级数

周期函数 $f(t)$ 可以用一个表达式表示为
$$f(t) = f(t+kT)$$

只要周期函数 $f(t)$ 满足狄里赫利条件，它就可以分解为一个收敛的傅里叶级数，即
$$f(t) = A_0 + \sum_{k=1}^{\infty} A_{km}\cos(k\omega_1 t + \psi_k) \tag{10-1}$$

也可表示成
$$f(t) = a_0 + \sum_{k=1}^{\infty} \left[a_k\cos(k\omega_1 t) + b_k\sin(k\omega_1 t) \right] \tag{10-2}$$

以上两种表示式中系数之间关系为

$$A_0 = a_0, A_{km} = \sqrt{{a_k}^2 + {b_k}^2}, \psi_k = \arctan\left(\frac{-b_k}{a_k}\right), a_k = A_{km}\cos\psi_k, b_k = -A_{km}\sin\psi_k \qquad (10\text{-}3)$$

非正弦周期函数的分解主要是计算各项系数，可按下列公式计算

$$A_0 = a_0 = \frac{1}{T}\int_0^T f(t)\,\mathrm{d}t \qquad (10\text{-}4)$$

$$a_k = \frac{2}{T}\int_0^T f(t)\cos(k\omega_1 t)\,\mathrm{d}t \qquad (10\text{-}5)$$

$$b_k = \frac{2}{T}\int_0^T f(t)\sin(k\omega_1 t)\,\mathrm{d}t \qquad (10\text{-}6)$$

求出 a_0、a_k、b_k 便可得到原函数 $f(t)$ 的展开式。

式（10-1）中，A_0 是不随时间变化的常数，称为恒定分量或直流分量；$k=1$ 项表达式为 $A_{1m}\cos(\omega_1 t + \psi_1)$，此项频率与原周期函数的频率相同，称为非正弦周期函数 $f(t)$ 的基波或一次谐波分量，A_{1m} 为基波分量的振幅，ψ_1 为基波分量的初相位；$k \geq 2$ 各项的频率为周期函数的频率的整数倍，统称为高次谐波分量，例如 $k=2$，3，$\cdots$，k，$\cdots$ 的各项分别称为 2 次谐波，3 次谐波，$\cdots$，k 次谐波，$\cdots$。A_{km} 及 ψ_k 为 k 次谐波分量的振幅及初相位。另外，还经常把 k 为奇数的分量叫作奇次谐波，把 k 为偶数的分量叫作偶次谐波。

傅里叶级数是一无穷级数，从理论上讲仅当取无穷多项时，它才准确地等于原有的周期函数。在实际的分析工作中，只需根据具体问题的精度和所允许误差的大小，截取有效项。级数收敛得越快，则截取的项数可越少。通常，函数的波形越光滑和越接近于正弦波，其展开级数就收敛得越快。

对大多数电工、电子电路使用的非正弦周期函数 $f(t)$，可通过查表得到其展开式，不必计算。常见的几种周期函数的傅里叶级数展开式见表 10-1。读者在工程实际应用中，对很多常见的周期信号可省去对傅里叶级数的求解过程，直接运用表中的傅里叶级数进行分析计算。

表 10-1 一些典型非正弦周期信号的波形及其傅里叶级数

序号	$f(t)$ 的波形图	$f(t)$ 的傅里叶级数表达式
1		$f(t) = \dfrac{4A}{\pi}\left(\sin\omega t + \dfrac{1}{3}\sin 3\omega t + \dfrac{1}{5}\sin 5\omega t + \cdots\right)$
2		$f(t) = \dfrac{8A}{\pi^2}\left(\sin\omega t - \dfrac{1}{9}\sin 3\omega t + \dfrac{1}{25}\sin 5\omega t - \cdots\right)$
3		$f(t) = \dfrac{A}{2} - \dfrac{A}{\pi}\left(\sin 2\omega t + \dfrac{1}{2}\sin 4\omega t + \dfrac{1}{3}\sin 6\omega t + \cdots\right)$
4		$f(t) = \dfrac{4A}{\pi}\left(\dfrac{1}{2} - \dfrac{1}{3}\cos 2\omega t - \dfrac{1}{15}\cos 4\omega t - \dfrac{1}{35}\cos 6\omega t - \cdots\right)$

（续）

序号	$f(t)$的波形图	$f(t)$的傅里叶级数表达式
5		$f(t) = \dfrac{2A}{\pi}\left(\dfrac{1}{2} + \dfrac{\pi}{4}\sin\omega t - \dfrac{1}{3}\cos 2\omega t - \dfrac{1}{15}\cos 4\omega t - \cdots \right)$
6		$f(t) = \dfrac{2A}{\pi}\left(\sin\omega t - \dfrac{1}{2}\sin 2\omega t + \dfrac{1}{3}\sin 3\omega t - \cdots \right)$
7		$f(t) = \dfrac{8A}{\pi^2}\left(\cos\omega t + \dfrac{1}{9}\cos 3\omega t + \dfrac{1}{25}\cos 5\omega t + \cdots \right)$
8		$f(t) = A\left[\dfrac{1}{2} + \dfrac{2}{\pi}\left(\sin\omega t + \dfrac{1}{3}\sin 3\omega t + \dfrac{1}{5}\sin 5\omega t + \cdots \right) \right]$

由表 10-1 中的傅里叶级数可以看出，各次谐波的幅值是不等的，频率越高，则幅值越小。这说明傅里叶级数具有收敛性。由于傅里叶级数的收敛性，根据工程计算所允许的误差范围，一般只取前若干项来计算。

注意，非正弦周期电流、电压信号分解成傅里叶级数的关键在于求出系数 a_0、a_k、b_k，要求学习者在分析的过程中，能够利用周期信号的某些特殊对称性，定性地判断出一个非正弦周期信号中包含哪些谐波分量，可使系数的确定简化，这将给非正弦周期电流电路的分析和计算带来很大的方便。

1. 奇函数

一个非正弦周期信号仅基于原点对称时，称为奇函数，即 $f(t) = -f(-t)$，如图 10-2 所示。

奇函数的傅里叶级数为

$$f(t) = \sum_{k=1}^{\infty} b_k \sin(k\omega_1 t) \tag{10-7}$$

结论：傅里叶级数展开式中不含有直流分量和余弦项，它仅由正弦项组成。$a_0 = 0$；$a_k = 0$；$b_k \neq 0$。因此，求奇函数的傅里叶级数时，只需计算系数 b_k。

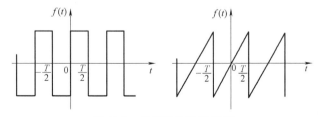

图 10-2 奇函数的波形示例

2. 偶函数

一个周期信号仅基于纵轴对称时，称为偶函数，即 $f(t) = f(-t)$，如图 10-3 所示。

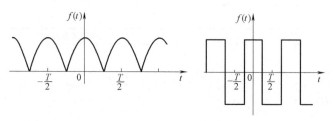

图 10-3　偶函数的波形示例

偶函数的傅里叶级数为

$$f(t) = a_0 + \sum_{k=1}^{\infty} a_k \cos(k\omega_1 t) \qquad (10\text{-}8)$$

结论：傅里叶级数展开式只含有直流分量和余弦项，而没有正弦项。$a_0 \neq 0$；$a_k \neq 0$；$b_k = 0$。因此，求偶函数的傅里叶级数时，只需计算系数 a_0 和 a_k。

3. 奇谐波函数

奇谐波函数 $f(t)$ 满足下列条件：

$$f(t) = -f\left(t \pm \frac{T}{2}\right)$$

奇谐波函数是将波形移动半周期后与横轴对称，即具有镜像对称性（也称奇半波对称），如图 10-4 中虚线所示。

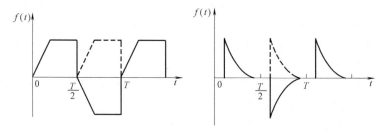

图 10-4　奇谐波函数的波形示例

奇谐波函数的傅里叶级数为

$$f(t) = \sum_{k=1}^{\infty} A_{km}\cos(k\omega_1 t + \psi_k) \qquad (k = 1,3,5,\cdots) \qquad (10\text{-}9)$$

结论：傅里叶级数展开式中仅有奇次谐波中的余弦项，不含直流分量和偶次谐波，有 $a_{2k} = b_{2k} = 0$。

4. 偶谐波函数

偶谐波函数 $f(t)$ 满足下列条件

$$f(t) = f\left(t \pm \frac{T}{2}\right)$$

偶谐波函数的特征是其波形在一周期内前、后半周的形状完全一样，将波形移动半个周期后波形重合，如图 10-5 所示。

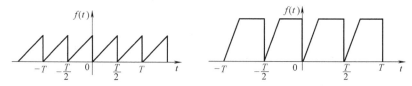

图 10-5　偶谐波函数的波形示例

偶谐波函数的傅里叶级数为

$$f(t) = A_0 + \sum_{k=2}^{\infty} A_{km}\cos(k\omega_1 t + \psi_k) \qquad (k = 2,4,6,\cdots) \qquad (10\text{-}10)$$

结论：傅里叶级数展开式中不含奇次谐波，只包括直流分量和偶次谐波，只需计算 a_0、a_{2k}、b_{2k}。

实际中所遇到的周期函数可能较复杂，不易看出对称性，但是如果将波形进行一定的平移，或视为几个典型波形的合成，则也能使计算各次谐波的系数简化。

10.2.2 非正弦周期函数的频谱

非正弦周期信号虽然可以展开成傅里叶级数，但是看起来不够直观，不能一目了然。为了能够更直观地表示出一个非正弦周期信号中包含哪些频率分量，每一个频率分量的相对幅度有多大，本节引入了比较直观而且较为方便的频谱图表示法。

周期函数中各次谐波分量的振幅和初相位可用一种长度与振幅和初相位的大小相对应的线段，按频率的高低顺序依次排列起来所构成的图形来表示，这种图形称为周期函数的频谱图。频谱图分为振幅频谱和相位频谱两种。

以谐波角频率为横坐标，在横坐标轴的各谐波角频率所对应的点上，做出一条条的垂直线，称为谱线。如果每一条谱线的高度表示该频率谐波的振幅，则该频谱图称为振幅频谱；如果每一条谱线的高度表示该频率谐波的初相位，则该频谱图称为相位频谱。如无特别说明，一般所说的频谱专指振幅频谱。

【例 10-1】 设锯齿波 $i(t)$ 的波形如图 10-6a 所示，其傅里叶级数为

$$i(t) = \frac{2I}{\pi}\left(\sin\omega_1 t - \frac{1}{2}\sin2\omega_1 t + \frac{1}{3}\sin3\omega_1 t - \cdots\right),\ \text{试画出其振幅频谱。}$$

解：

$$i(t) = \frac{2I}{\pi}\left(\sin\omega_1 t - \frac{1}{2}\sin2\omega_1 t + \frac{1}{3}\sin3\omega_1 t - \cdots\right)$$

$$= \frac{2I}{\pi}\left[\cos(\omega_1 t - 90°) + \frac{1}{2}\cos(2\omega_1 t + 90°) + \frac{1}{3}\cos(3\omega_1 t - 90°) + \frac{1}{4}\cos(4\omega_1 t + 90°) + \cdots\right]$$

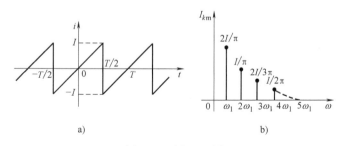

a)   b)

图 10-6 例 10-1 图

根据 $i(t)$ 的傅里叶级数展开式画出 $i(t)$ 的振幅频谱如图 10-6b 所示。$f(t)$ 展开式中 I_{km} 与 $\omega(=k\omega_1)$ 的关系，反映了各频率成分振幅所占的"比重"。

稳恒直流电和正弦交流电的波形十分平滑，不具有谐波。当波形中有跳变点或变化不平滑时，波形中必定含有谐波，且跳变点越陡峭、变化越不平滑时，波形中的高次谐波成分越显著。

思考与练习

10.2-1 非正弦周期信号的谐波表达式是什么形式？其中每一项的意义是什么？

10.2-2 举例说明什么是奇次谐波和偶次谐波？波形具有偶半波对称时是否一定有直流成分？

10.2-3 能否定性地说出具有奇次对称性的波形中都含有哪些谐波成分？

10.2-4 稳恒直流电和正弦交流电有谐波吗？什么样的波形才具有谐波？试说明。

10.3 有效值、平均值和平均功率

扫一扫 看视频

10.3.1 非正弦周期函数的有效值

设非正弦周期电流 $i(t)$ 的傅里叶级数为

$$i(t) = I_0 + \sum_{k=1}^{\infty} I_{km}\cos(k\omega_1 t + \psi_k)$$

经数学推导，非正弦周期电流的有效值为直流分量及各次谐波分量有效值的二次方之和的二次方根。

$$I = \sqrt{I_0^2 + \sum_{k=1}^{\infty} I_k^2} = \sqrt{I_0^2 + I_1^2 + I_2^2 + I_3^2 + \cdots} \tag{10-11}$$

或

$$I = \sqrt{I_0^2 + \sum_{k=1}^{\infty} \frac{I_{km}^2}{2}} \tag{10-12}$$

注意，对于单一正弦波，有 $I_{km} = \sqrt{2} I_k$，但对整个周期波则不存在这种关系。

同理，当 $f(t)$ 为非正弦周期电压时，其有效值为

$$U = \sqrt{U_0^2 + \sum_{k=1}^{\infty} U_k^2} = \sqrt{U_0^2 + U_1^2 + U_2^2 + U_3^2 + \cdots} \tag{10-13}$$

【例 10-2】 已知周期电流 $i = [1 + 0.707\cos(\omega t - 20°) + 0.42\cos(2\omega t + 50°)]$ A，试求其有效值。

解： $I = \sqrt{I_0^2 + \sum_{k=1}^{\infty} I_k^2} = \sqrt{I_0^2 + I_1^2 + I_2^2 + I_3^2 + \cdots}$

$= \sqrt{1^2 + \frac{1}{2} \times 0.707^2 + \frac{1}{2} \times 0.42^2}$

$= \sqrt{1 + 0.5^2 + 0.3^2} = 1.16$ A

10.3.2 非正弦周期函数的平均值

非正弦周期信号除了有效值之外，还会用到平均值的概念。按照傅里叶级数展开式周期函数在一个周期内的平均值应等于其直流分量（即零次谐波）。在电工技术和电子技术中，经常遇到上下半周期对称的波，如正弦波、余弦波、奇谐波等，这些波形对称于横轴，在横轴上下的面积相等，其平均值为零。显然不能表征信号的电磁响应。为了描述交流电压、电流经过整流后的特性，一般定义非正弦周期电流的平均值为它的绝对值的平均值，即

$$I_{av} \stackrel{def}{=\!=} \frac{1}{T}\int_0^T |i(t)|\, dt \qquad\qquad (10\text{-}14)$$

取绝对值是将负值部分反号，即"全波整流"。所以，平均值就是"全波整流"后的平均值，如图 10-7 所示。

应当注意的是，一个周期内其值有正、负周期量的平均值 I_{av} 与其直流分量 I_0 是不同的，只有一个周期内其值均为正值的周期量，平均值才等于其直流分量。

对于周期量，还用波形因子 K_f 来反映波形的性质，定义 K_f 等于周期量的有效值与平均值的比值，即

$$K_f = \frac{I}{I_{av}}$$

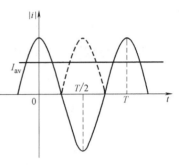

图 10-7 正弦电流的平均值

【**例 10-3**】 计算正弦电压 $i(t) = I_m\cos\omega t$ 的平均值，并求正弦电压的有效值与平均值之比。

解： 设 $i(t) = I_m\cos\omega t$ 平均值为

$$I_{av} = \frac{1}{T}\int_0^T |I_m\cos\omega t|\, dt = \frac{2I_m}{T}\int_0^{\frac{T}{2}}\sin\omega t dt = 0.637I_m = 0.898I$$

波形因子为

$$K_f = \frac{I}{I_{av}} = \frac{I}{0.898I} = 1.11$$

10.3.3 非正弦周期电流与电压的测量

对于同一非正弦周期电流，用不同类型的仪表进行测量时，会得出不同的结果。以常用的 3 种仪表测量电流为例，进行测量的结果如下：

1. 磁电式仪表

用磁电式仪表（直流仪表）测量的数值为电流的直流分量，这是因为这种仪表的指针偏转角为

$$\alpha \propto \frac{1}{T}\int_0^T i dt = I_0$$

2. 整流式仪表

用全波整流磁电式仪表测量的数值为电流的平均值，这是因为这种仪表的指针偏转角为

$$\alpha \propto \frac{1}{T}\int_0^T |i| dt = I_{av}$$

3. 电磁式仪表、电动式仪表

电磁式仪表或电动式仪表测量的数值为电流的有效值，这是因为这种仪表的指针偏转角为

$$\alpha \propto \frac{1}{T}\int_0^T i^2 dt = I^2$$

由此可见，在测量非正弦周期电流和电压时，要根据要求选择合适的仪表。

10.3.4 非正弦周期函数的平均功率

设一端口网络受非正弦周期信号（电压或电流）的激励，且其端口电压 $u(t)$ 和电流 $i(t)$ 在关联参考方向下的傅里叶级数为

$$u(t) = U_0 + \sum_{k=1}^{\infty}\sqrt{2}U_k\cos(k\omega t + \psi_{uk})$$

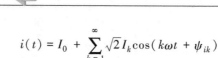

$$i(t) = I_0 + \sum_{k=1}^{\infty} \sqrt{2} I_k \cos(k\omega t + \psi_{ik})$$

计算证明：只有同频率的电压与电流才能构成平均功率，不同频率的电压与电流不能构成平均功率。非正弦周期电流电路的平均功率表达式为

$$P = U_0 I_0 + U_1 I_1 \cos\varphi_1 + U_2 I_2 \cos\varphi_2 + \cdots + U_k I_k \cos\varphi_k + \cdots = U_0 I_0 + \sum_{k=1}^{\infty} U_k I_k \lambda_k \quad (10\text{-}15)$$

式中，U_k、I_k 分别是第 k 次电压电流谐波分量的有效值；φ_k 是第 k 次电压电流谐波分量的相位差。

$$\varphi_k = \psi_{uk} - \psi_{ik}, \quad \lambda_k = \cos\varphi_k, \quad k = 1, 2, 3, \cdots$$

结论：非正弦周期电流电路的平均功率=直流分量的功率+各次谐波的平均功率。

【例 10-4】 电路如图 10-8 所示，施加于二端网络 N 的电压为

$$u_{ab}(t) = (100 + 100\cos\omega t + 30\cos 3\omega t) \text{ V}$$

流入 a 端的电流

$$i_{ab}(t) = [50\cos(\omega t - 45°) + 10\sin(3\omega t - 60°) + 20\cos 5\omega t] \text{ A}$$

求：（1）$u_{ab}(t)$ 的有效值；（2）$i_{ab}(t)$ 的有效值；（3）平均功率。

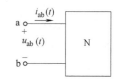

图 10-8 例 10-4 图

解：（1）$u_{ab}(t)$ 的有效值为

$$U_{ab} = \sqrt{100^2 + \frac{1}{2} \times 100^2 + \frac{1}{2} \times 30^2} \approx 125 \text{V}$$

（2）$i_{ab}(t)$ 的有效值为

$$I_{ab} = \sqrt{\frac{1}{2} \times 50^2 + \frac{1}{2} \times 10^2 + \frac{1}{2} \times 20^2} \approx 38.8 \text{A}$$

（3）$\because i_{ab}(t) = 50\cos(\omega t - 45°) + 10\sin(3\omega t - 60°) + 20\cos 5\omega t$

$$= [50\cos(\omega t - 45°) - 10\cos(3\omega t + 30°) + 20\cos 5\omega t] \text{ A}$$

$\therefore$ 平均功率为 $P = \dfrac{1}{2} \times 100 \times 50 \times \cos 45° - \dfrac{1}{2} \times 30 \times 10 \times \cos 30° = 1637.9 \text{W}$

【例 10-5】 已知某无独立电源的一端口网络的端口电压、电流为

$$u = \left[141\cos\left(\omega t - \frac{\pi}{4}\right) + 84.6\cos 2\omega t + 56.4\cos\left(3\omega t + \frac{\pi}{4}\right) \right] \text{ V}$$

$$i = \left[10 + 56.4\cos\left(\omega t + \frac{\pi}{4}\right) + 30.5\cos\left(3\omega t + \frac{\pi}{4}\right) \right] \text{ A}$$

试求：（1）电压电流的有效值；（2）一端口网络消耗的平均功率和网络的功率因数。

解：（1）根据式（10-11）和式（10-13）得

$$U = \sqrt{U_0^2 + \sum_{k=1}^{\infty} \frac{U_{km}^2}{2}} = \sqrt{\frac{1}{2} \times (141^2 + 84.6^2 + 56.4^2)} = 122.9 \text{V}$$

$$I = \sqrt{I_0^2 + \sum_{k=1}^{\infty} \frac{I_{km}^2}{2}} = \sqrt{10^2 + \frac{1}{2} \times (56.4^2 + 30.5^2)} = 46.4 \text{A}$$

（2）根据式（10-15）得

$P = P_0 + P_1 + P_2 + P_3$

$\because P_0 = 0$，$P_2 = 0$

$\therefore$ 平均功率为

$$P = \frac{141 \times 56.4}{2}\cos\left(-\frac{\pi}{4} - \frac{\pi}{4}\right) + \frac{56.4 \times 30.5}{2}\cos\left(\frac{\pi}{4} - \frac{\pi}{4}\right) = 860.1 \text{W}$$

功率因数为

$$\cos\varphi = \frac{P}{UI} = \frac{860.1}{122.9 \times 46.4} = 0.151$$

思考与练习

10.3-1 非正弦周期量的有效值和正弦周期量的有效值在概念上是否相同？其有效值与它的最大值之间是否也存在$\sqrt{2}$倍的数量关系？

10.3-2 何谓非正弦周期函数的平均值？如何计算？

10.3-3 非正弦周期函数的平均功率如何计算？不同频率的谐波电压和电流能否构成平均功率？

10.3-4 非正弦波的"峰值越大，有效值也越大"的说法对吗？试举例说明。

10.4 非正弦周期电流电路的计算

扫一扫 看视频

本书所讨论的非正弦周期电流电路是指由非正弦周期激励作用下的线性电路，分析和计算的步骤如下：

1）先将激励进行傅里叶级数展开，取有限项，高次谐波取到哪一项为止，要视所需精度来确定。

2）利用直流和正弦交流电路的计算方法，分别求出激励的直流分量和各次谐波分量单独作用时的响应。

① 在直流分量激励下，电容 C 相当于开路，电感 L 相当于短路，归结为一个直流电路的求解；

② 各次谐波分量激励下，电路的求解归结为正弦交流电路的求解。

对 k 次谐波而言，感抗 $X_{Lk} = k\omega L = kX_{L1}$；容抗 $X_{Ck} = \dfrac{1}{k\omega C} = \dfrac{1}{k}X_{C1}$。

3）最后各个响应在时域内进行叠加。必须注意，不同频率的相量或有效值不能直接相加。

【例 10-6】 图 10-9a 所示电路中，已知 $R = \omega L = \dfrac{1}{\omega C} = 2\Omega$，$u(t) = (10 + 100\cos\omega t + 40\cos3\omega t)$ V，求 $i(t)$、$i_L(t)$、$i_C(t)$。

解：（1）10V 分量作用，如图 10-9b 所示。$I_{C0} = 0$，$I_0 = I_{L0} = 5A$。

（2）$100\cos\omega t$V 分量作用，如图 10-9c 所示。

$$\dot{I}_{Lm_1} = \frac{100\angle 0°}{2 + j2} = 25\sqrt{2}\,\angle -45°A$$

$$\dot{I}_{Cm_1} = \frac{100\angle 0°}{2 - j2} = 25\sqrt{2}\,\angle 45°A$$

$$\dot{I}_{m_1} = \dot{I}_{Lm_1} + \dot{I}_{Cm_1} = 50\angle 0°A$$

（3）$40\cos3\omega t$V 分量作用，如图 10-9d 所示。

$$\dot{I}_{Lm_3} = \frac{40\angle 0°}{2 + j6} = 4.5\sqrt{2}\,\angle -71.6°A$$

$$\dot{I}_{Cm_3} = \frac{40\angle 0°}{2 - j\dfrac{2}{3}} = 13.5\sqrt{2}\,\angle 18.4°A$$

$$\dot{I}_{m_3} = \dot{I}_{Lm_3} + \dot{I}_{Cm_3} = 20\angle 0.81°A$$

（4）在时间域进行叠加。

$$i_L(t) = [5 + 25\sqrt{2}\cos(\omega t - 45°) + 4.5\sqrt{2}\cos(3\omega t - 71.6°)]\text{A}$$

$$i_C(t) = [25\sqrt{2}\cos(\omega t + 45°) + 13.5\sqrt{2}\cos(3\omega t + 18.4°)]\text{A}$$

$$i(t) = [5 + 50\cos\omega t + 20\cos(3\omega t + 0.81°)]\text{A}$$

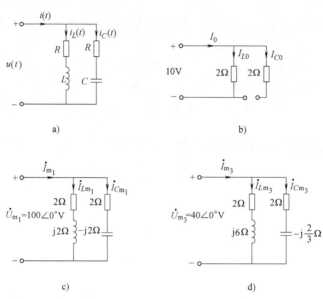

图 10-9　例 10-6 图

【例 10-7】　电路如图 10-10a 所示，已知 $u_S(t) = (2 + 10\cos 5t)\text{V}$，$i_S(t) = 4\cos 4t\text{A}$。求 $i_L(t)$。

解：（1）$u_S(t)$ 单独作用：

1）2V 分量作用，电路如图 10-10b 所示。$I_{L0} = 2\text{A}$。

2）$10\cos 5t$V 分量作用，电路如图 10-10c、d 所示。

$$\dot{I}_{Lm_5} = \frac{-\text{j}\dfrac{1}{5}}{1 + \text{j}5 - \text{j}\dfrac{1}{5}} \times 10\angle 0° = 0.41\angle -168.2°\text{A}$$

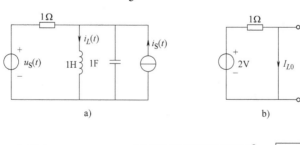

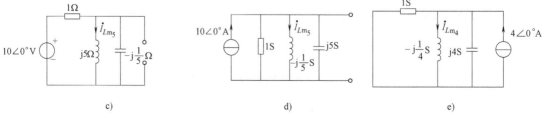

图 10-10　例 10-7 图

（2） $i_S(t)$ 单独作用，电路如图 10-10e 所示。

$$\dot{I}_{Lm_4} = \frac{-j\frac{1}{4}}{1+j4-j\frac{1}{4}} \times 4\angle0° = 0.256\angle-165.1°A$$

（3） $u_S(t)$ 和 $i_S(t)$ 共同作用：

$$\therefore \quad i_L(t) = [2+0.41\cos(5t-168.2°)+0.256\cos(4t-165.1°)]A$$

【例 10-8】 电路如图 10-11 所示，已知 $\omega = 1000\text{rad/s}$，$C = 1\mu\text{F}$，$R = 1\Omega$，在稳态时，$u_R$ 中不含基波，而二次谐波与电源二次谐波电压相同，求：（1） u_S 的有效值；（2） 电感 L_1 和 L_2；（3） 电源发出的平均功率。其中电源 $u_S = [12+15\sqrt{2}\cos\omega t+16\sqrt{2}\cos(2\omega t)]V$。

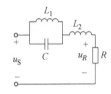
图 10-11 例 10-8 图

解：（1） $U_S = \sqrt{12^2+15^2+16^2} = 25V$

（2） u_R 中不含基波，即 L_1 和 C 发生并联谐振，有

$$\omega C = \frac{1}{\omega L_1}, L_1 = \frac{1}{\omega^2 C} = \frac{1}{1000^2\times10^{-6}} = 1H$$

若使 u_R 中二次谐波与电源二次谐波电压相同，则 L_1、C、L_2 电路发生串联谐振，即

$$j2\omega L_2 + \frac{j2\omega L_1\times\frac{1}{j2\omega C}}{j2\omega L_1+\frac{1}{j2\omega C}} = 0 \qquad \therefore L_2 = \frac{1}{3}H$$

（3） $I_0 = \frac{U_0}{R} = 12A$，$I_2 = \frac{U_2}{R} = 16A$

$$P = U_0I_0+U_2I_2\cos\varphi_2 = 400W$$

思考与练习

10.4-1 线性 R、L、C 组成的电路，对不同频率的阻抗分量阻抗值是否相同？变化规律是什么？

10.4-2 对非正弦周期信号作用下的线性电路应如何计算？计算方法根据什么原理？

10.4-3 若已知基波作用下的复阻抗 $Z = (30+j20)\Omega$，求在三次和五次谐波作用下负载的复阻抗又为多少？

10.4-4 为什么对各次谐波分量的电压、电流计算可以用相量法，而结果不能用各次谐波响应分量的相量叠加？

10.5 应用案例

1. 滤波器

工程上常常利用电感和电容的电抗随频率而变的特点，组成各种网络，连接在输入和输出之间，可以让某些所需要的频率分量顺利地通过传送给负载，而抑制某些不需要的分量，这种电路称为滤波器。

滤波器是一种有用频率信号能通过而同时抑制（或大大衰减）无用频率信号的电子装置，工程上常用来进行信号处理、数据传输和抑制干扰。

【例 10-9】 电路如图 10-12 所示，若输入信号为非正弦周期信号，试分析电路的输出 u_o。

与输入 u_i 相比有何变化？

解： 对 k 次谐波的感抗为

$$X_{Lk} = k\omega L = kX_{L1}$$

对 k 次谐波的容抗为

$$X_{Ck} = \frac{1}{k\omega C} = \frac{1}{k}X_{C1}$$

 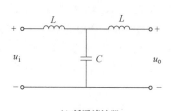 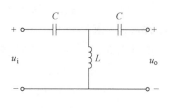

a) 滤波器   b) 低通滤波器   c) 高通滤波器

图 10-12 例 10-9 图

可见，电感 L 通低频，阻高频；电容 C 通高频，阻低频。图 10-12b 所示为一个简单的低通滤波器，图中电感 L 对高频电流有抑制作用，电容 C 则对高频电流起分流作用，这样输出端中的高频电流分量就被大大削弱，而低频电流分量则能顺利通过。图 10-12c 是最简单的高通滤波器，其作用可做类似分析。其中电容 C 对低频分量有抑制作用，电感 L 对低频分量起分流作用。

2. 频谱分析仪

频谱分析仪是研究电信号频谱结构的仪器，是对无线电信号进行测量的必备手段，是从事电子产品研发、生产、检验的常用工具。因此，应用十分广泛。其外形如图 10-13 所示。

频谱分析仪以图形方式显示信号幅度按频率的分布，其显示窗口的横坐标表示频率，纵坐标表示信号幅度，可以全景显示，也可以选定带宽测试。利用频谱分析仪可以进行噪声和杂波信号分析、相位检测、电磁干扰与滤波器测量、振动测量、雷达测量等。其还可用于信号失真度、调制度、频率稳定度和交调失真等信号参数的测量，是一种多用途的电子测量仪器。

图 10-13 频谱分析仪

本 章 小 结

1. 非正弦周期电流或电压

非正弦周期电流（电压同）可用傅里叶级数分解为直流分量、基波分量及各谐波分量，即

$$f(t) = A_0 + \sum_{k=1}^{\infty} A_{km}\cos(k\omega_1 t + \psi_k)$$

也可表示成

$$f(t) = a_0 + \sum_{k=1}^{\infty} \left[a_k\cos k\omega_1 t + b_k\sin k\omega_1 t \right]$$

2. 有效值、平均值和平均功率

非正弦周期电流（电压）的有效值等于它的直流分量、基波分量与各谐波分量有效值的二次方和的二次方根，其数学表达式为

$$I = \sqrt{I_0^2 + \sum_{k=1}^{\infty} I_k^2}$$

非正弦周期电流电路中的有功功率等于直流分量电压电流之积与各同频率电压电流分量构成的有功功率的和，即

$$P = U_0 I_0 + U_1 I_1 \cos\varphi_1 + U_2 I_2 \cos\varphi_2 + \cdots + U_k I_k \cos\varphi_k + \cdots$$

$$= U_0 I_0 + \sum_{k=1}^{\infty} U_k I_k \lambda_k$$

式中

$$\varphi_k = \psi_{uk} - \psi_{ik}, \quad \lambda_k = \cos\varphi_k, \quad k = 1, 2, 3, \cdots$$

不同频率的电压与电流虽能构成瞬时功率，但不能构成有功功率。

3. 非正弦周期电流电路的计算

首先，将非正弦周期激励展成傅里叶级数，然后计算出电源的直流分量、基波分量及各谐波分量单独作用下的各电流及电压分量，最后按瞬时值叠加。

电感和电容对不同频率的激励呈现出不同的电抗，k 次谐波激励的感抗和容抗分别为

$$X_{Lk} = k\omega L = k X_{L1}$$

$$X_{Ck} = \frac{1}{k\omega C} = \frac{1}{k} X_{C1}$$

能力检测题

参考答案

一、选择题

1. 在非正弦周期电路中，电压的有效值 U 为（　　）。

（A）$U = \sqrt{U_0^2 + U_1^2 + U_2^2 + \cdots}$ （B）$U = U_0 + \sqrt{U_1^2 + U_2^2 + \cdots}$

（C）$U = \frac{1}{\sqrt{2}} U_m$ （D）$U = U_0 + U_1 + U_2 + \cdots$

2. 若某电感的基波感抗为 30Ω，则其三次谐波感抗为（　　）。

（A）30Ω （B）60Ω （C）90Ω （D）10Ω

3. 若某电容的基波容抗为 60Ω，则六次谐波容抗为（　　）。

（A）60Ω （B）360Ω （C）120Ω （D）10Ω

4. 非正弦周期电路的平均功率计算公式为（　　）。

（A）$P = UI$ （B）$P = U_0 I_0 + \sum_{k=1}^{\infty} U_k I_k$

（C）$P = U_0 I_0 + \sum_{k=1}^{\infty} U_k I_k \cos\varphi_k$ （D）$P = \sum_{k=1}^{\infty} U_k I_k \cos\varphi_k$

5. 若某线圈对基波的阻抗为 $(1+j4)\ \Omega$，则对二次谐波的阻抗为（　　）。

（A）$(1+j4)\ \Omega$ （B）$(2+j4)\ \Omega$ （C）$(2+j8)\ \Omega$ （D）$(1+j8)\ \Omega$

6. 若 RC 串联电路对二次谐波的阻抗为 $(2-j6)\ \Omega$，则对基波的阻抗为（　　）。

（A）$(2-j3)\ \Omega$ （B）$(2-j12)\ \Omega$ （C）$(2-j6)\ \Omega$ （D）$(4-j6)\ \Omega$

7. 下列 4 个表达式中，是非正弦周期性电流的为（　　）。

（A）$i_1(t) = (6 + 2\cos 2t + 3\cos 3\pi t)\,\text{A}$ （B）$i_2(t) = (3 + 4\cos t + 2\cos 2t + \sin 3t)\,\text{A}$

（C）$i_3(t) = \left(\cos t + 3\cos \frac{1}{3}t + \cos \frac{1}{7}t\right)\text{A}$ （D）$i_4(t) = (4\cos t + 2\cos 2\pi t + \sin \omega t)\,\text{A}$

8. 非正弦周期信号作用下的线性电路分析，电路响应等于其各次谐波单独作用时产生的响应的（　　）的叠加。

（A）有效值 （B）瞬时值 （C）相量 （D）无法确定

9. 已知一非正弦电流 $i(t) = (10 + 10\sqrt{2}\sin 2\omega t)\,\text{A}$，它的有效值为（　　）。

（A）$20\sqrt{2}\,\text{A}$ （B）$10\sqrt{2}\,\text{A}$ （C）20A （D）无法确定

10. 已知基波的频率为 120Hz，则该非正弦波的三次谐波频率为（　　）。

（A）360Hz （B）300Hz （C）240Hz （D）无法确定

二、判断题

1. 非正弦周期量的有效值等于它各次谐波有效值之和。（　　　）

2. 不同频率的电压和电流不能构成平均功率，也不能构成瞬时功率。（　　　）

3. 非正弦周期量作用的线性电路中具有叠加性。（　　　）

4. 如果非正弦周期信号的波形对称于纵轴，其傅里叶级数中只含有余弦项和直流分量，而没有正弦项。
（　　　）

5. 非正弦周期量的平均功率等于它各次谐波平均功率之和。（　　　）

6. 只有电路中激励是非正弦周期信号时，电路中的响应才是非正弦的。（　　　）

7. 对已知波形的非正弦周期量，正确写出其傅里叶级数展开式的过程称谐波分析。（　　　）

8. 一系列振幅不同，频率成整数倍的正弦波叠加后可构成一个非正弦周期波。（　　　）

9. 高于三次谐波的正弦波才能称为高次谐波。（　　　）

10. 波形因数是非正弦周期量的最大值与有效值之比。（　　　）

三、填空题

1. 在非正弦周期电路中，k 次谐波的感抗 X_{Lk} 与基波感抗 X_{L1} 的关系为（　　　）。

2. 对于一个简单的高通滤波器，其电容 C 对低频分量有（　　　）作用，电感 L 对低频分量有
（　　　）作用。

3. 测量电流有效值用（　　　）仪表，测量整流平均值用（　　　）仪表，测量平均值（直流分量）
用（　　　）仪表。

4. 如果非正弦周期信号的波形对称于原点，其傅里叶级数中不含有（　　　）分量和（　　　）项，仅由
（　　　）项所组成。

5. 如果非正弦周期信号的波形移动半个周期后，便与原波形对称于横轴（即镜像对称），其傅里叶级数
中只含有（　　　）谐波分量，而不含有（　　　）分量和（　　　）谐波分量。

四、计算题

1. 已知某非正弦周期信号在四分之一周期内的波形为一锯齿波，且在横轴上方，幅值等于 1V，如图 10-14 所示。试根据下列情况分别绘出一个周期的波形。

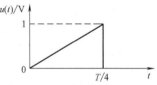

图 10-14　计算题 1 图

（1）$u(t)$ 为偶函数，且具有偶半波对称性；

（2）$u(t)$ 为奇函数，且具有奇半波对称性；

（3）$u(t)$ 为偶函数，无半波对称性；

（4）$u(t)$ 为奇函数，无半波对称性；

（5）$u(t)$ 为偶函数，只含有偶次谐波；

（6）$u(t)$ 为奇函数，只含有奇次谐波。

2. 如图 10-15 所示的 RLC 串联电路，其中 $R = 11\Omega$，$L = 0.015\mathrm{H}$，$C = 70\mu\mathrm{F}$。试求：（1）电压的有效值；
（2）电路中的电流 $i(t)$；（3）电路消耗的功率。其中外加电压为 $u(t) = [11 + 141.4\cos(1000t) - 35.4\sin(2000t)]\mathrm{V}$。

3. 有效值为 100V 的正弦电压加在电感 L 两端时，得电流 $I = 10\mathrm{A}$，当电压中有 3 次谐波分量，而有效值仍为 100V 时，得电流 $I = 8\mathrm{A}$。试求这一电压的基波和 3 次谐波电压的有效值。

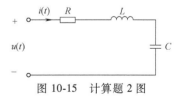

图 10-15　计算题 2 图

4. 已知一个 RLC 串联电路的端口电压和电流为

$$u(t) = [100\cos(314t) + 50\cos(942t - 30°)]\mathrm{V}$$

$$i(t) = [10\cos(314t) + 1.755\cos(942t + \theta_3)]\mathrm{A}$$

试求：（1）R、L、C 的值；

（2）θ_3 的值；

（3）电路消耗的功率。

5. 如图 10-16 所示电路，已知：$u = [100\cos(t - 45°) + 50\cos(2t) + 25\cos(3t + 45°)]\mathrm{V}$，$i = [80\cos(t) + 20\cos(2t) + 10\cos(3t)]\mathrm{mA}$。求：（1）一端口网络 N 的电压 u 和电流 i 的有效值。（2）一端口网络 N 消耗的平均功率。（3）各频率时 N 的输入阻抗。

6. 电路如图 10-17 所示，已知 $i_S(t) = 5\text{mA}$，$u_S(t) = 10\sqrt{2}\cos(10^4 t + 30°)\text{V}$。试求：（1）电流 $i_2(t)$ 及其有效值；（2）电路消耗的平均功率。

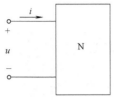

图 10-16　计算题 5 图

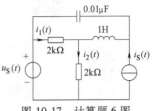

图 10-17　计算题 6 图

7. 图 10-18 所示为滤波器电路．要求 $4\omega_1$ 的谐波电流全部传送至负载，而使基波电流无法到达负载。如电容 $C = 1\mu\text{F}$，$\omega_1 = 1000\text{rad/s}$，试求 L_1 和 L_2。

8. 图 10-19 所示电路中 $u_S(t)$ 为非正弦周期电压，其中含有 $3\omega_1$ 及 $7\omega_1$ 的谐波分量。如果要求在输出电压 $u(t)$ 中不含这两个谐波分量，问 L 和 C 应为多少？

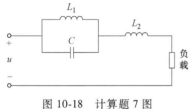

图 10-18　计算题 7 图

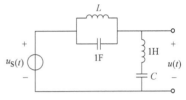

图 10-19　计算题 8 图

9. 已知 $u_1(t) = 220\sqrt{2}\cos\omega t\text{V}$，$u_2(t) = [220\sqrt{2}\cos\omega t + 100\sqrt{2}\cos(3\omega t + 30°)]\text{V}$，电路如图 10-20 所示。求 U_{ab}、i 及功率表的读数。

10. 电路如图 10-21 所示，已知 $E = 100\text{V}$，$u = 100\cos\omega t\text{V}$，$R = \dfrac{1}{\omega C} = 10\Omega$，求功率表及安培表的读数。

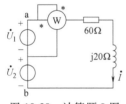

图 10-20　计算题 9 图

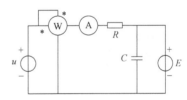

图 10-21　计算题 10 图

第 **11** 章

拉普拉斯变换

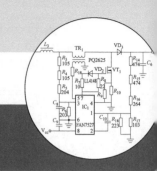

知识图谱（★表示重点，△表示难点）

拉普拉斯变换

- 11.1 拉普拉斯变换及其基本性质（★）
  - 拉普拉斯变换定义
  - 拉普拉斯变换基本性质
- 11.2 拉普拉斯反变换（△）
  - 拉普拉斯反变换定义
  - 部分分式展开法
- 11.3 运算电路（△）
  - KCL、KVL 运算形式 $\begin{cases} \sum I(s) = 0 \\ \sum U(s) = 0 \end{cases}$
  - VCR 运算形式：$Z(s)I(s) = U(s)$
- 11.4 应用拉普拉斯变换法分析线性电路（△，★）
  - 求出电路的初始条件
  - 画出运算电路
  - 求出响应的象函数
  - 求出响应的原函数
- 11.5 应用案例——浪涌抑制器

本章主要介绍拉普拉斯变换的定义及与电路分析有关的一些基本性质。重点是如何应用拉普拉斯变换分析动态电路，这又称动态电路过渡过程的复频域分析，包括 KCL 和 KVL 的运算形式、运算阻抗、运算导纳及运算电路，并通过实例说明它们在电路分析中的应用。

学习目标

1. 知识目标

熟练掌握拉普拉斯变换（反变换）的方法与性质；熟练应用运算法分析线性动态电路。

2. 能力目标

掌握动态电路的 s 域电路模型和求解方法；锻炼分析运算电路的能力。

3. 素质目标

通过科学家拉普拉斯的事迹，让我们学习到科学家的励志精神，知道科学技术的发展是无数科学家历经多年艰苦钻研的成果。科学的发展是一个漫长而艰辛的过程，凝聚了很多科学家的汗水与智慧，我们要学习科学家孜孜不倦的钻研精神，甘心做基础研究并不断实践的工匠精神，化繁为简的做事风格等，从而对专业有认同感，有目标，不断地提升学习的积极性和内动力，激发刻苦学习、不怕困难、坚持理想、挑战学科前沿的勇气，在自己的人生中追求卓越，树立正确的人生观和世界观，这样才能视野开阔，境界高远，举重若轻，为国家和社会做出自己的贡献。

11.1 拉普拉斯变换及其基本性质

本章将利用拉普拉斯变换把动态电路问题的求解由时域变换到复频域，复频域分析法也称运算法，它利用数学中的拉普拉斯变换将已知时域函数变换为复频域函数，从而把时域的微分方程化为复频域的代数方程，求出复频域函数后，再进行拉普拉斯反变换，返回时域，即可获得所需响应，而不必列写和求解微分方程。所以拉普拉斯变换一般用于求解高阶复杂动态电路。由于解复变函数的代数方程比解时域微分方程较有规律且有效，所以拉普拉斯变换在线性电路分析中得到了广泛应用，可以达到简化分析的目的。

11.1.1 拉普拉斯变换的定义

1. 拉普拉斯变换

一个定义在 $[0, +\infty)$ 区间的函数 $f(t)$，它的拉普拉斯变换式 $F(s)$ 定义为

$$F(s) = \int_{0_-}^{+\infty} f(t) e^{-st} dt \tag{11-1}$$

式中，$s = \sigma + j\omega$ 为复数，被称为复频率；$f(t)$ 称为 $F(s)$ 的原函数；$F(s)$ 称为 $f(t)$ 的象函数，拉普拉斯变换简称为拉氏变换。

式 (11-1) 中拉普拉斯变换的积分从 $t = 0_-$ 开始，因此可以计及 $t = 0$ 时 $f(t)$ 可能包含的冲激和电路动态变量的初始值，从而给计算存在冲激函数电压和电流的电路带来方便，即

$$F(s) = \int_{0_-}^{+\infty} f(t) e^{-st} dt = \int_{0_-}^{0_+} f(t) e^{-st} dt + \int_{0_+}^{+\infty} f(t) e^{-st} dt$$

从定义式可以看出，拉普拉斯变换把一个时间域的函数 $f(t)$ 变换为复频域（又称 s 域）内的复变函数 $F(s)$，变量 s 称为复频率。

2. 拉普拉斯反变换

由 $F(s)$ 到 $f(t)$ 的变换称为拉普拉斯反变换，它定义为

$$f(t) = \frac{1}{2\pi j} \int_{c-j\infty}^{c+j\infty} F(s) e^{st} ds \tag{11-2}$$

式中，c 为正的有限常数。

通常用 $\mathscr{L}[f(t)]$ 表示取拉普拉斯变换，用 $\mathscr{L}^{-1}[F(s)]$ 表示取拉普拉斯反变换。象函数 $F(s)$ 一般用大写字母表示，如 $I(s)$，$U(s)$；原函数 $f(t)$ 用小写字母表示，如 $i(t)$，$u(t)$。

【例 11-1】 求以下函数的象函数。

（1）单位阶跃函数 $f(t) = \varepsilon(t)$；

（2）单位冲激函数 $f(t) = \delta(t)$；

（3）指数函数 $f(t) = e^{-at}$。

解：（1）单位阶跃函数 $\varepsilon(t)$ 的象函数

$$F(s) = \mathscr{L}[f(t)] = \int_{0_-}^{+\infty} \varepsilon(t) e^{-st} dt = \int_{0_+}^{+\infty} e^{-st} dt = -\frac{1}{s} e^{-st} \Big|_0^{+\infty} = \frac{1}{s}$$

（2）单位冲激函数 $\delta(t)$ 的象函数

$$F(s) = \mathscr{L}[f(t)] = \int_{0_-}^{+\infty} \delta(t) e^{-st} dt = \int_{0_-}^{0_+} \delta(t) e^{-st} dt = 1$$

（3）指数函数 e^{-at} 的象函数

$$F(s) = \mathscr{L}[f(t)] = \int_{0_-}^{+\infty} e^{-at} e^{-st} dt = \frac{1}{s + a}$$

11.1.2 拉普拉斯变换的基本性质

拉普拉斯变换作为一种运算，我们有必要研究其运算性质。下面仅介绍一些在分析线性电路时有用的基本性质。利用这些性质可以容易地求得一些较复杂原函数的象函数。

1. 线性性质

若时间函数 $f_1(t)$ 和 $f_2(t)$ 的拉普拉斯变换分别为 $F_1(s)$ 和 $F_2(s)$，a、b 为两个任意的实常数，原函数之和（或差）的象函数等于各自的象函数之和（或差），即

$$\mathscr{L}[af_1(t)\pm bf_2(t)]=a\mathscr{L}[f_1(t)]\pm b\mathscr{L}[f_2(t)]=aF_1(s)\pm bF_2(s) \qquad (11\text{-}3)$$

【例 11-2】 求以下函数的象函数。

（1）$f(t)=A$；（2）$f(t)=[A(1-e^{-at})]$；（3）$f(t)=\sin\omega t$。

解：（1）$\mathscr{L}[A]=\mathscr{L}[A\varepsilon(t)]=\dfrac{A}{s}$

（2）$\mathscr{L}[A(1-e^{-at})]=A\left(\dfrac{1}{s}-\dfrac{1}{s+a}\right)=\dfrac{Aa}{s(s+a)}$

（3）$\mathscr{L}[\sin\omega t]=\mathscr{L}\left[\dfrac{1}{2j}(e^{j\omega t}-e^{-j\omega t})\right]=\dfrac{1}{2j}\left(\dfrac{1}{s-j\omega}-\dfrac{1}{s+j\omega}\right)=\dfrac{\omega}{s^2+\omega^2}$

2. 微分性质

原函数 $f(t)$ 的象函数 $F(s)$ 与其导数的象函数之间有如下关系：

$$\mathscr{L}\left[\dfrac{\mathrm{d}f(t)}{\mathrm{d}t}\right]=sF(s)-f(0_-) \qquad (11\text{-}4)$$

证明：

$$\mathscr{L}\left[\dfrac{\mathrm{d}f(t)}{\mathrm{d}t}\right]=\int_{0_-}^{\infty}\dfrac{\mathrm{d}f(t)}{\mathrm{d}t}e^{-st}\mathrm{d}t=\int_{0_-}^{+\infty}e^{-st}\mathrm{d}f(t)$$

$$=e^{-st}f(t)\Big|_{0_-}^{+\infty}-\int_{0_-}^{+\infty}f(t)(-se^{-st})\mathrm{d}t=-f(0_-)+sF(s)$$

同理，重复应用导数性质，可以推出二阶，直至 n 阶导数的拉普拉斯变换式。

推广：$\mathscr{L}\left[\dfrac{\mathrm{d}^2f(t)}{\mathrm{d}t^2}\right]=s[sF(s)-f(0_-)]-f'(0_-)=s^2F(s)-sf(0_-)-f'(0_-)$

$$\vdots$$

$$\mathscr{L}\left[\dfrac{\mathrm{d}^nf(t)}{\mathrm{d}t^n}\right]=s^nF(s)-s^{n-1}f(0_-)-\cdots-f^{n-1}(0_-)$$

【例 11-3】 利用微分性质求下列函数的象函数：

（1）$f(t)=\cos\omega t$ 的象函数；（2）$f(t)=\delta(t)$ 的象函数。

解：（1）$\dfrac{\mathrm{d}\sin\omega t}{\mathrm{d}t}=\omega\cos\omega t$，$\cos\omega t=\dfrac{1}{\omega}\dfrac{\mathrm{d}\sin\omega t}{\mathrm{d}t}$

$$\mathscr{L}[\cos\omega t]=\mathscr{L}\left[\dfrac{1}{\omega}\dfrac{\mathrm{d}}{\mathrm{d}t}\sin\omega t\right]=\dfrac{1}{\omega}\left(s\dfrac{\omega}{s^2+\omega^2}-0\right)=\dfrac{s}{s^2+\omega^2}$$

（2）$\delta(t)=\dfrac{\mathrm{d}\varepsilon(t)}{\mathrm{d}t}$，$\mathscr{L}[\varepsilon(t)]=\dfrac{1}{s}$

$$\mathscr{L}[\delta(t)]=\mathscr{L}\left[\dfrac{\mathrm{d}\varepsilon(t)}{\mathrm{d}t}\right]=s\dfrac{1}{s}-0=1$$

3. 积分性质

原函数 $f(t)$ 的象函数 $F(s)$ 与其积分的象函数之间有如下关系：

$$\mathscr{L}\left[\int_{0_-}^{t}f(\xi)\mathrm{d}\xi\right]=\dfrac{F(s)}{s} \qquad (11\text{-}5)$$

证明：$f(t)=\dfrac{\mathrm{d}}{\mathrm{d}t}\int_{0_-}^{t}f(\xi)\mathrm{d}\xi$

$$\mathscr{L}[f(t)]=\mathscr{L}\left[\dfrac{\mathrm{d}}{\mathrm{d}t}\int_{0_-}^{t}f(\xi)\mathrm{d}\xi\right]$$

$$F(s)=s\mathscr{L}\left[\int_{0_-}^{t}f(\xi)\mathrm{d}\xi\right]-\int_{0_-}^{t}f(\xi)\mathrm{d}t\Big|_{t=0_-}$$

$$\mathscr{L}\left[\int_{0_-}^{t}f(\xi)\mathrm{d}\xi\right]=\frac{F(s)}{s}$$

【例 11-4】 利用积分性质求单位斜坡函数$f(t)=t$的象函数。

解： $\because f(t)=t=\int_{0}^{t}\varepsilon(\xi)\mathrm{d}\xi$

$\therefore \mathscr{L}[f(t)]=\mathscr{L}[t]=\frac{1}{s}\times\frac{1}{s}=\frac{1}{s^2}$

4. 延迟性质

$$\mathscr{L}[f(t-t_0)\varepsilon(t-t_0)]=\mathrm{e}^{-st_0}F(s) \tag{11-6}$$

证明：
$$\begin{aligned}\mathscr{L}[f(t-t_0)\varepsilon(t-t_0)]&=\int_{0_-}^{\infty}f(t-t_0)\varepsilon(t-t_0)\mathrm{e}^{-st}\mathrm{d}t\\&=\int_{t_0}^{\infty}f(t-t_0)\mathrm{e}^{-st}\mathrm{d}t\qquad(令\ t-t_0=\tau)\\&=\int_{0_-}^{\infty}f(\tau)\mathrm{e}^{-s(\tau+t_0)}\mathrm{d}\tau=\mathrm{e}^{-st_0}\int_{0_-}^{\infty}f(\tau)\mathrm{e}^{-s\tau}\mathrm{d}\tau\\&=\mathrm{e}^{-st_0}F(s)\end{aligned}$$

此性质表明，时间函数延迟t_0的拉普拉斯变换等于它的象函数乘以指数因子e^{-st_0}。

【例 11-5】 求图 11-1 所示矩形脉冲的象函数。

解： $f(t)=\varepsilon(t)-\varepsilon(t-T)$

根据延迟性质：$F(s)=\mathscr{L}[f(t)]=\mathscr{L}[\varepsilon(t)-\varepsilon(t-T)]=\frac{1}{s}-\frac{1}{s}\mathrm{e}^{-sT}$

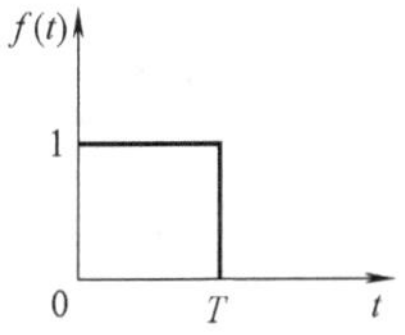

图 11-1 例 11-5 图

5. 位移性质

$$\mathscr{L}[\mathrm{e}^{-at}f(t)]=F(s+a) \tag{11-7}$$

证明： $\mathscr{L}[\mathrm{e}^{-at}f(t)]=\int_{0_-}^{\infty}\mathrm{e}^{-at}f(t)\mathrm{e}^{-st}\mathrm{d}t=\int_{0_-}^{\infty}f(t)\mathrm{e}^{-(s+a)t}\mathrm{d}t=F(s+a)$

【例 11-6】 应用位移性质求下列函数的象函数。

（1）$f(t)=t\mathrm{e}^{-at}$；（2）$f(t)=\mathrm{e}^{-at}\sin\omega t$；（3）$f(t)=\mathrm{e}^{-at}\cos\omega t$。

解：（1）$\mathscr{L}[f(t)]=\mathscr{L}[t\mathrm{e}^{-at}]=\frac{1}{(s+a)^2}$

（2）$\mathscr{L}[f(t)]=\mathscr{L}[\mathrm{e}^{-at}\sin\omega t]=\frac{\omega}{(s+a)^2+\omega^2}$

（3）$\mathscr{L}[f(t)]=\mathscr{L}[\mathrm{e}^{-at}\cos\omega t]=\frac{s+a}{(s+a)^2+\omega^2}$

根据拉普拉斯变换式的定义和上述基本性质，可以方便地求得一些常用的时间函数的象函数。表 11-1 列出了电路分析中常用的一些函数的拉普拉斯变换，其余的可查阅有关的数学手册。应用拉普拉斯变换的性质，同时借助于表 11-1 中一些常用函数的拉普拉斯变换式可以使一些函数的象函数求解简化。

表 11-1　拉普拉斯变换简表

原函数 $f(t)$	象函数 $F(s)$	原函数 $f(t)$	象函数 $F(s)$
$\delta(t)$	1	$\sin\omega t$	$\dfrac{\omega}{s^2+\omega^2}$
$\varepsilon(t)$	$\dfrac{1}{s}$	$\cos\omega t$	$\dfrac{s}{s^2+\omega^2}$
A	$\dfrac{A}{s}$	te^{-at}	$\dfrac{1}{(s+a)^2}$
e^{-at}	$\dfrac{1}{s+a}$	$e^{-at}\sin\omega t$	$\dfrac{\omega}{(s+a)^2+\omega^2}$
$\dfrac{1}{a}(1-e^{-at})$	$\dfrac{1}{s(s+a)}$	$e^{-at}\cos\omega t$	$\dfrac{s+a}{(s+a)^2+\omega^2}$
t	$\dfrac{1}{s^2}$	$\dfrac{1}{2}t^2$	$\dfrac{1}{s^3}$
t^n	$\dfrac{n!}{s^{n+1}}$	$\dfrac{1}{n!}t^n e^{-at}$	$\dfrac{1}{(s+a)^{n+1}}$

思考与练习

11.1-1　为什么拉普拉斯变换在线性电路分析中得到了广泛应用？

11.1-2　什么是拉普拉斯变换？为什么要进行拉普拉斯变换与拉普拉斯反变换？

11.1-3　什么是原函数？什么是象函数？两者之间的关系如何？

11.1-4　在求 $f(t)$ 的象函数时，是否一定要知道 $f(0_-)$ 的值？为什么？

11.2　拉普拉斯反变换

前面我们讨论了原函数 $f(t)$ 在拉普拉斯变换下的象函数 $F(s)$ 的问题，反过来，用拉普拉斯变换法求解线性电路的时域时，要求把响应的拉普拉斯变换下的象函数 $F(s)$ 反变换为原函数 $f(t)$，此问题就是拉普拉斯反变换问题。

11.2.1　求拉普拉斯反变换的方法

用运算法求解线性电路的时域响应时，需要把求得的响应的拉普拉斯变换式反变换为时间函数。由象函数求原函数的方法有

1）利用公式

$$f(t) = \frac{1}{2\pi j}\int_{c-j\infty}^{c+j\infty} F(s)\,e^{st}\mathrm{d}s$$

由于其较麻烦，通常不采用。

2）对典型的简单形式的象函数 $F(s)$ 可以查拉普拉斯变换表得原函数，见上节内容。

3）如果表中查不到，通常采用部分分式展开法（或分解定理）将象函数 $F(s)$ 化成表 11-1 中的标准形式来解决。

11.2.2　部分分式展开法

在工程问题中，$f(t)$ 的象函数 $F(s)$ 通常具有有理分式的形式：

$$F(s) = \frac{N(s)}{D(s)}$$

把 $F(s)$ 分解为简单项的组合，也称部分分式展开法。

如 $F(s) = F_1(s) + F_2(s) + \cdots + F_n(s)$，则 $f(t) = f_1(t) + f_2(t) + \cdots + f_n(t)$。

1）电路响应的象函数通常表示为两个实系数的 s 的多项式之比，也就是 s 的一个有理分式。

$$F(s) = \frac{N(s)}{D(s)} = \frac{a_0 s^m + a_1 s^{m-1} + \cdots + a_m}{b_0 s^n + b_1 s^{n-1} + \cdots + b_n} \tag{11-8}$$

式中，系数 a_0，a_1，$\cdots$，a_{m-1}，a_m 和 b_0，b_1，$\cdots$，b_{n-1}，b_n 都是实常数；m，n 是正整数，且通常 $n \geqslant m$。

2）若 $n > m$，则 $F(s)$ 为真分式；若 $n = m$，则将 $F(s)$ 化为一个常数与一个余式（真分式）之和，即 $F(s) = A + \dfrac{N_0(s)}{D(s)}$；否则，若 $n < m$ 则为假分式，用 $N(s)$ 除 $D(s)$，以得到一个 s 的多项式与一个余式（真分式）之和，即

$$F(s) = Q(s) + \frac{N_0(s)}{D(s)}$$

3）用部分分式展开有理分式 $F(s)$，必须首先对分母多项式 $D(s)$ 作因式分解，求出 $D(s) = 0$ 的根。

① $D(s) = 0$ 有 n 个不同的单根的情况。

n 个不同的单根为 p_1，p_2，$\cdots$，p_n，则可将 $F(s)$ 展开为

$$F(s) = \frac{N(s)}{D(s)} = \frac{N(s)}{(s-p_1)(s-p_2)\cdots(s-p_n)} = \frac{k_1}{s-p_1} + \frac{k_2}{s-p_2} + \cdots + \frac{k_n}{s-p_n} = \sum_{i=1}^{n} \frac{k_i}{s-p_i}$$

式中，n 个单根分别为 p_1，p_2，$\cdots$，p_n；k_1，k_2，$\cdots$，k_n 为待定系数。

待定系数的确定：

方法一：把上式两边同乘以 $(s-p_1)$，得

$$(s-p_1)F(s) = k_1 + (s-p_1)\left(\frac{k_2}{s-p_2} + \cdots + \frac{k_n}{s-p_n}\right)$$

令 $s = p_1$，则等式除右边第一项外都变为零，即可求得

$$k_1 = \left[(s-p_1)F(s)\right]_{s=p_1}$$

同理可得

$$k_2 = \left[(s-p_2)F(s)\right]_{s=p_2}$$

$$\vdots$$

$$k_n = \left[(s-p_n)F(s)\right]_{s=p_n}$$

所以求待定系数 k_i 的公式为

$$k_i = \left[(s-p_i)F(s)\right]_{s=p_i} \quad i = 1,2,3,\cdots,n \tag{11-9}$$

于是 $F(s)$ 所对应的原函数 $f(t)$ 便可求得，为

$$f(t) = \mathscr{L}^{-1}[F(s)] = \sum_{i=1}^{n} k_i e^{p_i t} \tag{11-10}$$

方法二：用求极限方法确定 k_i 的值，应用洛必达法则，有

$$k_i = \lim_{s \to p_i} \frac{(s-p_i)N(s)}{D(s)} = \lim_{s \to p_i} \frac{(s-p_i)N'(s) + N(s)}{D'(s)} = \frac{N(p_i)}{D'(p_i)} \quad i = 1,2,3,\cdots,n \tag{11-11}$$

式中，$D'(s)$ 为 $D(s)$ 对 s 的一阶导数。根据拉普拉斯变换的性质，从式（11-11）可求得原函数为

$$f(t) = \mathscr{L}^{-1}[F(s)] = \sum_{i=1}^{n} k_i \mathrm{e}^{p_i t} = \sum_{i=1}^{n} \frac{N(p_i)}{D'(p_i)} \mathrm{e}^{p_i t} \tag{11-12}$$

【例 11-7】 求 $F(s) = \dfrac{s+3}{s^2-3s+2}$ 的原函数 $f(t)$。

解： $D(s) = s^2-3s+2 = 0$ 的根为 $p_1 = 1$，$p_2 = 2$，于是有

$$k_1 = \left[(s-1)\frac{s+3}{s^2-3s+2}\right]_{s=1} = \frac{s+3}{s-2}\bigg|_{s=1} = -4$$

$$k_2 = \left[(s-2)\frac{s+3}{s^2-3s+2}\right]_{s=2} = \frac{s+3}{s-1}\bigg|_{s=2} = 5$$

这样

$$F(s) = \frac{-4}{s-1} + \frac{5}{s-2}$$

$$f(t) = -4\mathrm{e}^{t} + 5\mathrm{e}^{2t}$$

【例 11-8】 求 $F(s) = \dfrac{2s+1}{s^3+7s^2+10s}$ 的原函数 $f(t)$。

解： $\because F(s) = \dfrac{2s+1}{s^3+7s^2+10s} = \dfrac{2s+1}{s(s+2)(s+5)}$

$\therefore D(s) = s(s+2)(s+5) = 0$ 的根分别为 $p_1 = 0$，$p_2 = -2$，$p_3 = -5$

方法一： $k_1 = \left[(s-p_1)F(s)\right]_{s=p_1} = s\dfrac{2s+1}{s(s+2)(s+5)}\bigg|_{s=0} = 0.1$

同理　　$k_2 = 0.5$，$k_3 = -0.6$

方法二： $D'(s) = 3s^2+14s+10$

$$k_1 = \frac{N(s)}{D'(s)}\bigg|_{s=p_1} = \frac{2s+1}{3s^2+14s+10}\bigg|_{s=0} = 0.1，同理 k_2 = 0.5, k_3 = -0.6$$

故 $f(t) = 0.1 + 0.5\mathrm{e}^{-2t} - 0.6\mathrm{e}^{-5t}$

② $D(s) = 0$ 具有共轭复根的情况。

设共轭复根为 $p_1 = \alpha+\mathrm{j}\omega$，$p_2 = \alpha-\mathrm{j}\omega$，则

$$k_1 = \frac{N(s)}{D'(s)}\bigg|_{s=\alpha+\mathrm{j}\omega}，k_2 = \frac{N(s)}{D'(s)}\bigg|_{s=\alpha-\mathrm{j}\omega}$$

显然 k_1、k_2 也为共轭复数，设 $k_1 = |k_1|\mathrm{e}^{\mathrm{j}\theta_1}$，$k_2 = |k_1|\mathrm{e}^{-\mathrm{j}\theta_1}$，则有

$$\begin{aligned}
f(t) &= k_1\mathrm{e}^{(\alpha+\mathrm{j}\omega)t} + k_2\mathrm{e}^{(\alpha-\mathrm{j}\omega)t} = |k_1|\mathrm{e}^{\mathrm{j}\theta_1}\mathrm{e}^{(\alpha+\mathrm{j}\omega)t} + |k_1|\mathrm{e}^{-\mathrm{j}\theta_1}\mathrm{e}^{(\alpha-\mathrm{j}\omega)t} \\
&= |k_1|\mathrm{e}^{\alpha t}\left[\mathrm{e}^{\mathrm{j}(\omega t+\theta_1)} + \mathrm{e}^{-\mathrm{j}(\omega t+\theta_1)}\right] = 2|k_1|\mathrm{e}^{\alpha t}\cos(\omega t+\theta_1)
\end{aligned} \tag{11-13}$$

【例 11-9】 求 $F(s) = \dfrac{s+3}{s^2+2s+5}$ 的原函数 $f(t)$。

解： $D(s) = s^2+2s+5 = 0$ 的根分别为 $p_1 = -1+\mathrm{j}2$，$p_2 = -1-\mathrm{j}2$

$$k_1 = \frac{N(s)}{D'(s)}\bigg|_{s=p_1} = \frac{s+3}{2s+2}\bigg|_{s=-1+\mathrm{j}2} = 0.5-\mathrm{j}0.5 = 0.5\sqrt{2}\,\mathrm{e}^{-\mathrm{j}\frac{\pi}{4}}，k_2 = 0.5\sqrt{2}\,\mathrm{e}^{\mathrm{j}\frac{\pi}{4}}$$

$\therefore f(t) = 2|k_1|\mathrm{e}^{-t}\cos\left(2t-\dfrac{\pi}{4}\right) = \sqrt{2}\,\mathrm{e}^{-t}\cos\left(2t-\dfrac{\pi}{4}\right)$

③ $D(s) = 0$ 具有重根的情况。

设 p_1 为 $F_2(s) = 0$ 的双重根，p_i 为其余单根（i 从 2 开始），则 $F(s)$ 可分解为

$$F(s) = \frac{k_{12}}{s-p_1} + \frac{k_{11}}{(s-p_1)^2} + \left(\frac{k_2}{s-p_2} + \cdots \right) \qquad (11\text{-}14)$$

对于单根，仍采用前面的方法计算。要确定 k_{11}、k_{12}，将式（11-14）两边同乘 $(s-p_1)^2$，即

$$(s-p_1)^2 F(s) = (s-p_1)k_{12} + k_{11} + (s-p_1)^2 \left(\frac{k_2}{s-p_2} + \cdots \right) \qquad (11\text{-}15)$$

则 k_{11} 被单独分离出来，得

$$k_{11} = (s-p_1)^2 F(s) \big|_{s=p_1}$$

再对式（11-15）两边对 s 求一次导数，k_{12} 被单独分离出来，得

$$k_{12} = \frac{\mathrm{d}}{\mathrm{d}s} [(s-p_1)^2 F(s)] \big|_{s=p_1}$$

如果 $D(s)=0$ 具有一个 m 次重根 p_1，由类似的方法可推导出

$$k_{1m} = \frac{1}{(m-1)!} \frac{\mathrm{d}^{m-1}}{\mathrm{d}s^{m-1}} [(s-p_1)^m F(s)] \big|_{s=p_1}$$

【例 11-10】 求 $F(s) = \dfrac{s+4}{(s+2)^2(s+1)}$ 的原函数 $f(t)$。

解：$D(s) = (s+2)^2(s+1) = 0$，有 $p_1 = -2$ 为二重根，$p_2 = -1$，则 $F(s)$ 的分解式为

$$F(s) = \frac{k_{12}}{s+2} + \frac{k_{11}}{(s+2)^2} + \frac{k_2}{s+1}$$

式中

$$\begin{cases} k_{11} = (s+2)^2 F(s) \big|_{s=-2} = \dfrac{s+4}{s+1} \Big|_{s=-2} = -2 \\[2mm] k_{12} = \dfrac{\mathrm{d}}{\mathrm{d}s} [(s+2)^2 F(s)]_{s=-2} = \dfrac{-3}{(s+1)^2} \Big|_{s=-2} = -3 \\[2mm] k_2 = (s+1)F(s) \big|_{s=-1} = \dfrac{s+4}{(s+2)^2} \Big|_{s=-1} = 3 \end{cases}$$

因此查表 11-1 可得

$$f(t) = -2t\mathrm{e}^{-2t} - 3\mathrm{e}^{-2t} + 3\mathrm{e}^{-t}$$

【例 11-11】 已知 $F(s) = \dfrac{s^2+9s+11}{s^2+5s+6}$，求原函数 $f(t)$。

解：$F(s) = \dfrac{s^2+9s+11}{s^2+5s+6} = 1 + \dfrac{4s+5}{s^2+5s+6} = 1 + \dfrac{-3}{s+2} + \dfrac{7}{s+3}$

所以 $f(t) = \delta(t) + 7\mathrm{e}^{-3t} - 3\mathrm{e}^{-2t}$

总结上述得由 $F(s)$ 求 $f(t)$ 的步骤如下：

1）$n \leqslant m$ 时将 $F(s)$ 化成真分式和多项式之和。

2）求真分式分母的根，确定分解单元。

3）将真分式展开成部分分式，求各部分分式的系数。

4）对每个部分分式和多项式逐项求拉普拉斯反变换。

思考与练习

11.2-1 求拉普拉斯反变换的方法有几种？

11.2-2 由 $F(s)$ 求 $f(t)$ 的步骤是什么？

11.2-3　如何利用分解定理进行拉普拉斯反变换？

11.2-4　利用分解定理进行拉普拉斯反变换时，当 $D(s)=0$ 具有共轭复根时如何处理？

扫一扫　看视频

11.3　运算电路

拉普拉斯变换的主要用途之一就是将表征电路运行状态的线性微分方程转化为线性代数方程，用电压、电流的象函数代替对应的时间函数，以简化电路的求解过程。电压、电流的象函数一旦求得后，利用拉普拉斯反变换就能求得对应的时间函数。这种求解过渡过程的方法称为运算法。

运算电路又称为复频域模型或 s 域模型。当电路中电压、电流等时间函数均以其复频域形式的象函数表示时，电路的基本定律和元件的电压、电流关系也有与之相对应的复频域形式。

11.3.1　基尔霍夫定律的运算形式

1）基尔霍夫定律的时域表示：

时域中，对任意一个节点和任意一个回路分别有

$$\sum i(t)=0 \qquad \sum u(t)=0 \tag{11-16}$$

2）把时间函数变换为对应的象函数：

$$u(t)\rightarrow U(s) \quad i(t)\rightarrow I(s)$$

3）基尔霍夫定律的运算形式。

对式（11-16）取拉普拉斯变换并利用其线性性质可得

$$\sum I(s)=0 \qquad \sum U(s)=0 \tag{11-17}$$

11.3.2　电路元件电压、电流关系的运算形式

根据元件电压、电流的时域关系，可以推导出各元件电压、电流关系的运算形式。

1. 电阻 R 的运算形式

图 11-2a 所示的线性电阻，其时域的电压、电流关系为 $u_R(t)=Ri_R(t)$，两边取拉普拉斯变换，并利用其线性性质可得

$$U_R(s)=RI_R(s) \tag{11-18}$$

由此关系式可画出电阻 R 的复频域形式的运算电路模型如图 11-2b 所示。

2. 电感 L 的运算形式

图 11-3a 所示的线性电感，其时域的电压、电流关系为 $u_L(t)=L\dfrac{\mathrm{d}i_L}{\mathrm{d}t}$，两边取拉普拉斯变换并根据拉普拉斯变换的微分性质，得电感元件 VCR 的运算形式为

$$U_L(s)=sLI_L(s)-Li_L(0_-) \tag{11-19}$$

式中，sL 具有电阻的量纲，称为运算感抗；$Li_L(0_-)$ 表示电感中初始电流（初始储能）$i_L(0_-)$ 对电路响应的激励，称为附加电压源电压。它是一个电压源，此附加电压源的正极性端与电感电流的流出端总是一致的，实际应用时可根据 $i_L(0_-)$ 的方向判断附加电压源的极性。图 11-3b 是由式（11-19）画出的电感元件复频域形式的电路模型。

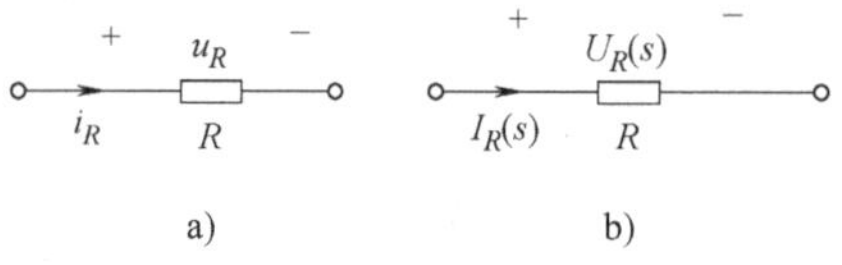

图 11-2　电阻的复频域形式电路模型

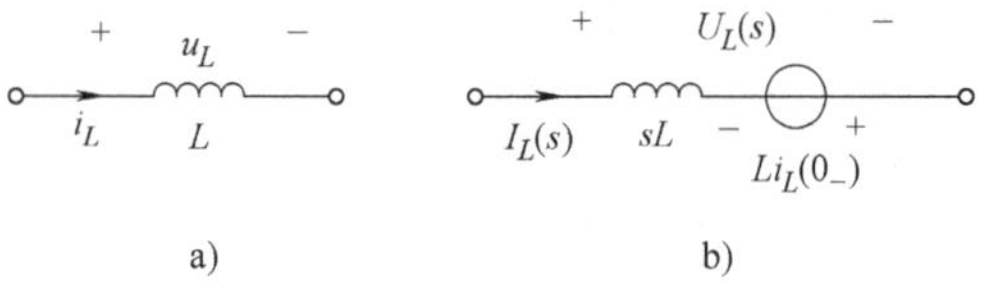

图 11-3　电感的复频域形式电路模型

3. 电容 C 的运算形式

类似地，对图 11-4a 所示的线性电容，有 $u(t) = u(0_-) + \dfrac{1}{C}\displaystyle\int_{0_-}^{t} i(\xi)\mathrm{d}\xi$，取拉普拉斯变换并利用其积分性质可得

$$U(s) = \frac{1}{sC}I(s) + \frac{u(0_-)}{s} \tag{11-20}$$

式中，$\dfrac{1}{sC}$ 也具有电阻的量纲，称为运算容抗；$\dfrac{u(0_-)}{s}$ 表示电容中初始电压（初始储能）$u(0_-)$ 对电路响应的激励，也称为附加电压源，该电压源的方向与电容电压初始值方向相同。图 11-4b 是按式（11-20）画出的电容元件复频域形式的电路模型。实际应用中，也可根据需要将上述电感、电容的附加电压源等效为附加电流源形式。

4. 耦合电感的运算形式

对两个耦合电感，运算电路中应加入互感引起的附加电源。对图 11-5a，有

$$\left.\begin{aligned} u_1 &= L_1\frac{\mathrm{d}i_1}{\mathrm{d}t} + M\frac{\mathrm{d}i_2}{\mathrm{d}t} \\ u_2 &= L_2\frac{\mathrm{d}i_2}{\mathrm{d}t} + M\frac{\mathrm{d}i_1}{\mathrm{d}t} \end{aligned}\right\}$$

取拉普拉斯变换并利用其微分性质可得

$$\left.\begin{aligned} U_1(s) &= sL_1I_1(s) - L_1i_1(0_-) + sMI_2(s) - Mi_2(0_-) \\ U_2(s) &= sL_2I_2(s) - L_2i_2(0_-) + sMI_1(s) - Mi_1(0_-) \end{aligned}\right\} \tag{11-21}$$

式中，sM 为互感运算阻抗；$Mi_1(0_-)$ 和 $Mi_2(0_-)$ 表示由互感电流的初始值引起的附加电压源，其方向与互感电流的进端是否同名端有关。$L_1i_1(0_-)$ 和 $L_2i_2(0_-)$ 是由自感电流初始值引起的附加电压源，其方向由线圈各自的电流方向决定。复频域电路模型如图 11-5b 所示。

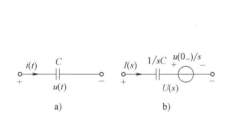

图 11-4 电容的复频域形式电路模型

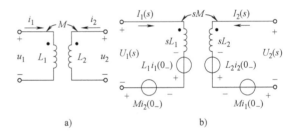

图 11-5 耦合电感的复频域形式电路模型

5. 受控源的运算形式

对于其他线性非储能元件，如各种受控源、理想变压器等，由于它们在时域中的特性方程均为线性方程，因此只要把特性方程中的电压电流用相应的象函数代替即可得到各元件复频域形式的电路方程，从而得到相应的复频域电路模型。受控源均为线性受控源，其对应关系列举如下：

VCVS	$u_2(t) = \mu u_1(t)$	$U_2(s) = \mu U_1(s)$
VCCS	$i_2(t) = g_{\mathrm{m}}u_1(t)$	$I_2(s) = g_{\mathrm{m}}U_1(s)$
CCCS	$i_2(t) = \alpha i_1(t)$	$I_2(s) = \alpha I_1(s)$
CCVS	$u_2(t) = r_{\mathrm{m}}i_1(t)$	$U_2(s) = r_{\mathrm{m}}I_1(s)$

以受控源 VCVS 为例，画出复频域模型，如图 11-6 所示。

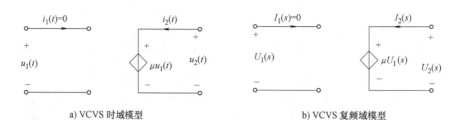

a) VCVS 时域模型　　　　　　　　　　b) VCVS 复频域模型

图 11-6　受控源的运算电路

11.3.3　运算电路模型

将电路中所有元件均用其复频域模型表示，而相互连接的关系不变，即电路的结构不变，所得的电路称为原电路的复频域等效电路，一般称为运算电路。因此，运算电路实际是

1）电压、电流用象函数形式表示。

2）元件用运算阻抗或运算导纳表示。

3）电容电压和电感电流初始值用附加电源表示。

RLC 串联电路如图 11-7a 所示，电压源电压为 $u(t)$，电感电流初始值 $i_L(0_-)$，电容电压初始值 $u_C(0_-)$。作出复频域模型，RLC 串联电路的运算电路如图 11-7b 所示。

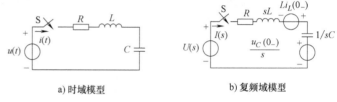

a) 时域模型　　　　　　b) 复频域模型

图 11-7　RLC 串联电路

根据 KVL，按照 $\sum U(s) = 0$，得

$$RI(s) + sLI(s) - Li_L(0_-) + \frac{1}{sC}I(s) + \frac{u_C(0_-)}{s} - U(s) = 0$$

$$\left(R + sL + \frac{1}{sC}\right)I(s) = U(s) + Li_L(0_-) - \frac{u_C(0_-)}{s}$$

式中，$Z(s) = R + sL + \dfrac{1}{sC}$ 为 RLC 串联电路的运算阻抗，在零值初始条件下，$i_L(0_-) = 0$，$u_C(0_-) = 0$，则有

$$Z(s)I(s) = U(s) \qquad\qquad （运算形式欧姆定律）$$

在零初始条件下有：$U(s) = Z(s)I(s)$；$I(s) = Y(s)U(s)$，称 R、sL、$\dfrac{1}{sC}$ 为 R、L、C 的复频域阻抗，复频域导纳则分别为 G、$\dfrac{1}{sL}$、sC。

在非零初始条件下，求阻抗时分子除 $U(s)$ 外还包括附加电压源 $Li_L(0_-)$ 和附加电压源 $\dfrac{u_C(0_-)}{s}$，这是电感、电容的初始能量造成的。

【例 11-12】　如图 11-8a 所示电路在开关 S 打开前处于稳态，试画出 $t = 0$ 时 S 打开后的运算电路。

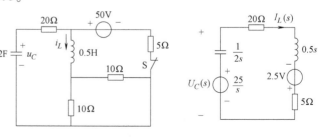

a) 时域模型电路　　　　　　b) 运算模型电路

图 11-8　例 11-12 图

解：由于换路前电容开路，电感线圈短路，所以$i_L(0_-) = 5A$，$u_C(0_-) = 25V$。

画出运算电路如图 11-8b 所示。

思考与练习

11.3-1 画出电阻、电感和电容的拉普拉斯变换电路，三者串联电路的运算阻抗是什么？

11.3-2 欧姆定律的复频域形式是什么？

11.3-3 一个电感元件的电感 $L = 10\text{mH}$，初始值 $i_L(0_-) = 5A$。试写出它的 s 复频域伏安关系式，并绘出它的两种运算电路图。

11.3-4 一个电容元件的电容 $C = 100\mu F$，初始值 $u_C(0_-) = 10V$。试写出它的 s 复频域伏安关系式，并绘出它的两种运算电路图。

11.4 应用拉普拉斯变换法分析线性电路

11.4.1 运算法和相量法的比较

用相量法分析正弦稳态电路，是一种时域到频域的变换法。相量法把正弦量变换为相量（复数），从而把求解线性电路的正弦稳态问题归结为以相量为变量的线性代数方程，正弦稳态电路归结成为纯电阻电路分析。运算法把时间函数变换为对应的象函数，从而求解微分方程归结为求解线性代数方程问题，动态电路的过渡过程归结为纯电阻电路分析。

11.4.2 运算法的应用

复频域的基尔霍夫定律和各种元件伏安关系都是线性代数方程，与直流电路中的相应方程一一对应。因此，在线性直流电路中建立的各种分析方法、定理可推广用于复频域电路模型。具体步骤如下：

1）由换路前电路的状态求出各电容电压和电感电流在 $t = 0_-$ 时的初始值。

2）画出相应的运算电路图（注意附加电源的大小及极性），注意运算阻抗的表示和附加电源的作用。

① 电容电压和电感电流初始值用附加电源表示。

② 各元件的参数：R 参数不变，L 参数为 sL，C 参数为 $1/sC$。

③ 原电路中的电源进行拉普拉斯变换。

3）应用线性电阻电路分析方法由运算电路求出待求量响应的象函数 $U(s)$ 或 $I(s)$。

4）响应的象函数拉普拉斯反变换求出时域解即原函数 $u(t)$ 或 $i(t)$，即可得到电路的动态响应。

注意：运算法可直接求得全响应；使用 0_- 初始条件，跃变情况自动包含在响应中。

【**例 11-13**】 电路如图 11-9a 所示。若 (1) $i_S(t) = \varepsilon(t)A$，(2) $i_S(t) = \delta(t)A$，试求响应 $u(t)$。

解：画出运算电路如图 11-9b 所示，则有

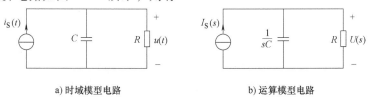

a) 时域模型电路　　　　　　b) 运算模型电路

图 11-9 例 11-13 图

（1）当 $i_S(t) = \varepsilon(t)\,\mathrm{A}$ 时，$I_S(s) = \dfrac{1}{s}$

$$U(s) = Z(s)I_S(s) = \frac{R \cdot \dfrac{1}{sC}}{R + \dfrac{1}{sC}} \times \frac{1}{s} = \frac{R}{s(1+RCs)} = \frac{1}{sC\left(s+\dfrac{1}{RC}\right)} = \frac{k_1}{s} + \frac{k_2}{s+\dfrac{1}{RC}}$$

$$k_1 = s\,\frac{1}{sC\left(s+\dfrac{1}{RC}\right)}\Bigg|_{s=0} = R \qquad k_2 = \left(s+\frac{1}{RC}\right)\frac{1}{sC\left(s+\dfrac{1}{RC}\right)}\Bigg|_{s=-\frac{1}{RC}} = -R$$

$$\therefore u(t) = \mathscr{L}^{-1}[U(s)] = R\left(1 - e^{-\frac{t}{RC}}\right)\varepsilon(t)\,\mathrm{V}$$

（2）当 $i_S(t) = \delta(t)\,\mathrm{A}$ 时，$I_S(s) = 1$

$$U(s) = Z(s)I_S(s) = \frac{R \cdot \dfrac{1}{sC}}{R + \dfrac{1}{sC}} = \frac{R}{1+sRC} = \frac{1}{C} \cdot \frac{1}{s+\dfrac{1}{RC}}$$

$$\therefore u(t) = \mathscr{L}^{-1}[U(s)] = \frac{1}{C}e^{-\frac{t}{RC}}\varepsilon(t)\,\mathrm{V}$$

【例 11-14】 图 11-10a 所示电路开关 S 已闭合很久，$t=0$ 时断开开关，求开关断开后电路中的电流 $i(t)$，$u_{L1}(t)$，$u_{L2}(t)$。其中 $R_1 = 2\Omega$，$R_2 = 3\Omega$，$L_1 = 0.3\mathrm{H}$，$L_2 = 0.1\mathrm{H}$。

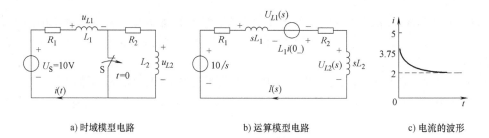

a) 时域模型电路   b) 运算模型电路   c) 电流的波形

图 11-10   例 11-14 图

解：设开关断开时为时间起点 $t=0$，有

$$i(0_-) = \frac{U_S}{R_1} = 5\mathrm{A}, \quad U_S(s) = \frac{10}{s}$$

由于换路前电感 L_2 无初始电流，所以 $t>0$ 电路的复频域模型如图 11-10b 所示。

$$I(s) = \frac{\dfrac{10}{s}+5L_1}{R_1+R_2+s(L_1+L_2)} = \frac{\dfrac{10}{s}+1.5}{5+0.4s} = \frac{10+1.5s}{s(5+0.4s)} = \frac{k_1}{s} + \frac{k_2}{s+12.5}$$

$$k_1 = \left[s \cdot \frac{10+1.5s}{s(5+0.4s)}\right]\Bigg|_{s=0} = 2 \qquad k_2 = \left[(s+12.5) \cdot \frac{10+1.5s}{0.4s(s+12.5)}\right]\Bigg|_{s=-12.5} = 1.75$$

$$\therefore i(t) = \mathscr{L}^{-1}[I(s)] = (2 + 1.75e^{-12.5t})\,\mathrm{A} \qquad t \geqslant 0$$

开关 S 打开后，L_1 和 L_2 中的电流在 $t=0_+$ 时都被强制为同一电流，数值为 $i(0_+) = 3.75\mathrm{A}$，两个电感电流都发生了跃变，电流随时间变化的曲线如图 11-10c 所示。两个电感电压中出现了冲激函数。

$$U_{L1}(s) = sL_1 I(s) - L_1 i(0_-) = 0.3sI(s) - 0.3 \times 5$$

$$= 0.6 + \frac{0.3s \times 1.75}{s+12.5} - 1.5$$

$$= -\frac{6.56}{s+12.5} - 0.375$$

$$u_{L1}(t) = [-6.56e^{-12.5t} - 0.375\delta(t)]V$$

$$U_{L2}(s) = sL_2 I(s) = 0.1sI(s) = 0.2 + \frac{0.175s}{s+12.5} = -\frac{2.19}{s+12.5} + 0.375$$

$$u_{L2}(t) = [-2.19e^{-12.5t} + 0.375\delta(t)]V$$

$$u_{L1}(t) + u_{L2}(t) = -8.75e^{-12.5t}V \qquad (并无冲激函数出现)$$

可见总电感电压并无冲激电压，虽然两个电感电流都发生了跃变，因而有冲激电压出现，但两者大小相同而方向相反，所以互相抵消，不会违背 KVL，自动地把冲激函数考虑了进去。

【例 11-15】 图 11-11a 电路原处于稳态，$u_C(0_-) = 0V$，$U_S = 10V$，$R_1 = R_2 = 1\Omega$，$C = 1F$，$L = 1H$，试用运算法求电流 $i(t)$。

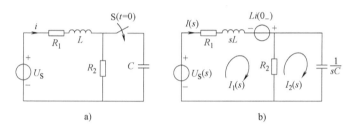

图 11-11 例 11-15 图

解： 由于换路前电路已处于稳态，所以电感电流 $i(0_-) = \dfrac{U_S}{R_1 + R_2} = 5A$。该电路的运算电路如图 11-11b 所示。

应用回路法，得

$$(R_1 + R_2 + sL)I_1(s) - R_2 I_2(s) = \frac{U_S}{s} + Li(0_-)$$

$$-R_2 I_1(s) + \left(R_2 + \frac{1}{sC}\right)I_2(s) = 0$$

代入数据，有

$$(2+s)I_1(s) - I_2(s) = \frac{10}{s} + 5$$

$$-I_1(s) + \left(1 + \frac{1}{s}\right)I_2(s) = 0$$

解得

$$I_1(s) = \frac{5}{s} + \frac{5}{s^2 + 2s + 2}$$

求拉普拉斯反变换即可得到电感电流的时域解。

$$i(t) = \mathscr{L}^{-1}[I_1(s)] = (5 + 5e^{-t}\sin t)\varepsilon(t)A$$

【例 11-16】 图 11-12a 所示电路中，已知 $R_1 = R_2 = 1\Omega$，$L_1 = L_2 = 0.1H$，$M = 0.05H$，激励为直流电压 $U_S = 1V$，试求 $t = 0$ 时，开关闭合后的电流 $i_1(t)$ 和 $i_2(t)$。

解： 画出运算电路如图 11-12b 所示，回路电流方程为

$$\begin{cases} (R_1+sL_1)I_1(s)+sMI_2(s)=\dfrac{1}{s} \\ sMI_1(s)+(R_2+sL_2)I_2(s)=0 \end{cases}$$

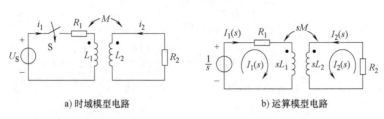

a) 时域模型电路　　　　　　　　　　　b) 运算模型电路

图 11-12　例 11-16 图

$$\therefore \begin{cases} (1+0.1s)I_1(s)+0.05sI_2(s)=\dfrac{1}{s} \\ 0.05sI_1(s)+(1+0.1s)I_2(s)=0 \end{cases}$$

$$I_1(s)=\dfrac{\begin{vmatrix} \dfrac{1}{s} & 0.05s \\ 0 & 1+0.1s \end{vmatrix}}{\begin{vmatrix} 1+0.1s & 0.05s \\ 0.05s & 1+0.1s \end{vmatrix}}=\dfrac{\dfrac{1}{s}+0.1}{(1+0.1s)^2-(0.05s)^2}=\dfrac{40s+400}{3s\left(s+\dfrac{20}{3}\right)(s+20)}$$

$$=\dfrac{k_1}{s}+\dfrac{k_2}{s+\dfrac{20}{3}}+\dfrac{k_3}{s+20}$$

$$k_1=s\dfrac{40s+400}{3s\left(s+\dfrac{20}{3}\right)(s+20)}\Bigg|_{s=0}=1 \qquad k_2=\left(s+\dfrac{20}{3}\right)\dfrac{40s+400}{3s\left(s+\dfrac{20}{3}\right)(s+20)}\Bigg|_{s=-\frac{20}{3}}=-0.5$$

$$k_3=(s+20)\dfrac{40s+400}{3s\left(s+\dfrac{20}{3}\right)(s+20)}\Bigg|_{s=-20}=-0.5$$

$$\therefore i_1(t)=\mathscr{L}^{-1}[I_1(s)]=(1-0.5e^{-6.67t}-0.5e^{-20t})\,\text{A}$$

$$I_2(s)=\dfrac{\begin{vmatrix} 1+0.1s & \dfrac{1}{s} \\ 0.05s & 0 \end{vmatrix}}{\begin{vmatrix} 1+0.1s & 0.05s \\ 0.05s & 1+0.1s \end{vmatrix}}=\dfrac{-0.05}{(1+0.1s)^2-(0.05s)^2}=\dfrac{-20}{3\left(s+\dfrac{20}{3}\right)(s+20)}$$

$$=\dfrac{k_1}{s+\dfrac{20}{3}}+\dfrac{k_2}{s+20}$$

$$k_1=\left(s+\dfrac{20}{3}\right)\dfrac{-20}{3\left(s+\dfrac{20}{3}\right)(s+20)}\Bigg|_{s=-\frac{20}{3}}=-0.5 \qquad k_2=(s+20)\dfrac{-20}{3\left(s+\dfrac{20}{3}\right)(s+20)}\Bigg|_{s=-20}=0.5$$

解得：$i_2(t)=\mathscr{L}^{-1}[I_2(s)]=0.5(e^{-20t}-e^{-6.67t})\,\text{A}$

思考与练习

11.4-1　应用拉普拉斯变换法分析线性电路计算步骤是什么？

11.4-2　试比较电路的复频域分析法与相量法的异同。

11.4-3　本章以前所介绍的各种分析方法可应用于复频域分析之中，这是否也包括对功率的分析？

11.4-4　对零状态线性电路进行复频域分析时，能否使用叠加定理？若为非零状态，即运算电路中存在附加电源时，能否使用叠加定理？

11.5　应用案例

随着个人计算机、调制解调器、传真机和灵敏电子元器件的发展，必须对设备加以保护，以防止家电设备被开关过程中产生的浪涌电压损坏。图 11-13a 所示电路是家用电路的模型，为简化电路的分析，设电压 $\dot{U}_0 = 220\angle 0°\text{V}$，并且在 $t = 0$ 开关打开时 $\dot{U}_\text{S}$ 不变。开关打开后，构建 s 域等效电路，如图 11-13b 所示。

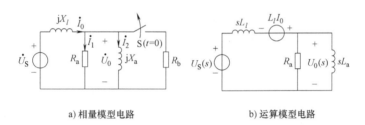

a) 相量模型电路　　　　　　　b) 运算模型电路

图 11-13　浪涌抑制器

本　章　小　结

1. 拉普拉斯变换

拉普拉斯变换式 $F(s)$ 定义为

$$F(s) = \int_{0_-}^{+\infty} f(t)\,\mathrm{e}^{-st}\,\mathrm{d}t$$

将时域函数 $f(t)$（原函数）变换为复频域函数 $F(s)$（象函数）。通常用 $\mathscr{L}[f(t)]$ 来表示取拉普拉斯变换，而用 $\mathscr{L}^{-1}[F(s)]$ 表示取拉普拉斯反变换。拉普拉斯变换的基本性质见表 11-2。

表 11-2　拉普拉斯变换的基本性质

序号	性质名称	内　容
1	线性性质	$\mathscr{L}[af_1(t)+bf_2(t)] = aF_1(s)+bF_2(s)$
2	微分性质	$\mathscr{L}\left[\dfrac{\mathrm{d}f(t)}{\mathrm{d}t}\right] = sF(s)-f(0_-)$
3	积分性质	$\mathscr{L}\left[\displaystyle\int_{0_-}^{t} f(\xi)\,\mathrm{d}\xi\right] = \dfrac{F(s)}{s}$
4	延迟性质	$\mathscr{L}[f(t-t_0)\varepsilon(t-t_0)] = \mathrm{e}^{-st_0}F(s)$
5	位移性质	$\mathscr{L}[\mathrm{e}^{-at}f(t)] = F(s+a)$

2. 拉普拉斯反变换

一般采用部分分式展开法求拉普拉斯反变换。电路响应的象函数通常表示为两个实系数的 s 的多项式之比，也就是 s 的一个有理分式。

$$F(s) = \frac{N(s)}{D(s)} = \frac{a_0 s^m + a_1 s^{m-1} + \cdots + a_m}{b_0 s^n + b_1 s^{n-1} + \cdots + b_n}$$

若 $n>m$，则 $F(s)$ 为真分式；若 $n=m$，则将 $F(s)$ 化为一个常数与一个余式（真分式）之和；否则若 $n<m$ 则为假分式，用 $N(s)$ 除 $D(s)$，以得到一个 s 的多项式与一个余式（真分式）之和。$D(s)=0$ 的根有 3 种情况：实数单根、共轭复根和重根。

3. 运算法

运算法把时间函数变换为对应的象函数，从而把求微分方程归结为求解线性代数方程问题，给出电路的复频域模型，直接列出以复频率 s 为变量的代数方程。解这个方程便可以得到响应的象函数解，再经反变换就可得响应的时域的解答。

在分析时，注意以下几点：

1）式中各元件的电压、电流均为关联的参考方向。

2）附加电源的极性与初始值参考方向相同。

3）由互感引起的附加电源除了与初始值有关外，还与同名端有关。

基尔霍夫定律的运算形式见表 11-3。

表 11-3　基尔霍夫定律的运算形式

名称	时域形式	运算形式
KCL	$\sum i(t) = 0$	$\sum I(s) = 0$
KVL	$\sum u(t) = 0$	$\sum U(s) = 0$

4. 应用拉普拉斯变换法分析线性电路

复频域的基尔霍夫定律和各种元件伏安关系都是线性代数方程，与直流电路中的相应方程一一对应。因此，在线性直流电路中建立的各种分析方法、定理可推广用于复频域电路模型。具体步骤如下：

1）根据换路前电路的工作状态，计算电感电流初始值 $i_L(0_-)$ 和电容电压初始值 $u_C(0_-)$。

2）画出换路以后复频域的等效电路，即运算电路（注意附加电源的值和方向）。

3）应用线性网络一般分析方法（节点法、回路法、支路法、电路定理、等效变换等）列写运算形式的电路方程，求出响应的象函数 $I(s)$ 或 $U(s)$ 等。

4）用部分分式展开法对象函数取反变换，求出时域响应 $i(t)$ 或 $u(t)$ 等。

参考答案

能力检测题

一、选择题

1. RLC 串联电路的复频率阻抗为（　　　）。

　（A）$R+sL+sC$　　　　　（B）$R+jsL+1/jsC$　　　　（C）$R+sL-1/sC$　　　　（D）$R+sL+1/sC$

2. 象函数 $F(s)=s/s+a$ 作拉普拉斯反变换后的原函数为（　　　）。

　（A）$(1+e^{-at})\varepsilon(t)$　　（B）$\delta(t)-ae^{-at}\varepsilon(t)$　　（C）$(1-e^{-at})\varepsilon(t)$　　（D）$e^{-at}\varepsilon(t)$

3. 已知 $\mathscr{L}[\delta(t)]=1$，则 $\mathscr{L}[\delta(t-t_0)]=$（　　　）。

　（A）1　　　　　　　（B）e^{-st_0}　　　　　　　（C）e^{st_0}　　　　　　　（D）$e^{-st_0}\varepsilon(t-t_0)$

4. 已知一个信号的象函数 $F(s)=\dfrac{s+8}{s^3+6s^2+8s}$，则它的原函数为（　　　）。

　（A）$f(t)=1-1.5e^{-2t}+0.5e^{-4t}$　　　　　　　　（B）$f(t)=1+1.5e^{-2t}+0.5e^{-4t}$

　（C）$f(t)=1-1.5e^{-2t}-0.5e^{-4t}$　　　　　　　　（D）$f(t)=1+1.5e^{-2t}-0.5e^{-4t}$

5. 复频率 s 的实数部分应为（　　　）。

　（A）正数　　　　　　（B）负数　　　　　　（C）零　　　　　　（D）无法确定

6. 正弦函数 $\sin\omega t$ 的拉普拉斯变换为（　　　）。

（A）$\dfrac{\omega}{s^2+\omega^2}$　　　　　　（B）$\dfrac{s}{s^2+\omega^2}$　　　　　　（C）$\dfrac{\omega}{s+\omega}$　　　　　　（D）$\dfrac{1}{s^2+\omega^2}$

7. 已知 $F(s)=\dfrac{1}{s^2+2s+5}$，其拉普拉斯反变换 $f(t)=$（　　　）。

（A）$e^{-2t}\cos t$　　　　　　（B）$e^{-2t}\sin t$　　　　　　（C）$e^{2t}\cos t$　　　　　　（D）$e^{2t}\sin t$

8. 已知函数 $f(t)=e^{-(t-2)}$，其拉普拉斯变换为（　　　）。

（A）$\dfrac{1}{s+1}$　　　　　　（B）$\dfrac{e^{2t}}{s-1}$　　　　　　（C）$\dfrac{e^{-2t}}{s+1}$　　　　　　（D）$\dfrac{e^{-2t}}{s-1}$

二、判断题

1. 用拉普拉斯变换分析电路时，电路的初始值无论取 0_- 或 0_+ 时的值，所求得的响应总是相同的。（　　　）

2. $e^{-a(t-2)}\varepsilon(t)$ 的象函数为 $e^{-2s}/(s+a)$。（　　　）

3. 若已知 $F(s)=(3s+3)/[(s+1)(s+2)]$，则可知其原函数中必含有 e^{-t} 项。（　　　）

4. 应用拉普拉斯变换分析线性电路的方法称为运算法。（　　　）

5. 线性运算电路在形式上和正弦交流电路的相量分析电路相同。（　　　）

6. 拉普拉斯变换是研究线性时变系统的一种数学工具。（　　　）

7. 拉普拉斯变换就是要将一个复频域函数变换为一个时域函数。（　　　）

8. 拉普拉斯反变换就是要将一个复频域函数变换为一个时域函数。（　　　）

9. 电感元件的运算阻抗是 sL，电容元件的运算阻抗是 sC。（　　　）

10. 分解定理是进行拉普拉斯反变换的主要方法。（　　　）

三、填空题

1. 复频域函数 $s/(s^2+4s+8)$ 的原函数为（　　　）。

2. 拉普拉斯变换是一种（　　　）变换。拉普拉斯变换 $F(s)$ 存在的条件是其（　　　）为有限值。

3. 已知时域函数 $f(t)$ 求解对应频域函数 $F(s)$ 的过程称（　　　）变换，已知频域函数 $F(s)$ 求解与它对应的时域函数 $f(t)$ 的过程称为（　　　）变换。

4. $f(t)$ 又称为（　　　）函数，$F(s)$ 又称为（　　　）函数。在拉普拉斯变换和反变换中，时域函数 $f(t)$ 和频域函数 $F(s)$ 之间具有（　　　）关系，称为拉普拉斯变换中的（　　　）性。

5. 拉普拉斯变换的基本性质有（　　　）性质、（　　　）性质和（　　　）性质等。利用这些性质可以很方便地求得一些较为复杂的（　　　）函数。

6. 函数 $f(t)=2+e^{-t}+\delta(t)$ 的象函数为（　　　）。

7. 在求拉普拉斯反变换的过程中，$F_2(s)$ 的根可以有（　　　）根、（　　　）根和（　　　）根 3 种情况。

8. 能将时域中的电路问题变换为复频域中的电路问题的分析法称为（　　　）法，这种方法也称为复频域分析法。

9. 运算电路中，电感元件的运算阻抗是（　　　），运算导纳是（　　　）。

10. 运算电路中，电容元件的运算阻抗是（　　　），运算导纳是（　　　）。

四、计算题

1. 根据定义求 $f(t)=t\varepsilon(t)$ 和 $f(t)=te^{-at}$ 的象函数。

2. 设 $f_1(t)=A(1-e^{-t/\tau})\varepsilon(t)$，$f_1(0_-)=0$，$f_2(t)=a\dfrac{\mathrm{d}f_1(t)}{\mathrm{d}t}+bf_1(t)+c\displaystyle\int_{0_-}^{t}f_1(\xi)\mathrm{d}\xi$。求 $f_2(t)$ 的象函数 $F_2(s)$。

3. 求 $F(s)=\dfrac{s^3}{s^2+s+1}$ 的拉普拉斯反变换。

4. 求下列函数的原函数。

（1）$F(s)=\dfrac{4s+5}{s^2+5s+6}$；（2）$F(s)=\dfrac{s}{s^2+2s+5}$；（3）$F(s)=\dfrac{s+4}{s(s+1)^2}$；（4）$F(s)=\dfrac{s^4+4s^2+1}{s^2(s^2+4)}$。

5. 用长除法求 $F(s)=\dfrac{s^3+7s^2+18s+15}{s^2+5s+6}$ 的原函数 $f(t)$。

6. 画出图 11-14 所示电路的运算电路模型。已知 $u_C(0_-) = 0$，$i_L(0_-) = 0$。

7. 如图 11-15 所示电路，已知 $u_S = e^{-2t}\varepsilon(t)$ V，求零状态响应 u。

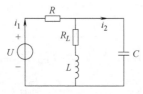

图 11-14　计算题 6 图

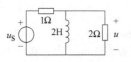

图 11-15　计算题 7 图

8. 如图 11-16 所示电路，已知 $i_S = \varepsilon(t)$ A，求零状态响应 u_C。

9. 图 11-17 在零状态下，外加电流源 $i_S(t) = e^{-3t}\varepsilon(t)$ A，已知 $G = 2$S，$L = 1$H，$C = 1$F。试求电压 $u(t)$。

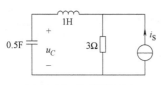

图 11-16　计算题 8 图

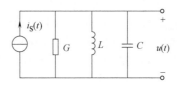

图 11-17　计算题 9 图

10. 如图 11-18 所示电路在开关闭合前处于稳态，$t = 0$ 时将开关闭合，求开关闭合后 $u_C(t)$ 和 $i_L(t)$ 的变化规律。

11. 如图 11-19 所示电路开关断开前处于稳态。求开关断开后电路中 i_1、u_1 及 u_2 的变化规律。

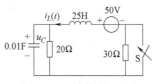

图 11-18　计算题 10 图

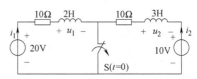

图 11-19　计算题 11 图

12. 如图 11-20 所示电路已处于稳态，$t = 0$ 时将开关 S 闭合，已知 $u_{S1} = 2e^{-2t}$ V，$u_{S2} = 5$V，$L_1 = 1$H，$R_1 = R_2 = 5\Omega$，求 $t \geq 0$ 时的 $u_L(t)$。

13. 如图 11-21 所示电路，$t = 0$ 时刻开关 S 闭合，用运算法求 S 闭合后电路中感元件上的电压及电流。已知 $u_C(0_-) = 100$V。

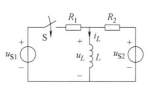

图 11-20　计算题 12 图

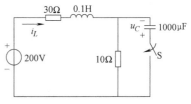

图 11-21　计算题 13 图

第 **12** 章

网络函数

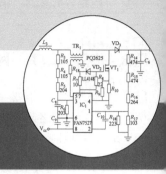

知识图谱（★表示重点，△表示难点）

$$
\text{网络函数}
\begin{cases}
\text{12.1 网络函数的定义} \\
\quad (\triangle, \ ★)
\begin{cases}
\text{网络函数的定义——响应与激励象函数之比：} H(s)=\dfrac{R(s)}{E(s)} \\
\text{网络函数的分类}
\begin{cases}
\text{驱动点函数：输入和输出在同一端口} \\
\text{转移函数：输入和输出不在同一端口}
\end{cases} \\
\text{网络函数的性质：网络函数是单位冲击响应的象函数}
\end{cases} \\[4pt]
\text{12.2 网络函数的零点和极点}
\begin{cases}
\text{网络函数的零点和极点} \quad H(s)=0 : \text{零点 } z_i \\
\text{复平面上的零极点分布图} \quad H(s)=\infty : \text{极点 } p_j
\end{cases} \\[4pt]
\text{12.3 零点、极点与冲激响应} \\
\quad (\triangle)
\begin{cases}
\text{零点与冲激响应的关系：零点决定幅值} \\
\text{极点与冲激响应的关系：极点决定波形}
\end{cases} \\[4pt]
\text{12.4 零点、极点与频率响应}
\begin{cases}
\text{频率响应和网络函数：} H(\mathrm{j}\omega)=\left|H(\mathrm{j}\omega)\right|\angle\varphi(\mathrm{j}\omega) \\
\text{利用零点、极点分析频率响应}
\end{cases} \\[4pt]
\text{12.5 卷积} \\
\quad (\triangle)
\begin{cases}
\text{卷积的定义：} f_1(t)*f_2(t)=\displaystyle\int_{0_-}^{t}f_1(\xi)f_2(t-\xi)\mathrm{d}\xi=\int_0^t f_1(t-\xi)f_2(\xi)\mathrm{d}\xi \\
\text{拉普拉斯变换的卷积定理：} r(t)=\displaystyle\int_0^t e(\xi)h(t-\xi)\mathrm{d}\xi=\int_0^t e(t-\xi)h(\xi)\mathrm{d}\xi \\
\text{卷积的性质及应用：可以应用卷积定理求电路响应}
\end{cases} \\[4pt]
\text{12.6 应用案例——交叉网络}
\end{cases}
$$

本章介绍网络函数及其在电路中的应用。涉及网络函数零、极点的概念，以及零、极点的分布对时域响应和频率特性的影响。讨论了系统的稳定性的条件。

⟲ 学习目标

1. 知识目标

掌握网络函数的概念；了解网络函数的零、极点分布对时域响应和频率特性的影响；理解极点对系统稳定性的影响、卷积。

2. 能力目标

锻炼利用电路频率特性解决实际问题的能力。

3. 素质目标

通过网络函数的学习理解人才的筛选机制与竞争机制，只有满足用人单位需求的毕业生，才能获得很好的就业机会。我们在学生时代就要搭建合理的知识结构，提高岗位实践能力，为就业打好必要的基础，并要结合存在的突出矛盾和问题，多一些警醒、反思和忧患意识，树立正确的世界观、人生观、价值观。一分耕耘一分收获，根据自身条件和需要自由地选择学习任务、学习内容、学习方法，并通过自我调控的学习活动完成具体学习目标，正确认识社会发展规律，认识国家的前途命运，认识自己的社会责任，成为一个肯奉献、善合作、懂感恩、扬正气的合格大学生，在祖国的伟大复兴中成就自我。

12.1 网络函数的定义

电路（或称网络）的响应与激励有关，同时也与电路本身的结构和元件参数有关。网络函数就是描述电路本身的行为特性，它在电路（或系统）理论中占有重要的地位，是信号处理技术中一个非常重要的概念。本节将介绍网络函数的定义、分类、性质和求法。

12.1.1 网络函数的定义及分类

1. 网络函数的定义

网络函数是描述电路只有单一的独立源激励，而没有其他独立电源和附加电源的线性非时变网络（零初始条件）输入-输出关系的复频域函数。

在仅有一个激励源的零状态线性动态电路中，其响应 $r(t)$ 的象函数 $R(s)$ 与激励 $e(t)$ 的象函数 $E(s)$ 之比定义为该电路的网络函数 $H(s)$，即

$$H(s) = \frac{R(s)}{E(s)} \tag{12-1}$$

2. 网络函数的分类

在具体电路中，根据激励 $E(s)$ 可以是独立的电压源或独立的电流源，响应 $R(s)$ 可以是电路中任意两点之间的电压或任意一个支路的电流。在图 12-1 中，电压源电压和电流源电流为激励，其他电压和电流为响应。

（1）驱动点函数——激励和响应在同一端口

1）驱动点阻抗（又称输入阻抗），为驱动点的响应电压象函数与激励电流源电流象函数之比，如图 12-1a 所示，表示的网络函数为

$$H(s) = Z_{11}(s) = \frac{U_1(s)}{I_1(s)} \tag{12-2}$$

2）驱动点导纳（又称输入导纳），为驱动点的响应电流象函数与激励电压源电压象函数之比，如图 12-1b 所示，表示的网络函数为

$$H(s) = Y_{11}(s) = \frac{I_1(s)}{U_1(s)} \tag{12-3}$$

驱动点阻抗和驱动点导纳为电路的输入阻抗和输入导纳，它们互为倒数。

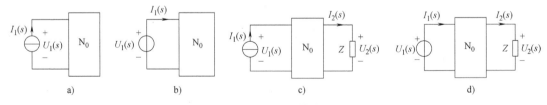

图 12-1 网络函数分类

（2）转移函数（又称传递函数）——激励和响应在不同端口

1）转移阻抗，为非驱动点的响应电压象函数与激励电流源电流象函数之比，如图 12-1c 所示，表示的网络函数为

$$H(s) = Z_{21}(s) = \frac{U_2(s)}{I_1(s)} \tag{12-4}$$

2）转移导纳，为非驱动点的响应电流象函数与激励电压源电压象函数之比，如图 12-1d 所示，表示的网络函数为

$$H(s) = Y_{21}(s) = \frac{I_2(s)}{U_1(s)} \tag{12-5}$$

3）转移电流比，为非驱动点的响应电流象函数与驱动点的激励电流源电流象函数之比，如图 12-1c 所示，表示的网络函数为

$$H(s) = H_i(s) = \frac{I_2(s)}{I_1(s)} \tag{12-6}$$

4）转移电压比，为非驱动点的响应电压象函数与驱动点的激励电压源电压象函数之比，如图 12-1d 所示，表示的网络函数为

$$H(s) = H_u(s) = \frac{U_2(s)}{U_1(s)} \tag{12-7}$$

若已知网络函数和输入激励，可以很方便地求得电路的响应，可见网络函数表征了激励和响应间的全部信息。

12.1.2　网络函数的性质

1. 网络函数是单位冲激响应的象函数

当输入信号 $e(t)$ 为单位冲激函数 $\delta(t)$ 时，即 $e(t) = \delta(t)$，$E(s) = \mathscr{L}[\delta(t)] = 1$，则输出

$$R(s) = E(s)H(s) = H(s) = \mathscr{L}[h(t)] \tag{12-8}$$

可见网络函数就是单位冲激响应的象函数。因此，如果已知电路某一处的单位冲激响应 $h(t)$，就可通过拉普拉斯变换得到该响应的网络函数，并可求出任意激励下的零状态响应。网络函数的原函数 $h(t)$ 为电路的单位冲激响应。单位冲激响应可由网络函数求拉普拉斯反变换得到。

$$h(t) = \mathscr{L}^{-1}[H(s)] = \mathscr{L}^{-1}[R(s)] = r(t) \tag{12-9}$$

2. 网络函数仅与网络的结构和电路参数有关，与激励的函数形式无关

网络函数分母多项式的根即为对应电路变量的固有频率。如果已知 $H(s)$，它在 $E(s)$ 下的响应 $R(s)$ 为

$$R(s) = H(s)E(s)$$

在动态电路分析中可以利用网络函数求解冲激响应及任意激励源作用下的响应。

3. 网络函数一定是 s 的实系数有理函数

对仅含 R、$L(M)$、C 及受控源等元件的网络，网络函数为 s 的实系数有理函数，其分子、分母多项式的根或为实数或为共轭复数，所列出的方程为 s 的实系数代数方程。

电路的网络函数可用零状态下的复频域等效电路（模型）求得，此时，由于动态元件的初始条件为零，运算电路中不存在由初始值产生的附加电源，因而运算电路和时域电路模型的结构相同，下面举例说明。

【例 12-1】　图 12-2a 电路中激励为 $i_S(t) = \delta(t)$，求电感电压 $u_L(t)$。

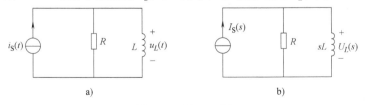

图 12-2　例 12-1 图

解：画出图 12-2a 电路的运算电路如图 12-2b 所示。由于电感电压也是电流源两端的电压，所以说响应与激励在同一端口，因此网络函数就是驱动点阻抗，即

$$H(s) = \frac{R(s)}{E(s)} = \frac{U_L(s)}{I_S(s)} = Z(s) = \frac{R \times sL}{R+sL} = R - \frac{\dfrac{R^2}{L}}{s + \dfrac{R}{L}}$$

电感电压 $u_L(t)$ 就是冲激响应 $h(t)$，因此有

$$u_L(t) = h(t) = \mathscr{L}^{-1}[H(s)] = \left[R\delta(t) - \frac{R^2}{L} e^{-\frac{R}{L}t} \varepsilon(t) \right] \text{V}$$

可见网络函数与激励源无关，可由复频域电路模型直接求出，即完全由电路的原始参数和结构决定。求得 $H(s)$ 后，进行反变换就可求得冲激响应 $h(t)$。

【例 12-2】 图 12-3a 所示电路中 $R_1 = 1\Omega$，$R_2 = 2\Omega$，$L = 1\text{H}$，$C = 1\text{F}$，$\alpha = 0.25$，已知电感、电容的初始储能均为零，分别求出如下激励时的响应 $i_2(t)$。（1）$u_S(t) = \delta(t)\text{V}$；（2）$u_S(t) = 2e^{-3t}\varepsilon(t)\text{V}$。

解： 画出运算电路如图 12-3b 所示，对两个网孔列 KVL 方程为

$$U_1(s) = U_S(s) - \alpha U_1(s)$$

$$\left(R_2 + sL + \frac{1}{sC} \right) I_2(s) = \alpha U_1(s)$$

代入数据并化简得

$$I_2(s) = \frac{s}{5(s+1)^2} U_S(s)$$

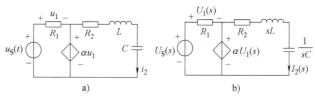

图 12-3　例 12-2 图

转移导纳函数为

$$H(s) = \frac{I_2(s)}{U_S(s)} = \frac{s}{5(s+1)^2} = -\frac{1}{5(s+1)^2} + \frac{1}{5(s+1)}$$

所以，当激励为 $u_S(t) = \delta(t)$ 时的冲激响应为

$$i_2(t) = h(t) = \mathscr{L}^{-1}[H(s)] = \left(\frac{1}{5}e^{-t} - \frac{1}{5}te^{-t} \right) \varepsilon(t) \text{A}$$

当激励为 $u_S(t) = 2e^{-3t}\varepsilon(t)$ 时 $U_S(s) = \dfrac{2}{s+3}$，响应的象函数为

$$I_2(s) = H(s) U_S(s) = \frac{2s}{5(s+3)(s+1)^2} = -\frac{3}{10(s+3)} + \frac{3}{10(s+1)} - \frac{1}{5(s+1)^2}$$

电感电流为

$$i_2(t) = (-0.3e^{-3t} + 0.3e^{-t} - 0.2te^{-t}) \varepsilon(t) \text{A}$$

分析上述结果可知，响应的第一项中的指数项对应于外加激励 $U_S(s)$ 分母为零的根，因此第一项与外加激励具有相同的函数形式，是响应的强制分量，而第二、三项中的指数项对应于网络函数 $H(s)$ 的分母为零的根（称之为网络函数的极点），所以第二、三项是响应的固有分量或瞬态分量。由此可见网络函数的极点即决定了电路冲激响应的特性，也就是任意激励下电路响应的固有分量或瞬态分量。

【例 12-3】 已知某电路的单位冲激响应 $h(t) = 3e^{-2t}\varepsilon(t)$，输入 $e(t) = \varepsilon(t)$，求零状态响应 $r(t)$。

解： 首先求得网络函数 $H(s) = \mathscr{L}[h(t)] = \dfrac{3}{s+2}$，输入的象函数 $E(s) = \dfrac{1}{s}$，由式（12-8）可得

$$R(s) = \frac{3}{(s+2)} \times \frac{1}{s} = \frac{3}{2} \left(\frac{1}{s} - \frac{1}{s+2} \right)$$

经反变换得 $\qquad r(t)=\dfrac{3}{2}\left(1-\mathrm{e}^{-2t}\right)\varepsilon(t)$

思考与练习

12.1-1　为什么系统单位冲激响应的象函数即为系统的网络函数？

12.1-2　网络函数的原函数即为该电路的单位冲激响应，对吗？

12.1-3　能否说网络函数的拉普拉斯反变换在数值上就是网络的单位冲激响应？

12.1-4　为什么网络函数仅与网络的结构和电路参数有关，与激励的函数形式无关？

12.2　网络函数的零点和极点

12.2.1　零点、极点的定义

网络函数 $H(s)$ 的分母和分子都是 s 的多项式，故将其改写为因子相乘的形式为

$$H(s)=\frac{N(s)}{D(s)}=\frac{a_0 s^m+a_1 s^{m-1}+\cdots+a_m}{b_0 s^n+b_1 s^{n-1}+\cdots+b_n}$$

$$=H_0\frac{(s-z_1)(s-z_2)\cdots(s-z_m)}{(s-p_1)(s-p_2)\cdots(s-p_n)}=H_0\frac{\displaystyle\prod_{i=1}^{m}(s-z_i)}{\displaystyle\prod_{j=1}^{n}(s-p_j)} \qquad (12\text{-}10)$$

式中，$H_0=\dfrac{a_0}{b_0}$ 为一常数，称为比例因子；z_1，z_2，$\cdots$，z_m 是 $N(s)=0$ 时的根，称为网络函数 $H(s)$ 的零点，当 $s=z_i$ 时，$H(s)=0$；p_1，p_2，$\cdots$，p_n 是 $D(s)=0$ 时的根，称为网络函数的极点，当 $s=p_j$ 时，$H(s)$ 将趋近无限大，它仅取决于电路参数而与输入形式无关，故称为网络变量的自然频率或固有频率。网络函数的零点和极点可能是实数、虚数或复数。实数与虚数可视为复数的特例。

12.2.2　零点、极点分布图

以复数 s 的实部 σ 为横轴，虚部 $\mathrm{j}\omega$ 为纵轴画出复频率平面，简称为复平面或 s 平面。在复平面上把 $H(s)$ 的零点用"o"表示，极点用"×"表示，就可得到网络函数的零点、极点分布图，简称零极图。

【例 12-4】　若已知电路的转移函数 $H(s)=\dfrac{s}{s^2+2s+4}$，试求：（1）网络的零点、极点；（2）绘出零点、极点分布图。

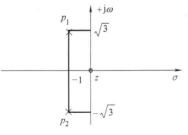

解：（1）$p_{1,2}=\dfrac{-2\pm\sqrt{4-16}}{2}=-1\pm\mathrm{j}\sqrt{3}$

电路零点 $z=0$，极点 $p_1=-1+\mathrm{j}\sqrt{3}$，$p_2=-1-\mathrm{j}\sqrt{3}$。

（2）画出零点、极点分布图如图 12-4 所示。

图 12-4　例 12-4 图

思考与练习

12.2-1　什么是零点、极点分布图？

12.2-2　已知某网络函数的零点和极点分别为：$z = -1$，$p_1 = -2$，$p_2 = -3$，且 $H(0) = 1$，试求该系统的单位阶跃响应。

12.3　零点、极点与冲激响应

12.3.1　零点、极点与冲激响应的关系

$H(s)$ 和 $E(s)$ 一般为有理分式，因此可写为

$$R(s) = H(s)E(s) = \frac{N(s)}{D(s)} \cdot \frac{P(s)}{Q(s)}$$

式中，$H(s) = \dfrac{N(s)}{D(s)}$，$E(s) = \dfrac{P(s)}{Q(s)}$，用部分分式法求响应的原函数时，$D(s)Q(s) = 0$ 的根将包含 $D(s) = 0$ 和 $Q(s)$ 的根。

令分母 $D(s) = 0$，解出根 p_i（$i = 1$，$\cdots$，n），同理，令分母 $Q(s) = 0$，解出根 p_j（$j = 1$，$\cdots$，m）。那么

$$R(s) = \sum_{i=1}^{n} \frac{A_i}{s - p_i} + \sum_{j=1}^{m} \frac{B_j}{s - p_j}$$

则响应的时域形式为 $r(t) = \mathscr{L}^{-1}[R(s)] = \sum_{i=1}^{n} A_i e^{p_i t} + \sum_{j=1}^{m} B_j e^{p_j t}$，其中响应 $\sum_{i=1}^{n} A_i e^{p_i t}$ 中包含 $D(s) = 0$ 的根（即网络函数的极点 p_i），属于自由分量或瞬态分量；响应 $\sum_{j=1}^{m} B_j e^{p_j t}$ 中包含 $Q(s) = 0$ 的根，属于强制分量。而强制分量的特点仅决定于激励的变化规律。因此，自由分量是由网络函数决定的，强制分量是由强制电源决定的。可见，根据 $H(s)$ 的极点分布情况和激励的变化规律不难预见时域响应的全部特点。$D(s) = 0$ 时的根对决定 $R(s)$ 的变化规律起决定性作用。由于单位冲激响应 $h(t)$ 的特性就是时域响应中自由分量的特性，所以分析网络函数的极点与冲激响应的关系就可预见时域响应的特点。网络函数的极点 p_i 的分布直接影响 $h(t)$ 的变化形式，极点仅由网络的结构及元件的参数确定，而与输入形式无关，故称为网络函数的自然频率或固有频率。

12.3.2　网络函数的零点、极点与系统稳定性之间的关系

网络函数是描述线性时不变网络（零初始条件）输入-输出关系的复频域函数。由于网络函数 $H(s)$ 与单位冲激响应 $h(t)$ 构成拉式变换对，因此，从 $H(s)$ 的零点、极点分布情况，完全可以预见冲激响应 $h(t)$ 的时域特性。为便于分析，设网络函数为真分式且分母具有不同单根，则网络函数的冲激响应为

$$h(t) = \mathscr{L}^{-1}[H(s)] = \mathscr{L}^{-1}\left[\sum_{i=1}^{n} \frac{k_i}{s - p_i}\right] = \sum_{i=1}^{n} k_i e^{p_i t} \tag{12-11}$$

从式（12-11）可以看出，k_i 与零点分布有关，它决定了时域响应的幅值；极点 p_i 决定了冲激响应的波形，决定了网络的自然暂态特性，冲激响应的性质取决于网络函数的极点在复平面上的位置。一般分为如下几种情况，极点分布与冲激响应的关系如图 12-5 所示。

1）若 $H(s)$ 的极点 p_i 位于 s 平面的原点（$p_i = 0$），如果 $H(s) = \dfrac{1}{s}$，则 $h(t) = \varepsilon(t)$，冲激响应的模式为阶跃函数。

2）若 $H(s)$ 的极点 p_i 为虚根时，虚轴上的共轭极点 $p_1 = j\omega$ 和 $p_2 = -j\omega$ 必然成对出现，此时有

$$h(t) = \mathscr{L}^{-1}\left[\frac{\omega}{s^2 + \omega^2}\right] = \sin\omega t$$

则 $h(t) = \sin\omega t$，将是纯正弦项。$h(t)$ 为等幅正弦振荡。

3）若 $H(s)$ 的极点 p_i 都位于负实轴上，为负实根时（$p_i < 0$），$e^{p_i t}$ 为衰减指数函数，则 $h(t)$ 将随 t 的增大而衰减，称这种电路是稳定的；若有一个极点 p_i 为正实根时（$p_i > 0$），$e^{p_i t}$ 为增长的指数函数，则 $h(t)$ 将随 t 的增长而增长，称这种电路是不稳定的；而且 $|p_i|$ 越大，衰减或增长的速度越快。

4）若 $H(s)$ 的极点 p_i 为左半平面内的共轭极点（$p_1 = -\sigma + j\omega$ 和 $p_2 = -\sigma - j\omega$ 成对出现，其中 $\sigma > 0$）时，响应为衰减振荡，如

$$h(t) = \mathscr{L}^{-1}\left[\frac{\omega}{(s+\sigma)^2 + \omega^2}\right] = e^{-\sigma t}\sin\omega t$$

5）若 $H(s)$ 的极点 p_i 为右半平面内的共轭极点（$p_1 = \sigma + j\omega$ 和 $p_2 = \sigma - j\omega$ 成对出现，其中 $\sigma > 0$）时，响应为增幅振荡，如

$$h(t) = \mathscr{L}^{-1}\left[\frac{\omega}{(s-\sigma)^2 + \omega^2}\right] = e^{\sigma t}\sin\omega t$$

由于 $h(t)$ 是以指数曲线为包络线的正弦函数，其实部的正或负确定增长或衰减。

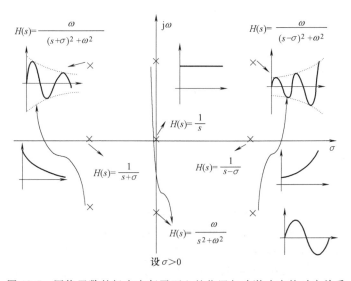

图 12-5　网络函数的极点在复平面上的位置与冲激响应的对应关系

【例 12-5】 已知网络函数有两个极点分别在 $s = 0$ 和 $s = -1$ 处，一个单零点在 $s = 1$ 处，且有 $\lim\limits_{t \to \infty} h(t) = 10$，求 $H(s)$ 和 $h(t)$。

解：由已知的零点、极点可知：$H(s) = \dfrac{k(s-1)}{s(s+1)}$。

所以：$h(t) = \mathscr{L}^{-1}[H(s)] = \mathscr{L}^{-1}\left[\dfrac{k(s-1)}{s(s+1)}\right] = -k + 2k e^{-t}$。

由于 $\lim\limits_{t \to \infty} h(t) = 10$，解得：$k = -10$。

所以：$H(s) = \dfrac{-10(s-1)}{s(s+1)}$。

 思考与练习

12.3-1　简答网络函数 $H(s)$ 的极点 p_i 的分布与该网络冲激响应 $h(t)$ 间的关系。

12.3-2　网络函数的零极点与系统的稳定性之间的关系是什么？

12.4　零点、极点与频率响应

当电路中激励源的频率变化时，电路中的感抗、容抗将跟随频率变化，从而导致电路的工作状态也跟随频率变化。因此，分析研究电路和系统的频率特性就显得格外重要。

由于网络函数对应的是零状态网络，故运算电路中的附加电源为零，若将运算感抗 (sL)、运算容抗 $\left(\dfrac{1}{sC}\right)$ 中的 s 换为 $j\omega$，即运算感抗变为 $j\omega L$，运算容抗变为 $\dfrac{1}{j\omega C}$，则运算电路变为相量形式的电路。$H(s)$ 也随之变为 $H(j\omega)$，此时的 $H(j\omega)$ 称为正弦稳态电路的网络函数。通常将 $H(s)$ 称为 s 域或复频域中的网络函数，而将 $H(j\omega)$ 称为频域中的网络函数。分析 $H(j\omega)$ 随 ω 的变化情况就可以预见相应的转移函数或驱动点函数在正弦稳态情况下随 ω 的变化特性，称为频率响应。网络函数式中，角频率 ω 是作为一个变量出现在函数式中的。对于某一固定角频率 ω，$H(j\omega)$ 通常是一个复数，即可以表示为

$$H(s)\big|_{s=j\omega} = H(j\omega) = \frac{R(j\omega)}{E(j\omega)} = |H(j\omega)| \angle \varphi(j\omega) \tag{12-12}$$

于是有

$$|H(j\omega)| = H_0 \frac{\displaystyle\prod_{i=1}^{m} |(j\omega - z_i)|}{\displaystyle\prod_{j=1}^{n} |(j\omega - p_j)|} \tag{12-13}$$

$$\varphi(j\omega) = \arg[H(j\omega)] = \sum_{i=1}^{m} \arg(j\omega - z_i) - \sum_{j=1}^{n} \arg(j\omega - p_j) \tag{12-14}$$

式中，$|H(j\omega)|$ 和 $\varphi(j\omega)$ 均为 ω 的函数，分别称为网络函数的幅频特性和相频特性，即

幅频特性：模与角频率的关系 $|H(j\omega)| \sim \omega$

相频特性：辐角与角频率的关系 $\varphi(j\omega) \sim \omega$

当已知网络函数的极点和零点时，即可由式（12-13）、式（12-14）分别计算网络函数的幅频特性和相频特性，两者统称为网络函数的频率响应特性。也可以在 s 平面上用作图的方法定性地画出频率响应。网络函数的极点和零点的分布不同，电路的频率响应也不同。频率响应在信号的分析与处理中应用较多，本书不做过多介绍。

【例 12-6】　定性分析图 12-6 所示 RC 串联电路以电压 u_C 为输出时电路的频率响应。

解： 以输出电压 u_C 为电路变量的网络函数为

$$H(s) = \frac{U_C(s)}{U_S(s)} = \frac{\dfrac{1}{sC}}{R + \dfrac{1}{sC}} = \frac{\dfrac{1}{RC}}{s + \dfrac{1}{RC}}$$

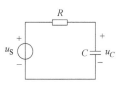

图 12-6　例 12-6 图

该网络函数 $H(s)$ 极点为 $p_1 = -\dfrac{1}{RC}$。

设 $H_0 = \dfrac{1}{RC}$，$s = \mathrm{j}\omega$，有

$$H(\mathrm{j}\omega) = \frac{H_0}{\mathrm{j}\omega + 1/RC} = \left| H(\mathrm{j}\omega) \right| \angle \varphi(\mathrm{j}\omega)$$

由此可得

$$H(\mathrm{j}\omega) = \frac{H_0}{\mathrm{j}\omega - p_1} = \frac{H_0}{M\mathrm{e}^{\mathrm{j}\theta}}$$

由上式可见，随着 ω 的增加，$\left| H(\mathrm{j}\omega) \right|$ 将单调地减少。θ 将单调地减小，当 $\omega \to \infty$ 时，$\theta \to -90°$。

$H(s)$ 的极点分布如图 12-7a 所示。由图 12-7a 可得图 12-7b 所示的幅频特性和图 12-7c 所示的相频特性。

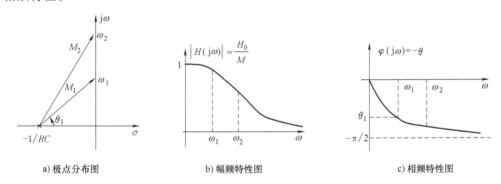

a) 极点分布图　　　　b) 幅频特性图　　　　c) 相频特性图

图 12-7　RC 串联电路的频率响应

思考与练习

12.4-1　如何画幅频特性曲线和相频特性曲线？

12.4-2　已知某网络函数的零点和极点分别为：$z = 0$，$p = -2$，试定性绘出该网络函数的频率特性曲线。

12.5　卷积

为了求得电路在任意输入的响应，本节引入了卷积积分。卷积积分，简称卷积，是重要的数学工具。它不仅在电路分析上，而且在系统识别、超声诊断及地震勘测等信号处理领域都有着广泛的应用。

12.5.1　卷积的定义

设两个时间函数 $f_1(t)$ 和 $f_2(t)$，在 $t < 0$ 时为零，则 $f_1(t)$ 和 $f_2(t)$ 的卷积可定义为

$$f_1(t) * f_2(t) = f_2(t) * f_1(t) = \int_0^t f_1(\xi) f_2(t - \xi)\,\mathrm{d}\xi = \int_0^t f_1(t - \xi) f_2(\xi)\,\mathrm{d}\xi$$

可见卷积中的两个函数可以互相交换而不会改变卷积的值。

12.5.2 卷积定理及应用

设 $f_1(t)$ 和 $f_2(t)$ 的象函数分别为 $F_1(s)$ 和 $F_2(s)$，有

$$\mathscr{L}[f_1(t) * f_2(t)] = F_1(s)F_2(s)$$

可以应用卷积定理求电路响应。设 $E(s)$ 表示外施激励，$H(s)$ 表示网络函数，则响应 $R(s)$ 为

$$R(s) = E(s)H(s)$$

则该网络的零状态响应为

$$r(t) = \mathscr{L}^{-1}[R(s)] = \mathscr{L}^{-1}[E(s)H(s)] = e(t) * h(t)$$

$$= \int_0^t e(\xi)h(t-\xi)\mathrm{d}\xi = \int_0^t e(t-\xi)h(\xi)\mathrm{d}\xi$$

式中，$e(t)$ 是外施激励的时域形式；$h(t)$ 是网络的单位冲激响应。

【例 12-7】 图 12-8 所示电路中，$R = 500\mathrm{k}\Omega$，$C = 1\mu\mathrm{F}$，电流源电流 $i_S = 2\mathrm{e}^{-t}\varepsilon(t)\mu\mathrm{A}$。设电容上原无电压。求 $u_C(t)$。

解： 电路的冲激响应为

$$h(t) = \frac{1}{C}\mathrm{e}^{-\frac{t}{RC}} = 10^6 \mathrm{e}^{-2t}$$

则电容电压为

$$u_C(t) = \int_{0_-}^t i_S(t-\xi)h(\xi)\mathrm{d}\xi = \int_{0_-}^t 2 \times 10^{-6}\mathrm{e}^{-(t-\xi)} \times 10^6 \mathrm{e}^{-2\xi}\mathrm{d}\xi$$

$$= 2\mathrm{e}^{-t}\int_0^t \mathrm{e}^{-\xi}\mathrm{d}\xi = 2(\mathrm{e}^{-t} - \mathrm{e}^{-2t})\varepsilon(t)$$

【例 12-8】 已知如图 12-9 所示电路中 $u_S = 0.6\mathrm{e}^{-2t}$，冲激响应 $h(t) = 5\mathrm{e}^{-t}$，求 $u_C(t)$。

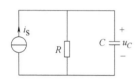

图 12-8 例 12-7 图

线性无源
电阻网络

图 12-9 例 12-8 图

解：方法一： 由于

$$U_C(s) = \frac{5}{s+1} \times \frac{0.6}{s+2} = \frac{k_1}{s+1} + \frac{k_2}{s+2}$$

式中，$k_1 = 3$，$k_2 = -3$，所以有

$$u_C(t) = r(t) = -3\mathrm{e}^{-2t} + 3\mathrm{e}^{-t}$$

方法二： $u_C(t) = h(t) * e(t) = \int_0^t h(t-\xi)u_S(\xi)\mathrm{d}\xi = \int_0^t 5\mathrm{e}^{-(t-\xi)} \times 0.6\mathrm{e}^{-2\xi}\mathrm{d}\xi$

$$= \int_0^t 3\mathrm{e}^{-(t+\xi)}\mathrm{d}\xi = 3\mathrm{e}^{-t}\int_0^t \mathrm{e}^{-\xi}\mathrm{d}\xi = 3(\mathrm{e}^{-t} - \mathrm{e}^{-2t})$$

思考与练习

12.5-1 如何应用卷积定理求电路响应？

12.5-2 讨论在初始状态不为零时，如何应用卷积求电路在某激励源作用下的全响应？

12.6 应用案例

网络函数是信号处理中一个非常重要的概念。它表示信号通过电路网络时是如何被处理的。图 12-10a 所示电路是将音频放大器耦合至低频扬声器与高频扬声器的交叉网络，主要由一个高通 RC 滤波器与一个低通 RL 滤波器组成，它将高于某预定交叉频率 $f_C = 2\text{kHz}$ 的高频信号送至高音扬声器（即高频扬声器），而将低于 $f_C = 2\text{kHz}$ 的低频信号送至低音扬声器（即低频扬声器）。利用电压源取代放大器即可得到如图 12-10b 所示的交叉网络的近似等效电路，图中扬声器的电路模型为电阻。令 $s = \text{j}\omega$，则高通滤波器的网络函数为

$$H_1(\text{j}\omega) = \frac{\dot{U}_1}{\dot{U}_S} = \frac{R_1}{R_1 + \dfrac{1}{\text{j}\omega C}} = \frac{\text{j}\omega C R_1}{1 + \text{j}\omega C R_1}$$

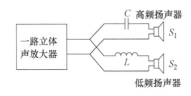

a) 包括两个扬声器的交叉网络 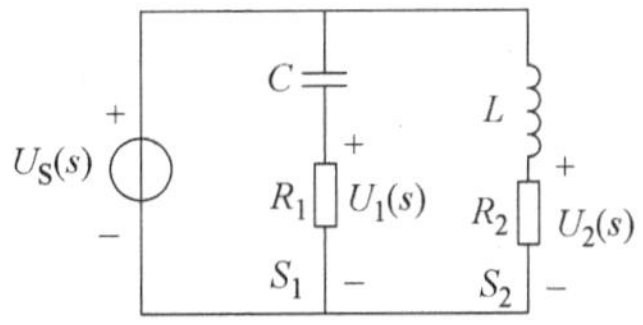　　　　　b) 等效电路模型

图 12-10　交叉网络

同理，低通滤波器的网络函数为

$$H_2(\text{j}\omega) = \frac{\dot{U}_2}{\dot{U}_S} = \frac{R_2}{R_2 + \text{j}\omega L}$$

幅频特性为

$$|H_1(\text{j}\omega)| = \frac{\omega C R_1}{\sqrt{1 + (\omega C R_1)^2}}$$

$$|H_2(\text{j}\omega)| = \frac{R_2}{\sqrt{R_2 + (\omega L)^2}}$$

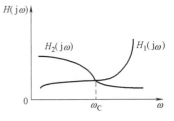

图 12-11　图 12-10 所示交叉网络的频率响应

选择 R_1、R_2、L 与 C 的值，可以使两个滤波器具有相同的转折频率，即交叉频率，如图 12-11 所示。

本 章 小 结

1. 网络函数

电路在单一的独立源激励下，其零状态响应 $r(t)$ 的象函数 $R(s)$ 与激励 $e(t)$ 的象函数 $E(s)$ 之比定义为该电路的网络函数 $H(s)$，即

$$H(s) = \frac{R(s)}{E(s)}$$

根据激励性质的不同——电压源或者电流源，响应选取的不同——任意两点的电压或者电流，可以将网络函数分为表 12-1 中的类型。

2. 网络函数的零、极点

网络函数 $H(s)$ 的分母和分子都是 s 的多项式，故将之改写为因子相乘的形式：

表 12-1　网络函数的分类

响应＼激励	电压源	电流源	响应＼激励	电压源	电流源
同一支路电压	—	驱动点阻抗	不同支路电压	电压转移比	转移阻抗
同一支路电流	驱动点导纳	—	不同支路电流	转移导纳	转移电流比

$$H(s) = \frac{N(s)}{D(s)} = \frac{a_0 s^m + a_1 s^{m-1} + \cdots + a_m}{b_0 s^n + b_1 s^{n-1} + \cdots + b_n} = H_0 \frac{(s-z_1)(s-z_2)\cdots(s-z_m)}{(s-p_1)(s-p_2)\cdots(s-p_n)} = H_0 \frac{\prod\limits_{i=1}^{m}(s-z_i)}{\prod\limits_{j=1}^{n}(s-p_j)}$$

式中，H_0 为一常数，z_1，z_2，$\cdots$，z_m 是 $N(s)=0$ 的根，称为网络函数的零点；p_1，p_2，$\cdots$，p_n 是 $D(s)=0$ 的根，称为网络函数的极点。以复数 s 的实部 σ 为横轴，虚部 $j\omega$ 为纵轴作出复频率平面，简称为复平面或 s 平面。在复平面上把 $H(s)$ 的零点用"o"表示，极点用"×"表示，就可得到网络函数的零、极点分布图。

3. 极点与冲激响应

当极点位于复频率平面的左半平面时，对应特性随时间的增加而减小，最后衰减为零，这样的暂态过程是稳定的；反之，当极点位于右半平面时，对应特性随着时间增加而发散，这样的暂态过程是不稳定的，这样的网络受到一个冲激作用后，响应会越来越大；当极点位于虚轴上时，属于临界稳定；另外，当极点位于实轴上时，响应是非振荡的，否则均为振荡的暂态过程。

4. 极点与频率响应

令网络函数 $H(s)$ 中复频率 s 等于 $j\omega$，即为相应的频率响应函数，即

$$H(j\omega) = H(s)\big|_{s=j\omega}$$

5. 卷积定理

线性无源电路对外加任意波形激励的零状态响应，等于激励函数与电路的单位冲激响应的卷积积分，即

$$r(t) = h(t) * e(t)$$

现在激励的象函数为 $E(s)$，故

$$\mathscr{L}[h(t) * e(t)] = H(s)E(s)$$

也就是，激励函数与单位冲激响应的卷积的象函数等于激励函数的象函数乘以单位冲激函数的象函数，这叫作卷积定理。

能力检测题

一、选择题

1. 以下结论中错误的是（　　　）。

（A）单位阶跃响应的导数在数值上是单位冲激响应

（B）网络函数的单位都是欧姆

（C）在网络函数的复频域模型中电感电压的象函数 $U_L(s) = sLI(s)$

（D）网络函数的原函数就是单位冲激响应

2. 关于网络函数 $H(s) = \dfrac{R(s)}{E(s)}$ 的叙述合理的是（　　　）。

（A）网络函数不受外加激励 $E(s)$ 的性质影响，由网络的结构和元件的参数决定

（B）网络函数受外加激励 $E(s)$ 的影响，也受响应 $R(s)$ 的影响

（C）网络函数仅受外加激励 $E(s)$ 的影响，不受响应 $R(s)$ 的影响

（D）网络函数不受外加激励 $E(s)$ 的影响，仅受响应 $R(s)$ 的影响

3. 已知某线性网络的网络函数为 $H(s) = \dfrac{2s^2 + 9s + 9}{(s+1)(s+2)}$，则该网络的单位冲激响应 $h(t)$ 为（　　　）。

（A）$2e^{-t} + e^{-2t} + 2\varepsilon(t)$　　　　　　　（B）$2e^{-t} + e^{-2t} + 2\delta(t)$

（C）$2e^{-t} + e^{-2t} + 2t$　　　　　　　（D）无法确定

4. 已知网络函数 $H(s) = 5$，则网络的冲激响应为（　　　）。

参考答案

(A) 5 (B) $5\delta(t)$ (C) $5t$ (D) $5s$

5. 已知某电路的网络函数 $H(s)=\dfrac{U(s)}{I(s)}=\dfrac{s+3}{2s+3}$，激励 $i(t)$ 为单位阶跃电流，则阶跃响应 $u(t)$ 在 $t=0_+$ 时之值为（　　）。

(A) 1 (B) $\dfrac{1}{2}$ (C) $\dfrac{3}{2}$ (D) 0

二、判断题

1. 网络函数分母部分多项式等于零的根，称为网络函数的极点，它恰好为网络的固有频率。（　　）

2. 若某电路网络函数 $H(s)$ 的极点全部位于 s 平面右半平面上，则该电路稳定。（　　）

3. 通过分析网络函数 $H(s)$ 的极点在 s 平面上的分布，基本能预见其时域响应的特点。（　　）

4. 网络函数的拉普拉斯反变换在数值上就是网络的单位冲激响应。（　　）

5. 网络函数的极点离 s 平面的 $j\omega$ 轴越远，则其响应中的自由分量衰减得越快。（　　）

三、填空题

1. 网络函数的原函数即为该电路的（　　）。

2. 已知电路的单位冲激响应为 $5e^{-3t}$，则该电路的网络函数为（　　　　）。

3. 线性时不变电路在单一的独立激励作用下，零状态响应的象函数与激励的象函数之比称为（　　　　）。

4. 已知电路的网络函数为 $\dfrac{10}{s+4}$，则该电路的单位冲激响应为（　　　　　　）。已知电路的网络函数为 $H(s)=\dfrac{4s+5}{s^2+5s+6}$，则该电路的单位冲激响应为（　　　　　　）。

5. 网络函数仅与（　　）有关，与（　　）无关。

四、计算题

1. 如图 12-12 所示电路，试求网络函数 $H(s)=\dfrac{U_C(s)}{U_S(s)}$。

2. $H(s)$ 的零极点如图 12-13 所示。（1）$H(0)=1$，求 $H(s)$。（2）$H(0)=2$，求 $H(s)$。

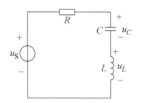

图 12-12　计算题 1 图

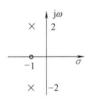

图 12-13　计算题 2 图

3. 如图 12-14 所示电路，已知 $u_1=\delta(t)$ 时，$i_1(t)=h(t)=e^{-2t}\cos t$。求 $u_1(t)=Ee^{-2t}$ 时的 $i_1(t)$。

4. 如图 12-15 所示电路，激励 $i_S(t)=\delta(t)$，求冲激响应 $h(t)$，即电容电压 $u_C(t)$。

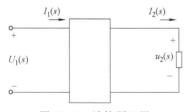

图 12-14　计算题 3 图

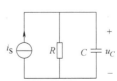

图 12-15　计算题 4 图

5. 如图 12-16 所示电路，激励为 $i_S(t)=\varepsilon(t)$，响应为 u_1、u_2。求阶跃响应 $s_1(t)$、$s_2(t)$。

6. 如图 12-17 所示电路，已知 $R=1\Omega$，$L=1.5\mathrm{H}$，$C=1/3\mathrm{F}$，求 i_L 单位冲激响应。

7. 已知网络函数 $H(s)=\dfrac{2s^2-12s+16}{s^3+4s^2+6s+3}$，绘出其零点、极点分布图。

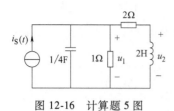

图 12-16 计算题 5 图

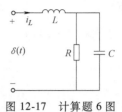

图 12-17 计算题 6 图

8. 如图 12-18 所示电路，求 $H(s) = \dfrac{U_C(s)}{U_S(s)}$ 的频率特性，并画 $H(s)$ 零点、极点分布图。

9. 如图 12-19 所示电路，求转移电流比 $H(s) = \dfrac{I_2(s)}{I_S(s)}$，并画出当 r_m 分别为 -30Ω、40Ω、-2Ω、-80Ω 时的极点分布图，讨论对应的单位冲激特性是否振荡，是否稳定。

10. 如图 12-20 所示电路，已知当 $R = 2\Omega$，$C = 0.5\mathrm{F}$，$u_S = \mathrm{e}^{-3t}\varepsilon(t)\,\mathrm{V}$ 时的零状态响应 $u = (-0.1\mathrm{e}^{-0.5t} + 0.6\mathrm{e}^{-3t})\varepsilon(t)\,\mathrm{V}$。现将 R 换成 1Ω 电阻，将 C 换成 $0.5\mathrm{H}$ 电感，u_S 换成单位冲激电压源 $u_S = \delta(t)\,\mathrm{V}$，求零状态响应 u。

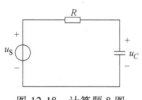

图 12-18 计算题 8 图

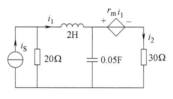

图 12-19 计算题 9 图

图 12-20 计算题 10 图

第 **13** 章

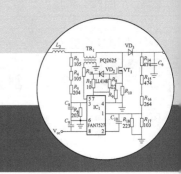

电路方程的矩阵形式

知识图谱（★表示重点，△表示难点）

电路方程的矩阵形式
- 13.1 割集：把图分割为两个子图的最少支路的集合。用 Q 表示。
- 13.2 关联矩阵、割集矩阵和回路矩阵（△）
  - 关联矩阵 A：$Ai = 0$ $A^{\mathrm{T}}u_n = u$
  - 割集矩阵 Q：$Qi = 0$ $Q^{\mathrm{T}}u_t = u$
  - 回路矩阵 B：$B^{\mathrm{T}}i_1 = i$ $Bu = 0$
- 13.3 回路电流方程的矩阵形式：$Z_1\dot{I}_1 = \dot{U}_{1S}$（△，★）
- 13.4 节点电压方程的矩阵形式：$Y_n\dot{U}_n = \dot{J}_n$（△，★）⎫ 电路方程的矩阵形式
- 13.5 割集电压方程的矩阵形式：$Y_t\dot{U}_t = \dot{I}_t$（△）⎭
- 13.6 状态方程（△）
  - 状态及状态变量：线性电路以 i_L、u_C 为状态变量。
  - 状态方程：$\dot{x} = Ax + Bv$
  - 状态方程的列写：直观法和系统法
  - 输出方程：$y = Cx + Dv$
- 13.7 应用案例——计算机辅助电路分析

本章主要在图的基本概念基础上介绍了割集、关联矩阵、回路矩阵和割集矩阵，分析了用这些矩阵表示的 KCL、KVL 方程，讨论了支路 VCR 的矩阵形式，并由此导出回路电流方程、节点电压方程、割集电压方程的矩阵形式，最后介绍了状态方程的初步知识以及计算机辅助电路分析。

学习目标

1. 知识目标

正确理解关联矩阵、基本回路矩阵和基本割集矩阵的概念；熟练掌握回路电流方程、节点电压方程和割集电压方程的矩阵形式。

2. 能力目标

锻炼熟练把电路方程写成矩阵形式的能力。

3. 素质目标

通过计算机辅助分析和设计求解电路方程延伸到计算机的应用使得互联网不停地飞速发展，了解我国芯片技术的发展历史和现状，结合美国对我国发动贸易战和芯片制裁，认识到产业的核心技术才是国之重器，理解科技作为国家发展战略支撑的重大意义，努力把科技自立自强的信念自觉融入人生追求之中。科技兴则民族兴，科技强则国家强，我们应树立共产主义远大理想和中国特色社会主义共同理想，坚定"四个自信"，厚植爱国主义情怀，把爱国情、强国志、报国行自觉融入建设社会主义现代化强国、实现中华民族伟大复兴的奋斗之中。同时更要珍惜时间，脚踏实地，奋发学习，刻苦钻研技术，掌握扎实的专业知识，努力创新，为实现

中国梦而努力。

扫一扫　看视频

13.1　割集

　　随着电路规模的日益增大和电路结构的日趋复杂，用计算机进行网络分析和网络设计是科学技术发展的必然趋势。为了适应现代化计算的需要，对系统的分析首先必须将电网络画成拓扑图形，把电路方程写成矩阵形式，然后利用计算机进行数值计算，得到网络分析所需结果，最终实现网络的计算机辅助分析。本章主要介绍矩阵形式电路方程及其系统建立方法。

13.1.1　割集的定义

　　割集是连通图 G 的一个支路集合，它必须同时满足：

　　1）若移去这个集合中所有支路，剩下的图成为两个完全分离的部分。

　　2）若少移去这个集合中的任何一条支路，则剩下的图仍是连通的。

　　所以割集的定义可以简单叙述为：把图分割为两个子图的最少支路的集合，用符号 Q 表示。需要注意的是，在移去支路时，与其相连的节点并不移去，所以允许有孤立节点的存在。有时说移去某个节点，则意味着将连接于该节点的所有支路同时移去。

　　如图 13-1a 所示的图 G，支路集合（1，3）和支路集合（2，3，4）都是图 G 的割集。若移去割集（1，3）的全部支路，剩下的图不再是连通图，分成两个完全分离的部分，如图 13-1b 所示；若移去割集（2，3，4）的全部支路，剩下的图也不再是连通图，也分成两个完全分离的部分，如图 13-1c 所示。相反，若少移去割集（1，3）中的支路 3，剩下的图仍是连通图，如图 13-1d 所示；若少移去割集（2，3，4）中的支路 2，剩下的图也仍是连通图，如图 13-1e 所示。若移去支路集合（1，2，3，5），图 G 分成 3 个分离部分，若少移去（1，2，3，5）中的 2 支路，图仍然不是连通的，则该支路集合（1，2，3，5）不是割集。一个连通图中有许多不同的割集。

　　用作闭合面（高斯面）的方法来选择割集比较直观、方便。具体的做法是，对一个连通图 G 作一闭合面，使其将图分割为两个部分，只要少移去一条支路，图仍为连通的，则与闭合面相交支路的集合就是一个割集。如对图 13-1a 所示图 G 作闭合面，可作出 6 个闭合面，即 6 个割集分别为 Q_1（1，3），Q_2（1，2，4），Q_3（2，5），Q_4（3，4，5），Q_5（1，4，5），Q_6（2，3，4），如图 13-1f 所示。闭合面上各支路电流的代数和为零，所以可以认为割集是范围放大的节点。

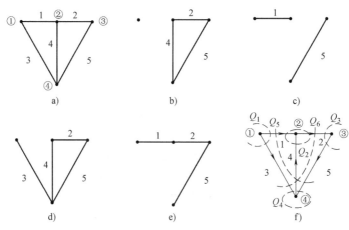

图 13-1　割集的定义

13. 1. 2 基本割集

由一条树支及相应的连支构成的割集称为单树支割集或基本割集。把对应于某一个树的一组基本割集称为基本割集组或单树支割集组。对于图 13-2a 所示的图，图 13-2b～e 的基本割集组分别是

$$\{(1,2,\mathbf{3}),(1,\mathbf{4},8),(2,\mathbf{5},7),(\mathbf{6},7,8)\}$$

$$\{(\mathbf{1},2,3),(2,3,\mathbf{4},8),(2,\mathbf{5},6,8),(6,\mathbf{7},8)\}$$

$$\{(\mathbf{1},4,6,7),(\mathbf{2},3,4,6,7),(3,4,\mathbf{5},6),(6,7,\mathbf{8})\}$$

$$\{(1,\mathbf{2},3),(1,3,\mathbf{5},7),(1,4,\mathbf{6},7),(1,4,8)\}$$

图 13-2 基本割集与基本割集组

对于具有 n 个节点、b 条支路的连通图 G，独立割集的数量为 $(n-1)$。值得注意的是，根据需要割集可以指定方向，可任意设为从封闭面由里指向外，或者由外指向里。如果是基本割集，一般选取树支的方向为割集的方向。

思考与练习

13. 1-1 割集必须满足的条件是什么？

13. 1-2 如何选择基本割集？

13. 1-3 割集和节点的关系是什么？

13. 1-4 属于同一割集的所有支路的电流是否满足 KCL？

13. 2 关联矩阵、割集矩阵和回路矩阵

电路的基本定律 KCL、KVL 仅与图的结构有关而与元件性质无关，因此可以用关联矩阵 A、割集矩阵 Q 和回路矩阵 B 来描述电路的拓扑性质。本节介绍这 3 个矩阵以及用 3 个矩阵表示的基尔霍夫定律。

扫一扫 看视频

13. 2. 1 关联矩阵

1. 什么是关联矩阵

关联矩阵又称为节点支路关联矩阵，它反映的是节点与支路的关联性质。

对于一个具有 n 个节点、b 条支路的有向图，每条支路的两端分别连接到一个节点上，并称这条支路与其端点连接的节点关联。定义一个矩阵 $\boldsymbol{A}_a = [a_{jk}]_{n \times b}$，其中行号 j 为节点序号，列号 k 为支路序号，矩阵的第 (j, k) 个元素 a_{jk} 描述有向图的第 j 个节点与第 k 条支路的关联关系为

$$\begin{cases} a_{jk} = 0, \ 表示节点 j 与支路 k 不相关联。\\ a_{jk} = 1, \ 表示节点 j 与支路 k 相关联，且支路 k 的电流流出节点 j。\\ a_{jk} = -1, \ 表示节点 j 与支路 k 相关联，且支路 k 的电流流入节点 j。 \end{cases}$$

例如，图 13-3 所示有向图，其关联矩阵如图 13-4a 所示。

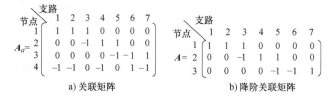

a) 关联矩阵　　　　　b) 降阶关联矩阵

图 13-3　节点与支路的关联性质　　　　　图 13-4　关联矩阵

对于一个具有 n 个节点、b 条支路的电路，其关联矩阵是 $n \times b$ 阶矩阵。因为一条支路必然仅与两个节点相关联，支路的方向必是背离其中一个节点指向另外一个节点的，所以关联矩阵 $\boldsymbol{A}_a$ 的每一列元素只有两个非 0 元素，其中一个是 1，另一个是 -1。若把 $\boldsymbol{A}_a$ 的各行相加，就得到一行全为 0 的元素，因此 $\boldsymbol{A}_a$ 的各行不是彼此独立的，$\boldsymbol{A}_a$ 的任一行必能从其他 $n-1$ 行导出。

常用降阶关联矩阵 $\boldsymbol{A}$ 表示独立节点与支路的关联关系。对于一个具有 n 个节点、b 条支路的有向图的关联矩阵是 $(n-1) \times b$ 阶矩阵。从关联矩阵 $\boldsymbol{A}_a$ 中取对应于独立节点的 $(n-1)$ 行组成的矩阵为降阶关联矩阵 $\boldsymbol{A}$（以后常用此矩阵，本节之后省略"降阶"二字）。降阶关联矩阵 $\boldsymbol{A}$ 只考虑独立节点与支路的关联关系，被删去的一行对应的节点即为参考节点。图 13-3 所示有向图，若选节点④为参考节点，降阶关联矩阵如图 13-4b 所示。

2. 用关联矩阵 $\boldsymbol{A}$ 表示的基尔霍夫定律的矩阵形式

（1）KCL 方程的矩阵形式

图 13-3 所示有向图中，若选节点④为参考节点，对独立节点列出的 KCL 方程为

节点①：$i_1 + i_2 + i_3 = 0$

节点②：$-i_3 + i_4 + i_5 = 0$

节点③：$-i_5 - i_6 + i_7 = 0$

写成矩阵形式为

$$\begin{bmatrix} 1 & 1 & 1 & 0 & 0 & 0 & 0 \\ 0 & 0 & -1 & 1 & 1 & 0 & 0 \\ 0 & 0 & 0 & 0 & -1 & -1 & 1 \end{bmatrix} \begin{bmatrix} i_1 \\ i_2 \\ i_3 \\ i_4 \\ i_5 \\ i_6 \\ i_7 \end{bmatrix} = 0$$

可见，对独立节点列出的 KCL 方程组中，支路电流列向量 $\begin{bmatrix} i_1 & i_2 & i_3 & i_4 & i_5 & i_6 & i_7 \end{bmatrix}^{\mathrm{T}}$ 的系数矩阵就是关联矩阵 $\boldsymbol{A}$。用 $\boldsymbol{i}$ 表示支路电流列向量，上式写成

$$\boldsymbol{Ai} = 0 \tag{13-1}$$

式（13-1）是用关联矩阵 A 表示的 KCL 方程的矩阵形式，可推广到具有任意 n 个节点、b 条支路的电路。

（2）KVL 方程的矩阵形式

图 13-3 所示有向图的支路电压用独立节点电压 u_{n1}、u_{n2} 和 u_{n3} 表示为

$$u_1 = u_{n1}，u_2 = u_{n1}，u_3 = u_{n1} - u_{n2}，u_4 = u_{n2}，u_5 = u_{n2} - u_{n3}，u_6 = -u_{n3}，u_7 = u_{n3}$$

写成矩阵形式为

$$
\begin{bmatrix} u_1 \\ u_2 \\ u_3 \\ u_4 \\ u_5 \\ u_6 \\ u_7 \end{bmatrix}
=
\begin{bmatrix}
1 & 0 & 0 \\
1 & 0 & 0 \\
1 & -1 & 0 \\
0 & 1 & 0 \\
0 & 1 & -1 \\
0 & 0 & -1 \\
0 & 0 & 1
\end{bmatrix}
\begin{bmatrix} u_{n1} \\ u_{n2} \\ u_{n3} \end{bmatrix}
$$

式中，独立节点电压列向量的系数矩阵是关联矩阵 A 的转置矩阵 A^T，也就是说支路电压可以用独立节点电压和关联矩阵 A 表示。若支路电压列向量和独立节点电压列向量分别用 u 和 u_n 表示，图 13-4b 中有

$$u = \begin{bmatrix} u_1 & u_2 & u_3 & u_4 & u_5 & u_6 & u_7 \end{bmatrix}^T \text{ 和 } u_n = \begin{bmatrix} u_{n1} & u_{n2} & u_{n3} \end{bmatrix}^T$$

则上式写成

$$u = A^T u_n \tag{13-2}$$

式（13-2）是用关联矩阵 A 表示的 KVL 方程的矩阵形式，可推广到具有任意 n 个节点、b 条支路的电路。

13.2.2 割集矩阵

1. 什么是割集矩阵

设一个割集由某些支路构成，则称这些支路与该割集关联。用割集矩阵描述割集与支路的关联性质。

设有向图的节点数为 n，支路数为 b，则独立割集数为 $(n-1)$。对每个割集编号，并指定一个割集方向，于是，割集矩阵为一个 $(n-1) \times b$ 的矩阵，用 Q 表示，它的任一个元素 q_{jk} 定义如下：

$$
\begin{cases}
q_{jk} = 0，表示割集 j 与支路 k 不相关联。 \\
q_{jk} = 1，表示割集 j 与支路 k 相关联，且方向相同。 \\
q_{jk} = -1，表示割集 j 与支路 k 相关联，且方向相反。
\end{cases}
$$

在图 13-5 中，$Q_1(1，2，4，5)$，$Q_2(3，4，5)$，$Q_3(5，6，7)$ 是该图的一组独立割集，割集矩阵 Q 如图 13-6a 所示。

如果选基本割集组作为一组独立割集，这时割集矩阵称为基本割集矩阵，一般用 Q_f 表示。每一个基本割集只包含一条树支，割集方向与树支方向相同。因此，基本割集与树支的关系是一一对应的。为了规范，可以按先树支后连支的顺序填写割集矩阵的各列元素，这样得到的基本割集矩阵中将出现一个单位方阵。若选树（2，3，6），则 Q_f 如图 13-6b 所示。

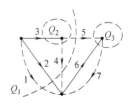

图 13-5 割集与支路的关联性质

$$\boldsymbol{Q}=\begin{array}{c}\text{割集} \\ Q_1 \\ Q_2 \\ Q_3\end{array}\begin{array}{ccccccc}\overset{\text{支路}}{1} & 2 & 3 & 4 & 5 & 6 & 7 \\ \begin{bmatrix} 1 & 1 & 0 & 1 & 1 & 0 & 0 \\ 0 & 0 & 1 & -1 & -1 & 0 & 0 \\ 0 & 0 & 0 & 0 & 1 & 1 & -1 \end{bmatrix}\end{array}$$

a) 割集矩阵

$$\boldsymbol{Q}_f=\begin{array}{c}\text{割集} \\ Q_1 \\ Q_2 \\ Q_3\end{array}\begin{array}{ccccccc}\overset{\text{支路}}{2} & 3 & 6 & 1 & 4 & 5 & 7 \\ \begin{bmatrix} 1 & 0 & 0 & 1 & 1 & 1 & 0 \\ 0 & 1 & 0 & 0 & -1 & -1 & 0 \\ 0 & 0 & 1 & 0 & 0 & 1 & -1 \end{bmatrix}\end{array}=[1 Q_1]$$

$$\underbrace{}_{Q_t}\quad\underbrace{}_{Q_1}$$

b) 基本割集矩阵

图 13-6 割集矩阵和基本割集矩阵

2. 用割集矩阵 $\boldsymbol{Q}$ 表示的基尔霍夫定律的矩阵形式

（1）KCL 方程的矩阵形式

图 13-5 所示有向图，若选树（2，3，6），对基本割集列出的 KCL 方程为

$$\text{割集 } Q_1: \quad i_1+i_2+i_4+i_5=0$$
$$\text{割集 } Q_2: \quad i_3-i_4-i_5=0$$
$$\text{割集 } Q_3: \quad i_5+i_6-i_7=0$$

写成矩阵形式为

$$\begin{bmatrix} 1 & 1 & 0 & 1 & 1 & 0 & 0 \\ 0 & 0 & 1 & -1 & -1 & 0 & 0 \\ 0 & 0 & 0 & 0 & 1 & 1 & -1 \end{bmatrix}\begin{bmatrix} i_1 \\ i_2 \\ i_3 \\ i_4 \\ i_5 \\ i_6 \\ i_7 \end{bmatrix}=0$$

式中，支路电流列向量 i 的系数矩阵是割集矩阵 $\boldsymbol{Q}$，可写成

$$\boldsymbol{Q}i=0 \tag{13-3}$$

式（13-3）为用割集矩阵 $\boldsymbol{Q}$ 表示的 KCL 方程的矩阵形式，可推广到具有 n 个节点、b 条支路的电路。

（2）KVL 方程的矩阵形式

在图 13-5 中，支路电压列向量 u 可用树支电压列向量 $u_{t1}(u_2)$、u_{t2}（u_3）和 u_{t3}（u_6）表示：

$$u_1=u_{t1}, \quad u_2=u_{t1}, \quad u_3=u_{t2}, \quad u_4=u_{t1}-u_{t2}, \quad u_5=u_{t1}-u_{t2}+u_{t3}, \quad u_6=u_{t3}, \quad u_7=-u_{t3}$$

可以写成矩阵形式，树支电压列向量 $\begin{bmatrix} u_{t1} & u_{t2} & u_{t3} \end{bmatrix}^T$ 的系数矩阵是割集矩阵的转置矩阵 $\boldsymbol{Q}^T$，可写成

$$\boldsymbol{u}=\boldsymbol{Q}^T\boldsymbol{u}_t \tag{13-4}$$

式（13-4）是用割集矩阵 $\boldsymbol{Q}$ 表示的 KVL 方程的矩阵形式，可推广到具有 n 个节点、b 条支路的电路应用。

$$\begin{bmatrix} u_1 \\ u_2 \\ u_3 \\ u_4 \\ u_5 \\ u_6 \\ u_7 \end{bmatrix}=\begin{bmatrix} 1 & 0 & 0 \\ 1 & 0 & 0 \\ 0 & 1 & 0 \\ 1 & -1 & 0 \\ 1 & -1 & 1 \\ 0 & 0 & 1 \\ 0 & 0 & -1 \end{bmatrix}\begin{bmatrix} u_{t1} \\ u_{t2} \\ u_{t3} \end{bmatrix}$$

13.2.3 回路矩阵

1. 什么是回路矩阵

设一个回路由某些支路组成，则称这些支路与该回路关联。用回路矩阵描述支路与回路的关联性质。

对于 l 个独立回路，选定回路的参考方向，则可定义独立回路矩阵 $\boldsymbol{B}$，它是一个 $l\times b$ 的矩阵，$\boldsymbol{B}$ 的每一行对应一个回路，每一列对应一条支路，它的任一元素 b_{jk} 定义如下：

$$\begin{cases} b_{jk}=0，表示第 j 回路与第 k 支路不相关联。\\ b_{jk}=1，表示第 j 回路与第 k 支路相关联，且方向相同。\\ b_{jk}=-1，表示第 j 回路与第 k 支路相关联，且方向相反。\end{cases}$$

在图 13-7 中，$B_1(1,2)$，$B_2(2,3,4)$，$B_3(2,3,5,6)$，$B_4(6,7)$ 是该图的一组独立回路，取回路绕行方向与连支方向相同，则回路矩阵 $\boldsymbol{Q}$ 如图 13-8a 所示。

通常，可以选基本回路组作为一组独立回路，一般用 $\boldsymbol{B}_f$ 表示。为了规范化，对于基本回路的支路按照先连支、后树支的顺序进行编号，且回路的参考方向与连支方向一致。例如，在图 13-7 中，对应于树 $(2,3,6)$ 的基本回路矩阵 $\boldsymbol{B}_f$ 如图 13-8b 所示。

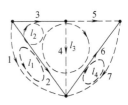

图 13-7 回路与支路的关联性质

$$\boldsymbol{B}= \begin{array}{c} \text{支路}\\ \text{回路}\begin{array}{c}1\\2\\3\\4\end{array} \left[\begin{array}{ccccccc} 1 & -1 & 0 & 0 & 0 & 0 & 0\\ 0 & -1 & 1 & 1 & 0 & 0 & 0\\ 0 & -1 & 1 & 0 & 1 & -1 & 0\\ 0 & 0 & 0 & 0 & 0 & 1 & 1 \end{array}\right] \end{array}$$

a) 回路矩阵

$$\boldsymbol{B}_f= \begin{array}{c} \text{支路}\\ \text{回路}\begin{array}{c}1\\2\\3\\4\end{array} \left[\begin{array}{ccccccc} 1 & 0 & 0 & 0 & -1 & 0 & 0\\ 0 & 1 & 0 & 0 & -1 & 1 & 0\\ 0 & 0 & 1 & 0 & -1 & 1 & -1\\ 0 & 0 & 0 & 1 & 0 & 0 & 1 \end{array}\right] \end{array}=[1\ \ B_t]$$

b) 基本回路矩阵

图 13-8 回路矩阵和基本回路矩阵

2. 用回路矩阵 $\boldsymbol{B}$ 表示的基尔霍夫定律的矩阵形式

（1）KCL 方程的矩阵形式

有向图中支路电流可以用各连支电流表示。连支电流列向量用 $\boldsymbol{i}_1$ 表示。图 13-7 中，$\boldsymbol{i}_1 = \begin{bmatrix} i_{11} & i_{12} & i_{13} & i_{14} \end{bmatrix}^T = \begin{bmatrix} i_1 & i_4 & i_5 & i_7 \end{bmatrix}^T$，各个支路电流用连支电流表示为

$$i_1=i_{11}，\quad i_2=-i_{11}-i_{12}-i_{13}，\quad i_3=i_{12}+i_{13}，\quad i_4=i_{12}，\quad i_5=i_{13}，\quad i_6=-i_{13}+i_{14}，\quad i_7=i_{14}$$

写成矩阵形式为

$$\begin{bmatrix} i_1\\ i_2\\ i_3\\ i_4\\ i_5\\ i_6\\ i_7 \end{bmatrix}= \begin{bmatrix} 1 & 0 & 0 & 0\\ -1 & -1 & -1 & 0\\ 0 & 1 & 1 & 0\\ 0 & 1 & 0 & 0\\ 0 & 0 & 1 & 0\\ 0 & 0 & -1 & 1\\ 0 & 0 & 0 & 1 \end{bmatrix} \begin{bmatrix} i_{11}\\ i_{12}\\ i_{13}\\ i_{14} \end{bmatrix}$$

式中，回路电流列向量的系数矩阵是回路矩阵的转置矩阵 $\boldsymbol{B}^T$，可写成

$$\boldsymbol{i}=\boldsymbol{B}^T\boldsymbol{i}_1 \tag{13-5}$$

式（13-5）为用回路矩阵表示的 KCL 方程的矩阵形式，可推广到具有 n 个节点、b 条支路的电路。

（2）KVL 方程的矩阵形式

对应于连支（1，4，5，7）的基本回路的 KVL 方程为

回路 1：$u_1 - u_2 = 0$

回路 2：$-u_2 + u_3 + u_4 = 0$

回路 3：$-u_2 + u_3 + u_5 - u_6 = 0$

回路 4：$u_6 + u_7 = 0$

写成矩阵形式为

$$\begin{bmatrix} 1 & -1 & 0 & 0 & 0 & 0 & 0 \\ 0 & -1 & 1 & 1 & 0 & 0 & 0 \\ 0 & -1 & 1 & 0 & 1 & -1 & 0 \\ 0 & 0 & 0 & 0 & 0 & 1 & 1 \end{bmatrix} \begin{bmatrix} u_1 \\ u_2 \\ u_3 \\ u_4 \\ u_5 \\ u_6 \\ u_7 \end{bmatrix} = 0$$

式中，支路电压列向量 $\boldsymbol{u}$ 的系数矩阵就是回路矩阵 $\boldsymbol{B}$，可写成

$$\boldsymbol{B}\boldsymbol{u} = 0 \tag{13-6}$$

式（13-6）为用回路矩阵 $\boldsymbol{B}$ 表示的 KVL 方程的矩阵形式，可推广到具有 n 个节点、b 条支路的电路。

【例 13-1】 电路的有向图如图 13-9 所示。（1）以节点⑤为参考写出其关联矩阵 $\boldsymbol{A}$；（2）实线表示树枝，虚线表示连支，写出其单连支回路矩阵 $\boldsymbol{B}_{\mathrm{f}}$；（3）写出单树支割集矩阵 $\boldsymbol{Q}_{\mathrm{f}}$。

解：（1）以节点⑤为参考节点，其余 4 个节点为独立节点的关联矩阵 $\boldsymbol{A}$ 为

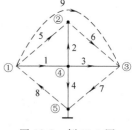

图 13-9　例 13-1 图

$$\boldsymbol{A} = \begin{array}{c} \begin{array}{cccccccccc} 1 & 2 & 3 & 4 & 5 & 6 & 7 & 8 & 9 \end{array} \\ \begin{bmatrix} 1 & 0 & 0 & 0 & 1 & 0 & 0 & -1 & 1 \\ 0 & -1 & 0 & 0 & -1 & 1 & 0 & 0 & 0 \\ 0 & 0 & -1 & 0 & 0 & -1 & 1 & 0 & -1 \\ -1 & 1 & 1 & 1 & 0 & 0 & 0 & 0 & 0 \end{bmatrix} \end{array}$$

（2）以实线（1，2，3，4）为树枝，虚线（5，6，7，8，9）为连支，其单连支回路矩阵 $\boldsymbol{B}_{\mathrm{f}}$ 为

$$\boldsymbol{B}_{\mathrm{f}} = \begin{array}{c} \begin{array}{ccccccccc} 5 & 6 & 7 & 8 & 9 & 1 & 2 & 3 & 4 \end{array} \\ \begin{bmatrix} 1 & 0 & 0 & 0 & 0 & -1 & -1 & 0 & 0 \\ 0 & 1 & 0 & 0 & 0 & 0 & 1 & -1 & 0 \\ 0 & 0 & 1 & 0 & 0 & 0 & 0 & 1 & -1 \\ 0 & 0 & 0 & 1 & 0 & 1 & 0 & 0 & 1 \\ 0 & 0 & 0 & 0 & 1 & -1 & 0 & -1 & 0 \end{bmatrix} \end{array}$$

（3）以实线（1，2，3，4）为树枝，虚线（5，6，7，8，9）为连支，其单树支割集矩阵 $\boldsymbol{Q}_{\mathrm{f}}$ 为

$$\boldsymbol{Q}_{\mathrm{f}} = \begin{array}{c} \begin{array}{ccccccccc} 1 & 2 & 3 & 4 & 5 & 6 & 7 & 8 & 9 \end{array} \\ \begin{bmatrix} 1 & 0 & 0 & 0 & 1 & 0 & 0 & -1 & 1 \\ 0 & 1 & 0 & 0 & 1 & -1 & 0 & 0 & 0 \\ 0 & 0 & 1 & 0 & 0 & 1 & -1 & 0 & 1 \\ 0 & 0 & 0 & 1 & 0 & 0 & 1 & -1 & 0 \end{bmatrix} \end{array}$$

思考与练习

13.2-1　对于一个含有 n 个节点、b 条支路的电路,关联矩阵反映了什么关联性质?

13.2-2　对于一个含有 n 个节点、b 条支路的电路,回路矩阵反映了什么关联性质?

13.2-3　对于一个含有 n 个节点、b 条支路的电路,割集矩阵反映了什么关联性质?

13.2-4　对于一个含有 n 个节点、b 条支路的电路,用矩阵 A、Q、B 表示的基尔霍夫定律的矩阵形式分别是什么?

13.3　回路电流方程的矩阵形式

第3章中介绍的回路电流法是以回路电流为未知电路变量列写一组独立的 KVL 方程,进而求出回路电流的分析方法。回路电流方程也可写成矩阵形式。本节介绍回路电流方程矩阵形式的列写方法。

13.3.1　复合支路

为了建立矩阵形式的电路方程,除了建立矩阵形式的 KCL、KVL 方程外,还必须建立矩阵形式的支路特性方程。有向图中支路代表的是电路中的某个元件或某些元件组合。画有向图时,一般把复合支路看作一条支路,可以把电压源和电阻或阻抗串联的复合支路看成一条支路,也可以把电流源和电导或导纳并联的复合支路看成一条支路。为了便于列写支路方程的矩阵形式,本节首先介绍标准复合支路,图 13-10 所示的复合支路为标准复合支路。

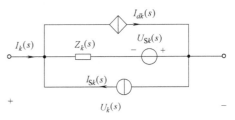

图 13-10　标准复合支路

规定:

$U_k(s)$,$I_k(s)$ 分别为第 k 支路的支路电压、支路电流,取关联参考方向。

$Z_k(s)$,$Y_k(s)$ 分别为第 k 条支路的运算阻抗,运算导纳,只能是单一的电阻、电感或电容,不允许是它们的组合。阻抗上电压、电流的参考方向与支路方向相同。

$U_{Sk}(s)$ 为第 k 支路中独立电压源的电压,其参考方向和支路方向相反。

$I_{Sk}(s)$ 为第 k 支路中独立电流源的电流,其参考方向和支路方向相反。

$I_{dk}(s)$ 为第 k 支路中受控电流源的电流,d 为控制量所在支路。

复合支路只是定义了一条支路最多可以包含的不同元件数及连接方法,但允许缺少某些元件。

13.3.2　支路方程的矩阵形式

下面分 3 种不同情况进行分析。

1) 各支路间无受控源也无互感时,支路阻抗矩阵 Z 是一个 $b\times b$ 阶对角矩阵。如图 13-11 所示复合支路(假设电路为正弦电流电路,变量用相量形式),对于第 k 条支路有

$$\dot{U}_k = Z_k(\dot{I}_k + \dot{I}_{Sk}) - \dot{U}_{Sk} \tag{13-7}$$

对整个电路,支路方程矩阵形式为

$$\dot{U} = Z(\dot{I} + \dot{I}_S) - \dot{U}_S \tag{13-8}$$

图 13-11　复合支路

式中，$\mathbf{Z}$ 称为支路阻抗矩阵，它是一个 $b\times b$ 阶对角矩阵。

2）当电路中电感之间有耦合时，式（13-8）还应计及互感电压的作用。若设第 1 支路至第 g 支路相互均有耦合，则有

$$
\begin{bmatrix}
\dot U_1 \\
\dot U_2 \\
\vdots \\
\dot U_g \\
\vdots \\
\dot U_b
\end{bmatrix}
=
\begin{bmatrix}
Z_1 & \pm j\omega M_{12} & \cdots & \pm j\omega M_{1g} & 0 & \cdots & 0 \\
\pm j\omega M_{21} & Z_2 & \cdots & \pm j\omega M_{2g} & 0 & \cdots & 0 \\
\vdots & \vdots & \vdots & \vdots & \vdots & \vdots & \vdots \\
\pm j\omega M_{g1} & \pm j\omega M_{g2} & \cdots & Z_g & 0 & \cdots & 0 \\
& & \cdots & & & \cdots & \\
\vdots & \vdots & \vdots & \vdots & \vdots & & \vdots \\
0 & 0 & \cdots & 0 & 0 & \cdots & Z_b
\end{bmatrix}
\begin{bmatrix}
\dot I_1 + \dot I_{S1} \\
\dot I_2 + \dot I_{S2} \\
\vdots \\
\dot I_g + \dot I_{Sg} \\
\vdots \\
\dot I_b + \dot I_{Sb}
\end{bmatrix}
-
\begin{bmatrix}
\dot U_{S1} \\
\dot U_{S2} \\
\vdots \\
\dot U_{Sg} \\
\vdots \\
\dot U_{Sb}
\end{bmatrix}
$$

"±" 的选取视两支路的电流方向和同名端而定，两支路电流均从同名端流进为"+"，反之为"−"。$\dot U = Z(\dot I + \dot I_S) - \dot U_S$ 中的支路阻抗矩阵 $\mathbf{Z}$ 不再是对角矩阵，其主对角线元素为各支路阻抗，而非主对角线元素将是相应的支路之间的互感阻抗。

3）若电路中含有受控电压源，复合支路如图 13-12 所示，则支路方程的矩阵形式仍为式（13-8），只是其中支路阻抗矩阵 $\mathbf{Z}$ 的内容不同，此时 $\mathbf{Z}$ 也不是对角矩阵，其非主对角元素将可能是与受控电压源的控制系数有关的元素，此处不再具体推导。

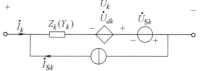

图 13-12　含受控电压源的复合支路

13.3.3　回路电流方程的矩阵形式

以 $b-n+1$ 个独立回路电流为变量列写的电路方程即是回路电流方程。通常以基本回路为独立回路，每一基本回路只包含一个连支，因此，可以设连支电流为包含该连支的基本回路的回路电流。

根据回路电流法的基本思想，来推导整个电路的支路方程的矩阵形式。设为正弦电流电路，则基尔霍夫定律矩阵方程的相量形式为

$$\text{KCL：}\quad \dot I = \mathbf{B}^T \dot I_1 \tag{13-9}$$

$$\text{KVL：}\quad \mathbf{B}\dot U = 0 \tag{13-10}$$

将式（13-8）代入式（13-10）可得

$$\mathbf{B}\dot U = \mathbf{B}\left[\mathbf{Z}(\dot I + \dot I_S) - \dot U_S\right] = 0$$

整理，得

$$\mathbf{B}\mathbf{Z}\dot I + \mathbf{B}\mathbf{Z}\dot I_S - \mathbf{B}\dot U_S = 0$$

再把式（13-9）代入，得

$$\mathbf{B}\mathbf{Z}\mathbf{B}^T \dot I_1 + \mathbf{B}\mathbf{Z}\dot I_S - \mathbf{B}\dot U_S = 0 \tag{13-11}$$

整理，得

$$\mathbf{B}\mathbf{Z}\mathbf{B}^T \dot I_1 = \mathbf{B}\dot U_S - \mathbf{B}\mathbf{Z}\dot I_S \tag{13-12}$$

式（13-12）为回路电流方程的矩阵形式。令 $\mathbf{Z}_1 = \mathbf{B}\mathbf{Z}\mathbf{B}^T$，称为回路阻抗矩阵，它的主对角元素即为自阻抗，非主对角元素即为互阻抗，当无互感和受控源时，$\mathbf{Z}_1$ 为对称矩阵；令 $\dot U_{1S} =$

$\boldsymbol{B}\dot{\boldsymbol{U}}_S - \boldsymbol{BZ}\dot{\boldsymbol{I}}_S$，称为回路电压源列相量，则式（13-12）可写为

$$\boldsymbol{Z}_1\dot{\boldsymbol{I}}_1 = \dot{\boldsymbol{U}}_{1S} \tag{13-13}$$

【例 13-2】 列出图 13-13 所示电路矩阵形式回路电流方程的复频域表达式。

解：（1）画出有向图，给支路编号，选树（1，4），如图 13-14 所示。

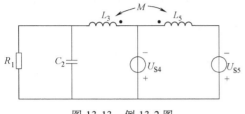

图 13-13 例 13-2 图

图 13-14 例 13-2 电路的有向图

（2）写出支路独立电压源列向量 $\boldsymbol{U}_S(s)$、支路独立电流源列向量 $\boldsymbol{I}_S(s)$、回路矩阵 $\boldsymbol{B}$ 和支路阻抗矩阵 $\boldsymbol{Z}(s)$。

$$\boldsymbol{U}(s) = \begin{bmatrix} 0 & 0 & 0 & -U_{S4}(s) & U_{S5}(s) \end{bmatrix}^{\mathrm{T}} \quad \boldsymbol{I}(s) = 0$$

$$\boldsymbol{B} = \begin{bmatrix} -1 & 1 & 0 & 0 & 0 \\ -1 & 0 & 1 & -1 & 0 \\ 0 & 0 & 0 & 1 & 1 \end{bmatrix}$$

$$\boldsymbol{Z}(s) = \begin{bmatrix} R_1 & 0 & 0 & 0 & 0 \\ 0 & \dfrac{1}{sC_2} & 0 & 0 & 0 \\ 0 & 0 & sL_3 & 0 & -sM \\ 0 & 0 & 0 & 0 & 0 \\ 0 & 0 & -sM & 0 & sL_5 \end{bmatrix}$$

（3）计算 $\boldsymbol{Z}_1(s)$ 和 $\boldsymbol{U}_{1S}(s)$。

$$\boldsymbol{Z}_1(s) = \boldsymbol{BZ}(s)\boldsymbol{B}^{\mathrm{T}} = \begin{bmatrix} R_1 + \dfrac{1}{sC_2} & R_1 & 0 \\ R_1 & R_1 + sL_3 & -sM \\ 0 & -sM & sL_5 \end{bmatrix}$$

$$\boldsymbol{U}_{1S}(s) = \boldsymbol{BU}(s) = \begin{bmatrix} 0 & U_{S4}(s) & -U_{S4}(s) + U_{S5}(s) \end{bmatrix}^{\mathrm{T}}$$

矩阵形式回路电流方程的复频域表达式为

$$\begin{bmatrix} R_1 + \dfrac{1}{sC_2} & R_1 & 0 \\ R_1 & R_1 + sL_3 & -sM \\ 0 & -sM & sL_5 \end{bmatrix} \begin{bmatrix} I_2(s) \\ I_3(s) \\ I_5(s) \end{bmatrix} = \begin{bmatrix} 0 \\ U_{S4}(s) \\ -U_{S4}(s) + U_{S5}(s) \end{bmatrix}$$

思考与练习

13.3-1 什么是复合支路？

13.3-2 矩阵形式回路电流方程的列写中，若电路中含有无伴电流源，将会出现什么问题？

13.3-3 列写回路电流方程的矩阵形式的一般步骤是什么？

13.4 节点电压方程的矩阵形式

第 3 章中介绍的节点电压法是以独立节点电压作为未知的电路变量列写一组独立 KCL 方程的方法。这组用独立节点电压表示的独立的 KCL 方程组称为节点电压方程。本节介绍节点电压方程的矩阵形式。

13.4.1 支路方程的矩阵形式

下面分 3 种不同情况进行分析。

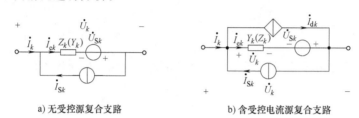

a) 无受控源复合支路　　　　b) 含受控电流源复合支路

图 13-15　复合支路

1) 当电路中无互感耦合且不含受控源时，如图 13-15a 所示，对于第 k 条支路由 $\dot{U}_k = Z_k (\dot{I}_k + \dot{I}_{Sk}) - \dot{U}_{Sk}$，有

$$\dot{I}_k = Y_k \dot{U}_{ek} - \dot{I}_{Sk} = Y_k (\dot{U}_k + \dot{U}_{Sk}) - \dot{I}_{Sk} \tag{13-14}$$

对整个支路有

$$\dot{I} = Y(\dot{U} + \dot{U}_S) - \dot{I}_S \tag{13-15}$$

式中，Y 称为支路导纳矩阵，它是一个 $b×b$ 阶对角矩阵，对角线上是各元件的导纳，即支路导纳矩阵与支路阻抗矩阵互逆。

2) 当电路中无受控源，但电感之间有耦合时，式 (13-15) 还应计及互感电压的影响。由上一节可知，当电感之间有耦合时，电路的支路阻抗矩阵 Z 不再是对角矩阵，其主对角元素为各支路阻抗，而非主对角线元素将是相应支路之间的互感阻抗。若 $Y = Z^{-1}$，则由 $\dot{U} = Z(\dot{I} + \dot{I}_S) - \dot{U}_S$，可得

$$\dot{I} = Y(\dot{U} + \dot{U}_S) - \dot{I}_S$$

这个方程形式上完全与式 (13-15) 相同，Y 仍为支路导纳矩阵，但 Y 不再是对角矩阵。

3) 当电路中含有受控电流源，如图 13-15b 所示，设 $\dot{I}_{dk} = g_{kj}\dot{U}_{ej}$ 或 $\dot{I}_{dk} = \beta_{kj}\dot{I}_{ej} = \beta_{kj}Y_j\dot{U}_{ej}$，则只需在 Y 阵中，$Y_{kj} = \pm g_{kj}$ 或 $\pm\beta_{kj}Y_j$，"$\pm$" 的选取由 $\dot{I}_{dk}$ 与 $\dot{U}_{ek}$ 的方向来定，均与复合支路相同或相反时取 "+"，否则取 "−"。注意此时 Y 也不再是对角矩阵。

13.4.2 节点电压方程的矩阵形式

将用 A 表示的 KCL 和 KVL 方程用相量形式表示：

$$\text{KCL:} A\dot{I} = 0 \tag{13-16}$$

$$\text{KVL:} A^{\mathrm{T}}\dot{U}_n = \dot{U} \tag{13-17}$$

把式 (13-15) 代入式 (13-16) 可得

$$A\dot{I} = A[Y(\dot{U} + \dot{U}_S) - \dot{I}_S] = 0$$

整理，得

$$A Y \dot{U} + A Y \dot{U}_S - A \dot{I}_S = 0$$

再把式（13-17）代入上式，得

$$A Y A^T \dot{U}_n + A Y \dot{U}_S - A \dot{I}_S = 0 \qquad （13-18）$$

整理，得

$$A Y A^T \dot{U}_n = A \dot{I}_S - A Y \dot{U}_S \qquad （13-19）$$

即为节点电压方程的矩阵形式。

设 $Y_n = A Y A^T$，$\dot{J}_n = A \dot{I}_S - A Y \dot{U}_S$，$Y_n$ 为节点导纳矩阵，主对角线元素为自导纳，其余元素为互导纳，当无互感和受控源时为对称矩阵；$\dot{J}_n$ 为节点电流源向量，为由独立电源引起的注入节点的电流列向量。则有

$$Y_n \dot{U}_n = \dot{J}_n \qquad （13-20）$$

【例 13-3】 列出图 13-16a 所示电路的节点电压方程的矩阵形式。

解：（1）画有向图如图 13-16b 所示，给节点和支路编号，并选节点④为参考节点。

（2）写出关联矩阵 A、支路导纳矩阵 Y、支路电压源列向量 $\dot{U}_S$ 和支路电流源列向量 $\dot{I}_S$。

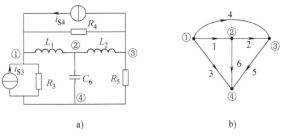

图 13-16 例 13-3 图

$$A = \begin{bmatrix} 1 & 0 & 1 & 1 & 0 & 0 \\ -1 & 1 & 0 & 0 & 0 & 1 \\ 0 & -1 & 0 & -1 & 1 & 0 \end{bmatrix}$$

$$\dot{U}_S = 0$$

$$\dot{I}_S = \begin{bmatrix} 0 & 0 & \dot{I}_{S3} & \dot{I}_{S4} & 0 & 0 \end{bmatrix}^T$$

$$Y = \begin{bmatrix} \dfrac{1}{j\omega L_1} & 0 & 0 & 0 & 0 & 0 \\ 0 & \dfrac{1}{j\omega L_2} & 0 & 0 & 0 & 0 \\ 0 & 0 & \dfrac{1}{R_3} & 0 & 0 & 0 \\ 0 & 0 & 0 & \dfrac{1}{R_4} & 0 & 0 \\ 0 & 0 & 0 & 0 & \dfrac{1}{R_5} & 0 \\ 0 & 0 & 0 & 0 & 0 & j\omega C_6 \end{bmatrix}$$

（3）求 $A Y A^T$ 并代入 $A Y A^T \dot{U}_n = A \dot{I}_S - A Y \dot{U}_S$，得到 $A Y A^T \dot{U}_n = A \dot{I}_S$ 节点电压方程的矩阵形式为

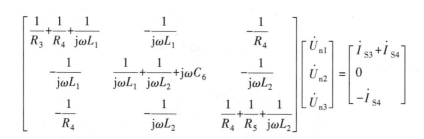

节点电压法的一般步骤如下：

1）画有向图，给支路和节点编号，选出参考节点。

2）列写支路导纳矩阵 $\boldsymbol{Y}(s)$ 和关联矩阵 $\boldsymbol{A}$。按标准复合支路的规定列写支路电压源列向量 $\boldsymbol{U}_S(s)$ 和支路电流源列向量 $\boldsymbol{I}_S(s)$。

3）计算 $\boldsymbol{A}\boldsymbol{Y}(s)\boldsymbol{A}^T$ 和 $\boldsymbol{A}\boldsymbol{I}_S(s)-\boldsymbol{A}\boldsymbol{Y}(s)\boldsymbol{U}_S(s)$，写出矩阵形式节点电压方程的表达式 $\boldsymbol{Y}_n(s)\boldsymbol{U}_n(s)=\boldsymbol{J}_n(s)$ 或 $\boldsymbol{Y}_n\dot{\boldsymbol{U}}_n=\dot{\boldsymbol{J}}_n$。

◆ 思考与练习

13.4-1　节点电压方程的矩阵形式的一般步骤是什么？

13.4-2　矩阵形式节点电压方程的列写中，若电路中含有无伴（无串联电阻）电压源，将会有何问题？

13.5　割集电压方程的矩阵形式

分析电路时，若对其有向图选定了一个树，则每一个单树支割集中只有一条树支，其余都是连支。可以说，所有支路的电压都能用树支电压表示。以树支电压作为未知的电路变量，对基本割集组列写一组独立的 KCL 方程，并进一步求出树支电压，这种分析方法称为割集电压法。用割集电压法分析电路过程中，所列的以树支电压为电路变量的独立 KCL 方程组称为割集电压方程，割集电压方程也能写成矩阵形式。

在复频域内，用割集矩阵表示的矩阵形式的 KCL 方程和 KVL 方程为

$$\boldsymbol{Q}\boldsymbol{I}(s)=0 \tag{13-21}$$

$$\boldsymbol{Q}^T\boldsymbol{U}_t(s)=\boldsymbol{U}(s) \tag{13-22}$$

把式（13-15）代入式（13-21）中，有

$$\boldsymbol{Q}\boldsymbol{Y}(s)\left[\boldsymbol{U}(s)+\boldsymbol{U}_S(s)\right]-\boldsymbol{Q}\boldsymbol{I}_S(s)=0 \tag{13-23}$$

把式（13-22）代入式（13-23）中，并整理得到矩阵形式割集电压方程的复频域表达式为

$$\boldsymbol{Q}\boldsymbol{Y}(s)\boldsymbol{Q}^T\boldsymbol{U}_t(s)=\boldsymbol{Q}\boldsymbol{I}_S(s)-\boldsymbol{Q}\boldsymbol{Y}(s)\boldsymbol{U}_S(s) \tag{13-24}$$

简写为

$$\boldsymbol{Y}_t(s)\boldsymbol{U}_t(s)=\boldsymbol{I}_t(s) \tag{13-25}$$

式中，$\boldsymbol{Y}_t(s)$ 称为割集导纳矩阵；$\boldsymbol{I}_t(s)$ 为独立源引起的与割集方向相反的电流列向量。

矩阵形式割集电压方程的频域表达式为

$$\boldsymbol{Q}\boldsymbol{Y}\boldsymbol{Q}^T\dot{\boldsymbol{U}}_t=\boldsymbol{Q}\dot{\boldsymbol{I}}_S-\boldsymbol{Q}\boldsymbol{Y}\dot{\boldsymbol{U}}_S \tag{13-26}$$

简写为

$$\boldsymbol{Y}_t\dot{\boldsymbol{U}}_t=\dot{\boldsymbol{I}}_t \tag{13-27}$$

列写割集电压方程的矩阵形式可分以下三步进行：

1）画有向图，给支路编号，选树。

2）列写支路导纳矩阵和割集矩阵 $\boldsymbol{Q}$。按标准复合支路的规定列写支路电压源列向量

$U_{\rm S}(s)$ 和支路电流源列向量 $I_{\rm S}(s)$。

3）计算 $\boldsymbol{Q}\boldsymbol{Y}(s)\boldsymbol{Q}^{\rm T}$ 和 $\boldsymbol{Q}\boldsymbol{I}_{\rm S}(s)-\boldsymbol{Q}\boldsymbol{Y}(s)\boldsymbol{U}_{\rm S}(s)$，写出矩阵形式割集电压方程的复频域表达式 $\boldsymbol{Y}_{\rm t}(s)\boldsymbol{U}_{\rm t}(s)=\boldsymbol{I}_{\rm t}(s)$ 或频域表达式 $\boldsymbol{Y}_{\rm t}\dot{\boldsymbol{U}}_{\rm t}=\dot{\boldsymbol{I}}_{\rm t}$。

【例 13-4】 以运算形式写出图 13-17a 所示电路的割集电压方程的矩阵形式。设 L_3、L_4、C_5 的初始条件为零。

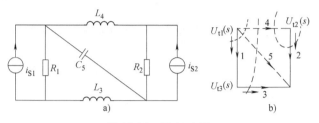

图 13-17　例 13-4 图

解：（1）作出电路的有向图，如图 13-17b 所示。选 1、2、3 为树支，3 个单树支割集如虚线所示，树支电压 $U_{\rm t1}(s)$、$U_{\rm t2}(s)$、$U_{\rm t3}(s)$ 也即割集电压，它们的方向也是割集的方向。

（2）由图 13-17b 可写出单树支割集矩阵，即基本割集矩阵 $\boldsymbol{Q}_{\rm f}$ 为

$$\boldsymbol{Q}_{\rm f}=\begin{matrix}&\begin{matrix}1&2&3&4&5\end{matrix}\\\begin{matrix}1\\2\\3\end{matrix}&\begin{bmatrix}1&0&0&1&1\\0&1&0&-1&0\\0&0&1&1&1\end{bmatrix}\end{matrix}$$

（3）由于电源中不含受控源，所以支路导纳矩阵为一对角矩阵。

$$Y(s)={\rm diag}\left[\frac{1}{R_1},\frac{1}{R_2},\frac{1}{sL_3},\frac{1}{sL_4},sC_5\right]$$

电路中没有独立电压源，$\boldsymbol{U}_{\rm S}(s)=0$。

独立电流源 $\boldsymbol{I}_{\rm S}(s)=\begin{bmatrix}I_{\rm S1}(s)&I_{\rm S2}(s)&0&0&0\end{bmatrix}^{\rm T}$

（4）将上式关系代入割集电压方程 $\boldsymbol{Q}_{\rm f}\boldsymbol{Y}\boldsymbol{Q}_{\rm f}^{\rm T}\boldsymbol{U}_{\rm t}(s)=\boldsymbol{Q}_{\rm f}\boldsymbol{I}_{\rm S}(s)-\boldsymbol{Q}_{\rm f}\boldsymbol{Y}\boldsymbol{U}_{\rm S}(s)$，得

$$\begin{bmatrix}\dfrac{1}{R_1}+\dfrac{1}{sL_4}+sC_5 & -\dfrac{1}{sL_4} & \dfrac{1}{sL_4}+sC_5\\[2mm] -\dfrac{1}{sL_4} & \dfrac{1}{R_2}+\dfrac{1}{sL_4} & -\dfrac{1}{sL_4}\\[2mm] \dfrac{1}{sL_4}+sC_5 & -\dfrac{1}{sL_4} & \dfrac{1}{sL_3}+\dfrac{1}{sL_4}+sC_5\end{bmatrix}\begin{bmatrix}U_{\rm t1}(s)\\[2mm]U_{\rm t2}(s)\\[2mm]U_{\rm t3}(s)\end{bmatrix}=\begin{bmatrix}I_{\rm S1}(s)\\[2mm]I_{\rm S2}(s)\\[2mm]0\end{bmatrix}$$

从以上结果可以看出，用割集法列写方程和用节点法很相似：与节点导纳矩阵 $\boldsymbol{Y}_{\rm n}$ 相似，割集导纳矩阵 $\boldsymbol{Y}_{\rm t}$ 中的各元素有如下物理意义，对于不含有受控电源的电路，$\boldsymbol{Y}_{\rm t}$ 中的对角线元素等于第 j 个割集所含支路的支路导纳之和；$\boldsymbol{Y}_{\rm t}$ 中的非对角线元素 Y_{jk} 等于第 j 和第 k 割集所共有的支路的支路导纳之和，且当公共支路的方向与第 j 和第 k 割集方向均相同或均相反时则冠以正号，否则冠以负号；割集等效电流源向量 $\boldsymbol{I}_{\rm t}(s)$ 中的每一项是与割集相关联的电流源的代数和，电流源的方向与割集方向一致时冠以负号，相反时则冠以正号。

思考与练习

13.5-1　列写割集电压方程的矩阵形式的步骤是什么？

13.5-2　节点电压方程和割集电压方程有何区别和联系？

13.6　状态方程

13.6.1　状态变量和状态方程

1. 状态变量

状态变量是代表物体所处状态的可变化量，如电容元件电场能 $W_C = \dfrac{1}{2}Cu^2(t)$、电感元件磁场能 $W_L = \dfrac{1}{2}Li^2(t)$ 中的 u_C、i_L 为状态变量，显示了动态元件上能量储存的状态。状态变量的数量就等于电路图中独立储能元件的数量。

2. 状态方程

描述输入信号和状态变量之间关系的一阶微分方程称状态方程，其解是待求的状态变量。借助于状态变量，可建立一组联系状态变量和激励函数的一阶微分方程组。只要知道状态变量在某一时刻 t_0 的值 $X(t_0)$，再知道输入激励，就可以确定 $t>t_0$ 后电路的全部性状（响应）。在每个状态方程中只含有一个状态变量的一阶导数。

状态方程的左端是状态变量对时间的一阶导数，其右端是状态变量和激励。对于含有 n 个状态变量，m 个独立源激励的线性时不变电路，状态方程的标准形式如下：

$$\dot{x} = Ax + Bv \tag{13-28}$$

式中，$x = \begin{bmatrix} x_1 & x_2 & \cdots & x_n \end{bmatrix}^T$ 称为 n 维状态变量列向量；$\dot{x} = \begin{bmatrix} \dot{x}_1 & \dot{x}_2 & \cdots & \dot{x}_n \end{bmatrix}^T$ 为 n 维状态变量对时间的一阶导数列向量；A 为 $n \times n$ 阶常数矩阵；v 称为 m 维输入（激励）列向量；B 为 $n \times m$ 阶常数矩阵，有时 B 又称控制矩阵或驱动矩阵。式（13-28）又称为向量微分方程。

3. 输出方程

输出方程是一组表示输出变量与状态变量和输入量之间的关系方程。电路中的输出量可由状态变量和激励表示，其为代数方程，一般可写成如下矩阵形式

$$y = Cx + Dv \tag{13-29}$$

式中，y 为输出变量列向量；x 为状态变量；v 为输入向量；C、D 为系数矩阵。

使用状态变量分析法时，需要先建立状态方程和输出方程，然后求解状态方程得出状态变量的时间函数式，再将求得的状态变量代入输出方程，从而求得网络的输出。

13.6.2　状态方程的列写方法

列写电路状态方程的两种方法：直观法和系统法。前者适用于简单电路，后者适用于复杂电路。

1. 直观法

对于简单的网络，用直观法比较容易，列写状态方程的步骤如下：

1）状态变量的选择：选择独立的电容电压和电感电流作为状态变量。

2）对只接有一个电容的节点列写 KCL 方程；对只包含一个电感的回路列 KVL 方程。

3）列写其他必要的方程，消去方程中的非状态变量。

4）把状态方程整理成标准形式。

【例 13-5】　电路图如图 13-18 所示，选 u_C、i_L 为状态变量，列写状态方程。

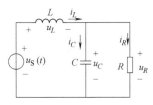

图 13-18　例 13-5 图

解：设 u_C、i_L 为状态变量。为了使方程的左端出现 $\mathrm{d}u_C/\mathrm{d}t$ 和 $\mathrm{d}i_L/\mathrm{d}t$，必须对接有 C 的节点列出 KCL 方程，对含有 L 的回路列出 KVL 方程。于是有

$$i_C = C\frac{\mathrm{d}u_C}{\mathrm{d}t} = i_L - \frac{u_C}{R}$$

$$u_L = L\frac{\mathrm{d}i_L}{\mathrm{d}t} = u_S(t) - u_C$$

将上述两式整理，改写为矩阵形式

$$\begin{bmatrix} \dfrac{\mathrm{d}u_C}{\mathrm{d}t} \\ \dfrac{\mathrm{d}i_L}{\mathrm{d}t} \end{bmatrix} = \begin{bmatrix} -\dfrac{1}{RC} & \dfrac{1}{C} \\ -\dfrac{1}{L} & 0 \end{bmatrix} \begin{bmatrix} u_C \\ i_L \end{bmatrix} + \begin{bmatrix} 0 \\ \dfrac{1}{L} \end{bmatrix} u_S(t)$$

由此可见，状态方程的特点是

1）联立的一阶微分方程组。

2）左端为状态变量的一阶导数。

3）右端含状态变量和输入量。

由于直观法编写方程不系统，不利于计算机计算，对复杂网络的非状态变量的消除很麻烦，所以应用不多，通常采用系统法。

2. 系统法

对于比较复杂的电路，仅靠观察法列写状态方程有时是很困难的，有必要寻求一种更规范的、系统的编写方法，这就是借助网络图论列写状态方程的方法，这称为系统法或拓扑法。其基本思想是：将电路中每个元件看成一条支路，画出电路拓扑图。首先选一棵这样的特有树，它的树支包含了电路中所有电压源支路和电容支路，以及一些必要的电阻支路，不包含任何电流源支路和电感支路。当电路中不存在仅由电压源支路和电容支路构成的回路和仅由电流源和电感支路构成的割集时，特有树总是存在的。然后，对含电容的单树支割集用 KCL 可列写一组含有 $\mathrm{d}u_C/\mathrm{d}t$ 的方程。对于含电感的单连支回路运用 KVL 可列写出一组含有 $\mathrm{d}i_L/\mathrm{d}t$ 的方程。这些方程中含有一个导数项，若再加上其他约束方程，便可求得标准状态方程。

状态方程系统列写法的步骤如下：

1）选特有树：将所有的电容支路与电压源支路取为树支；将所有的电感支路与电流源支路取为连支。

2）对单树支割集列 KCL 方程。

3）对单连支回路列 KVL 方程。

4）列其他必要的方程，消去非状态变量。

5）整理并写成矩阵形式。

下面通过实例介绍这种方法建立状态方程的过程。

【例 13-6】　试写出图 13-19a 所示电路的状态方程，并整理成标准形式：$\dot{x} = Ax + Bv$。

解：第一步，选 u_C、i_L、u_S、i_S 为状态变量。

第二步，采用系统法，画出有向图，选择特有树，即仅由电压源、电容和电阻支路构成的树，如图 13-19b 所示。

第三步，对图 13-19b 所示的两个树支，按基本割集列写 KCL 方程。

$$1\frac{\mathrm{d}u_C}{\mathrm{d}t} + i_S - i_L - i = 0$$

$$\frac{u}{1} + i_S - i_L = 0$$

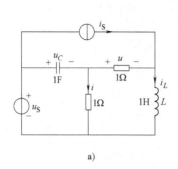
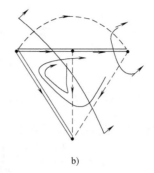

图 13-19　例 13-6 图

第四步，对图 13-19b 所示的两个连支，按基本回路列 KVL 方程。

$$1\frac{\mathrm{d}i_L}{\mathrm{d}t}-u_S+u_C+u=0$$

$$1\times i-u_S+u_C=0$$

第五步，将 i_C 与 u_L 的关系式写在一起，其余的关系式用以消去非状态变量 u 和 i，即可得状态方程。

$$\begin{cases}\dfrac{\mathrm{d}u_C}{\mathrm{d}t}=-u_C+i_L+u_S-i_S\\[2mm]\dfrac{\mathrm{d}i_L}{\mathrm{d}t}=-u_C-i_L+u_S+i_S\end{cases}$$

矩阵形式状态方程为

$$\begin{bmatrix}\dfrac{\mathrm{d}u_C}{\mathrm{d}t}\\[2mm]\dfrac{\mathrm{d}i_L}{\mathrm{d}t}\end{bmatrix}=\begin{bmatrix}-1&1\\-1&-1\end{bmatrix}\begin{bmatrix}u_C\\i_L\end{bmatrix}+\begin{bmatrix}1&-1\\1&1\end{bmatrix}\begin{bmatrix}u_S\\i_S\end{bmatrix}$$

注意，对于上述 KCL 和 KVL 方程中出现的非状态变量，只有将它们表示为状态变量后，才能得到状态方程的标准形式。

在实际应用中，如果需要以 u 和 i 为输出，那就要导出 u、i 与状态变量之间的关系。在线性电路中，输出可表示为状态变量与输入（激励）的线性组合。上例中 u、i 输出方法为

$$\begin{bmatrix}u\\i\end{bmatrix}=\begin{bmatrix}0&1\\-1&0\end{bmatrix}\begin{bmatrix}u_C\\i_L\end{bmatrix}+\begin{bmatrix}0&-1\\1&0\end{bmatrix}\begin{bmatrix}u_S\\i_S\end{bmatrix}$$

思考与练习

13.6-1　状态方程系统列写法的步骤是什么？

13.6-2　如何选取特有树？

13.7　应用案例

随着计算机和大规模集成电路的发展，现在已经广泛使用计算机来辅助电路的分析和设计。要了解计算机分析电路的基本方法和使用计算机程序来分析各种电路，以提高用计算机程

序分析和设计电路的能力。

当使用计算机分析电路时，需要将信息转换为一组数据，按照一定方式存放在一个矩阵或表格中，供计算机建立电路方程时使用。例如图 13-20a 所示电路可以用图 13-20b 的一组数据表示。

根据 KCL/KVL 和 VCR，以 b 个支路电压和 b 个支路电流作为未知量建立的一组电路方程，称为 $2b$ 方程，它适用于任何集总参数电路。在用计算机分析电路时，从便于建立电路方程和程序的通用性等因素方面考虑，常采用表格方程和改进的节点方程。以图 13-21a 所示电路为例，说明 DCAP 程序得到的计算结果。

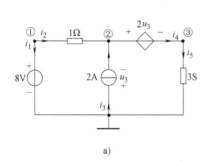

元件类型	支路编号	开始节点	终止节点	控制支路	元件参数
V	1	1	0		8.0
R	2	1	2		1.0
I	3	0	2		2.0
VV	4	2	3	3	2.0
G	5	3	0		3.0

a)　　　　　　　　　　b)

图 13-20 电路的矩阵表示

【例 13-7】 用 DCAP 程序对图 13-21 所示电路进行分析。

解：运行 DCAP 程序，读入图 13-21b 所示电路数据，选择菜单中的功能代码 2，可得到各节点电压，各支路电压、电流和吸收功率，如下所示。

——电压，电流和功率——

节点	电压
V1 =	8.000
V2 =	1.000
V3 =	3.000

编号	类型	数值	支路电压	支路电流	支路吸收功率
1	V	8.000	U1 = 8.000	I1 = −7.000	P1 = −56.00
2	R	1.000	U2 = 7.000	I2 = 7.000	P2 = 49.00
3	I	2.000	U3 = −1.000	I3 = 2.000	P3 = −2.000
4	VV	2.000	U4 = −2.000	I4 = 9.000	P4 = −18.00
5	G	3.000	U5 = 3.000	I5 = 9.000	P5 = 27.00

各支路吸收功率之和 P = .0000

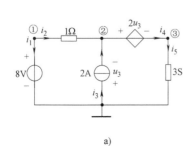

电路数据					
5					
V	1	1	0		8
R	2	1	2		1
I	3	0	2		2
VV	4	2	3	3	2
G	5	3	0		3

a)　　　　　　　　　　b)

图 13-21 例 13-7 电路图及电路数据

本 章 小 结

1. 电路方程的矩阵形式

电路方程的矩阵形式是电路系统化分析的基础,是计算机辅助分析和设计所需的基础知识。本章以电路的拓扑为基础介绍了描述电路拓扑性质的3个矩阵:关联矩阵、回路矩阵和割集矩阵,以及用矩阵表述的基尔霍夫定律,并在此基础上系统地分析了回路电流方程、节点电压方程、割集电压方程3种电路方程的矩阵形式。此外,还详细介绍了矩阵形式中复合支路的定义,并对3种矩阵方程的列写方法及注意问题进行了讲述。回路电流法和节点电压法对于复合支路的要求是不同的,因此不是对所有的电路两种方法都适用。割集电压法的要求与节点电压法相同,方程形式类似,实际上割集电压法可以看作是节点电压法的推广,而节点电压法是割集电压法的特例。

2. 状态方程

本章的最后简单介绍了状态方程的初步知识,包括状态变量的概念和状态方程的列写方法,为今后进行复杂网络的状态分析奠定了基础。

能力检测题

一、选择题

参考答案

1. 若网络中没有只由电容、电压源构成的回路及只由电感、电流源构成的割集,则在列写状态方程时,可选择一个树,其树支仅由(   )组成,而连支仅由(   )组成。
(A) 电容、电压源、电阻   (B) 电容、电流源、电阻
(C) 电感、电压源、电阻   (D) 电感、电流源、电阻

2. 割集电压法以(   )为求解的独立变量,回路电流以(   )为求解的独立变量。
(A) 连支电压   (B) 连支电流   (C) 树支电压   (D) 树支电流

3. 对于一个具有 n 个节点, b 条支路的电路,有(   )个单树支割集。
(A) $(n-1)$ (B) $(n+1)$ (C) n (D) $2n$

4. 连通图 G 的一个割集是 G 的一个支路集合,则(   )。
(A) 一个割集包含了 G 的全部支路
(B) 一个割集包含了 G 的部分支路
(C) 一个割集是将 G 分为两个分离部分的最少支路集合
(D) 一个割集将 G 分为三个部分

5. 割集矩阵 $\boldsymbol{Q}$ 的任一元素 q_{jk} 的定义是(   )。(j 对应于割集, k 对应于支路)
(A) $q_{jk}=1$, j 与 k 关联且方向一致   (B) $q_{jk}=1$, j 与 k 不关联且方向一致
(C) $q_{jk}=-1$, j 与 k 关联且方向一致   (D) $q_{jk}=-1$, j 与 k 不关联且方向一致

6. 状态变量是指一阶电路中的(   )。
(A) 电感元件通过的电流和电容元件的极间电压   (B) 电感元件的端电压和通过电容元件的电流
(C) 电感元件的端电压和电容元件的极间电压   (D) 通过电感元件的电流和通过电容元件的电流

二、判断题

1. 割集总是对应选定的树而言的,没有选定树之前,割集也不能确定。(   )

2. 回路电流方程系数行列式对角线两侧互阻总是对称的,即 $R_{kj}=R_{jk}$ 。(   )

3. 在列写基本回路矩阵和基本割集矩阵时,基本回路方向与树支方向一致,基本割集方向与连支方向一致。(   )

4. 连通图 G 的一个割集,是图 G 的一个支路的集合,把这些支路全部移去,图 G 将分离为 3 个部分。(   )

5. 连通图 G 的一个割集是 G 的一个连通子图,它包含 G 的全部节点但不包含回路。(   )

三、计算题

1. 图 13-22a 以节点 4 为参考节点,图 13-22b 以节点 5 为参考节点,写出图 13-22 所示有向图的关联矩阵 A 。

2. 对于图 13-23 所示有向图,若选支路 1、2、3 为树支,写出基本回路矩阵 B_f 和基本割集矩阵 Q_f 。

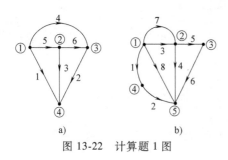

图 13-22 计算题 1 图

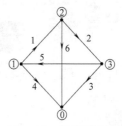

图 13-23 计算题 2 图

3. 如图 13-24 所示电路，列出电路的矩阵形式回路电流方程。

4. 用矩阵形式列出图 13-25 所示电路的回路电流方程：（1）L_2 和 L_3 之间不含互感；（2）L_2 和 L_3 之间含有互感。

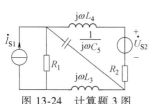
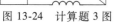

图 13-24 计算题 3 图

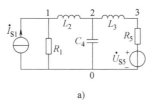

图 13-25 计算题 4（或 5）图

5. 列写如图 13-25 所示电路的节点电压方程。

6. 电路如图 13-26a 所示，图 13-26b 是它的有向图。设 L_3、L_4、C_5 的初始条件为零，试用运算形式列写出该电路的节点电压方程。

7. 如图 13-27 所示电路，试用运算形式写出该电路割集电压方程的矩阵形式。（设电感电容的初始条件为零）

8. 如图 13-28 所示电路，选 u_C，i_1，i_2 为状态变量，列写状态方程。

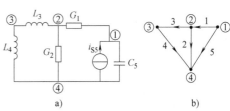

图 13-26 计算题 6 图

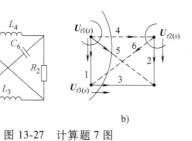

图 13-27 计算题 7 图

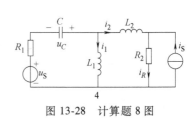

图 13-28 计算题 8 图

第 **14** 章

二端口网络

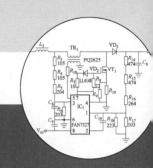

知识图谱（★表示重点，△表示难点）

二端口网络
- 14.1 二端口网络的定义：从任一对端钮的一个端子流入的电流总等于从这一对端钮的另一个端子流出的电流
- 14.2 二端口网络的方程和参数（★）
  - Y、Z、T、H 参数
  - 参数的求法
    - 根据定义计算
    - 列电路方程计算
  - Y、Z、T、H 参数间转换
- 14.3 二端口的等效电路（△，★）
  - T 形——等效参数与 Z 参数关系
  - Π 形——等效参数与 Y 参数关系
- 14.4 有载二端口网络和特性阻抗
  - 有载二端口网络
  - 特性阻抗
- 14.5 二端口网络的连接（△）
  - 级联：$T = T'T''$
  - 并联：$Y = Y' + Y''$
  - 串联：$Z = Z' + Z''$
- 14.6 应用案例
  - 回转器
  - 负阻抗变换器

本章介绍线性二端口网络的概念和分析方法。内容主要有：二端口网络的端口参数和端口方程、二端口网络的特性阻抗、无源及含受控源二端口的等效电路、二端口网络的连接，以及回转器和负阻抗变换器。

🔄 学习目标

1. 知识目标

掌握二端口网络的 4 个基本方程和有关参数及互换；熟练掌握二端口网络的实际应用。

2. 能力目标

锻炼从宏观的角度入手分析和解决问题的能力。

3. 素质目标

本章研究的二端口网络从一个更加宏观的角度来看待和分析、设计电路，这类似于我们在现实中看待事物的大局观。同样，我们做事也要纵观整体、运筹全局、未雨绸缪、决胜千里，注意从大局着眼，从而达成更远大的人生目标。二端口的连接将一个复杂的二端口网络分解成若干个简单的二端口网络的复合连接，那么可先求出这些简单的二端口网络的参数，进而求得复杂的二端口网络的参数。启发我们分析问题可以有不同的方法，并用不同的方法达到同样的目的。如何化繁为简、化难为易、集中优势、各个歼灭，从实现一个个局部小目标开始，看起来遥不可及的远大的目标也可循序渐进、脚踏实地、按部就班、一步一步前进，最终取得最后的胜利。

14.1　二端口网络的定义

14.1.1　一端口网络

到目前为止，前面各章节讨论的电路大多是一端口网络。通过两个端子（又称端钮）与外部电路相连接，从一个端子流入的电流必然等于从另一个端子流出的电流。描述一个一端口网络的电特性的参数是端口电压和端口电流。有源一端口网络可用等效电源等效，无源一端口网络可用等效阻抗或导纳等效，如图 14-1 所示一端口网络，通过计算或实测已知端口电压、端口电流之后，就可以求其端口阻抗或导纳，表示为

$$Z = \frac{\dot{U}}{\dot{I}} \quad \text{或} \quad Y = \frac{\dot{I}}{\dot{U}} \tag{14-1}$$

图 14-1 一端口网络

反之，若已知无源一端口网络的阻抗或导纳，则不论该一端口网络与什么样的电路相连，其端口电压和端口电流都必定满足约束方程

$$\dot{U} = Z\dot{I} \quad (\text{以电流 } \dot{I} \text{ 为已知量}) \tag{14-2a}$$

或

$$\dot{I} = Y\dot{U} \quad (\text{以电压 } \dot{U} \text{ 为已知量}) \tag{14-2b}$$

14.1.2 二端口网络

设一个网络有 4 个端子与外部电路相连，如图 14-2 所示。把这 4 个端子分成两对，如果在任何瞬时从任意一对端子的一个端子流入的电流总是等于从这一对端子的另一个端子流出的电流时，就把这样的网络叫作二端口网络，如图 14-2a 所示。上述条件称为二端口网络的端口条件。电压与电流一律取关于网络关联的参考方向。如果 4 个端子

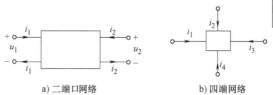

a) 二端口网络　　　　b) 四端网络

图 14-2 二端口网络和四端网络

可以对外任意连接，且其端子电流可以是各不相同的，它们不受端口条件的约束，则称该网络为四端网络，如图 14-2b 所示。显然二端口网络是四端网络的特例。

耦合电路、滤波器、晶体管、变压器、传输线等都属于二端口网络。如图 14-3 所示。尤其在中、大规模集成电路迅速发展的今天，各类功能不同的集成电路研制出来的越来越多，这些集成电路往往制造好以后就被封装起来，对外引出多个端子与外电路连接。对于此类电路一般不考虑电路内部的情况，只对各个端口的功能及其特性予以研究。因此，对二端口网络的分析显得日益重要。

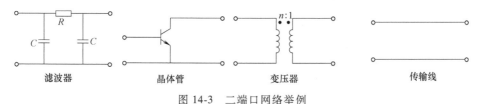

滤波器　　　　晶体管　　　　变压器　　　　传输线

图 14-3 二端口网络举例

本章只讨论二端口网络，且规定其内部不含独立电源，所有元件（电阻、电感、电容、受控源、变压器等）都是线性的，储能元件为零初始状态。当网络不含独立源时，称为无源线性二端口网络。

思考与练习

14.1-1 什么是二端口网络？它与四端网络有何区别？

14.1-2 什么是无源线性二端口网络？

14.1-3　研究二端口网络的意义是什么？

14.1-4　端口与端子有何不同？什么是端口条件？

扫一扫　看视频

14.2　二端口网络的方程和参数

对于二端口网络，主要研究端口处 $\dot{U}_1$、$\dot{I}_1$、$\dot{U}_2$、$\dot{I}_2$ 之间的关系。若任取其中两个为自变量，另两个为因变量，则共有 6 种不同的二端口网络参数来建立电路方程，常用的 4 种参数为 Y、Z、T、H。

14.2.1　导纳方程和 Y 参数

1. Y 参数（短路导纳参数）

假设两个端口的电压 $\dot{U}_1$、$\dot{U}_2$ 已知，由替代定理，可设 $\dot{U}_1$、$\dot{U}_2$ 分别为端口所加的电压源。

对线性无源二端口网络，根据叠加原理，$\dot{I}_1$、$\dot{I}_2$ 应分别等于两个独立电压源单独作用时产生的电流之和，即

$$\left. \begin{aligned} \dot{I}_1 = Y_{11}\dot{U}_1 + Y_{12}\dot{U}_2 \\ \dot{I}_2 = Y_{21}\dot{U}_1 + Y_{22}\dot{U}_2 \end{aligned} \right\} \tag{14-3}$$

式（14-3）还可以写成如下的矩阵形式

$$\begin{bmatrix} \dot{I}_1 \\ \dot{I}_2 \end{bmatrix} = \begin{bmatrix} Y_{11} & Y_{12} \\ Y_{21} & Y_{22} \end{bmatrix} \begin{bmatrix} \dot{U}_1 \\ \dot{U}_2 \end{bmatrix} = \boldsymbol{Y} \begin{bmatrix} \dot{U}_1 \\ \dot{U}_2 \end{bmatrix} \tag{14-4}$$

式中

$$\boldsymbol{Y} \stackrel{\text{def}}{=\!=\!=} \begin{bmatrix} Y_{11} & Y_{12} \\ Y_{21} & Y_{22} \end{bmatrix}$$

叫作二端口的 Y 参数矩阵，Y_{11}、Y_{12}、Y_{21}、Y_{22} 称为二端口的 Y 参数，显然 Y 参数具有导纳的量纲。与一端口网络的导纳相似，Y 参数仅与网络的结构、元件的参数、激励的频率有关，而与端口电压（激励）无关。

2. Y 参数的实验测定（短路实验）

图 14-4 所示为一个二端口网络，该网络的 Y 参数可由计算或实测求得，规定如下：

$$Y_{11} = \left. \frac{\dot{I}_1}{\dot{U}_1} \right|_{\dot{U}_2 = 0} \qquad \text{端口 2-2' 短路时端口 1-1' 处的驱动点导纳}$$

$$Y_{21} = \left. \frac{\dot{I}_2}{\dot{U}_1} \right|_{\dot{U}_2 = 0} \qquad \text{端口 2-2' 短路时端口 2-2' 与端口 1-1' 之间的转移导纳}$$

$$Y_{12} = \left. \frac{\dot{I}_1}{\dot{U}_2} \right|_{\dot{U}_1 = 0} \qquad \text{端口 1-1' 短路时端口 1-1' 与端口 2-2' 之间的转移导纳}$$

$$Y_{22} = \left. \frac{\dot{I}_2}{\dot{U}_2} \right|_{\dot{U}_1 = 0} \qquad \text{端口 1-1' 短路时端口 2-2' 处的驱动点导纳}$$

可见，Y 参数是在其中一个端口短路的情况下计算或实测得到的，所以 Y 参数又称为短路导纳参数。以上各式同时说明了 Y 参数的物理意义。

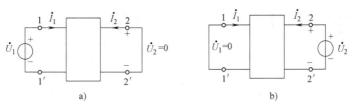

图 14-4 Y 参数的计算或测定

3. Y 参数的特点

1) 互易二端口: $Y_{12} = Y_{21}$,二端口网络具有互易性,称该二端口网络为互易二端口网络。一般既无独立源也无受控源的线性二端口网络都是互易网络,只要 3 个独立的参数便足以表征其性能。

2) 对称二端口: $Y_{11} = Y_{22}$,$Y_{12} = Y_{21}$,故其 Y 参数中只有两个是独立的。两个端口 1-1' 与 2-2' 互换位置后,其外部特性不会有任何变化,则称为结构对称二端口。

【例 14-1】 求图 14-5a 所示二端口网络的 Y 参数。

解:方法一:用两个端口分别短路的方法计算 Y 参数

把端口 2-2' 短路,在 1-1' 端口加电压 $\dot{U}_1$,如图 14-5b 所示,于是有

$$\dot{I}_1 = \dot{U}_1(Y_a + Y_b), \dot{I}_2 = -\dot{U}_1 Y_b - g_m \dot{U}_1$$

可得

$$Y_{11} = \left.\frac{\dot{I}_1}{\dot{U}_1}\right|_{\dot{U}_2=0} = Y_a + Y_b, Y_{21} = \left.\frac{\dot{I}_2}{\dot{U}_1}\right|_{\dot{U}_2=0} = -Y_b - g_m$$

同理,把端口 1-1' 短路,在 2-2' 端口加电压 $\dot{U}_2$,如图 14-5c 所示,于是有

$$\dot{I}_1 = -Y_b \dot{U}_2$$

$$\dot{I}_2 = (Y_b + Y_c)\dot{U}_2 \quad (\text{此时受控源电流等于零})$$

所以有

$$Y_{12} = \left.\frac{\dot{I}_1}{\dot{U}_2}\right|_{\dot{U}_1=0} = -Y_b, Y_{22} = \left.\frac{\dot{I}_2}{\dot{U}_2}\right|_{\dot{U}_1=0} = Y_b + Y_c$$

由于含有受控源,所以 $Y_{12} \neq Y_{21}$。

方法二:用节点法列方程计算 Y 参数

如图 14-5d 所示,在端口 1-1' 和端口 2-2' 分别加电流源 $\dot{I}_1$、$\dot{I}_2$,以 1' 点为参考节点,1,2 节点的节点电压即为端口电压,节点电压方程为

$$\begin{cases} (Y_a + Y_b)\dot{U}_1 - Y_b \dot{U}_2 = \dot{I}_1 \\ -Y_b \dot{U}_1 + (Y_b + Y_c)\dot{U}_2 = \dot{I}_2 + g_m \dot{U}_1 \end{cases}$$

整理得

$$\begin{cases} (Y_a + Y_b)\dot{U}_1 - Y_b \dot{U}_2 = \dot{I}_1 \\ -(Y_b + g_m)\dot{U}_1 + (Y_b + Y_c)\dot{U}_2 = \dot{I}_2 \end{cases}$$

于是有

$$Y_{11} = Y_a + Y_b, Y_{12} = -Y_b, Y_{21} = -Y_b - g_m, Y_{22} = Y_b + Y_c$$

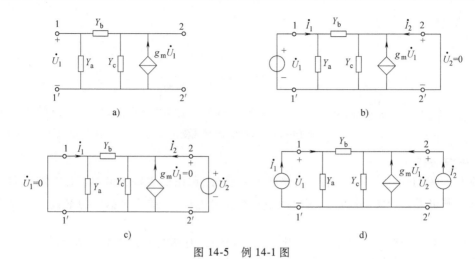

图 14-5 例 14-1 图

14.2.2 阻抗方程和 Z 参数

1. Z 参数（开路阻抗参数）

设两个端口的电流 $\dot{I}_1$、$\dot{I}_2$ 已知，由替代定理，设 $\dot{I}_1$、$\dot{I}_2$ 分别为端口所加的电流源，根据叠加原理，$\dot{U}_1$、$\dot{U}_2$ 应分别等于两个独立电流源单独作用时产生的电压之和，即

$$\left.\begin{aligned} \dot{U}_1 &= Z_{11}\dot{I}_1 + Z_{12}\dot{I}_2 \\ \dot{U}_2 &= Z_{21}\dot{I}_1 + Z_{22}\dot{I}_2 \end{aligned}\right\} \tag{14-5}$$

写成矩阵形式有

$$\begin{bmatrix} \dot{U}_1 \\ \dot{U}_2 \end{bmatrix} = \begin{bmatrix} Z_{11} & Z_{12} \\ Z_{21} & Z_{22} \end{bmatrix} \begin{bmatrix} \dot{I}_1 \\ \dot{I}_2 \end{bmatrix} = \mathbf{Z} \begin{bmatrix} \dot{I}_1 \\ \dot{I}_2 \end{bmatrix} \tag{14-6}$$

式中

$$\mathbf{Z} \stackrel{\text{def}}{=\!=\!=} \begin{bmatrix} Z_{11} & Z_{12} \\ Z_{21} & Z_{22} \end{bmatrix}$$

叫作二端口的 Z 参数矩阵，Z_{11}、Z_{12}、Z_{21}、Z_{22} 称为二端口的 Z 参数，Z 参数具有阻抗的量纲。与 Y 参数一样，Z 参数也用来描述二端口网络的特性。

2. Z 参数的实验测定（开路实验）

Z 参数可由图 14-6 所示的方法计算或实测求得，于是有

$$Z_{11} = \frac{\dot{U}_1}{\dot{I}_1} \bigg|_{\dot{I}_2=0} \qquad \text{端口 2-2' 开路时端口 1-1' 处的驱动点阻抗}$$

$$Z_{21} = \frac{\dot{U}_2}{\dot{I}_1} \bigg|_{\dot{I}_2=0} \qquad \text{端口 2-2' 开路时端口 2-2' 与端口 1-1' 之间的转移阻抗}$$

$$Z_{12} = \frac{\dot{U}_1}{\dot{I}_2} \bigg|_{\dot{I}_1=0} \qquad \text{端口 1-1' 开路时端口 1-1' 与端口 2-2' 之间的转移阻抗}$$

$$Z_{22} = \frac{\dot{U}_2}{\dot{I}_2} \bigg|_{\dot{I}_1=0} \qquad \text{端口 1-1' 开路时端口 2-2' 处的驱动点阻抗}$$

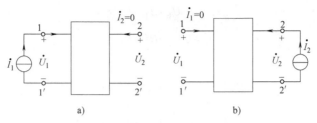

图 14-6　Z 参数的计算或测定

　　Z 参数是在一个端口开路的情况下计算或实测得到的，所以又称为开路阻抗参数。对于互易二端口网络有 $Z_{12} = Z_{21}$；对于对称二端口有 $Z_{11} = Z_{22}$。

　　一端口网络的阻抗 Z 与导纳 Y 互为倒数。对比式（14-4）与式（14-6）可以看出，Z 参数矩阵与 Y 参数矩阵互为逆矩阵，即

$$Z = Y^{-1} \quad \text{或} \quad Y = Z^{-1}$$

即

$$\begin{bmatrix} Z_{11} & Z_{12} \\ Z_{21} & Z_{22} \end{bmatrix} = \frac{1}{\Delta_Y} \begin{bmatrix} Y_{22} & -Y_{12} \\ -Y_{21} & Y_{11} \end{bmatrix} \quad (\Delta_Y \neq 0)$$

式中，$\Delta_Y = Y_{11}Y_{22} - Y_{12}Y_{21}$。当已知 Y 参数时即可由上式求出 Z 参数。

　　【例 14-2】　一个二端口，其 Z 参数矩阵为

$$Z = \begin{bmatrix} 12 & 4 \\ 4 & 6 \end{bmatrix}$$

若该网络的终端电阻是 2Ω，求 $\dfrac{\dot{U}_2}{\dot{U}_1}$。

　　解：由所给条件可得出

$$\left. \begin{array}{l} \dot{U}_1 = 12\dot{I}_1 + 4\dot{I}_2 \\ \dot{U}_2 = 4\dot{I}_1 + 6\dot{I}_2 \\ \dot{U}_2 = -2\dot{I}_2 \end{array} \right\}$$

由以上各式得

$$\dot{U}_1 = 10\dot{U}_2$$

即

$$\frac{\dot{U}_2}{\dot{U}_1} = \frac{1}{10}$$

14.2.3　传输方程和 T 参数

1. T 参数（转移参数）

　　在许多工程实际问题中，设计者往往希望找到一个端口的电压、电流与另一个端口的电压、电流之间的直接关系，如放大器、滤波器、变压器的输出与输入之间的关系，传输线的始端与终端之间的关系等。这种情况下仍然使用 Y 参数和 Z 参数就不太方便了，而采用传输参数则更为便利。

　　设已知端口 2-2′ 的电压 $\dot{U}_2$ 和电流 $\dot{I}_2$，可写出端口 1-1′ 的电压 $\dot{U}_1$ 和电流 $\dot{I}_1$ 分别为（注意 $\dot{I}_2$ 前面的负号）

$$\left.\begin{array}{l} \dot{U}_1 = A\dot{U}_2 + B(-\dot{I}_2) \\ \dot{I}_1 = C\dot{U}_2 + D(-\dot{I}_2) \end{array}\right\} \tag{14-7}$$

写成矩阵形式为

$$\begin{bmatrix} \dot{U}_1 \\ \dot{I}_1 \end{bmatrix} = \begin{bmatrix} A & B \\ C & D \end{bmatrix} \begin{bmatrix} \dot{U}_2 \\ -\dot{I}_2 \end{bmatrix} = \boldsymbol{T} \begin{bmatrix} \dot{U}_2 \\ -\dot{I}_2 \end{bmatrix} \tag{14-8}$$

式中

$$\boldsymbol{T} \stackrel{\text{def}}{=\!=\!=} \begin{bmatrix} A & B \\ C & D \end{bmatrix}$$

叫作二端口的 T 参数矩阵，A、B、C、D 称为二端口的 T 参数。

2. T 参数的物理意义及计算和测定

T 参数（又称传输参数）可由图 14-7 所示的方法计算或实测求得。

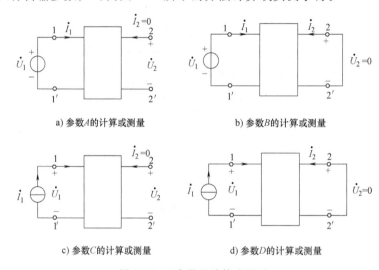

a) 参数 A 的计算或测量 b) 参数 B 的计算或测量

c) 参数 C 的计算或测量 d) 参数 D 的计算或测量

图 14-7 T 参数的计算或测量

$$A = \frac{\dot{U}_1}{\dot{U}_2}\bigg|_{\dot{I}_2 = 0} \qquad \text{端口 2-2' 开路时端口 1-1' 与端口 2-2' 的转移电压比}$$

$$B = \frac{\dot{U}_1}{-\dot{I}_2}\bigg|_{\dot{U}_2 = 0} \qquad \text{端口 2-2' 短路时的转移阻抗}$$

$$C = \frac{\dot{I}_1}{\dot{U}_2}\bigg|_{\dot{I}_2 = 0} \qquad \text{端口 2-2' 开路时的转移导纳}$$

$$D = \frac{\dot{I}_1}{-\dot{I}_2}\bigg|_{\dot{U}_2 = 0} \qquad \text{端口 2-2' 短路时端口 1-1' 与端口 2-2' 的转移电流比}$$

3. 互易性和对称性

对于互易二端口网络（$Y_{12} = Y_{21}$），A、B、C、D 四个参数中也只有三个是独立的，$AD - BC = 1$。

对于对称二端口网络（$Y_{11}=Y_{22}$），有 $A=D$。

【例 14-3】 求图 14-8 所示电路的传输参数。

解： 对图示电路应用 KCL、KVL，得

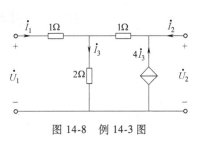

$$\dot{U}_1 = 1\dot{I}_1 + 2\dot{I}_3$$

$$\dot{U}_2 = 4\dot{I}_3 + 1\dot{I}_2 + 2\dot{I}_3$$

$$\dot{I}_1 + \dot{I}_2 + 4\dot{I}_3 = \dot{I}_3$$

图 14-8　例 14-3 图

消去 $\dot{I}_3$，整理得

$$\left.\begin{array}{l}\dot{U}_1 = -\dfrac{1}{6}\dot{U}_2 - \dfrac{5}{6}\dot{I}_2 \\[3mm] \dot{I}_1 = -\dfrac{1}{2}\dot{U}_2 - \dfrac{1}{2}\dot{I}_2\end{array}\right\}$$

由上述 T 参数方程得

$$T = \begin{bmatrix} -\dfrac{1}{6} & \dfrac{5}{6} \\[3mm] -\dfrac{1}{2} & \dfrac{1}{2} \end{bmatrix}$$

14.2.4　混合方程和 H 参数

1. H 参数（混合参数）

我们常采用 H 参数描述晶体管电路，其方程为

$$\left.\begin{array}{l}\dot{U}_1 = H_{11}\dot{I}_1 + H_{12}\dot{U}_2 \\[2mm] \dot{I}_2 = H_{21}\dot{I}_1 + H_{22}\dot{U}_2\end{array}\right\} \tag{14-9}$$

写成矩阵形式为

$$\begin{bmatrix}\dot{U}_1 \\ \dot{I}_2\end{bmatrix}\begin{bmatrix}H_{11} & H_{12} \\ H_{21} & H_{22}\end{bmatrix}\begin{bmatrix}\dot{I}_1 \\ \dot{U}_2\end{bmatrix} = H\begin{bmatrix}\dot{I}_1 \\ \dot{U}_2\end{bmatrix} \tag{14-10}$$

式中

$$H \stackrel{\text{def}}{=\!=\!=} \begin{bmatrix}H_{11} & H_{12} \\ H_{21} & H_{22}\end{bmatrix}$$

叫作二端口的 H 参数矩阵，H_{11}、H_{12}、H_{21}、H_{22} 称为二端口的 H 参数。

2. H 参数的物理意义计算与测定

H 参数可由图 14-9 所示的方法计算或实测求得，即

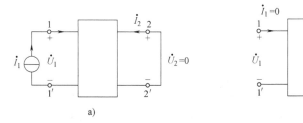

图 14-9　H 参数的计算或测量

$$H_{11} = \left. \frac{\dot{U}_1}{\dot{I}_1} \right|_{\dot{U}_2=0}$$　端口 2-2′短路时端口 1-1′处的驱动点阻抗。

$$H_{21} = \left. \frac{\dot{I}_2}{\dot{I}_1} \right|_{\dot{U}_2=0}$$　端口 2-2′短路时端口 2-2′与端口 1-1′之间的电流转移函数。

$$H_{12} = \left. \frac{\dot{U}_1}{\dot{U}_2} \right|_{\dot{I}_1=0}$$　端口 1-1′开路时端口 1-1′与端口 2-2′之间的电压转移函数。

$$H_{22} = \left. \frac{\dot{I}_2}{\dot{U}_2} \right|_{\dot{I}_1=0}$$　端口 1-1′开路时端口 2-2′处的驱动点导纳。

H 参数的量纲不止一种，它具有阻抗、导纳的量纲和无量纲的参数，所以称为混合参数。可以证明，对于互易二端口有 $H_{12} = -H_{21}$，对于对称二端口则有 $H_{11}H_{22} - H_{12}H_{21} = 1$。

在电子电路中，在小信号条件下共发射极连接的晶体管（见图 14-10a）常用 H 参数来描述其端口特性，如图 14-10b 所示，简化等效电路如图 14-10c 所示。

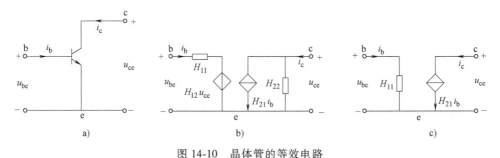

图 14-10　晶体管的等效电路

【例 14-4】　求图 14-11 所示晶体管小信号等效电路的 H 参数矩阵。

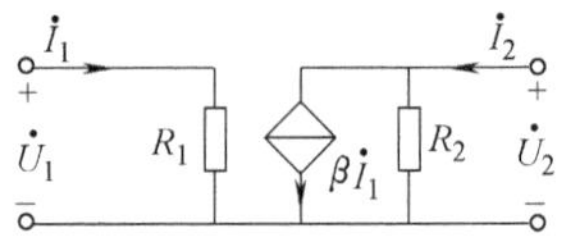

解：直接列方程求解，KVL 方程为

$$\dot{U}_1 = R_1 \dot{I}_1$$

KCL 方程为

$$\dot{I}_2 = \beta \dot{I}_1 + \frac{1}{R_2} \dot{U}_2$$

$$\therefore \quad \begin{cases} \dot{U}_1 = R_1 \dot{I}_1 \\ \dot{I}_2 = \beta \dot{I}_1 + \dfrac{1}{R_2} \dot{U}_2 \end{cases}$$

$$\therefore \quad \boldsymbol{H} = \begin{bmatrix} H_{11} & H_{12} \\ H_{21} & H_{22} \end{bmatrix} = \begin{bmatrix} R_1 & 0 \\ \beta & \dfrac{1}{R_2} \end{bmatrix}$$

图 14-11　例 14-4 图

在本例所求得的 H 参数矩阵中，$H_{12} \neq -H_{21}$，这是因为二端口内含受控源且为单方受控使其不再是线性互易二端口的缘故。

由以上例题可知，二端口参数的求解方法有以下几种：

1）按各参数的定义式求二端口的参数。

2）对二端口直接列写方程。对于简单的二端口，可以直接应用 KCL、KVL 列出方程。对于复杂的二端口，求 Y 参数时，宜采用节点电压法；求 Z 参数时，宜采用回路电流法。

根据上述参数的推导过程可以看出各参数之间均可相互转换，表 14-1 列出了这些参数间的关系式，实际应用中可以查表。当然，在理论分析与工程实际当中，并非每个二端口网络都同时存在这 4 种参数，如理想变压器的 Y 参数和 Z 参数就不存在。

表 14-1　线性无源二端口 4 种参数之间的相互关系

	Z 参数	Y 参数	H 参数	T 参数
Z 参数	Z_{11}　Z_{12} Z_{21}　Z_{22}	$\dfrac{Y_{22}}{\Delta_Y}$　$\dfrac{Y_{12}}{\Delta_Y}$ $-\dfrac{Y_{21}}{\Delta_Y}$　$\dfrac{Y_{11}}{\Delta_Y}$	$\dfrac{\Delta_H}{H_{12}}$　$\dfrac{H_{12}}{H_{22}}$ $-\dfrac{H_{21}}{H_{22}}$　$\dfrac{1}{H_{22}}$	$\dfrac{A}{C}$　$\dfrac{\Delta_T}{C}$ $\dfrac{1}{C}$　$\dfrac{D}{C}$
Y 参数	$\dfrac{Z_{22}}{\Delta_Z}$　$-\dfrac{Z_{12}}{\Delta_Z}$ $-\dfrac{Z_{21}}{\Delta_Z}$　$\dfrac{Z_{11}}{\Delta_Z}$	Y_{11}　Y_{12} Y_{21}　Y_{22}	$\dfrac{1}{H_{11}}$　$-\dfrac{H_{12}}{H_{11}}$ $\dfrac{H_{21}}{H_{11}}$　$\dfrac{\Delta_H}{H_{11}}$	$\dfrac{D}{B}$　$-\dfrac{\Delta_T}{B}$ $-\dfrac{1}{B}$　$\dfrac{A}{B}$
H 参数	$\dfrac{\Delta_Z}{Z_{22}}$　$\dfrac{Z_{12}}{Z_{22}}$ $-\dfrac{Z_{21}}{Z_{22}}$　$\dfrac{1}{Z_{22}}$	$\dfrac{1}{Y_{11}}$　$-\dfrac{Y_{12}}{Y_{11}}$ $\dfrac{Y_{21}}{Y_{11}}$　$\dfrac{\Delta_Y}{Y_{11}}$	H_{11}　H_{12} H_{21}　H_{22}	$\dfrac{B}{D}$　$\dfrac{\Delta_T}{D}$ $\dfrac{1}{D}$　$\dfrac{C}{D}$
T 参数	$\dfrac{Z_{11}}{Z_{21}}$　$\dfrac{\Delta_Z}{Z_{21}}$ $\dfrac{1}{Z_{21}}$　$\dfrac{Z_{22}}{Z_{21}}$	$-\dfrac{Y_{22}}{Y_{21}}$　$-\dfrac{1}{Y_{21}}$ $-\dfrac{\Delta_Y}{Y_{21}}$　$-\dfrac{Y_{11}}{Y_{21}}$	$-\dfrac{\Delta_H}{H_{21}}$　$-\dfrac{H_{11}}{H_{21}}$ $-\dfrac{H_{22}}{H_{21}}$　$-\dfrac{1}{H_{21}}$	A　B C　D

注：表中 $\Delta_Z=\begin{vmatrix} Z_{11} & Z_{12} \\ Z_{21} & Z_{22} \end{vmatrix}$, $\Delta_Y=\begin{vmatrix} Y_{11} & Y_{12} \\ Y_{21} & Y_{22} \end{vmatrix}$, $\Delta_H=\begin{vmatrix} H_{11} & H_{12} \\ H_{21} & H_{22} \end{vmatrix}$, $\Delta_T=\begin{vmatrix} A & B \\ C & D \end{vmatrix}$ 。

思考与练习

14.2-1　试说明 Z 参数和 Y 参数的意义。

14.2-2　试根据 Z 参数方程推导出 H 参数与 Z 参数之间的关系。

14.2-3　试根据 T 参数方程，推导出已知输入端口电压、电流，求解输出端口电压、电流的方程。

14.2-4　利用 Z 参数、Y 参数及 H 参数分析网络电路时，各适合于何种场合？

14.3　二端口的等效电路

如同一端口网络一样，任何一个复杂的线性无源二端口网络都可以用一个最简的线性无源二端口网络等效。本节主要介绍 Z 参数和 Y 参数两种线性无源二端口网络的等效电路，如图 14-12 所示。

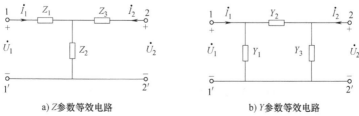

a）Z 参数等效电路　　　　　　　b）Y 参数等效电路

图 14-12　二端口网络的等效电路

14.3.1 Z 参数等效电路

二端口的 Z 参数已知，用 T 形电路（参数为阻抗）来等效。

$$\because \begin{cases} \dot{U}_1 = Z_1 \dot{I}_1 + Z_2(\dot{I}_2 + \dot{I}_1) = (Z_1 + Z_2)\dot{I}_1 + \dot{I}_2 Z_2 = Z_{11}\dot{I}_1 + Z_{12}\dot{I}_2 \\ \dot{U}_2 = Z_2(\dot{I}_1 + \dot{I}_2) + Z_3\dot{I}_2 = Z_2\dot{I}_1 + (Z_2 + Z_3)\dot{I}_2 = Z_{21}\dot{I}_1 + Z_{22}\dot{I}_2 \end{cases}$$

$$\therefore \begin{cases} Z_{11} = Z_1 + Z_2 \\ Z_{12} = Z_{21} = Z_2 \\ Z_{22} = Z_2 + Z_3 \end{cases} \qquad \begin{cases} Z_1 = Z_{11} - Z_{21} \\ Z_2 = Z_{12} = Z_{21} \\ Z_3 = Z_{22} - Z_{12} \end{cases}$$

含有受控源的线性二端口，其外部性能要用 4 个独立参数来确定，在等效 T 形电路中适当另加一个受控源就可以计及这种情况。其对应的 T 形等效电路如图 14-13 所示。

$$\begin{cases} \dot{U}_1 = Z_{11}\dot{I}_1 + Z_{12}\dot{I}_2 \\ \dot{U}_2 = Z_{12}\dot{I}_1 + Z_{22}\dot{I}_2 + (Z_{21} - Z_{12})\dot{I}_1 \end{cases}$$

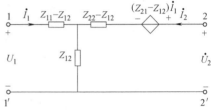

图 14-13 含受控源的 T 形等效电路

【**例 14-5**】 已知某二端口的 Z 参数矩阵为

$$(1)\ Z = \begin{bmatrix} 10 & 4 \\ 4 & 6 \end{bmatrix} \Omega;\ (2)\ Z = \begin{bmatrix} 25 & 20 \\ 5 & 30 \end{bmatrix} \Omega$$

试问该二端口是否含有受控源，并求它的等效电路。

解：（1）因 $Z_{12} = Z_{21} = 4\Omega$，故该二端口不含受控源，其等效 T 形电路如图 14-14a 所示。

（2）因 $Z_{12} \neq Z_{21}$，故该二端口含有受控源，图 14-14b 为其等效电路。

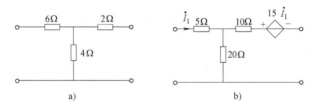

图 14-14 例 14-5 图

14.3.2 Y 参数等效电路

二端口的 Y 参数已知，用 Π 形电路（参数为导纳）来等效，如图 14-12b 所示。

$$\because \begin{cases} \dot{I}_1 = Y_1\dot{U}_1 + Y_2(\dot{U}_1 - \dot{U}_2) = (Y_1 + Y_2)\dot{U}_1 - Y_2\dot{U}_2 = Y_{11}\dot{U}_1 + Y_{12}\dot{U}_2 \\ \dot{I}_2 = Y_2(\dot{U}_2 - \dot{U}_1) + Y_3\dot{U}_2 = -Y_2\dot{U}_1 + (Y_2 + Y_3)\dot{U}_2 = Y_{21}\dot{U}_1 + Y_{22}\dot{U}_2 \end{cases}$$

$$\therefore \begin{cases} Y_{11} = Y_1 + Y_2 \\ Y_{12} = Y_{21} = -Y_2 \\ Y_{22} = Y_2 + Y_3 \end{cases} \qquad \begin{cases} Y_1 = Y_{11} + Y_{21} \\ Y_2 = -Y_{21} \\ Y_3 = Y_{22} + Y_{21} \end{cases}$$

含有受控源的线性二端口，其外部性能要用 4 个独立参数来确定，在等效 Π 形电路中适当另加一个受控源就可以计及这种情况。同理可得含受控源的二端口网络的等效 Π 形电路，如图 14-15 所示。

$$\begin{cases} \dot{I}_1 = Y_{11}\dot{U}_1 + Y_{12}\dot{U}_2 \\ \dot{I}_2 = Y_{12}\dot{U}_1 + Y_{22}\dot{U}_2 + (Y_{21} - Y_{12})\dot{U}_1 \end{cases}$$

【例 14-6】　已知二端口的参数矩阵为 $Y = \begin{bmatrix} 6 & -2 \\ 0 & 4 \end{bmatrix}$ S，试问二端口是否有受控源，并求它的等效 Π 形电路。

解：由于 $Y_{12} \neq Y_{21}$，所以其 Π 形等效电路中含有受控源，其 Π 形等效电路如图 14-16 所示。由于节点电压方程为

$$(Y_1 + Y_2)\dot{U}_1 - Y_2\dot{U}_2 = \dot{I}_1$$

$$-Y_2\dot{U}_1 + (Y_3 + Y_2)\dot{U}_2 = \dot{I}_2 - g\dot{U}_1$$

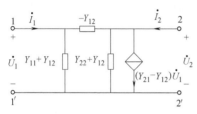

图 14-15　含受控源的 Π 形等效电路

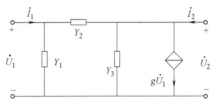

图 14-16　例 14-6 图

合并同类项，得

$$\dot{I}_1 = (Y_1 + Y_2)\dot{U}_1 - Y_2\dot{U}_2$$

$$\dot{I}_2 = (g - Y_2)\dot{U}_1 + (Y_3 + Y_2)\dot{U}_2$$

而 $Y_1 + Y_2 = 6$，$-Y_2 = -2$，$g - Y_2 = 0$，$Y_3 + Y_2 = 4$

解得：$Y_1 = 4S$，$Y_2 = 2S$，$g = 2S$，$Y_3 = 2S$

思考与练习

14.3-1　如果二端口网络内含受控源，则其 Z 参数和 Y 参数等效电路的形式如何？

14.3-2　试用二端口网络的参数方程来证明电阻 Y-△ 的连接与转换中的各电阻的表达式。

14.3-3　已知二端口网络的 Y 参数矩阵为 $Y = \begin{bmatrix} 8 & 7 \\ 7 & 3 \end{bmatrix}$ S，试问该二端口能否等效为一个无受控源的电路？试画出该二端口网络的等效电路。

14.3-4　在学习了一端口、二端口网络等效的原理后，试总结等效概念在电路分析中的应用。

14.4　有载二端口网络和特性阻抗

14.4.1　有载二端口网络

在实际使用二端口网络时，往往是有载二端口网络（即带有负载的二端口网络），输入端口与一个非理想激励源相连接，输出端口与一个负载相连接，它常为完成某种功能起着耦合两部分电路并对信号进行传递、加工、处理的作用。在工程上，对这种电路的分析要求一般有如下几项：

1. 输入阻抗

二端口所接激励源网络的戴维南等效电路参数设为 $U_S(s)$ 和 Z_S，负载阻抗为 Z_L，如图 14-17 所示。输入端口的电压 $U_1(s)$ 与电流 $I_1(s)$ 之比称为二端口网络的输入阻抗 Z_{in}。

$$Z_{in} = \frac{U_1(s)}{I_1(s)} = \frac{AU_2(s) + B[-I_2(s)]}{CU_2(s) + D[-I_2(s)]} = \frac{A\left[\dfrac{U_2(s)}{-I_2(s)}\right] + B}{C\left[\dfrac{U_2(s)}{-I_2(s)}\right] + D} = \frac{AZ_L + B}{CZ_L + D}$$

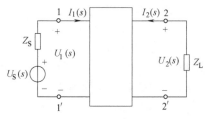

图 14-17　具有端接的二端口

一般情况下，$Z_{in} \neq Z_L$，二端口网络具有变换阻抗的特性。

2. 输出阻抗

把信号源由输入端口移至输出端口，但在输入端口保留其内阻抗 Z_S，此时输出端口的电压 $U_2(s)$ 与电流 $I_2(s)$ 之比，称为输出阻抗 Z_{out}。

$$Z_{out} = \frac{U_2(s)}{I_2(s)} = \frac{DZ_S + B}{CZ_S + A}$$

3. 转移函数（传递函数）

当二端口网络的输入端口接激励信号后，在输出端口得到一个响应信号，输出端口的响应信号与输入端口的激励信号之比，往往是通过转移函数描述或指定的。当激励和响应都为电压信号时，则传递函数称为电压传递函数，用 K_u 表示；当激励和响应都为电流信号时，则传递函数称为电流传递函数，用 K_i 表示。

输入端口满足的约束方程为

$$U_1(s) = AU_2(s) + B[-I_2(s)]$$
$$I_1(s) = CU_2(s) + D[-I_2(s)]$$

输出端口满足的约束方程为

$$U_2(s) = -Z_L I_2(s)$$

$$K_u = \frac{U_2(s)}{U_1(s)} = \frac{U_2(s)}{AU_2(s) + B[-I_2(s)]} = \frac{Z_L}{AZ_L + B}$$

$$K_i = \frac{I_2(s)}{I_1(s)} = \frac{I_2(s)}{CU_2(s) + D[-I_2(s)]} = \frac{-1}{CZ_L + D}$$

二端口网络常为完成某些功能起着耦合两端电路的作用，如滤波器、比例器、电压跟随器等。这些功能一般可通过转移函数描述，反之，也可根据转移函数确定二端口内部元件的连接方式及元件值，即所谓的电路设计或电路综合。

14.4.2　二端口网络的特性阻抗

为了研究线性二端口网络信号源内阻与负载阻抗的匹配问题，达到信号经传输后损失最小的目的，在电力和电信传输线的理论分析和计算中，引入了特性阻抗的概念。使二端口网络的输入阻抗和输出阻抗分别为 $Z_{in} = Z_S$，$Z_{out} = Z_L$，称网络实现了匹配。在匹配条件下，二端口网络的输入阻抗和输出阻抗分别称为输入特性阻抗和输出特性阻抗，用 Z_{C1} 和 Z_{C2} 表示。若同时满足 $Z_L = Z_{C2}$ 和 $Z_S = Z_{C1}$，则称二端口网络全匹配。

特性阻抗与网络参数之间的关系为

$$Z_{C1} = \frac{AZ_L + B}{CZ_L + D} = \frac{AZ_{C2} + B}{CZ_{C2} + D}$$

同理，有

$$Z_{C2} = \frac{DZ_{C1} + B}{CZ_{C1} + A}$$

联立求解得

$$Z_{C1} = \sqrt{\frac{AB}{CD}} \quad Z_{C2} = \sqrt{\frac{DB}{CA}}$$

在图 14-17 所示电路中，设端口输入阻抗和输出阻抗分别为 Z_{in} 和 Z_{out}，则在负载或电源内阻抗分别为 0 和 ∞ 时，定义特性阻抗为

$$Z_{C1} = \sqrt{Z_{in0}Z_{in\infty}}$$

$$Z_{C2} = \sqrt{Z_{out0}Z_{out\infty}}$$

【例 14-7】　如有一角频率为 $\omega = 5 \times 10^7 \mathrm{rad/s}$，等效内阻为 60Ω 的信号源，供给一电阻为 600Ω 的负载，为使信号源与负载完全匹配，并使负载获得最大功率，需要一个电抗电路（见图 14-18 中的 LC 结构）接于信号源与负载之间，试设计这个阻抗匹配电路。

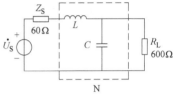

图 14-18　例 14-7 图

解：为使 LC 电路两个端口完全匹配，则必须有

$$Z_S = Z_{C1} = \sqrt{Z_{in0}Z_{in\infty}} = \sqrt{j\omega L\left(j\omega L + \frac{1}{j\omega C}\right)} = 60\Omega$$

$$Z_L = Z_{C2} = \sqrt{Z_{out0}Z_{out\infty}} = \sqrt{\frac{1}{j\omega C} \times \frac{j\omega L + \dfrac{1}{j\omega C}}{j\omega L + \dfrac{1}{j\omega C}}} = 600\Omega$$

解得 $L = 3.6\mu\mathrm{H}$，$C = 100\mathrm{pF}$。

由于阻抗匹配电路由电抗元件构成，本身不消耗功率，因而这个电路不仅使得电路处于完全匹配状态，而且也使得负载电阻从信号源获得最大功率。二端口网络的特性阻抗只与网络的结构、元件参数等有关，与负载电阻和信号源的内阻无关，为网络本身所固有的，故称其为对称二端口的特性阻抗。

由于在对称二端口的一个端口接上 Z_C 时，从另一个端口看进去的输入阻抗恰好等于该阻抗，故 Z_C 又称为重复阻抗。在有端接的二端口网络中，当 $Z_L = Z_C$ 时，则称此时的负载为匹配负载，网络工作在匹配状态。

思考与练习

14.4-1　若已知具有端接的二端口网络的 Z（或 Y、H）参数，则如何求输入阻抗、输出阻抗、传输函数？

14.4-2　二端口网络的特性阻抗的物理意义是什么？

14.4-3　二端口网络的特性阻抗和二端口网络的输入阻抗有什么不同？

14.4-4　何谓二端口网络的匹配工作状态？

14.5　二端口网络的连接

在网络分析中，常把一个复杂的网络分解成若干个较简单的二端口网络的组合逐一分析。在进行网络综合时，也常将复杂的网络分解为若干部分，分别设计后再连接起来，这就是二端口网络的连接。本节主要介绍级联、串联和并联等 3 种方式。二端口网络的连接必须在有效性连接条件下进行，即各子二端口网络及复合二端口网络仍能满足端口条件（端口上流入一个端子的电流等于流出另一个端子的电流）。

14.5.1　二端口网络的级联

图 14-19 所示为两个二端口网络 P_1、P_2 的级联，级联后构成一个复合二端口网络 P。

设二端口网络 P_1、P_2 的 T 参数分别为

$$T_1 = \begin{bmatrix} A' & B' \\ C' & D' \end{bmatrix}, T_2 = \begin{bmatrix} A'' & B'' \\ C'' & D'' \end{bmatrix}$$

则应有

$$\begin{bmatrix} \dot{U}_{11} \\ \dot{I}_{11} \end{bmatrix} = T_1 \begin{bmatrix} \dot{U}_{21} \\ -\dot{I}_{21} \end{bmatrix}, \quad \begin{bmatrix} \dot{U}_{12} \\ \dot{I}_{12} \end{bmatrix} = T_2 \begin{bmatrix} \dot{U}_{22} \\ -\dot{I}_{22} \end{bmatrix}$$

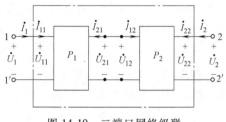

图 14-19　二端口网络级联

由图 14-19，可知

$$\dot{U}_1 = \dot{U}_{11} \qquad \dot{U}_{21} = \dot{U}_{12} \qquad \dot{U}_{22} = \dot{U}_2$$

$$\dot{I}_1 = \dot{I}_{11} \qquad -\dot{I}_{21} = \dot{I}_{12} \qquad \dot{I}_{22} = \dot{I}_2$$

所以有

$$\begin{bmatrix} \dot{U}_1 \\ \dot{I}_1 \end{bmatrix} = \begin{bmatrix} \dot{U}_{11} \\ \dot{I}_{11} \end{bmatrix} = T_1 \begin{bmatrix} \dot{U}_{21} \\ -\dot{I}_{21} \end{bmatrix} = T_1 \begin{bmatrix} \dot{U}_{12} \\ \dot{I}_{12} \end{bmatrix} = T_1 T_2 \begin{bmatrix} \dot{U}_{22} \\ -\dot{I}_{22} \end{bmatrix} = T \begin{bmatrix} \dot{U}_2 \\ -\dot{I}_2 \end{bmatrix}$$

式中，T 为复合二端口网络 P 的 T 参数矩阵，它与二端口网络 P_1、P_2 的 T 参数矩阵的关系为

$$T = T_1 T_2$$

即二端口网络级联后等效 T 参数矩阵等于各个二端口网络按级联先后顺序排列的 T 参数矩阵之积。

14.5.2　二端口网络的并联

图 14-20 所示为两个二端口网络 P_1、P_2 并联后构成一个二端口网络 P。假设每个二端口网络的端口条件不因并联而破坏，对每一个复合端口应用 KCL，有

$$\dot{I}_1 = \dot{I}_1' + \dot{I}_1'', \dot{I}_2 = \dot{I}_2' + \dot{I}_2''$$

设二端口网络 P_1、P_2 的 Y 参数分别为

$$Y' = \begin{bmatrix} Y'_{11} & Y'_{12} \\ Y'_{21} & Y'_{22} \end{bmatrix}, Y'' = \begin{bmatrix} Y''_{11} & Y''_{12} \\ Y''_{21} & Y''_{22} \end{bmatrix}$$

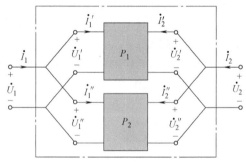

图 14-20　二端口网络并联

按图 14-20 所示，并注意并联端口电压相等，应有

$$\begin{bmatrix} \dot{I}_1' \\ I_2' \end{bmatrix} = Y' \begin{bmatrix} \dot{U}_1 \\ \dot{U}_2 \end{bmatrix} \qquad \begin{bmatrix} \dot{I}_1'' \\ \dot{I}_2'' \end{bmatrix} = Y'' \begin{bmatrix} \dot{U}_1 \\ \dot{U}_2 \end{bmatrix}$$

所以有

$$\begin{bmatrix} \dot{I}_1 \\ \dot{I}_2 \end{bmatrix} = \begin{bmatrix} \dot{I}_1' \\ \dot{I}_2' \end{bmatrix} + \begin{bmatrix} \dot{I}_1'' \\ \dot{I}_2'' \end{bmatrix} = Y' \begin{bmatrix} \dot{U}_1 \\ \dot{U}_2 \end{bmatrix} + Y'' \begin{bmatrix} \dot{U}_1 \\ \dot{U}_2 \end{bmatrix} = (Y' + Y'') \begin{bmatrix} \dot{U}_1 \\ \dot{U}_2 \end{bmatrix} = Y \begin{bmatrix} \dot{U}_1 \\ \dot{U}_2 \end{bmatrix}$$

式中，Y 是复合二端口网络 P 的 Y 参数矩阵，它与部分二端口网络 P_1、P_2 的 Y 参数矩阵的关系为

$$Y = Y' + Y''$$

即二端口网络并联后等效 Y 参数矩阵等于各个二端口网络 Y 参数矩阵之和。

14.5.3 二端口网络的串联

图 14-21 所示为两个二端口网络 P_1、P_2 串联后构成一个复合二端口网络 P。假设每个二端口网络的连接不因串联而被破坏。对每个复合端口应用 KVL，有

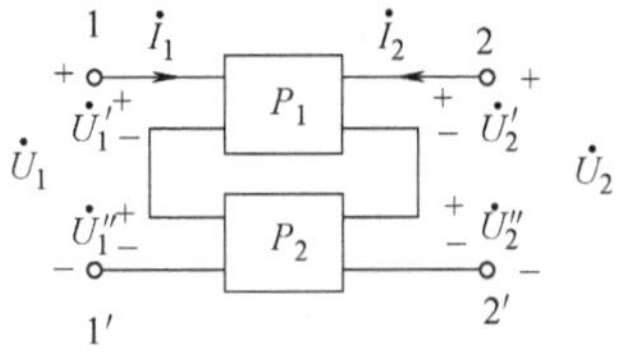

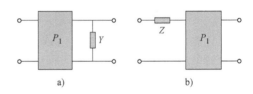

图 14-21 二端口网络串联

$$\dot{U}_1 = \dot{U}_1' + \dot{U}_1'', \dot{U}_2 = \dot{U}_2' + \dot{U}_2''$$

设二端口网络 P_1、P_2 的 Z 参数分别为

$$\boldsymbol{Z}' = \begin{bmatrix} Z_{11}' & Z_{12}' \\ Z_{21}' & Z_{22}' \end{bmatrix}, \boldsymbol{Z}'' = \begin{bmatrix} Z_{11}'' & Z_{12}'' \\ Z_{21}'' & Z_{22}'' \end{bmatrix}$$

按图 14-21 所示，并注意串联端口电流相等，应有

$$\begin{bmatrix} \dot{U}_1' \\ U_2' \end{bmatrix} = \boldsymbol{Z}' \begin{bmatrix} \dot{i}_1 \\ \dot{i}_2 \end{bmatrix} \qquad \begin{bmatrix} \dot{U}_1'' \\ U_2'' \end{bmatrix} = \boldsymbol{Z}'' \begin{bmatrix} \dot{i}_1 \\ \dot{i}_2 \end{bmatrix}$$

所以有

$$\begin{bmatrix} \dot{U}_1 \\ \dot{U}_2 \end{bmatrix} = \begin{bmatrix} \dot{U}_1' \\ \dot{U}_2' \end{bmatrix} + \begin{bmatrix} \dot{U}_1'' \\ \dot{U}_2'' \end{bmatrix} = \boldsymbol{Z}' \begin{bmatrix} \dot{i}_1 \\ \dot{i}_2 \end{bmatrix} + \boldsymbol{Z}'' \begin{bmatrix} \dot{i}_1 \\ \dot{i}_2 \end{bmatrix} = (\boldsymbol{Z}' + \boldsymbol{Z}'') \begin{bmatrix} \dot{i}_1 \\ \dot{i}_2 \end{bmatrix} = \boldsymbol{Z} \begin{bmatrix} \dot{i}_1 \\ \dot{i}_2 \end{bmatrix}$$

式中，Z 是复合二端口网络 P 的 Z 参数矩阵，它与部分二端口网络 P_1、P_2 的 Z 参数矩阵的关系为

$$\boldsymbol{Z} = \boldsymbol{Z}' + \boldsymbol{Z}''$$

即二端口网络串联后等效 Z 参数矩阵等于各个二端口网络 Z 参数矩阵之和。

【例 14-8】 求图 14-22 所示二端口的 T 参数矩阵，设二端口 P_1 的 T 参数矩阵为

$$\boldsymbol{T}_1 = \begin{bmatrix} A & B \\ C & D \end{bmatrix}$$

解： 图 14-22a 可按两个二端口的级联确定复合二端口的 T 参数。由复导纳 Y 所组成的二端口的 T 参数方程为

图 14-22 例 14-8 图

$$\begin{cases} \dot{U}_1 = \dot{U}_2 \\ \dot{i}_1 = Y\dot{U}_2 - \dot{i}_2 \end{cases}$$

T 参数矩阵为

$$\boldsymbol{T}_Y = \begin{bmatrix} 1 & 0 \\ Y & 1 \end{bmatrix}$$

则

$$\boldsymbol{T}_a = \boldsymbol{T}_1 \boldsymbol{T}_Y = \begin{bmatrix} A & B \\ C & D \end{bmatrix} \begin{bmatrix} 1 & 0 \\ Y & 1 \end{bmatrix} = \begin{bmatrix} A+BY & B \\ C+DY & D \end{bmatrix}$$

图 14-22b 可按两个二端口的级联确定复合二端口的 T 参数，由复阻抗 Z 所组成的二端口的 T 参数方程为

$$\begin{cases} \dot{U}_1 = \dot{U}_2 - Z\dot{I}_2 \\ \dot{I}_1 = -\dot{I}_2 \end{cases}$$

T 参数矩阵为

$$\boldsymbol{T}_Z = \begin{bmatrix} 1 & Z \\ 0 & 1 \end{bmatrix}$$

则

$$\boldsymbol{T}_b = \boldsymbol{T}_Z \boldsymbol{T}_1 = \begin{bmatrix} 1 & Z \\ 0 & 1 \end{bmatrix} \begin{bmatrix} A & B \\ C & D \end{bmatrix} = \begin{bmatrix} A+CZ & B+DZ \\ C & D \end{bmatrix}$$

 思考与练习

14.5-1 为了保证各子网络连接后仍满足端口条件，应如何进行有效性检验？

14.5-2 若改变二端口级联的顺序，复合二端口参数是否会改变？为什么？

14.5-3 二端口网络的级联和串联有何区别？

14.5-4 两个二端口并联时，其端口条件是否肯定被破坏？

14.6 应用案例

1. 回转器

回转器是一种线性非互易的多端元件，其电路模型图如图 14-23 所示，图中箭头表示回转方向，其伏安关系可表示为

$$\begin{cases} u_1 = -ri_2 \\ u_2 = ri_1 \end{cases} \qquad (14\text{-}11)$$

或写为

$$\begin{cases} i_1 = gu_2 \\ i_2 = -gu_1 \end{cases} \qquad (14\text{-}12)$$

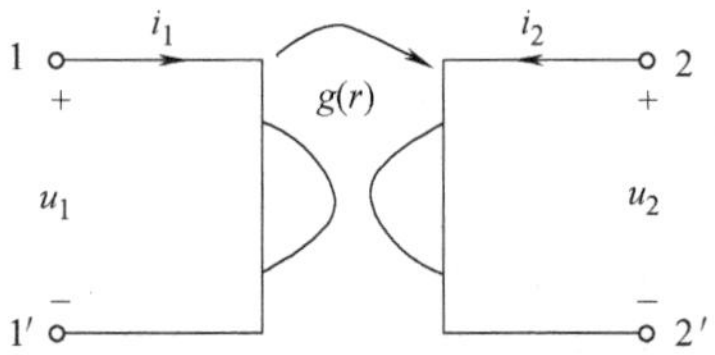

图 14-23 回转器电路图

回转器能把一个端口的电流（或电压）"回转"成另一个端口的电压（或电流）。其中 r 和 g 分别为回转器的回转电阻和回转电导。用矩阵表示时，可分别写为

$$\begin{bmatrix} u_1 \\ u_2 \end{bmatrix} = \begin{bmatrix} 0 & -r \\ r & 0 \end{bmatrix} \begin{bmatrix} i_1 \\ i_2 \end{bmatrix} = \boldsymbol{Z} \begin{bmatrix} i_1 \\ i_2 \end{bmatrix}$$

$$\begin{bmatrix} i_1 \\ i_2 \end{bmatrix} = \begin{bmatrix} 0 & g \\ -g & 0 \end{bmatrix} \begin{bmatrix} u_1 \\ u_2 \end{bmatrix} = \boldsymbol{Y} \begin{bmatrix} u_1 \\ u_2 \end{bmatrix}$$

理想回转器的 Z 参数、Y 参数矩阵分别为

$$\boldsymbol{Z} = \begin{bmatrix} 0 & -r \\ r & 0 \end{bmatrix}, \quad \boldsymbol{Y} = \begin{bmatrix} 0 & g \\ -g & 0 \end{bmatrix}$$

由 Z 参数矩阵可知 $Z_{12} \neq Z_{21}$，所以回转器不具有互易性。

由端口方程可做出回转器的电路模型如图 14-24 所示，任一瞬时输入回转器的功率为

$$p = u_1 i_1 + u_2 i_2 = u_1(gu_2) + u_2(-gu_1) = 0$$

说明回转器和理想变压器一样，是一个既不储能也不耗能的理想二端口无源元件。

回转器具有把一个电容回转为一个电感的本领，这在微电

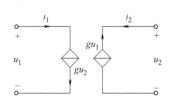

图 14-24 回转器的电路模型

子器件中为用易于集成的电容实现难于集成的电感提供了可能，如图 14-25 所示。

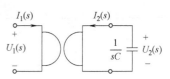

$$\because U_2(s) = -\frac{1}{sC}I_2(s), U_2(s) = rI_1(s), U_1(s) = -rI_2(s) = rsCU_2(s)$$

$$\therefore Z_{in}(s) = \frac{U_1(s)}{I_1(s)} = sr^2C = s\frac{C}{g^2}$$

图 14-25 回转器把一个电容 "回转" 成一个电感

可见从输入端看，相当于一个小电容回转成了大电感，$L = r^2C = C/g^2$。

2. 负阻抗变换器

负阻抗变换器也是一个二端口元件，它能将一个阻抗（或元件参数）按一定比例进行变换并改变其符号，简记为 NIC，其电路符号如图 14-26 所示。其分为电流反向（INIC）型和电压反向（VNIC）型。

电流反向型的端口方程为

$$\begin{bmatrix} \dot{U}_1 \\ \dot{I}_1 \end{bmatrix} = \begin{bmatrix} 1 & 0 \\ 0 & -k \end{bmatrix} \begin{bmatrix} \dot{U}_2 \\ -\dot{I}_2 \end{bmatrix}$$

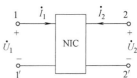

图 14-26 负阻抗变换器符号

经负阻抗变换器以后，电压 $\dot{U}_1$ 不变，但电流 $\dot{I}_1$ 变了方向。

电压反向型的端口方程为

$$\begin{bmatrix} \dot{U}_1 \\ \dot{I}_1 \end{bmatrix} = \begin{bmatrix} -k & 0 \\ 0 & 1 \end{bmatrix} \begin{bmatrix} \dot{U}_2 \\ -\dot{I}_2 \end{bmatrix}$$

经负阻抗变换器以后，电流 $\dot{I}_1$ 不变，但电压 $\dot{U}_1$ 变了方向。

k（$k>0$）称为负阻抗变换器的变比，为正实数。负阻抗变换器也具有阻抗变换的性质，它是将正阻抗变为负阻抗。在 NIC 的端口 2-2′ 接上阻抗 Z_L，如图 14-27 所示，计算端口 1-1′ 的等效阻抗 Z_{in}。

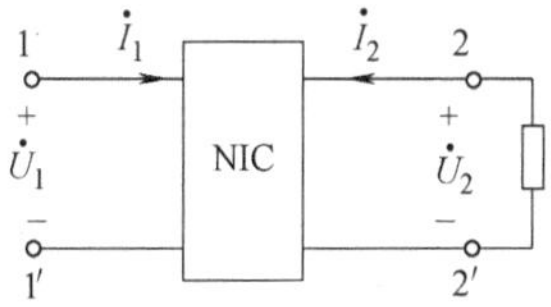

对于电流反向型有

$$Z_{in} = \frac{\dot{U}_1}{\dot{I}_1} = \frac{\dot{U}_2}{k\dot{I}_2} = -\frac{1}{k}Z_L$$

图 14-27 负阻抗变换器阻抗变换

对于电压反向型有

$$Z_{in} = \frac{\dot{U}_1}{\dot{I}_1} = \frac{-k\dot{U}_2}{-\dot{I}_2} = -kZ_L$$

NIC 有把一个正的负载阻抗转换为负阻抗的本领。因此，在电路设计中，用负阻抗变换器可以实现负的 R、L 或 C。

<h2 style="text-align:center">本 章 小 结</h2>

1. 二端口网络的参数矩阵

二端口网络的电压、电流间的关系可以用二端口网络的参数矩阵来描述，这些参数只取决于构成端口的元器件及它们之间的连接方式。本章前两节重点介绍了 Y、Z、T、H 参数矩阵以及它们之间的相互关系。互易及对称二端口网络的参数特性总结见表 14-2。

表 14-2　互易及对称二端口网络的参数特性

	Y	Z	T	H
互易	$Y_{12}=Y_{21}$	$Z_{12}=Z_{21}$	$\det T=1$	$H_{12}=-H_{21}$
对称	$Y_{11}=Y_{22}$	$Z_{11}=Z_{22}$	$A=D$	$\det H=1$

2. 二端口网络的等效电路

对于任何一个无源线性二端口网络的外部特性可用 3 个参数确定，所以可用 3 个阻抗（导纳）等效一个二端口，二端口的等效电路有两种形式：T 形和 Π 形，其阻抗或导纳值可由二端口参数确定。

3. 有载二端口网络和特性阻抗

有载二端口网络和特性阻抗描述了二端口网络的传输特性，注意掌握其类型及计算方法。

4. 二端口网络的连接

复杂二端口网络可看作是简单二端口网络的连接，这将使电路的分析简化。本章介绍了二端口网络的 3 种连接方式：级联、串联、并联以及其参数关系。

5. 回转器和负阻抗变换器

回转器、负阻抗变换器、理想变压器均是二端口理想元件，现将 3 种元件进行对比，见表 14-3。

表 14-3　回转器、负阻抗变换器、理想变压器 3 种元件的比较

名　称	回转器	负阻抗变换器	理想变压器
电路符号	i_1 $+$ u_1 $-$　i_2 $+$ u_2 $-$	i_1 $+$ u_1 $-$ NIC i_2 $+$ u_2 $-$	i_1 $+$ u_1 $-$　i_2 $+$ u_2 $-$ $n:1$
VCR 形式 1	$\begin{bmatrix} u_1 \\ u_2 \end{bmatrix} = \begin{bmatrix} 0 & -r \\ r & 0 \end{bmatrix}\begin{bmatrix} i_1 \\ i_2 \end{bmatrix}$	$\begin{bmatrix} u_1 \\ i_1 \end{bmatrix} = \begin{bmatrix} 1 & 0 \\ 0 & -k \end{bmatrix}\begin{bmatrix} u_2 \\ -i_2 \end{bmatrix}$	$\begin{bmatrix} u_1 \\ i_1 \end{bmatrix} = \begin{bmatrix} 0 & 0 \\ 0 & \dfrac{1}{n} \end{bmatrix}\begin{bmatrix} u_2 \\ -i_2 \end{bmatrix}$
VCR 形式 2	$\begin{bmatrix} i_1 \\ i_2 \end{bmatrix} = \begin{bmatrix} 0 & g \\ -g & 0 \end{bmatrix}\begin{bmatrix} u_1 \\ u_2 \end{bmatrix}$	$\begin{bmatrix} u_1 \\ i_1 \end{bmatrix} = \begin{bmatrix} -k & 0 \\ 0 & 1 \end{bmatrix}\begin{bmatrix} u_2 \\ -i_2 \end{bmatrix}$	
参数	$Z=\begin{bmatrix} 0 & -r \\ r & 0 \end{bmatrix}$ 或 $Y=\begin{bmatrix} 0 & g \\ -g & 0 \end{bmatrix}$	$T=\begin{bmatrix} 1 & 0 \\ 0 & -k \end{bmatrix}$ 或 $T=\begin{bmatrix} -k & 0 \\ 0 & 1 \end{bmatrix}$	$T=\begin{bmatrix} n & 0 \\ 0 & \dfrac{1}{n} \end{bmatrix}$
功率特性	$u_1i_1+u_2i_2=0$;不耗能	$u_1i_1+u_2i_2\neq 0$	$u_1i_1+u_2i_2=0$
阻抗变换电路	Z_{in} 〔〕 C	Z_1 NIC Z_2	Z_1　Z_2 $n:1$
阻抗变换公式	$Z_{in}=sL_e=sCr^2$	$Z_1=-\dfrac{1}{k}Z_2$ ① $Z_1=-kZ_2$ ②	$Z_1=n^2Z_2$
阻抗变换说明	电容→电感 电感→电容	电阻→负电阻 正电感→负电感 正电容→负电容	阻抗性质不变
注		①为电流反向型 ②为电压反向型	

能力检测题

一、选择题

1. 二端口网络中，以下关系中正确的是（　　　　）。

(A) $H_{11} = 1/Y_{11}$　　(B) $Y_{11} = 1/Z_{11}$　　(C) $A = H_{12}$　　(D) $Z_{12} = -B$

2. 在已知二端口网络的输出电压和输入电流，求解二端口网络的输入电压和输出电流时，用（　　　　）建立信号之间的关系。

(A) Z 参数　　(B) Y 参数　　(C) T 参数　　(D) H 参数

3. 对于对称二端口网络，下列关系中（　　　　）是错误的。

(A) $Y_{11} = Y_{22}$　　(B) $Z_{11} = Z_{22}$　　(C) $A = D$　　(D) $H_{11} = H_{22}$

4. 如果二端口网络互易，则 Z 参数中，只有（　　　　）参数是独立的。

(A) 1 个　　(B) 2 个　　(C) 3 个　　(D) 4 个

5. 如果二端口网络对称，则 Y 参数中，只有（　　　　）参数是独立的。

(A) 1 个　　(B) 2 个　　(C) 3 个　　(D) 0 个

6. 二端口电路的 H 参数方程是（　　　　）。

(A) $\begin{cases} \dot{U}_1 = Z_{11}\dot{I}_1 + Z_{12}\dot{I}_2 \\ \dot{U}_2 = Z_{21}\dot{I}_1 + Z_{22}\dot{I}_2 \end{cases}$　　(B) $\begin{cases} \dot{I}_1 = Y_{11}\dot{U}_1 + Y_{12}\dot{U}_2 \\ \dot{I}_2 = Y_{21}\dot{U}_1 + Y_{22}U_2 \end{cases}$

(C) $\begin{cases} \dot{U}_1 = H_{11}\dot{I}_1 + H_{12}\dot{U}_2 \\ \dot{I}_2 = H_{21}\dot{I}_1 + H_{22}\dot{U}_2 \end{cases}$　　(D) $\begin{cases} \dot{U}_1 = A\dot{U}_2 + B(-\dot{I}_2) \\ \dot{I}_1 = C\dot{U}_2 + D(-\dot{I}_2) \end{cases}$

7. 二端口网络的每一个基本方程都有（　　　　）个变量，用来表征二端口网络的性质和连接关系。

(A) 2 个　　(B) 4 个　　(C) 6 个　　(D) 8 个

8. 两个二端口网络相（　　　　）连接，其端口条件总是满足的。

(A) 串联　　(B) 并联　　(C) 级联　　(D) 串联、并联或级联

9. 在已知二端口网络的输出电压和输入电流，求解二端口网络的输入电压和输出电流时，用（　　　　）建立信号之间的关系。

(A) Z 参数　　(B) Y 参数　　(C) T 参数　　(D) H 参数

10. 当二端口网络是无源线性网络且完全对称时，其 Y 参数中只有（　　　　）是独立的。

(A) 2 个　　(B) 3 个　　(C) 4 个　　(D) 1 个

二、判断题

1. 无论二端口网络是否对称，Z 参数中只有 2 个参数是独立的。（　　　　）

2. 二端口网络是四端网络，但四端网络不一定是二端口网络。（　　　　）

3. 回转器具有把一个电容回转为一个电感的本领，这在微电子器件中为使用易于集成的电容实现难于集成的电感提供了可能。（　　　　）

4. 若某二端口既互易又对称，则该二端口的 H 参数必有 $H_{12} = H_{21}$，$H_{11} = H_{22}$。（　　　　）

5. 不含受控源的线性二端口网络都是互易的。（　　　　）

6. 线性二端口网络是指端口处电流与电压均满足线性关系的二端口网络。（　　　　）

7. 一个二端口网络的输入端口和输出端口的电压和电流共有 6 个。（　　　　）

8. 无源二端口网络的 Z 参数仅与网络元件参数有关，与网络内部结构无关。（　　　　）

9. 对于 Π 形网络，一般采用 Z 参数表示时计算较为简单。（　　　　）

10. 一般情况下，二端口网络的输入阻抗与信号源的内阻抗总是相等的。（　　　　）

三、填空题

1. 一个二端口网络输入端口和输出端口的端口变量共有（　　　　）个，它们分别是（　　　　）、I_1、（　　　　）和（　　　　）。

2. 二端口网络的基本方程共有（　　　　）种，各方程对应的系数是二端口网络的基本参数，经常使用的参数是（　　　　）参数、（　　　　）参数、（　　　　）参数和（　　　　）参数。

3. 描述无源线性二端口网络的 4 个参数中，为互易网络时，只有（　　　　）个是独立的，当无源线性二端

口网络为对称网络时，只有（　　）个参数是独立的。

4. 对无源线性二端口网络用任意参数表示网络性能时，其最简电路形式为（　　）形网络结构和（　　）形网络结构两种。

5. 输出端口的响应信号与输入端口的激励信号之比，称为二端口网络的（　　）函数。

6. 两个二端口网络串联时，参数之间的关系为（　　）；两个二端口网络并联时，参数之间的关系为（　　）；两个二端口网络级联时，参数之间的关系为（　　）。

7. 具有两对向外引出端子的电路，每一对引出端子均满足从一个引线端流入电路的电流与从另一个引线端流出电路的电流（　　）的条件时，该电路可称为（　　）网络。

8. 对线性二端口网络而言，网络内的所有元件都是（　　）元件。

四、计算题

1. 试求图 14-28 所示二端口网络的 Y 参数、Z 参数、T 参数矩阵。

2. 求图 14-29 所示二端口网络的 Y 参数。

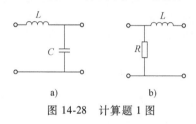

a)　　　　b)

图 14-28　计算题 1 图

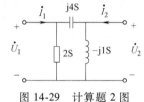

图 14-29　计算题 2 图

3. 试求图 14-30 所示二端口网络的 Y 参数矩阵。

4. 试求图 14-31 所示二端口网络的 Z 参数矩阵。

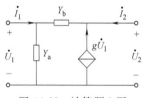

图 14-30　计算题 3 图

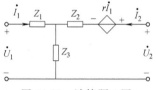

图 14-31　计算题 4 图

5. 求图 14-32 所示电路的 Y 参数。

6. 求图 14-33 所示二端口网络的传输参数。

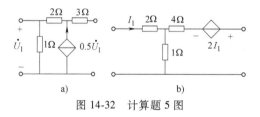

a)　　　　b)

图 14-32　计算题 5 图

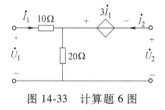

图 14-33　计算题 6 图

7. 试求图 14-34 所示二端口网络的 H 参数。

8. 已知二端口网络参数矩阵为 $\boldsymbol{Z} = \begin{bmatrix} \dfrac{60}{9} & \dfrac{40}{9} \\ \dfrac{40}{9} & \dfrac{100}{9} \end{bmatrix} \Omega$，$\boldsymbol{Y} = \begin{bmatrix} 5 & -2 \\ 0 & 3 \end{bmatrix}$ S，试问二端口网络是否含有受控源，并求

它们的等效 Π 形电路。

9. 图 14-35 所示的二端口网络的 Z 参数方程为 $\boldsymbol{Z} = \begin{bmatrix} 50 & 10 \\ 30 & 20 \end{bmatrix} \Omega$，试计算 100Ω 电阻消耗的功率。

10. 求图 14-36 所示二端口网络的 Y 参数。

11. 求图 14-37 所示二端口网络的 T 参数。

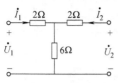

图 14-34 计算题 7 图

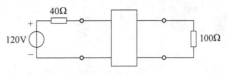

图 14-35 计算题 9 图

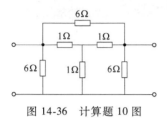

图 14-36 计算题 10 图

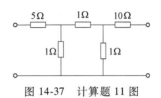

图 14-37 计算题 11 图

第 15 章
非线性电路简介

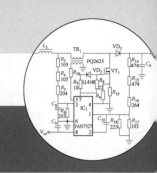

知识图谱（★表示重点，△表示难点）

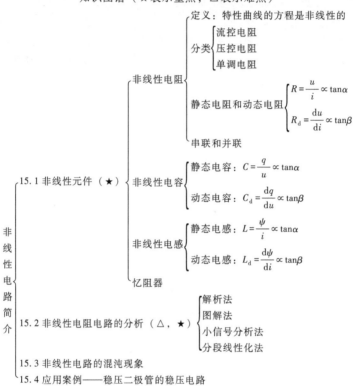

非线性电路是指含有非线性元件的电路。本章简要介绍非线性电阻、非线性电感和非线性电容元件、忆阻器及特性，着重学习简单非线性电阻电路的图解分析法、小信号分析法、分段线性化法等常用方法。

🔧 学习目标

1. 知识目标

重点掌握非线性电阻电路的计算方法——图解法和小信号分析法。

2. 能力目标

掌握非线性电路的小信号分析法；锻炼采用合理近似的方式简化复杂问题求解过程的能力。

3. 素质目标

小信号分析法是当交变信号激励幅值远小于直流电源幅值时，在静态工作状态下，将非线性电路进行线性化处理的一种近似分析方法。其可以围绕任何静态工作点建立局部线性模型，并根据这种线性模型运用线性电路的分析方法进行研究。这种采用"忽略次要、抓住主要"

的方法引导我们的思维切合工程实际。对既有直流电源又有交流小信号源的非线性电阻电路，当电路比较复杂，即问题过于困难时，应将其"分而化解"。我们面对一项复杂的任务时，如果盲目蛮干，可能难以攻克。一般应先将复杂的任务分解成若干个相对简单的任务，再分别完成简单的任务。当所有的简单任务都完成时，整个任务也就完成了。先分解再完成，化整为零、化繁为简、化难为易的方法，将其从整体分解为局部，集中优势力量并取得局部胜利，脚踏实地一步一步前进，循序渐进，就会离整体的终极目标越来越近，从而取得最终的胜利。

15.1 非线性元件

前面各章内容均为线性电路，其中除独立源外的电路元件都是线性元件，其参数不随电压或电流而变化。如果电路元件的参数随着电压或电流而变化，即电路元件的参数与电压或电流有关，就称为非线性元件，含有非线性元件的电路称为非线性电路。

严格地说，任何实际元件本质上都是非线性的，只有那些非线性程度比较弱的元件，才能在电压或电流的一定工作范围内被认为是线性的，分析结果和实际结果误差不会很大，不会带来本质上的差异，从而简化了电路的分析。但是，对那些非线性程度比较强的电路，如果忽略其非线性特性就将导致计算结果与实际量值相差太大而无意义，甚至会产生质的差异，无法解释电路中发生的物理现象，也无法建立数学模型进行理论分析。这就使得我们有必要研究非线性电路。

扫一扫 看视频

15.1.1 非线性电阻

线性电阻受欧姆定律的约束，其伏安特性是在 $u \sim i$ 平面上通过坐标原点的一条直线，其电阻 R 是一个常数。非线性电阻的伏安特性不具有这种简单的性质。凡是不满足欧姆定律的电阻便是非线性电阻。非线性电阻的电路符号如图 15-1a 所示。

1. 非线性电阻的分类

（1）流控电阻

流控电阻的端电压 u 是电流 i 的单值函数。其伏安特性曲线如图 15-1b 所示呈 S 形，可表示为

$$u = f(i) \tag{15-1}$$

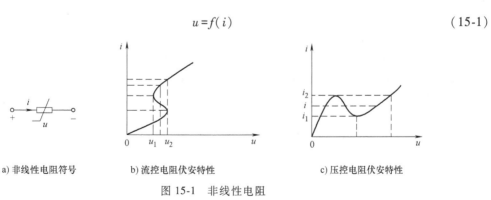

a) 非线性电阻符号 b) 流控电阻伏安特性 c) 压控电阻伏安特性

图 15-1 非线性电阻

从特性曲线可以看到，对于每一个电流值，有且只有一个电压值与之对应；反之，对于同一个电压值，与之对应的电流可能是多值的。某些充气二极管、辉光二极管就具有这种伏安特性。

（2）压控电阻

压控电阻的电流是电压的单值函数。伏安特性曲线如图 15-1c 所示呈 N 形，可表示为

$$i=g(u) \qquad\qquad (15-2)$$

从特性曲线可以看到，对于每一个电压值，有且只有一个电流值与之对应；反之，对于同一个电流值，与之对应的电压可能是多值的。隧道二极管就具有这种伏安特性。

（3）单调电阻

单调电阻的伏安特性是单调增长或单调下降的，它同时既是电压控制又是电流控制的。其伏安特性可表示为 $u=f(i)$ 或 $i=g(u)$。图15-2a所示的元件图形符号是电子技术中常用的 PN 结二极管，它是一个典型的单调电阻，其伏安特性曲线如图15-2b所示。

非线性电阻的伏安特性可由实验测得，有些可由理论推导分析得到。

2. 静态电阻和动态电阻

对于非线性电阻，引入静态电阻和动态电阻来描述其特性。

（1）静态电阻

非线性电阻在某一工作状态（图15-2b所示的 P 点）下的静态电阻等于该点的电压 u 与电流 i 的比值，即

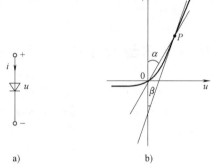

图15-2　PN 结二极管及其伏安特性

$$R=\frac{u}{i}=\tan\alpha \qquad\qquad (15-3)$$

P 点的静态电阻正比于 $\tan\alpha$。

（2）动态电阻

动态电阻是电压对电流的导数在该点的值，即

$$R_{\mathrm{d}}=\frac{\mathrm{d}u}{\mathrm{d}i}=\tan\beta \qquad\qquad (15-4)$$

P 点的动态电阻正比于 $\tan\beta$。

显然，伏安特性仅在第一、三象限时，u、i 符号相同，它的特性曲线的斜率总是正值，因此其静态电阻和动态电阻都是正值。在第二、四象限时，静态电阻为负。在伏安特性曲线的上升部分，动态电阻为正；而在特性曲线的下降部分，动态电阻为负，此时具有"负电阻"的特性。

非线性电阻在非线性电路理论中占有十分重要的地位。在实际电路中，常利用非线性电阻实现整流、倍频、混频、削波等信号处理功能。

【例15-1】　设一非线性电阻，其电流、电压关系为 $u=f(i)=8i^4-8i^2+1$。

（1）试分别求出 $i=1\mathrm{A}$ 时的静态电阻 R 和动态电阻 R_{d}；

（2）求 $i=\cos\omega t$ 时的电压 u；

（3）设 $u=f(i_1+i_2)$，试问 u_{12} 是否等于（u_1+u_2）？

解：（1）$i=1\mathrm{A}$ 时的静态电阻 R 和动态电阻 R_{d} 为

$$R=\frac{8-8+1}{1}=1\Omega$$

$$R_{\mathrm{d}}=\frac{\mathrm{d}u}{\mathrm{d}i}\bigg|_{i=1}=8\times4\times i^3-8\times2\times i=32-16=16\Omega$$

（2）当 $i=\cos\omega t$ 时，有

$$u=8i^4-8i^2+1=8\cos^4\omega t-8\cos^2\omega t+1=\cos4\omega t$$

上式中，电压的频率是电流频率的 4 倍，由此可见，利用非线性电阻可以产生与输入频率不同的输出，这种特性的功用称为倍频作用。非线性电阻可用来作为倍频器。

（3）当 $u=f(i_1+i_2)$ 时，有

$$
\begin{aligned}
u &= 8(i_1+i_2)^4 - 8(i_1+i_2)^2 + 1 \\
&= 8(i_1^4 + 6i_1^2 i_2^2 + 4i_1^3 i_2 + 4i_1 i_2^3 + i_2^4) - 8(i_1^2 + 2i_1 i_2 + i_2^2) + 1 \\
&= 8i_1^4 - 8i_1^2 + 1 + 8i_2^4 - 8i_2^2 + 1 + 8(6i_1^2 i_2^2 + 4i_1^3 i_2 + 4i_1 i_2^3) - 82i_1 i_2 - 1
\end{aligned}
$$

由上式可知

$$
u_{12} \neq u_1 + u_2
$$

即叠加定理不适用于非线性电路。

线性电阻和非线性电阻的区别如下：

1）齐次性和叠加性不适用于非线性电路。

2）非线性电阻能产生与输入信号不同的频率（变频作用）。

3）非线性电阻激励的工作范围充分小时，可用工作点处的线性电阻来近似。

15.1.2　非线性电容

库伏特性曲线不能用 $q\text{-}u$ 平面上过原点的直线表示的电容称为非线性电容。其电路符号如图 15-3a 所示。

如果电荷是电压的单值函数 $q=f(u)$，则为压控电容；如果电压是电荷的单值函数 $u=g(q)$，则为荷控电容；如果电压是电荷的单值函数，电荷也是电压的单值函数，则为单调电容，如图 15-3b 所示。

与非线性电阻类似，也引入静态电容 C 和动态电容 C_d，它们的定义分别为

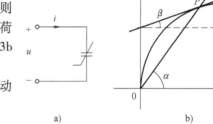

图 15-3　非线性电容及 $q\text{-}u$ 库伏曲线

$$
C = \frac{q}{u} \tag{15-5}
$$

$$
C_d = \frac{\mathrm{d}q}{\mathrm{d}u} \tag{15-6}
$$

显然，在图 15-3b 中 P 点的静态电容正比于 $\tan\alpha$，P 点的动态电容正比于 $\tan\beta$。

15.1.3　非线性电感

韦安特性在 $\psi\text{-}i$ 平面上不是过坐标原点的一条直线的电感元件就是非线性电感，其符号如图 15-4a 所示。如果磁链是电流的单值函数 $\psi=f(i)$，则称此电感为流控电感；如果电流是磁链的单值函数 $i=f(\psi)$，则称此电感为链控电感；如果韦安曲线是单调曲线，则称此电感为单调电感，单调电感既是流控型，又是链控型。

同样，为了计算方便，引入静态电感 L 和动态电感 L_d，它们分别定义为

$$
L = \frac{\psi}{i} \tag{15-7}
$$

$$
L_d = \frac{\mathrm{d}\psi}{\mathrm{d}i} \tag{15-8}
$$

显然，图 15-4b 中 P 点的静态电感正比于 $\tan\alpha$，P 点的动态电容正比于 $\tan\beta$。

实际的电感多数为一个线圈和由铁磁性材料制成的芯子组成，它是一个非线性电感。由于铁磁性材料的磁特性，导致其韦安特性是回线形状，称为磁滞回线，如图 15-5 所示。

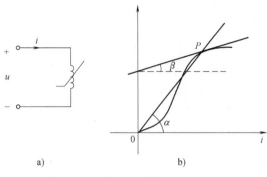

图 15-4　非线性电感及 $u\text{-}i$ 韦安曲线

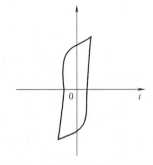

图 15-5　铁磁性材料的韦安曲线

15.1.4　忆阻器

2008 年，惠普公司宣布成功研制出了固态的忆阻器，从而证明了美国华裔科学家蔡绍棠（Chua Leon）于 1971 年预测的第 4 种无源基本电路元件的存在。

1. 忆阻器的定义及特点

（1）忆阻器的定义

忆阻器全称记忆电阻忆阻器。忆阻器具有电阻的量纲，但和电阻不同的是，忆阻器的阻值是由流经它的电荷确定的，从而有记忆电荷的作用。忆阻器是一种有记忆功能的非线性电阻，是继电阻 R、电容 C、电感 L 之后的第 4 种无源基本电路元件。电学 4 个基本变量 u、i、q、ψ 之间两两组合，ψ 和 q 之间的关系为

$$M(q) = \frac{\mathrm{d}\psi}{\mathrm{d}q} \tag{15-9}$$

式中，$M(q)$ 为忆阻值，具有电阻的量纲。它与曾流过的电荷量相关，故为非易失、非线性的。这就是未列入传统无源基本电路元件的"失落的第 4 种元件"。由于补足了缺失的最后一种电量关系，从而可以认为 4 种基本元件从理论上具备了"完备性"。然而直到 2008 年，具有典型特征的忆阻器才被惠普公司研制出来。忆阻器的出现，必将导致电子电路的结构体系、应用方式和领域、设计理论和工具的变革，给电子行业带来了新的发展契机，提供了新的广阔的变革空间。

（2）与其他无源基本电路元件的关系

忆阻器 M 和电阻 R、电容 C、电感 L 一起，组成完备的无源基本电路元件集。它们分别可实现 4 种电量之间的转换，相互之间是不可替代的，任何一种也不能由其他 3 种的电路组合来模拟。虽然 C 和 L 是动态元件，即有记忆功能，但在实用中储存的能量将较快地泄放掉。而忆阻器在撤掉电压（电流）后，能将忆阻值一直保持下去，具有非易失特性。当 M 为常量时，就等同于 R。但电阻 R 显然不具备忆阻器的忆阻滞回特性。忆阻滞回特性应用于开关电路中，可以替代存储器的存储单元，构成非易失的阻性随机访问存储器（RRAM）。简单地说，忆阻器是一种有记忆功能的非线性电阻。通过控制电流的变化可改变其阻值，如果把高阻值定义为"1"，低阻值定义为"0"，则这种电阻就可以实现存储数据的功能。实际上就是一个有记忆功能的非线性电阻。由于忆阻器尺寸小、能耗低，所以能很好地存储和处理信息。一个忆阻器的工作量，相当于一枚 CPU 芯片中十几个晶体管共同产生的效用。

（3）与二极管的比较

忆阻器和二极管的共同点是都是非线性的器件，不同点是二极管没有记忆能力。虽然二极管可组成 ROM 存储矩阵，但其存储数据的原理实质上是通过逻辑阵列完成的，而忆阻器本身

即可存储数据，故忆阻器可用作非易失随机访问存储器 NVRAM。

（4）与有源器件的比较

忆阻器属于无源电路元件，但是它可以用有源和无源器件混合组成的电路来模拟。这说明忆阻器在一定的条件下可具有有源器件的功能。如在数字系统中，利用忆阻器的开关特性，可替代晶体管（包括场效应晶体管）用于存储数据或组成逻辑电路，且性能更加优越。但忆阻器毕竟属于无源器件，在一些场合下尚不能取代有源器件晶体管。在放大电路中，忆阻器不具备晶体管能量控制的有源特性，是不能完成放大任务的。

2. 忆阻器的应用

（1）在存储器中的应用

2008 年，惠普公司的研究人员首次做出了纳米忆阻器件，掀起忆阻研究热潮。纳米忆阻器件的出现，有望实现非易失性随机存储器（NVRAM），既具有闪存的特点，又具有 DRAM（动态随机存储器）和 SRAM（静态随机存储器）的功能，也不需要像 DRAM 一样必须刷新。并且，基于忆阻器的随机存储器的集成度、功耗、读写速度都要比传统的随机存储器优越，是传统单元所不能达到的。忆阻器可让手机在使用数周或更久时间后无须充电，也可使笔记本电脑开机后立即启动，在电池电量耗尽后仍能长久保存上次使用的信息。忆阻器也有望挑战数码设备中普遍使用的闪存，因为它具有关闭电源后仍可以保存信息的能力。利用这项新发现制成的芯片，将比闪存更快地保存信息，消耗更少的电力，占用更少的空间。在未来忆阻器一定会成为电子器件的优化产品，满足电子产品发展趋势各项要求：速度快、功耗低、密度高、体积小及功能强、成本低、环保等，为电子电路发展贡献巨大的力量。

（2）在人工智能计算机和模拟神经网络中的应用

忆阻器除具有记忆能力，还可进行逻辑运算。这意味着可将数据处理和存储电路两者合一。而现在的数字系统逻辑运算或数据处理与存储模块是分离的。忆阻器的这个特点，将改变沿用六十多年的冯·诺依曼计算机体系架构，从而建立起全新的计算机体系结构。忆阻器是目前已知的功能最接近神经元突触的器件，可以与大脑相同的 STDP（Spike Timing Dependent Plasticity，脉冲时序依赖可塑性）模式来响应同步电压脉冲，提供了目前最好的构筑模拟神经网络的基础条件。突触功能可用软件或硬件实现。软件实现速度慢、效率低，一般不采用。硬件实现方式至今有三种：模拟电路、数字电路、模数混合电路。运用忆阻器则优于以上的所有解决方式，忆阻器作为推动信息时代快速发展的因素之一，可使神经网络的硬件实现方式获得突破性进展。此外，忆阻器是硬件实现人工神经网络突触的最好方式。由于忆阻器的非线性性质，可以产生混沌电路，从而在保密通信中也有很多应用。当前，人工智能发展迅猛。如果要发展更为强大的人工智能，即像人一样的机器人，表现出与人类一样熟练和灵活的行为，忆阻器的作用不可忽视。忆阻器和人脑的突触功能相似，相当于一个"电子突触"，由其搭建起来的智能芯片具有在线学习能力，可以处理机器系统之前无法胜任的任务。可以预见，一旦基于忆阻器的神经形态计算芯片技术成熟，制作类似甚至超越人脑智能和能效的超级人工大脑将变成现实。忆阻器与人脑运作方式颇为类似，惠普公司说或许某天，计算机系统能利用忆阻器，像人类那样将某种模式与记忆关联。朝这条路发展下去的话，或许代表着新一代的智慧机器人的诞生。

忆阻器的优异性能，已经展现出其广泛的应用前景，将从根本上颠覆现有的硅芯片产业。

思考与练习

15.1-1　简述线性电阻和非线性电阻的异同。

15.1-2　非线性电容、电感与线性电容、电感的区别与联系？

15.1-3　何为压控元件？何为流控元件？在什么情况下元件既是压控的又是流控的？

15.1-4   非线性电阻中的静态电阻与动态电阻有什么不同？静态电阻有可能等于动态电阻吗？

15.2   非线性电阻电路的分析

本书第3章介绍的各种建立电路方程的方法也可推广到非线性电阻电路。与线性电路的一个根本区别就是不能使用叠加定理和齐性定理。但是分析非线性电路的基本依据仍然是两类约束，即基尔霍夫定律和元件的伏安关系。常用的方法有解析法、图解法、小信号分析法与分段线性化法。

15.2.1   解析法

解析法即分析计算法。当电路中的非线性电阻元件的伏安关系由一个数学关系式给定时，可用解析法。解析法是直接列写 KCL、KVL 和 VCR 方程求解，也可先对电路的线性部分进行适当等效后再进行求解。

【例 15-2】   图 15-6 中的非线性电阻的伏安特性为 $i = u^2 - u + 1.5$，其中电压的单位为 V，电流的单位为 A，求 u 和 i。

解：按图中所示选择回路，则

$$\begin{cases} (2+2)i_1 - 2i_2 = 8 \\ -2i_1 + (2+1)i_2 = -u \\ i = i_2 = u^2 - u + 1.5 \end{cases}$$

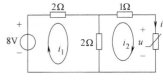

图 15-6   例 15-2 图

解得 $\begin{cases} u' = 1V \\ i' = 1.5A \end{cases}$ 或 $\begin{cases} u'' = -0.5V \\ i'' = 2.25A \end{cases}$

15.2.2   图解法（曲线相交法）

非线性电阻的电压、电流关系常以曲线形式给出，往往难以用解析式表示，即使能用解析式表示也难以求解。若已知 $i = g(u)$ 的特性曲线，则可用图解法较方便求出非线性电阻上的电压和电流。

一个有源线性二端网络 N 两端接一非线性电阻组成的电路如图 15-7a 所示，将其余不含非线性电阻的部分等效为一个戴维南电路，在 N 外仅有一个非线性电阻，画出这两部分电路的伏安曲线，它可以看作是一个线性含源电阻一端口网络和一个非线性电阻的连接。N 中的电路总可以利用戴维南定理将其用一个独立电压源与一个线性电阻串联的组合支路替代，如图 15-7b 所示，根据 KVL，其外特性方程为

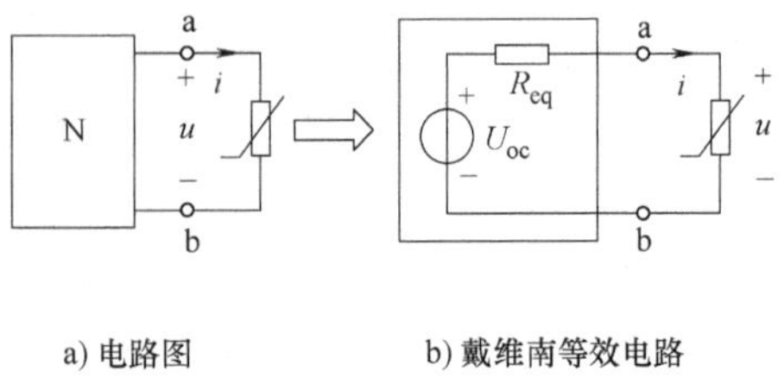

图 15-7   图解法

a) 电路图   b) 戴维南等效电路

$$\left. \begin{array}{c} u = U_{oc} - R_{eq}i \\ i = g(u) \end{array} \right\} \qquad (15\text{-}10)$$

利用图形求解非线性电路方程的方法称为图解法，多用于解决简单非线性电阻电路的工作点分析。在同一坐标系中作出线性部分与非线性部分的特性曲线，直线为一端口戴维南等效电路的伏安特性，它是通过 $(U_{oc}, 0)$ 和 $(0, U_{oc}/R_{eq})$ 两点的一条直线，常称为负载线。该直线与非线性电阻特性曲线 $i = g(u)$ 的交点 $Q(U_Q, I_Q)$ 称为电路的静态工作点，对应的电压和电流是式（15-10）的解答，如图 15-8 所示。该直线又因非线性电阻接于含源一端口处，所以

u 和 i 的关系也满足非线性电阻的特性 $i = g(u)$，也就是说，一端口的特性曲线与非线性电阻的特性曲线的交点 $Q(U_Q, I_Q)$ 是要求的解。这种求解的方法也称为曲线相交法。

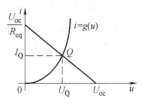

图 15-8　图解法确定静态工作点

【例 15-3】　求图 15-9a 所示电路的电流 I_1 和 I。

解： 先求出 a、b 以左含源线性电阻一端口的戴维南等效电路，求得

$$U_{oc} = \frac{3}{1.5+3} \times 3 = 2V, \quad R_{eq} = \frac{1.5 \times 3}{1.5+3} = 1k\Omega$$

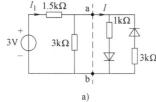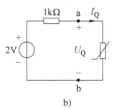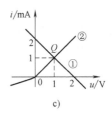

a)　　　　　　　　　　b)　　　　　　　　c)

图 15-9　例 15-3 图

$U_{oc} = 2V$，$R_{eq} = 1k\Omega$，得到图 15-9b 所示等效电路。再根据 $U_{oc} = 2V$ 和 $U_{oc}/R_{eq} = 2mA$，在 u-i 平面上作直线①，如图 15-9c 所示。

用上面介绍的曲线相加法，画出 a、b 以右一端口的特性曲线，如图 15-9c 中曲线②所示。该曲线与直线①的交点为 Q，相应电压 $U_Q = 1V$，电流 $I_Q = 1mA$。由此求得电流 I 和 I_1。

$$I = I_Q = 1mA$$

$$I_1 = \frac{3V - U_Q}{1.5k\Omega} = \frac{2V}{1.5k\Omega} = 1.33mA$$

在电子技术中常用图解法确定晶体管的静态工作点，把非线性电阻看成负载电阻，一端口的外特性曲线习惯称作负载线。例如一个晶体管电路，如图 15-10 所示。

其中晶体管元件为三端双口元件，双口网络的特性必须用两个 VCR 关系来表征，即输入特性与输出特性，如图 15-11 所示。

已知晶体管的输入特性、输出特性曲线和元件参数，通过作图的方法找出放大电路的静态工作点 Q，即 I_{BQ}、I_{CQ}、U_{BEQ} 和 U_{CEQ} 这 4 个静态值，称为图解法。图解法能直观地分析和了解静态值的变化对放大电路工作的影响。

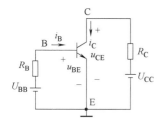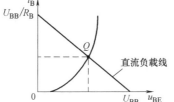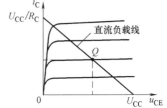

图 15-10　晶体管电路　　　　图 15-11　晶体管工作点的确定

15.2.3　小信号分析法

小信号分析法是电子工程中分析非线性电路的一个重要方法。一些实际的电子元器件诸如二极管、晶体管、场效应晶体管等都属于非线性器件，在某些电子电路中信号的变化幅度很小，在这种情况下，虽然电路本身为一个非线性系统，但是我

扫一扫　看视频

们可以围绕任何静态工作点建立局部线性模型，根据这种线性模型运用线性电路的分析方法进行研究。通常在电子电路中遇到的非线性电路，不仅有作为偏置电压的直流电压源 U_S 作用，同时还有随时间变动的交变电压源 $u_S(t)$ 作用，它的有效值相对于直流电源小得多（10^{-3}），一般称为小信号。小信号包括时变电源、小干扰信号、小扰动变化等情况。小信号分析法是当交变信号激励幅值远小于直流电源幅值时，将非线性电路进行线性化处理的一种近似分析方法。其基本思想是，在静态工作状态下，将非线性电阻电路的方程线性化，得到相应的以计算小信号的激励所产生的小信号响应的线性化电路和方程，然后就可以用分析线性电路的方法进行分析计算。其实质是在静态工作点处将非线性电阻的特性用直线来近似（线性化）。

下面以图 15-12a 所示电路为例，说明小信号分析法的原理。假设在任何时刻有 $U_S \gg |u_S(t)|$，则把 $u_S(t)$ 称为小信号，故称 $u_S(t)$ 为小信号电压。电阻 R_S 为线性电阻，非线性电阻为压控电阻，其电压、电流关系 $i = g(u)$，图 15-12b 为其特性曲线。根据 KVL 列写电路方程为

$$U_S + u_S(t) = R_S i(t) + u(t) \tag{15-11}$$

又有

$$U_S + u_S(t) = R_S g(u) + u(t) \tag{15-12}$$

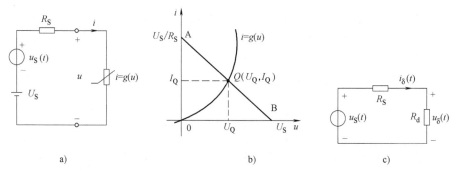

图 15-12 非线性电路的小信号分析法

如果没有小信号 $u_S(t)$ 存在时，该非线性电路的解可由一端口的特性曲线（负载线）AB 与非线性电阻特性曲线相交的交点来确定，即 $Q(U_Q, I_Q)$，该交点成为静态工作点。当有小信号加入后，电路中电流和电压都随时间变化，但是由于 $U_S \gg |u_S(t)|$，使电路的解 $u(t)$ 和 $i(t)$ 必然在工作点 $Q(U_Q, I_Q)$ 附近变动，因此，电路的解就可以写为

$$u(t) = U_Q + u_\delta(t)$$
$$i(t) = I_Q + i_\delta(t) \tag{15-13}$$

式中，$u_\delta(t)$ 和 $i_\delta(t)$ 是由小信号 $u_S(t)$ 引起的偏差。在任何时刻 t，$u_\delta(t)$ 和 $i_\delta(t)$ 相对 U_Q 和 I_Q 都是很小的。

由于 $i = g(u)$，而 $u = U_Q + u_\delta(t)$，所以式（15-13）可写为

$$I_Q + i_\delta(t) = g[U_Q + u_\delta(t)] \tag{15-14}$$

函数的泰勒展开式为

$$f(x) = f(x_0) + f'(x_0)(x - x_0) + \frac{f''(x_0)}{2!}(x - x_0)^2 + \frac{f'''(x_0)}{3!}(x - x_0)^3 + \cdots + \frac{f^{(n)}(x_0)}{n!}(x - x_0)^n \tag{15-15}$$

在小信号情况下，电量函数可以取前两项作为其近似。

因 $u_\delta(t)$ 很小，可将式（15-15）右边项在工作点 Q 附近用泰勒级数展开时只取一阶近似，而略去高阶项。

$$I_Q + i_\delta(t) \approx g(U_Q) + g'(U_Q) u_\delta(t) \tag{15-16}$$

由于 $I_Q = g(U_Q)$，则式（15-16）可写为

$$i_\delta(t) = g'(U_Q) u_\delta(t) \tag{15-17}$$

$$g'(U_Q) = \frac{\mathrm{d}g}{\mathrm{d}u}\bigg|_{U_Q} = G_d = \frac{1}{R_d} \tag{15-18}$$

式（15-18）中的 G_d 为非线性电阻在 Q 点处的动态电导，即动态电阻 R_d 的倒数，两者取决于非线性电阻在 Q 点处的斜率，是一个常数。小信号电压和电流关系可写为

$$i_\delta(t) = G_d u_\delta(t) \tag{15-19}$$

$$u_\delta(t) = R_d i_\delta(t) \tag{15-20}$$

由式（15-11）和式（15-13）可得

$$U_S + u_S(t) = R_S[I_Q + i_\delta(t)] + U_Q + u_\delta(t) \tag{15-21}$$

由于

$$U_S = R_S I_Q + U_Q$$

所以式（15-21）可写为

$$u_S(t) = R_S i_\delta(t) + R_d i_\delta(t) \tag{15-22}$$

式（15-22）为一线性代数方程，由式（15-22）可以画出一个相应的电路，如图 15-12c 所示。该电路为非线性电路在工作点处的小信号等效电路。此等效电路为线性电路，于是求得

$$i_\delta(t) = \frac{u_S(t)}{R_S + R_d}$$

$$u_\delta(t) = R_d i_\delta(t) = \frac{R_d u_S(t)}{R_S + R_d} \tag{15-23}$$

小信号分析法是将非线性电路分别对直流偏置和交流小信号进行线性化处理，然后按线性电路进行分析计算，它是工程上分析非线性电路的一个重要方法。其一般步骤如下：

1）令小信号等于零，即 $u_S(t) = 0$ 或 $i_S(t) = 0$。尽量把电路中线性部分化简，令直流电源 U_S 单独作用，求出非线性电路的静态工作点 $Q(U_Q, I_Q)$。

2）求非线性电阻在该静态工作点处的动态电阻 R_d 或动态电导 G_d。

3）用动态参数表示非线性元件，画出小信号等效电路，并计算小信号响应 $u_\delta(t)$ 和 $i_\delta(t)$。

4）将直流分量与小信号分量叠加起来，求非线性电路的全响应 $u = U_Q + u_\delta(t)$ 和 $i = I_Q + i_\delta(t)$。

值得注意的是，小信号等效电路与原来的非线性电路具有相同的拓扑，原来的非线性电阻元件可用静态工作点处的动态电阻替代。

【**例 15-4**】 如图 15-13a 所示非线性电阻电路，非线性电阻的电压、电流关系为 $i = \frac{1}{2} u^2$（$u > 0$），式中电流 i 的单位为 A，电压 u 的单位为 V。电阻 $R_S = 1\Omega$，直流电压源 $U_S = 3\mathrm{V}$，直流电流源 $I_S = 1\mathrm{A}$，小信号电压源 $u_S(t) = 3 \times 10^{-3} \cos t \,\mathrm{V}$，试求 u 和 i。

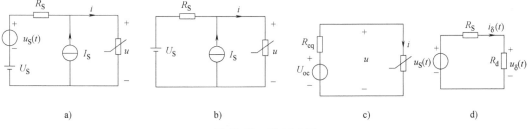

图 15-13 例 15-4 图

解：（1）求静态工作点 $Q(U_Q, I_Q)$，此时小信号源 $u_S(t) = 0$ 时，电路如图 15-13b 所示，将非线性电阻划出，其余部分可看成是一个有源二端网络，可应用戴维南定理将其化为一个等效电压源，如图 15-13c 所示。

$$U_{oc} = R_S I_S + U_S = 1 \times 1 + 3 = 4V$$
$$R_{eq} = R_S = 1\Omega$$

（2）根据图 15-13c 得负载线方程为

$$u = U_{oc} - R_{eq} i = 4 - i$$

故可列出方程组为

$$\begin{cases} u = 4 - i \\ i = \dfrac{1}{2} u^2 \end{cases}$$

联立求解得 $u = 2V$，$u = -4V$（舍去），进而求得 $i = 2A$，故得静态工作点 $Q(U_Q, I_Q) = Q(2, 2)$。

（3）静态工作点处的动态电导为

$$G_d = \left. \frac{di}{du} \right|_{U_Q = 2} = \left. \frac{d}{du}\left(\frac{1}{2}u^2\right) \right|_{U_Q = 2} = 2S$$

动态电阻为 $R_d = 1/2\Omega$。

（4）小信号等效电路如图 15-13d 所示，从而求出小信号响应为

$$i_\delta(t) = \frac{u_S(t)}{R_S + R_d} = \frac{3 \times 10^{-3}\cos t}{1 + \dfrac{1}{2}} = 2 \times 10^{-3}\cos t\,A$$

$$u_\delta(t) = R_d i_\delta(t) = 0.5 \times 2 \times 10^{-3}\cos t = 10^{-3}\cos t\,V$$

（5）求其全响应为

$$i = I_Q + i_\delta(t) = (2 + 2 \times 10^{-3}\cos t)\,A$$
$$u = U_Q + u_\delta(t) = (2 + 10^{-3}\cos t)\,V$$

【例 15-5】 电路如图 15-14a 所示，已知非线性电阻的伏安关系为 $i = u^2 + u\,(u > 0)$，$I_0 = 10A$，$R_0 = \dfrac{1}{2}\Omega$，$i_S(t) = \cos\omega t\,A$。试用小信号分析法求电流 i。

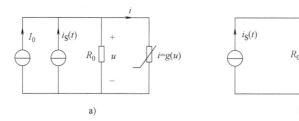

图 15-14 例 15-5 图

解：（1）求电路的静态工作点，令 $i_S(t) = 0$，应用 KCL 列方程，则有

$$\frac{1}{R_0}u + i = I_0$$

由于 $i = u^2 + u$ 代入上式得

$$2u + (u^2 + u) = I_0$$

故有

$$U_Q = 2V, \, I_Q = 6A$$

工作点处的动态电导为

$$G_d = \frac{di}{du}\bigg|_{U_Q} = (1+2u)\big|_{U_Q=2V} = 5S$$

（2）画出小信号等效电路如图 15-14b 所示

则有

$$i_1 = \frac{G_d}{G_0+G_d} i_S = \frac{5\cos\omega t}{2+5} = \frac{5}{7}\cos\omega t \, A$$

解得

$$i = I_Q + i_1 = \left(6 + \frac{5}{7}\cos\omega t\right) A$$

15.2.4　分段线性化法

分段线性化法也称折线法，其基本思想是在一定允许工程偏差下，将非线性电阻复杂的 VCR 特性曲线用若干直线段构成的折线来近似表示，对应的折线中各直线段非线性电阻的模型用不同阻值的线性电阻或用线性电阻与独立源的组合来表示，这些直线段都可写为线性代数方程。这样，即使复杂的非线性电阻电路问题分区段就可以逐段地对电路作定量计算。相当于用若干个线性电路模型代替非线性电路模型，从而将非线性电路问题近似化为线性电路问题来求解。下面举例说明。

1. PN 结二极管和理想二极管的分段线性表示

1）非线性电阻的特性曲线，用分段线性化来描述。例如图 15-15a 所示 PN 结二极管的特性曲线，该曲线可以粗略地用两段直线来描述，如图中粗线 AOB。这样，当这个二极管施加正向电压时，它相当于一个线性电阻，其电压、电流关系用直线 $0B$ 表示；当电压反向时，二极管截止，电流为零，它相当于电阻值为∞的电阻，其电压、电流关系用直线 $A0$ 表示。

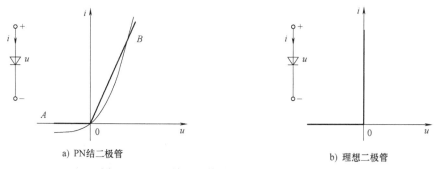

a) PN结二极管　　　　　　　　　　　　　　b) 理想二极管

图 15-15　PN 结二极管的 VCR 的分段线性表示

2）理想二极管是开关电路中常用的非线性电阻元件。理想二极管的电压、电流关系可由负 u 轴和正 i 轴这样的两条直线线段组成。理想二极管的符号及其特性曲线如图 15-15b 所示。理想二极管的特性为

① 当 $u>0$（正向偏置）时，$i>0$，$R=0$，$u=0$，短路，二极管相当于一个闭合的开关。

② 当 $u<0$（反向偏置）时，$i=0$，$R=\infty$，断路，二极管相当于一个开启的开关。

若电压 $u>0$（正向偏置）时，则理想二极管工作在电阻为 0 的线性区域；若 $u<0$（反向偏置）时，则其工作在电阻为∞的线性区域。分析理想二极管电路的关键，在于确定理想二极管是正向偏置（导通），还是反向偏置（截止）。如果属于前一种情况，理想二极管以短路线替代，若属于后一种情况，则理想二极管以开路替代，替代后可以得到一个线性电路，容易求得结果。电路中仅含一个理想二极管时，利用戴维南定理分析计算十分方便，无须使用图解法。

3）隧道二极管的伏安特性曲线如图 15-16 所示，在允许存在一定工程偏差前提下，可用 3 条直线组成的折线来近似表示。在 $0<u<u_1$ 区域里，可用线性电阻 R_1 来代替；在 $u_1<u<u_2$ 区域里，可用理想电压源 U_{S1} 与线性电阻 R_2 串联的戴维南等效电路来代替。很明显，此时的 R_2 是一个负电阻；在 $u_2<u$ 区域里，同样可用理想电压源 U_{S2} 与线性电阻 R_3 串联的戴维南等效电路来代替。只是，此时的 R_3 是一个正的电阻。上述论述中，电压源与电阻相串联组合，也可用电流源与电导并联组合来表示。

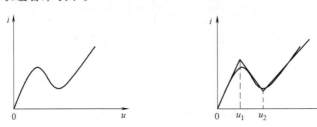

图 15-16　隧道二极管的伏安特性曲线

2. 非线性电阻的分段线性化分析

　　对任意给出的伏安特性曲线也可按照曲线的具体形状分段线性化，给出线性等效电路，如图 15-17a 所示的非线性电阻的特性曲线。曲线可以近似地分为两段，分别用两条直线近似代替，每一个区段内可用一线性电路来等效。

　　当 $i<I_a$ 时，$u<U_a$，即图 15-17b 所示的 0A 段，此区段内可用线性电路图 15-17c 来等效，等效电路中的 $R_a=\tan\alpha$。

　　当 $i>I_a$，$u>U_a$ 时，即图 15-17b 所示的 AB 段，此区段内可用线性电路图 15-17d 来等效，等效电路中的 $R_b=\tan\beta$。

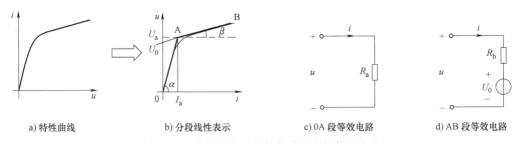

a) 特性曲线　　　　b) 分段线性表示　　　　c) 0A 段等效电路　　　　d) AB 段等效电路

图 15-17　非线性电阻特性曲线及线性等效电路

　　这种方法的特点是将非线性的求解过程分成几个线性区段，就每个线性区段来说，可以应用线性电路的计算方法。

　　【**例 15-6**】　求如图 15-18 所示电路中理想二极管通过的电流。

　　解： 在分析理想二极管电路时，首先确定理想二极管是否导通。当这个理想二极管接在复杂的电路中时，可以先把含理想二极管的支路断开，利用戴维南定理求得电路其余部分的戴维南等效电路后，再把含理想二极管的支路接上，然后在这个简单的电路中，确定理想二极管工作区域，并判断它是否导通。

　　在图 15-18a 所示的电路中除去理想二极管支路以外，由电路的其余部分，可求得其戴维南等效电路的开路电压 U_{oc} 和等效电阻 R_{eq} 为

$$U_{oc}=\frac{36+18}{12+18}\times18-18=32.4-18=14.4\text{V}$$

$$R_{eq}=\frac{18\times12}{18+12}=7.2\text{k}\Omega$$

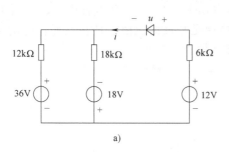 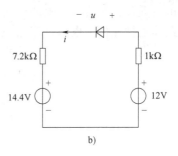

a)   b)

图 15-18   例 15-6 图

该等效电路如图 15-18b 所示。由此可得，二极管两端的电压 $u = -2.4$V，理想二极管的阴极电位高于阳极电位，它处于截止状态，因此二极管不能导通，电流 $i = 0$。

分段线性化法也存在一些缺点，当网络中的非线性电阻较多，且每个非线性电阻伏安特性又需要较多线段表示时，迭代的次数会急剧增加，而且计算效率也会降低。

思考与练习

15.2-1   为什么把信号源的伏安特性曲线称为负载线？如何做负载线？

15.2-2   小信号分析法的基本思路和实质是什么？

15.2-3   在非线性电路分析中为什么要确定静态工作点？

15.2-4   有人说分析二极管电路时采用折线模型比采用理想二极管模型好。你认为如何？

15.3   非线性电路的混沌现象

混沌现象的研究自 20 世纪 70 年代后期以来得到非线性科学工作者的普遍重视，成为当代科学研究的热点之一。所谓混沌现象，通俗地讲是指具有整体稳定性的耗散系统由于其内部的不稳定性而出现的貌似随机的现象。混沌系统具有对初始条件的极度敏感依赖性，而系统的轨道又只能在有限范围内运动，这样就造成了轨道在有限空间内缠绕往复而形成非常复杂的情况。

混沌现象是非线性系统所特有的一种复杂现象，由于在自然界和人类社会中绝大多数是非线性系统，所以混沌是一种普遍现象。目前人们把混沌看成是一种无周期的有序。无论是复杂系统，如气象系统、太阳系，还是简单系统，如钟摆、滴水龙头等，皆因存在着内在随机性而出现类似无轨，但实际是非周期有序运动，即混沌现象。目前混沌的研究重点已转向多维动力学系统中的混沌、量子及时空混沌、混沌的同步及控制等方面。

迄今为止，最丰富的混沌现象是非线性振荡电路中观察到的。串联谐振电路是华裔科学家蔡少棠设计的能产生混沌的最简单的电路，同时也是熟悉和理解非线性现象的经典电路。

实验电路如图 15-19a 所示，图中含有两个线性电容，一个线性电感，一个线性电阻和一

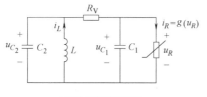 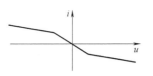

a) 非线性电路原理图   b) 非线性电阻伏安特性

图 15-19   产生混沌的电路

个非线性电阻元件，非线性电阻的伏安特性 $i_R = g(u_R)$，是一个分段线性电阻，如图 15-19b 所示。加在此非线性元件上电压与通过它的电流极性是相反的。由于加在此元件上的电压增加时，通过它的电流却减小，因而将此元件称为非线性负阻元件。

设电容电压 u_{C_1}、u_{C_2} 和电感电流 i_L 为状态变量，可以得出状态方程如下：

$$C_1 \frac{\mathrm{d}u_{C_1}}{\mathrm{d}t} = \frac{1}{R_V}(u_{C_2} - u_{C_1}) - g(u_R)$$

$$C_2 \frac{\mathrm{d}u_{C_2}}{\mathrm{d}t} = \frac{1}{R_V}(u_{C_1} - u_{C_2}) + i_L$$

$$L \frac{\mathrm{d}i_L}{\mathrm{d}t} = -u_{C_2}$$

电阻 R_V 的作用是调节 C_1 和 C_2 的相位差，把 C_1 和 C_2 两端的电压分别输入到示波器的 x、y 轴，则显示的图形是椭圆，三元非线性方程组没有解析解。若用计算机编程进行数值计算，当取适当的电路参数时，可在显示屏上观察到模拟实验的混沌现象，如图 15-20 所示。

20 多年来，混沌一直是举世瞩目的前沿课题和研究热点，它揭示了自然界及人类社会中普遍存在的复杂性、有序与无序的统一，稳定性与随机性的统一，大大拓宽了人们的视野，加深了人类对客观世界的认识。目前，关于混沌现象的研究和广泛应用已经形成了一门新科学，其发展前景是相当乐观的。

图 15-20 模拟实验的
混沌现象

思考与练习

15.3-1 什么叫混沌，混沌与随机运动有什么区别？

15.3-2 产生混沌的根源是什么？是否所有的非线性系统都会存在混沌现象？

15.3-3 非线性电阻的伏安特性如何测量？

15.3-4 混沌表现在相量图上有什么特点？

15.4 应用案例

二极管是一种典型的非线性电阻元件。其中稳压二极管是工作在二极管反向击穿区域的特殊二极管，图形符号和伏安特性如图 15-21 所示。它有着和普通二极管相类似的伏安特性，其正向特性可近似为指数曲线，反向时则工作在击穿状态，管压降 U_Z 几乎不随电流 I_Z 而变化，只是稳压二极管的反向特性比较陡，但当其外加反向电压数值达到一定程度时则击穿，击穿区的曲线很陡峭，几乎平行于纵轴。

从反向特性曲线中可以看出，当反向电压小于其击穿电压时，反向电流很小。当反向电压增高到击穿电压时，反向电流急剧增大，稳压管反向击穿。此后电流虽然在很大的范围内变化，但稳压管两端的电压变化范围很小。

利用这一特性，稳压二极管在电路中起稳压作用，如图 15-22 所

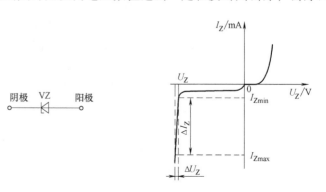

图 15-21 稳压二极管

示。与一般二极管不同的是，它的反向击穿是可逆的，当去掉反向电压后，稳压二极管仍是正常的。但是，如果反向电流超过允许范围，稳压二极管将会发生热击穿而损坏。稳压二极管工作在反向击穿区，为确保其不发生击穿，必须接入限流电阻 R_S，而只要稳压二极管的反向电流在一定范围内，稳压管两端电压只会发生微小的变化，其反向电压始终保持在稳压值 $U_L = U_Z$，U_Z 的值一般为 $3.3 \sim 200V$。稳压管的稳压作用在于电流增量很大，只引起很小的电压变化，故能起稳压作用。

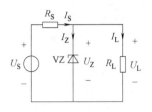

图 15-22 稳压二极管稳压作用

本 章 小 结

1. 非线性元件

非线性元件中电压和电流之间的关系是非线性的，有时还不能用解析的函数式来表示，而要靠特性曲线来表征。这一特点是分析非线性电路的困难所在，它导致了非线性电路与线性电路的一个根本区别，就是不能使用叠加定理与齐性定理。

2. 含有单个非线性电阻的电路的分析

含有单个非线性电阻的电路，可以将原电路看成是两个单口网络组成的网络：其一为电路的线性部分，另一个为电路的非线性部分（只含有一个非线性电阻）如果非线性元件的伏安关系可以写成确定的函数式，则可以通过解方程的方法求解电路的工作点，而大部分非线性元件的伏安特性不能用确定的函数式描述，我们就采用"图解法"来求解。

3. 小信号分析法

具体的计算步骤如下：

1）绘出直流电路，求出直流电源作用时电路的直流工作点（U_Q，I_Q）（或待求量）。

2）根据非线性元件的伏安特性求出对于工作点处的电阻或电导。

3）绘出电路的小信号模型电路，计算出相应的待求量。

4）将直流分量与小信号分量叠加起来。

4. 分段线性分析法

将非线性电路中的非线性元件特性适当分解成为数个线性区段，从而可以将非线性电路求解过程化为几个线性电路的分析。

能力检测题

参考答案

一、选择题

1. 若非线性电阻元件的伏安特性用 SI 主单位的数值方程表示为 $u = 4i^2$，则电流为 2A 时的静态电阻为（　　）Ω，动态电阻为（　　）Ω。输入角频率为 ω 的正弦电流时，电压中将包含角频率为（　　）倍 ω 的正弦电压。

（A）0　　　　（B）2　　　　（C）8　　　　（D）16

2. 设图 15-23 所示电路中二极管 VD 正向电压降不计，则电路中电流 $I = $（　　）。

（A）5A　　　（B）0.5A　　　（C）0A　　　（D）0.05A

3. 设图 15-24 所示电路中非线性电阻的伏安特性为 $u = i^2 (i>0)$，则非线性电阻的动态电阻为（　　）Ω。

（A）5　　　　（B）6　　　　（C）4　　　　（D）8

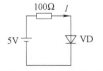

图 15-23　选择题 2 图

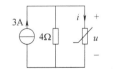

图 15-24　选择题 3 图

4. 非线性电容的库伏特性为 $q = (3u^2 + 2) \times 10^{-6}$，则 $u = 1V$ 时其静态电容为（　　）μF，动态电容为

（　　）μF。

　（A）5　　　　　　　（B）6　　　　　　　（C）0.6　　　　　　　（D）0.05

5. 非线性电感的韦安特性为 $\psi = i^3$，当有 2A 电流通过电感时，其静态电感为（　　）H，动态电感为

（　　）H。

　（A）4　　　　　　　（B）6　　　　　　　（C）8　　　　　　　（D）12H

二、判断题

1. 非线性电路中也能使用叠加定理与齐性定理求解电路。（　　）

2. 非线性电阻具有倍频作用。（　　）

3. 用小信号法解电路时，非线性电阻元件应该用动态电阻来建立电路模型。（　　）

4. 不论线性或非线性电阻元件串联，总功率都等于各元件功率之和，总电压等于分电压之和。（　　）

5. 非线性电阻两端电压为正弦波时，其中电流不一定是正弦波。（　　）

三、计算题

1. 设某非线性电阻的伏安特性为 $u = 30i + 5i^3$，其中电压的单位为 V，电流的单位为 A，求：

（1）$i_1 = 1A$、$i_2 = 2A$ 时所对应的电压 u_1 和 u_2；

（2）$i = 2\sin100t\,A$ 时所对应的电压 u；

（3）设 $u_{12} = f(i_1 + i_2)$，问 u_{12} 是否等于（$u_1 + u_2$）？

2. 一非线性电阻 $u = f(i) = 100i + i^3$。（1）分别求 $i_1 = 2A$，$i_2 = 2\sin314t\,A$，$i_3 = 10A$ 时对应的电压 u_1，u_2，u_3；（2）设 $u_{12} = f(i_1 + i_2)$，问是否有 $u_{12} = u_1 + u_2$？（3）若忽略高次项，当 $i = 10\text{mA}$ 时，由此会产生多大误差？

3. 如图 15-25 所示电路中的两个非线性电阻的伏安特性均为 $U = 2I - 4$，求通过这两个非线性电阻的电流 I_1 和 I_2。

4. 如图 15-26 所示电路中的电容是线性的，若二极管的伏安特性为 $i = Au + Bu^2$（A、B 均为正常数）。其中电压的单位为 V，电流的单位为 A，列写该电路的方程。

5. 如图 15-27a 所示电路，其非线性电阻特性如图 15-27b 所示。试求电压 U 的值。

6. 如图 15-28 所示电路，已知 $i = u^2$（$u > 0$）。求电流 i。

7. 列写图 15-29 所示电路的回路电流方程，非线性电阻为流控电阻 $u_3 = 20i_3^{1/3}$。

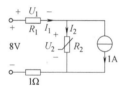

图 15-25　计算题 3 图

图 15-26　计算题 4 图

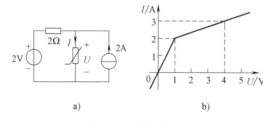

图 15-27　计算题 5 图

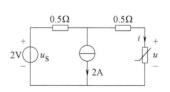

图 15-28　计算题 6 图

8. 非线性电路如图 15-30 所示，其中 $i = g(u) = u^2$（$u > 0$），试求在静态工作点处由小信号所产生的电压 $u(t)$ 和电流 $i(t)$。

9. 如图 15-31 所示电路中，非线性电阻的伏安特性为 $i = u^2$，试求电路的静态工作点及该点的动态电阻 R_d。

10. 如图 15-32 所示非线性电阻电路中，非线性电阻的伏安特性为 $u = 2i + i^3$，现已知当 $u_S(t) = 0$ 时，回路中的电流为 1A。如果 $u_S(t) = \cos\omega t\,V$ 时，使用小信号分析法求回路中的电流 i。

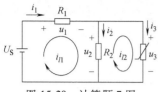

图 15-29　计算题 7 图

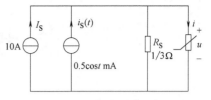

图 15-30　计算题 8 图

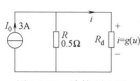

图 15-31　计算题 9 图

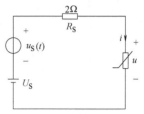

图 15-32　计算题 10 图

11. 试求图 15-33 所示电路非线性电阻上的电压和电流，已知其伏安关系为 $i = g(u) = u^2$（$u>0$）。

12. 如图 15-34 所示非线性电路，已知小信号电压为 $u_S = (6 + 9 \times 10^{-3} \sin \omega t)$ V，非线性电阻的伏安关系为 $u = 2i^2$（$i>0$），试用小信号分析法求解电压 u。

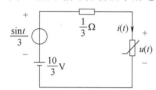

图 15-33　计算题 11 图

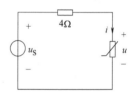

图 15-34　计算题 12 图

参 考 文 献

［1］ 邱关源，罗先觉. 电路［M］. 6 版. 北京：高等教育出版社，2022.

［2］ 陈晓平，李长杰. 电路原理［M］. 4 版. 北京：机械工业出版社，2022.

［3］ 朱孝勇，傅海军. 电路（新形态）［M］. 北京：机械工业出版社，2020.

［4］ 黄金侠. 电工电子技术（上）［M］. 2 版. 北京：机械工业出版社，2023.

［5］ 邹建龙. 电路［M］. 北京：人民邮电出版社，2023.

［6］ 蒋志坚. 电路分析基础教程［M］. 北京：机械工业出版社，2010.

［7］ 燕庆明. 电路分析基础［M］. 3 版. 北京：高等教育出版社，2012.

［8］ 葛玉敏. 电路分析基础［M］. 北京：人民邮电出版社，2023.

［9］ 梁贵书. 电路理论基础［M］. 北京：中国电力出版社，2020.

［10］ 王淑敏. 电路基础［M］. 2 版. 西安：西北工业大学出版社，2000.

［11］ 康健. 电路基础［M］. 北京：机械工业出版社，2017.

［12］ 刘健. 电路分析［M］. 北京：电子工业出版社，2008.

［13］ 高吉祥. 电路分析基础［M］. 北京：电子工业出版社，2012.

［14］ 刘景夏. 电路分析教程［M］. 北京：清华大学出版社，2012.

［15］ 张永瑞. 电路分析基础［M］. 西安：西安电子科技大学出版社，2013.

［16］ 周长源. 电路理论基础［M］. 2 版. 北京：高等教育出版社，1996.

［17］ 刘健. 电路分析［M］. 2 版. 北京：电子工业出版社，2010.

［18］ 颜秋容. 电路理论——基础篇［M］. 北京：高等教育出版社，2017.

［19］ 朱桂萍. 电路原理［M］. 北京：高等教育出版社，2016.

［20］ 曾令琴. 电路分析基础［M］. 4 版. 北京：人民邮电出版社，2017.

［21］ 张冬梅. 电路分析基础［M］. 4 版. 北京：人民邮电出版社，2016.

［22］ 唐朝仁. 电路基础［M］. 北京：清华大学出版社，2015.